国家出版基金项目
NATIONAL PUBLICATION FOUNDATION

"十三五"国家重点出版物出版规划项目·重大出版工程

高超声速出版工程

临近空间高速飞行器
电磁散射建模理论和方法

郭立新　李江挺　郭琳静　刘松华　著

科学出版社

北　京

内 容 简 介

本书主要介绍高超声速飞行器等离子体鞘套电磁特性、等离子体鞘套中的电磁波传播、等离子体鞘套包覆目标电磁散射的基本理论与方法。内容包括以下几个方面：等离子体鞘套电磁波传播与鞘套包覆目标电磁散射研究现状及应用背景；等离子体鞘套物理模型、参数特征及模拟方法；等离子体数学模型、电磁波传播计算方法、非均匀和时变等离子体鞘套中的电磁波传播问题；等离子体分形湍流模型、湍流对电磁波传播的影响；等离子体鞘套包覆目标的高、低频电磁散射计算方法及电磁散射特性分析；等离子体鞘套及载体等对天线辐射特性的影响。

本书可供从事临近空间高超声速飞行器电磁特性研究、测控通信及目标探测等工作的科技人员阅读，也可作为等离子体物理、计算电磁学、无线电物理等相关学科研究生、教师的参考书。

图书在版编目(CIP)数据

临近空间高速飞行器电磁散射建模理论和方法 /
郭立新等著.—北京：科学出版社,2021.10
高超声速出版工程 "十三五"国家重点出版物出版
规划项目 重大出版工程 国家出版基金项目
ISBN 978 - 7 - 03 - 069440 - 9

Ⅰ.①临… Ⅱ.①郭… Ⅲ.①高速度—飞行器—电磁波散射—研究 Ⅳ.①V47

中国版本图书馆 CIP 数据核字(2021)第 151559 号

责任编辑：徐杨峰 / 责任校对：谭宏宇
责任印制：黄晓鸣 / 封面设计：殷 靓

科学出版社 出版
北京东黄城根北街 16 号
邮政编码：100717
http://www.sciencep.com

南京展望文化发展有限公司排版
苏州市越洋印刷有限公司印刷
科学出版社发行 各地新华书店经销

*

2021 年 10 月第 一 版 开本：B5(720×1000)
2021 年 10 月第一次印刷 印张：22 3/4
字数：393 000

定价：200.00 元
(如有印装质量问题,我社负责调换)

高超声速出版工程

专家委员会

丛书序

飞得更快一直是人类飞行发展的主旋律。

1903 年 12 月 17 日,莱特兄弟发明的飞机腾空而起,虽然飞得摇摇晃晃,犹如蹒跚学步的婴儿,但拉开了人类翱翔天空的华丽大幕;1949 年 2 月 24 日,Bumper-WAC 从美国新墨西哥州白沙发射场发射升空,上面级飞行马赫数超过 5,实现人类历史上第一次高超声速飞行。从学会飞行,到跨入高超声速,人类用了不到五十年,蹒跚学步的婴儿似乎长成了大人,但实际上,迄今人类还没有实现真正意义的商业高超声速飞行,我们还不得不忍受洲际旅行需要十多个小时甚至更长飞行时间的煎熬。试想一下,如果我们将来可以在两小时内抵达全球任意城市,这个世界将会变成什么样? 这并不是遥不可及的梦!

今天,人类进入高超声速领域已经快 70 年了,无数科研人员为之奋斗了终生。从空气动力学、控制、材料、防隔热到动力、测控、系统集成等,在众多与高超声速飞行相关的学术和工程领域内,一代又一代科研和工程技术人员传承创新,为人类的进步努力奋斗,共同致力于达成人类飞得更快这一目标。量变导致质变,仿佛是天亮前的那一瞬,又好像是蝶即将破茧而出,几代人的奋斗把高超声速推到了嬗变前的临界点上,相信高超声速飞行的商业应用已为期不远!

高超声速飞行的应用和普及必将颠覆人类现在的生活方式,极大地拓展人类文明,并有力地促进人类社会、经济、科技和文化的发展。这一伟大的事业,需要更多的同行者和参与者!

书是人类进步的阶梯。

实现可靠的长时间高超声速飞行堪称人类在求知探索的路上最为艰苦卓绝的一次前行,将披荆斩棘走过的路夯实、巩固成阶梯,以便于后来者跟进、攀登,意义深远。

以一套丛书,将高超声速基础研究和工程技术方面取得的阶段性成果和宝贵经验固化下来,建立基础研究与高超声速技术应用之间的桥梁,为广大研究人员和工程技术人员提供一套科学、系统、全面的高超声速技术参考书,可以起到为人类文明探索、前进构建阶梯的作用。

2016 年,科学出版社就精心策划并着手启动了"高超声速出版工程"这一非常符合时宜的事业。我们围绕"高超声速"这一主题,邀请国内优势高校和主要科研院所,组织国内各领域知名专家,结合基础研究的学术成果和工程研究实践,系统梳理和总结,共同编写了"高超声速出版工程"丛书,丛书突出高超声速特色,体现学科交叉融合,确保丛书具有系统性、前瞻性、原创性、专业性、学术性、实用性和创新性。

这套丛书记载和传承了我国半个多世纪尤其是近十几年高超声速技术发展的科技成果,凝结了航天航空领域众多专家学者的智慧,既可供相关专业人员学习和参考,又可作为案头工具书。期望本套丛书能够为高超声速领域的人才培养、工程研制和基础研究提供有益的指导和帮助,更期望本套丛书能够吸引更多的新生力量关注高超声速技术的发展,并投身于这一领域,为我国高超声速事业的蓬勃发展做出力所能及的贡献。

是为序!

2017 年 10 月

前　言

　　飞行器在临近空间高速飞行时,头部形成激波层,波后的气体温度及压强迅速升高,造成空气离解及电离,外围形成等离子体构成的包覆流场,称为等离子体鞘套。这种非均匀、时变等离子体鞘套对电磁波传播与散射的影响非常明显,严重时可造成通信中断、目标丢失,已成为高超声速飞行器信息传输、目标探测等领域亟待解决的问题。

　　等离子体鞘套的介电参数是飞行器外围流场参数的函数,介质的分布特性与流场参数分布特性紧密相关,与飞行器外形、飞行马赫数、飞行高度及湍流结构、激波边界层等因素都有关系,是一种非均匀、强碰撞、高动态、宽参数范围的等离子体介质,其对电磁波传播的影响不容忽视。首先,飞行器的飞行参数及大气环境要素发生改变,电磁波在鞘套内部传输时经历直射、反射、绕射等过程,造成能量的大尺度衰减;同时,鞘套内部的湍流结构、激波边界层干扰、烧蚀颗粒物扩散等因素,也会产生脉冲形变,引起附加时延并造成接收信号幅度的剧烈抖动等,进而对飞行器的天地无线通信系统造成恶劣影响,甚至造成通信中断,即“黑障”现象。等离子体鞘套的存在,导致飞行器的雷达截面积产生与本体目标不同的动态起伏特性,并且随着飞行环境参数的改变,雷达截面积表现出不同的特点,这对雷达预警、探测及防空能力提出了新的挑战。另外,等离子体鞘套内所包覆的天线发射的电磁波被等离子体鞘套反射后,引起天线的辐射阻抗与输入阻抗发生改变,影响天线的辐射特性及天馈系统的正常工作。因此,与等离子体鞘套相关的电磁波传播机理、传播模型、目标散射及天线性能研究在高速空间飞行器信息传输、雷达探测等领域具有重要意义。鉴于等离子体鞘套中的电磁波传播与散射问题在军事及民用领域有着广泛的应用,近年来,很多国家都投入了大量的人力、物力来开展相关的研究工作。

　　本书写作团队近年来承担国家重点基础研究计划项目"临近空间高速飞行器等离子鞘套下信息传输理论基础"、国家自然科学基金重点项目"临近空间高超声速飞行器等离子体鞘套与电磁波相互作用机理及电磁散射理论建模研究"等。本书是作者及其所在的研究团队对临近空间高超声速飞行器等离子体鞘套电磁特性、电磁波传播及鞘套包覆目标电磁散射等领域相关研究的基本理论与方法进行的完整搜集与整理,是作者及其研究团队主要科研成果的总结。全书共7章:第1章绪论,简要叙述临近空间高超声速飞行器的研究意义、国内外研究现状及应用背景;第2章对等离子体鞘套流场进行阐述,并对典型的锥体飞行器进行流场仿真;第3章研究非均匀、动态及尘埃等因素对等离子体鞘套中电磁波传播特性的影响;第4章着重研究等离子体鞘套流场的湍流效应对电磁波传播特性的影响;第5章和第6章分别采用时域有限差分法和物理光学法分析等离子体鞘套包覆目标的电磁散射特性,并对等离子体鞘套包覆目标的电磁成像进行研究;第7章分析等离子体鞘套、天线舱和载体平台对天线辐射特性的影响。

　　在相关研究和书稿编写过程中,陈伟、王召迎、甘利萍、卞政及任弋、周新博、杨少飞、马凯雄、朱从宽、张海峰等做了大量工作,在此一并表示诚挚的感谢。

　　本书研究内容涉及多个学科,属于探索性、前沿性及交叉研究领域,而相关物理参数的实际测量费用昂贵,更多的实验数据难以获取,相关模型校验等工作值得深入研究。由于作者学识有限,书中难免存在不足之处,恳请广大读者批评指正。

郭立新

2021 年 9 月

高超声速出版工程

目　录

第 3 章　等离子体鞘套中的电磁波传播

第4章　高超声速湍流中的电磁波传播特性分析

第5章　基于FDTD的高超声速等离子体鞘套包覆目标的电磁散射

第 6 章　基于 PO 法的高超声速等离子体鞘套包覆目标电磁散射

第 7 章　等离子体鞘套及载体平台对天线辐射特性的影响

第 1 章

绪　　论

　　临近空间飞行器高速飞行时，飞行器周围的气体分子会被激发电离，形成包覆飞行器的等离子体鞘套。等离子体鞘套中有中性粒子、正离子和自由电子，其中的带电粒子会对入射电磁波产生不容忽视的影响，严重时会出现所谓的"黑障"现象，目前已成为高速飞行器通信、导航、探测领域亟待解决的世界性难题。

1.1　高超声速目标等离子体鞘套

　　临近空间是指距地面 20～100 km 的高空区域，包括大部分平流层、全部中间层和部分热层。以飞机为代表的航空器，其最高飞行高度一般低于 20 km，而以卫星为代表的轨道飞行器，其最低飞行高度为 100 km，因此临近空间介于卫星和航空平台之间，是高超声速飞行器的飞行走廊，而高超声速飞行器是开发临近空间的重要载体。临近空间高超声速飞行器主要包括高速运载器和高速打击武器两类。高速运载器能够全球快速到达，具有巨大的军事价值及潜在的商业价值，而高速打击武器作为一种潜在的新型战略进攻武器，具备实时路径规划和高突防能力，且无有效防御手段，已经成为各军事大国竞争的焦点。由于其巨大的商业价值和潜在的军事价值，近年来，以美国、俄罗斯、欧盟各国及日本为主的科技强国，在加大对临近空间经费投入的同时，也加快了对高速运载器和高速打击武器的研究步伐，竞争激烈的临近空间高超声速技术给国际战略平衡带来了极大的不稳定性。

　　临近空间高超声速飞行器是指在临近空间飞行且速度大于马赫数 5 的飞行器，是航空航天技术高度融合的产物，主要包括可重复使用的航天运载器、高超声速飞机(空天飞机)、太空作战飞行器等。当高超声速飞行器在临近空间飞行时,会与周围的空气产生剧烈摩擦,温度瞬间可达数千甚至上万摄氏度,飞行器周围的空气分子被高温激发电离,形成一层包覆于飞行器表面的等离子体鞘套,如图 1.1 所示。等离子体鞘套中包含大量的中性粒子、正离子和自由电子,其中带电粒子(主要为自由电子)会对入射其中的电磁波进行吸收、反射和散射,继而引发一系列电磁效应,使地面探测站与飞行器之间的通信/探测信号产生畸变,导致信息系统特性发生改变、目标探测异常等,严重时会产生"黑障",即通信中断[1]。

(a) 神舟飞船　　　　　　　　　　　　　(b) 航天飞机

图 1.1　等离子体鞘套示意图[2,3]

等离子体鞘套流场变化本质上是一个极其复杂的动态随机过程,高超声速飞行器的加速度、姿态攻角、湍流/压力脉动、大气环境等因素的变化会引起等离子体流场随时间的随机抖动,表现为空间上的非均匀性和时间上的随机动态性。除此之外,飞行器表面涂敷材料经高温烧蚀产生的大量烧蚀颗粒会悬浮于等离子体鞘套中,形成尘埃等离子体,也称为复杂等离子体,这些都会对入射等离子体中的电磁波产生不容忽视的影响。

在空间上,等离子体鞘套的物理参数沿飞行器径向及轴向均具有明显的非均匀分布特征,同时伴随着 4 个数量级以上的大梯度变化。以钝锥飞行器为例,在与飞行器表面垂直方向 10 cm 的厚度范围内,自由电子密度可从 $10^9 \ cm^{-3}$ 上升至 $10^{13} \ cm^{-3}$,碰撞频率可从 10 MHz 上升至 10 GHz。因此,等离子体鞘套的空间分布特征总体上可概括为非均匀、大梯度、宽参数、高碰撞。

在时间上,等离子体鞘套的物理参数具有高动态性,即电磁参数随时间发生快速的随机抖动。一方面,由于飞行器的飞行参数及大气环境要素发生改变,电磁波在鞘套内部传播时经历直射、反射、绕射等过程,造成接收场强的大尺度衰落;另一方面,由于鞘套内部的湍流结构、激波边界层干扰等因素,使得接收场强发生小尺度衰落,且这些复杂的随机因素并非单独作用,它们之间还会紧密耦合引起更高阶的动态效应,最终使等离子体鞘套电磁参数呈现出高动态性。

在频率上,等离子体鞘套是一种具有色散效应的特殊介质,电磁波在等离子体中的传播速度随入射频率的变化而改变,磁化等离子还会表现出各向异性的色散效应。色散效应可导致天线和馈电系统的阻抗失配,使其产生大量的反射损耗,并降低天线的有效辐射能力,使天线方向图恶化。

1.2 等离子体鞘套研究历程

20 世纪 50~60 年代,美国和苏联正处于激烈的载人航天竞争中,研究人员发现再入飞行器进入地球大气层后会与地面观测站发生数分钟的通信中断,即"黑障"现象。为解决这一问题,针对等离子体鞘套的产生、物理特征、与电磁波之间的相互作用及减缓"黑障"的方法,美国和苏联两国不仅进行了深入的理论研究,还开展了大量的持续性的试验研究。美国国家航空航天局(National Aeronautics and Space Administration, NASA)实施了一系列的高超声速飞行器测控实验[4],比较著名的有无线电衰减测量(Radio Attenuation Measurements, RAM)计划、双子星计划(Gemini Program)、水星计划(Mercury Program)、阿波罗计划(Apollo Program)等。这些都属于最早期的"黑障"载飞试验,在这些项目的持续推动下,他们获得了大批宝贵数据,积累了大量的理论方法及技术储备。如图 1.2 所示,NASA 对 RAM-C 的整个弹道过程都进行了详细的数据采集和分析[4]。

随着冷战的结束,美苏两个超级大国对高超声速飞行器技术的研究也逐渐进入了冷却期,直到 20 世纪 90 年代,在意识到高超声速飞行器技术的商业价值及潜在军事价值之后,美国又掀起了新一轮的高超声速飞行器研究热潮,进行了高超声速飞行试验(Hyper-X),制定了高超声速技术(Hy-Tech)计划及高超声速飞行(Hyfly)计划,并先后开展了 X-43A、X-51A、HTV-2 和 X-37B 等多个型号飞行器的研制与飞行试验[5-7],部分如图 1.3 所示。据报道,2020 年 3 月 19 日 22:30,美国海军和陆军联合,成功进行了"通用型高超声速滑翔体(C-HGB)"飞行试验,美国国防部表示,此次试验是美军高超声速武器研制的重要里程碑,将为高超声速武器部署奠定重要基础。由此可见,高超声速飞行器技术已成为新

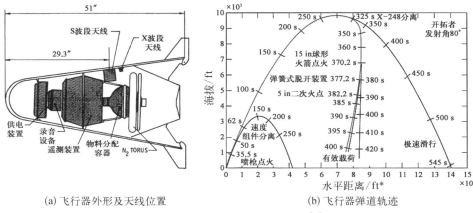

(a) 飞行器外形及天线位置　　　　　　　　　(b) 飞行器弹道轨迹

图 1.2　RAM-C 再入试验测量[4]

(a) 美国X-37B空天飞机　　　　　　　　　(b) 美国X-43A飞行器

图 1.3　高超声速飞行器示意图[6,7]

一轮航空航天及军事武器竞争的热点领域。

相比之下,我国在高超声速技术方面的研究起步较晚,20 世纪 80 年代,考虑到国外临近空间高新技术的迅猛发展,同时为了有力支持国家重大战略科技需求,国内许多研究院所也针对等离子体鞘套的"黑障"问题进行了深入的研究,填补了我国在高超声速技术领域的空白。近些年,我国对临近空间高超声速飞行器的研究高度重视,国内又掀起了等离子体鞘套下电磁特性及信息传输的研究热潮,经过一系列富有成效的工作,目前已经初步形成了较为系统的等离子体鞘套研究体系。

---

* 　1 ft = 0.304 8 m。

1.2.1 等离子体鞘套中的电磁波传播

等离子体鞘套中的电磁波传播及物理机理是研究等离子体鞘套下信息传输的基础,自最初观察到"黑障"现象以来,国内外诸多学者在这方面已经进行了大量的理论研究及测量实验。最为经典的是苏联科学家金兹堡对等离子体环境中电磁波传播的阐述[8],在此理论基础上,其他学者对均匀/非均匀、磁化/非磁化、碰撞/无碰撞的空间非均匀等离子体环境中电磁波的传播进行了大量的仿真计算,采用的理论方法主要包括温采尔-克劳迈斯-勃立鲁英(Wentzel-Kramers-Brillouin, WKB)方法[9]、时域有限差分(finite difference time domain, FDTD)方法[10,11]、矩量法(method of moments, MoM)、有限元法(finite element method, FEM)[12]、传输矩阵法(transfer matrix method, TMM)等[13]。

近年来,对等离子体鞘套中电磁波传播的研究大多针对提升电磁计算方法的准确性、快速性及有效性,通过不断改进算法以更好地适应等离子体鞘套中的电磁波传播。例如,美国犹他大学的 Samimi 等提出将电流方程合并到 Maxwell 方程的时域有限差分形式中,该算法可显式地对方程求解,因此具有更快的计算速度[14]。该团队在此算法的基础上进行改进,于 2019 年提出用于解决空间非均匀等离子体中电磁波传播的三维随机时域有限差分法,该方法的计算效率远远高于蒙特卡罗法,可应用于等离子体鞘套或电离层中的电磁波传播计算[15]。

国内诸多团队在等离子体鞘套的电磁特性研究方面也取得了很好的成果,例如,北京理工大学的 Li 等提出将计算流体力学与计算电磁学耦合的多物理方法,在对纳维-斯托克斯(Navier-Stokes, N-S)方程求解,得出等离子体鞘套电磁参数的基础上,采用辅助微分方程-有限时域差分法分析了高功率微波在等离子体鞘套内的传播特征[16]。北京大学的 Sha 等通过求解 N-S 方程,建立了等离子体流场的电磁参数,并用矩量法对其电磁特性进行了研究[17]。Wang 等针对影响等离子体鞘套动态性的烧蚀因素,给出了太赫兹频率下尘埃等离子体的色散介电常数,在验证了传播矩阵方法的有效性后,比较了有、无真空夹层的尘埃等离子体的传输特性[18]。Li 等提出了一种新的时域方法来处理弱电离尘埃等离子体中的电磁波传播问题,并采用该方法对包覆金属钝锥飞行器的弱电离尘埃等离子体鞘套中的电磁波传播进行了仿真计算[19]。Zhang 等建立了等离子体鞘套中宽带平面波传播的二维时域有限差分模型,并通过数值算例验证了该方法的有效性和准确性[20]。

高超声速等离子体鞘套与传统的等离子体介质不同,具有非均匀、宽参数、强碰撞及高动态等特征,在研究等离子体鞘套中的电磁波传播问题时,还需考虑这些独特的物理效应对电磁波传播的影响,使研究难度大幅增加。美国对这些特殊物理效应的研究起步较早,例如,早在 1959 年,Kistler 等利用热线法测量了马赫数为 1. 72、3. 56、4. 7 下的湍流体的流速和温度抖动[21]。1970 年,Demetriades 等提出了一种利用温度抖动导出电子密度抖动的方法,并指出真实的等离子体电子密度比用平均温度算出的电子密度大得多,且电子密度的抖动方差与平均值处于同一量级,并根据 Kistler 测量得到的温度抖动数据验证了这一结论[22]。同年,Fante 提出了时变介质中的电磁波传播计算方法[23]。

自 20 世纪 90 年代以来,随着高超声速技术的进一步快速发展,人们对等离子体鞘套的复杂电磁效应也进行了大量的研究,如 1993 年,Kalluri 等用 WKB 方法研究了电磁波在快速产生的磁化等离子体中的传播[24]。1999 年,麻省理工学院的 Ohler 和密歇根大学的 Gallimore 等研究了动态时变等离子体使信号产生幅度和相位调制的物理机理[25]。2004 年,Sagaut 等研究发现,在 2.3 马赫数下,即使在非扰动边界层也存在很大的抖动[26]。2006 年,Lin 等认识到当等离子体鞘套边界层发生湍流时,等离子体的各项参数均是随时间变化的,这种时变等离子体会引起电磁波幅度和相位上的寄生调制[27]。同年,Trifkovic 等研究了电磁波在时变等离子体介质中的非线性变换[28]。2009 年,Kalluri 等对时变等离子体介质中的比较恒等式进行了研究[29]。2010 年,Schreyer 等报道了德国斯图加特大学的研究人员在 HMMS 风洞通过恒温热线仪测得的 2.5 马赫数下流体的速度、电子密度变化规律与 Kistler 测得的结果较为吻合[30]。之后,Jandieri 等针对磁化等离子体的湍流效应,采用微扰法分析了电子密度的涨落对电磁波相位的影响[31]。

近年来,等离子体鞘套的复杂电磁效应也引起了国内研究者的广泛关注,一些学者通过建立理论的时变模型,以模拟等离子体鞘套物理参数的随机抖动,并在此基础上对其电磁特征进行研究。例如,清华大学的 He 等基于等离子体鞘套中电子密度的 bi-Guass 模型,建立了电子密度随时间及空间变化的理论模型,并采用传输矩阵法对该模型的电磁波传播进行了研究[32]。清华大学的 Lyu 等基于等离子体鞘层信道的隐马尔可夫模型,分析了信道模型参数对等离子体鞘层信道中断的影响,并提出了动态判据计算公式来模拟等离子体鞘层信道的动态特性,其仿真结果表明,动态判据的计算公式能准确地反映等离子体的动态特性[33]。Yao 等建立了时变电子密度分层涨落模型,并采用蒙特卡罗准静态电磁数值方法计算了动态等离子体鞘套对 Ka 波段电磁波传播的影响。结果表明,由于高超声速边界层中二阶模不稳定性的影响,时变透射系数的振幅和相位均服从高斯分布,而频谱曲线服从双高斯分布[34]。Chen 等基于 RAM-C 的实测数据,将等离子体鞘套中电子密度随时间的涨落假设为正弦模式,给出了时变传输矩阵法,并采用该方法分析了时变等离子体鞘套对雷达回波信号的影响,最终给出了定量的仿真计算结果[35]。李小平等在等离子体鞘套的信道建模、通信适应性技术及电磁调控削弱等方面做了大量的工作[36]。除此以外,包覆多种典型飞行器目标的等离子体鞘套中的电波传播也得到了一系列的定量分析[37]。

总体来说,稳态等离子体鞘套中的电磁波传播研究已经形成了系统性的理论体系,达到了较为成熟的阶段,相比之下,等离子体鞘套动态性及其电磁特性的研究还处于起步阶段,针对引起等离子体鞘套动态性的诸多物理因素,如大尺度的缓变因素(飞行姿态等)及小尺度的快变因素(烧蚀、湍流及非线性等)均没有系统性的阐述,与其相关的物理机理等关键科学问题尚未得到实质性的解决。

1.2.2　等离子体鞘套包覆目标的电磁散射特性

等离子体鞘套的存在导致等离子体包覆目标具有与本体不同的电磁散射特性,对高超声速飞行器的识别、定位及追踪等具有决定性的作用。在散射算法研究方面,目前计算等离子体包覆目标电磁散射的主要方法有低频的 FDTD 方法及高频的物理光学(physics optics, PO)法。20 世纪 90 年代至今,FDTD 方法在计算精度和有效性上得到了不断改进和演化,发展出了十余种适用于色散介质和各向异性介质的方法,典型的方法有如下几种:递归卷积(recursive convolution, RC)法(1990~1992 年)、辅助微分方程(auxiliary differential equation, ADE)法(1994 年)、分段线性递归卷积(piecewise linear recursive convolution, PLRC)法(1996 年)、电流密度卷积(JEC)法(1998 年)、交替方向隐式(alternating direction implicit, ADI)法(1999 年)、减场量存储(reduced finite difference time domain, R-FDTD)法(2001 年)、分段线性电流密度卷积(piecewise linear current density recursive convolution, PLJERC)法(2003 年)、移位算子(shift operator, SO)法(2003 年)、龙格库塔指数时程差分(Runge Kutta exponential time differencing, RKETD)法(2010 年)、矩阵指数(matrix exponential, ME)法(2010 年)、面中心立方体(face centered cubic, FCC)法(2013 年)等。其中,JEC 法和 PLJERC 法具有较高的计算效率和计算精度,是求解等离子体中电磁波传播问题比较常用的方法。JEC 法将色散介质内的电流密度表达为电场强度的函数,推导出由电场强度表达的电流密度的迭代关系式,因此更适用于等离子体介质。

许多国家已针对临近空间高超声速飞行器的电磁散射问题开展了大量的工作[38-41]。随着高超声速飞行器技术领域的竞争愈演愈烈,越来越多的研究者开展了此方面的研究。2008 年,Karin 等利用射线追踪法对高超声速飞行器目标的电磁散射特性进行了研究[42]。2010 年,Sotnikov 等对飞行器周围湍流效应引起的电磁散射进行了分析[43]。Chung 对 S 及 X 频带覆盖了等离子体的金属锥的雷达散射截面进行了仿真分析,发现最大可实现 15 dBsm 的雷达截面积(radar cross section, RCS)减缩[44]。Klement 等将空间媒质看作分层介质,采用物理光学法计算了等离子体包覆目标的 RCS,分析了不同等离子体参数对目标 RCS 的影响[45]。2014 年,Michael 等对电磁波入射到飞行目标产生的多普勒效应进行了研究[46]。2018 年,杜克大学的 Yucel 等提出了用于分析复介电常数等离子体包覆理想导体表面电磁散射组合体的表面积分方程[47]。2019 年,Youngjoon 等基于时域有限差分法,提出了一种简单有效的周期边界条件,并对时变等离子体鞘套进行了研究[48]。

在国内,由于受到技术和实验设备的制约,这方面的研究起步较晚,但是近年来逐渐有部分研究成果开始展现。中国空气动力研究与发展中心的于哲峰等利用弹道靶实验和数值方法首次对升力体外形临近空间飞行器本体及绕流雷达散射截面特性进行了系统分析[49]。浙江大学的聂亮等采用空气中七组元的化学反应方程,数值模拟了高超声速等离子体流场,并利用 PLJERC-FDTD 方法计算了 P 波段和 L 波段的后向 RCS[50]。同时,常雨等利用 PLJERC-FDTD 方法计算了钝锥的雷达目标散射特性[51]。莫锦军等分析了等离子体包覆飞行器对电磁波的隐身特性[52]。空军工程大学的周超等利用商用软件 FEKO 和物理光学法研究了等离子体鞘套对电磁波的衰减机理,并在此基础上分析了再入段弹头包覆等离子体对 RCS 的影响[53]。Chen 等设定了等离子体鞘套参数的时变模型,采用 FDTD 方法对目标的电磁特征进行了研究[54]。南京理工大学的 Xu 等提出了时域谱元法,并使用该方法分析了磁化等离子体鞘套包覆目标的瞬态电磁散射特性[55]。空军工程大学的张厚等对等离子体鞘套包覆目标的电磁散射特性进行了系统性的阐述[56]。

有关等离子体鞘套包覆目标电磁散射特性方面的研究,目前还存有一些问题有待解决,例如,等离子体鞘套的介电特性依赖于等离子体流场特性,而流场特性通常为非均匀分布,导致等离子体鞘套介电特性具有非均匀、大跨度、不连续的特征。等离子体鞘套非均匀模型的建模精度对高超声速飞行器的电磁散射特性有很大影响,并将严重影响临近空间飞行器探测系统的精确性。此外,从实测结果可以看出,高速飞行器组合体目标的电磁散射特性是随着飞行轨迹变化的。由于飞行器的高速、随动特性,等离子体鞘套流场及其电磁参数将会随时间快速变化,这种时变特性导致组合体目标的电磁散射特性在不同阶段也表现出不同的特征。但关于时变等离子体鞘套包覆目标,尤其是三维时空非均匀等离子体鞘套包覆目标电磁散射特性的研究还比较少。

1.2.3　等离子体鞘套对天线辐射特性的影响

研究发现,引起飞行器再入“黑障”现象的原因不仅是电磁波能量被衰减,天线的性能恶化也是重要原因之一。这是因为等离子体鞘套作为一种复杂的电磁介质,包覆于飞行器的周围,使得天线阻抗相较于自由空间时发生较大变化,可导致天线和馈电系统的阻抗失配、反射增大,造成天线频偏、失配及辐射方向图畸变等,从而对高超声速飞行器测控和通信信息的交换造成严重阻碍。

美国在此方面的研究主要集中于 20 世纪 60~70 年代,特别是基于 RAM 计划和 Trailblazer 计划的一系列飞行试验及理论分析[57-60],取得了重要的理论及实验成果。1970 年,Golden 等获得了等离子体环境中 X 波段遥测天线的输入导纳和增益曲线,研究表明,再入过程中天线阻抗较大,天线增益曲线衰减严重,同时辐射方向图主瓣宽度也会发生较大变化[61]。Piorier 等测量了地面模拟等离子体环境中 Trailblazer Ⅱ 飞行器上 S 波段天线的阻抗特性和辐射增益[62]。Galeis 等基于并矢格林函数推导出单层均匀等离子体覆盖下天线的近场分布与阻抗特性,并通过地面模拟装置的实测结果对理论计算结果进行了验证[63]。Villeneuve 基于电磁场叠加原理,分别对不同等离子体覆盖天线的阻抗与回波损耗进行了计算[64]。莫斯科国立大学的 Bogatskaya 等提出在飞行器表面和等离子体之间嵌入谐振器,讨论了天线在该通道的有效性[65]。

我国针对等离子体鞘套的天线性能也进行了大量的研究。如钱志华等对等离子体覆盖单极子天线的 FDTD 方法进行了分析[66]。王龙军分析了等离子体对天线产生的附加电场分量,证明了等离子体会使天线阻抗失配,从而导致天线的性能恶化[67]。李伟分析了飞行器在再入段中高速飞行时的电磁波传播与天线特性,提出了降低电磁波损耗的方法,进行了理论分析、仿真研究和地面测量,为飞行试验提供了理论参考与借鉴[68]。许斌等从等离子体鞘套下的导航频段电磁波传播及测控导航天线特性两方面开展研究,采用波阻抗方法分析了等离子体鞘套对测控导航天线性能的影响[69]。Xie 等提出了一种针对天线窗局部等离子体鞘套模拟的新方法,利用辉光放电及扩散的技术原理,产生与实际等离子体鞘套等效面积的等离子体,在此基础上展开了多个电磁波传播实验的研究,再现了 L/S 频段天线的"黑障"现象,且与理论结果吻合[70]。北京航空航天大学的 Mei 等针对 RAM-C 飞行器等离子体鞘套的天线性能进行了研究,将偶极子天线和喇叭天线分别置于驻点区和后机身区,对其天线特性进行了计算,并与无等离子体鞘层时的结果进行了比较[71]。

1.2.4　等离子体鞘套地面模拟实验研究

针对高超声速飞行器所面临的"黑障"问题,美国进行了一系列完整的等离子体基础理论研究、地面模拟实验、挂载试飞试验,为高速飞行器系统的设计提供了巨大的技术支撑。其中,地面模拟实验起到了十分重要的作用,它不仅对基础理论研究进行了验证和修正,还对挂载试飞试验所需设备进行了先期验证,起着承上启下的作用。从 20 世纪 60 年代起,研究人员分别采用激波风洞(气动力学实验设备)、电弧/射频等离子体风洞(气动热学实验设备)、辉光/射频等离子体源(低温等离子体设备)等产生地面等离子体环境,并在此基础上开展了一系列电磁波传播、信号传输及目标电磁散射特性实验。

风洞激波管利用一片隔膜将高压气体与低压气体(或真空)隔开,在高压端填充混合可燃气体,当气体被点燃时,产生的高压将隔膜迅速破裂,产生高速的激波冲向低压气体区,形成高密度等离子体环境,如图 1.4 所示。

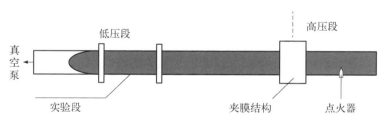

图 1.4　风洞激波管装置示意图

典型的激波风洞实验装置有日本国家航天实验中心的 HIEST、美国卡尔斯本大学巴法罗研究中心的 LENS 系列及我国中国科学院力学研究所的超大型激波风洞 JF12。日本的 HIEST 风洞激波管长度约为 17 m,直径为 2 m,持续时间为 2 ms,模拟马赫数为 8~16,研究人员利用该设备开展了一系列高超声速流动实验及电磁测量实验[72]。卡尔斯本大学巴法罗研究中心于 1986 年研发了 LENS 系列激波风洞,其中 LENS-Ⅱ可模拟高度为 20~40 km、马赫数 3~8、持续 30~80 ms 的实验环境[73]。2012 年,中国科学院力学研究所成功研制了超大型激波风洞 JF12,可复现高度为 25~40 km,速度为 5~9*Ma* 的高超声速飞行条件,有效试验时间最长可达 100 ms,相关研究人员利用此装置开展了系列电磁波传播实验,验证了经典等离子体介质计算理论的正确性[74]。除此之外,典型的风洞激波管还有美国 NASA 的 HYPULSE、俄罗斯的 U-12 以及德国的 TH2-D 等。激波风洞实验装置为地面等离子体电磁测量实验提供了便利,例如,Rudderow 在激波管实验平台上产生了厚度为 3.7 ~ 12 mm 的薄层等离子体,分别对 X 波段(10 GHz)电磁波进行了小功率(W 级)以及大功率(kW 级)的传播实验[75]。谢楷等在设计并建立的激波管高超声速等离子体实验装置的基础上,对低频电磁波在其中的传播特性进行了测量分析[76]。

等离子体风洞的原理是通过电能加热一定容积内的气体,使气体发生离解和电离,然后通过超声速喷管将其扩散加速至超声速,在喷管中,由于扩散气体的密度迅速下降,气体复合率也快速下降,因此气体的组分基本不变。1994 年,冯卡门流体力学研究所建造了一座 1.2 MW 的等离子体风洞,并在此设备基础上进行了系列研究[77]。中国空气动力研究与发展中心研究人员分别于 1993 年和 2005 年建成了 20 MW 级和 50 MW 级的电弧风洞,并在此基础上进行了多项高超声速流体实验及电磁测量实验[78]。

低温等离子体发生装置一般采用放电方式,不同的放电形式所需的环境参数、产生的等离子体电子密度范围具有较大差距。2009 年,美国密歇根大学研究人员研制了 Helicon 低温等离子体发生装置,可模拟高度为 60 km 以上的较大体积等离子体环境[79],如图 1.5 所示。2012 年,西安电子科技大学研究人员设计研制了一种基于低气压环形扩散放电的辉光放电等离子体装置,并利用该装置开展了等离子体电磁波传播、天线辐射特性及测控通信信号特性研究[80]。

图 1.5　密歇根大学 Helicon 低温等离子体发生装置[79]

高超声速飞行器的探测与被探测问题是未来高超声速技术领域的关键点,近年来,高超声速飞行器不断更新,研究者通过地面模拟装置对基于目标的等离子体电磁特性进行了大量的测量实验。普林斯顿大学的 Galea 等通过模拟和实验研究了局部外加磁场对等离子体包覆目标散射特性的影响,从而预测和观察了散射微波的磁诱导去极化[81]。美国海军实验室研究人员基于等离子体发生装置,对 10 GHz 的电磁波开展了反射特性研究[82]。中国空气动力学研究与发展中心的曾学军等用两级轻气炮发射缩孔飞机模型周围湍流等离子体的实验方法,测量了其电磁散射特性[83]。中国科学技术大学研究人员设计并研制了工作气压为 10 kPa 的电子束等离子体,并利用该装置开展了微波目标特性的研究[84]。

已有的理论计算和实验测量表明,高超声速飞行器表面的等离子体鞘套参数具有非均匀、高动态、宽范围等特征,是一种极为复杂的电磁损耗介质,当电磁波入射其中时,等离子体流场与外加电磁场相互作用,可引起一系列复杂多样的电磁波动效应。本书主要从等离子体鞘套的物理模型及模拟方法、非均匀及时变等离子体鞘套中的电磁波传播、等离子体中的湍流效应、等离子体鞘套包覆目标的高、低频电磁散射计算方法及电磁散射特性、等离子体鞘套及载体等对天线辐射特性的影响等方面进行系统性的研究与分析。

参考文献

[1] Starkey, Ryan P. Hypersonic vehicle telemetry blackout analysis[J]. Journal of Spacecraft and Rockets, 2015, 52(2): 426-438.

[2] 刘昌臻. "黑障"测控传输体制研究[D].南京:南京理工大学, 2012.

[3] 白博文.等离子鞘套下电磁波极化特性及天线辐射特性研究[D].西安:西安电子科技大学, 2015.

[4] Swift C T, Beck J T, Thomson J, et al. RAM C-III S-band diagnostic experiment[R]. Washington: NASA, 1970.

[5] Walker S, Sherk J, Shell D, et al. The DARPA/AF falcon program: the hypersonic technology vehicle# 2 (HTV-2) flight demonstration phase[C]. 15th AIAA International Space Planes and Hypersonic Systems and Technologies Conference, Dayton, 2008.

[6] 蒋崇文,杨加寿,李克难,等.类 X-37B 飞行器气动特性的数值研究[J].中国空间科学技术,2014,2: 36-44.

[7] Morelli E, Derry S, Smith M. Aerodynamic parameter estimation for the X-43A (Hyper-X) from flight data[C]. AIAA Atmospheric Flight Mechanics Conference and Exhibit, San Francisco, 2005.

[8] 金兹堡.电磁波在等离子体中的传播[M].北京:科学出版社,1978.

[9] Kalluri D K, Goteti V R, Sessler A M. WKB solution for wave propagation in a time-varying magnetoplasma medium: longitudinal propagation[J]. IEEE Transactions on Plasma Science, 1993, 21(1): 70-76.

[10] Liu S, Liu S B. Runge-kutta exponential time differencing FDTD method for anisotropic magnetized plasma [J]. IEEE Antennas and Wireless Propagation Letters, 2008, 7: 306-309.

[11] Niamien M A C, Collardey S, Mahdjoubi K. A hybrid approach for receiving antennas: concepts and applications[J]. IEEE Transactions on Antennas and Propagation, 2014, 62 (11): 5462-5473.

[12] Ilic M M, Djordjevic M, Ilic A Z, et al. Higher order hybrid FEM-MoM technique for analysis of antennas and scatterers [J]. IEEE Transactions on Antennas and Propagation, 2009, 57(5): 1452-1460.

[13] Zhang Y X, Feng N X, Wang G P, et al. Reflection and transmission coefficients in multi-layered fully anisotropic media solved by transfer matrix method with plane waves for predicting energy transmission course[J]. IEEE Transactions on Antennas and Propagation, 2021, 69(8): 4727-4736.

[14] Samimi A, Simpson J J. An efficient 3-D FDTD model of electromagnetic wave propagation in magnetized plasma[J]. IEEE Transactions on Antennas and Propagation, 2015, 63(1): 269-279.

[15] Nguyen B T, Samimi A, Vergara S W, et al. Analysis of electromagnetic wave propagation in variable magnetized plasma via polynomial chaos expansion [J]. IEEE Transactions on Antennas and Propagation, 2019, 67(1): 438-449.

[16] Li J, He M, Li X, et al. Multiphysics modeling of electromagnetic wave-hypersonic vehicle interactions under high-power microwave illumination: 2-D case[J]. IEEE Transactions on Antennas and Propagation, 2018, 66(7): 3653-3664.

[17] Sha Y X, Zhang H L, Guo X Y, et al. Analyses of electromagnetic properties of a hypersonic object with plasma sheath[J]. IEEE Transactions on Antennas and Propagation, 2019, 67 (4): 2470-2481.

[18] Wang M Y, Li H L, Dong Y L, et al. Propagation matrix method study on THz waves propagation in a dusty plasma sheath[J]. IEEE Transactions on Antennas and Propagation, 2016, 64(1): 286-290.

[19] Li L, Wei B, Yang Q, et al. High-order SO-DGTD simulation of radio wave propagation through inhomogeneous weakly ionized dusty plasma sheath[J]. IEEE Antennas Wireless Propagation Letter, 2017, 16: 2078-2081.

[20] Zhang Y, Liu Y, Li X, et al. A 2-D FDTD model for analysis of plane wave propagation through the reentry plasma sheath [J]. IEEE Transactions on Antennas and Propagation, 2017, 65(11): 5940-5948.

[21] Kistler, Alan L. Fluctuation measurements in a supersonic turbulent boundary layer[J]. Physics of Fluids, 1959, 2(3): 290.

[22] Demetriades, Anthony. Turbulence measurements in a supersonic two-dimensional wake[J].

Physics of Fluids, 1970, 13(7): 1672-1678.

[23] Fante R. Transmission of electromagnetic waves into time-varying media, antennas and propagation[J]. IEEE Transactions on Antennas and Propagation, 2003, 19(3): 417-424.

[24] Kalluri D K, Goteti V R, Sessler A M. WKB solution for wave propagation in a time-varying magnetoplasma medium: longitudinal propagation[J]. IEEE Transactions on Plasma Science, 1993, 21(1): 70-76.

[25] Ohler S G, Gilchrist B E, Gallimore A D. Electromagnetic signal modification in a localized high-speed plasma flow: simulations and experimental validation of a stationary plasma thruster[J]. IEEE Transactions on Plasma Science, 1999, 27(2): 587-594.

[26] Sagaut P, Garnier E, Tromeur E, et al. Turbulent inflow conditions for LES of compressible wall-bounded flows[J]. AIAA Journal, 2004, 42(3): 469-477.

[27] Lin T C, Sproul L K. Influence of reentry turbulent plasma fluctuation on EM wave propagation[J]. Computers & fluids, 2006, 35(7): 703-711.

[28] Trifkovic Z M, Stanic B V. Nonlinear transformation of electromagnetic wave in time-varying plasma medium: longitudinal propagation[J]. Journal of Applied Physics, 2006, 100 (2): 1638.

[29] Kalluri D K, Chen J. Comparison identities for wave propagation in a time-varying plasma medium[J]. IEEE Transactions on Antennas and Propagation, 2009, 57(9): 2698-2705.

[30] Schreyer A M, Gaisbauer U, Krämer E. Fluctuation measurements in the turbulent boundary layer of a supersonic flow[C]. 7th IUTAM Symposium on Laminar-Turbulent Transition, Stockholm, 2010.

[31] Jandieri G V, Ishimaru A, Jandieri V, et al. Depolarization of metric radio signals and the spatial spectrum of scattered radiation by magnetized turbulent plasma slab[J]. Progress In Electromagnetics Research, 2011, 112: 63-75.

[32] He G L, Zhan Y F, Zhang J Z, et al. Characterization of the dynamic effects of the reentry plasma sheath on electromagnetic wave propagation[J]. IEEE Transactions on Plasma Science, 2016, 44(3): 1-7.

[33] Lyu X T, Jiang C X, Ge N. Outage probability analysis and dynamic criterion calculation under the plasma sheath channel[J]. IEEE Transactions on Plasma Science, 2018, 46(6): 1995-2002.

[34] Yao B, Li X, Shi L, et al. A layered fluctuation model of electron density in plasma sheath and instability effect on electromagnetic wave at Ka band[J]. Aerospace Science and Technology, 2018, 78: 480-487.

[35] Chen X Y, Li K X, Liu Y Y, et al. Study of the influence of time-varying plasma sheath on radar echo signal[J]. IEEE Transactions on Plasma Science, 2017, 45(12): 1-11.

[36] 李小平,刘彦明,谢楷,等.高速飞行器等离子体鞘套电磁波传播理论与通信技术[M]. 北京:科学出版社,2018.

[37] 吕跃广,郭立新,李江挺,等.高速飞行器等离子体鞘套及电磁特性数据手册[M].北京: 科学出版社,2019.

[38] Kuo S P, Koretzky E, Vidmar R J. Temperature measurement of an atmospheric-pressure

plasma torch[J]. Physics of Plasma, 1999, 70(7): 3032-3034.

[39] Weston V H. Oblique incident of an electromagnetic wave on plasma half-space[J]. Physics of Fluids, 1967, 10(3): 632-640.

[40] Wait J R. Oblique reflection of a plane impulsive electromagnetic wave from a plasma half-space[J]. Physics of Fluids, 1969, 12(7): 1521-1522.

[41] Harrison C. On the bistatic scattering cross section of a reentry capsule with ionized wake[J]. IEEE Transactions on Antennas Propagation, 1969, 17(3): 374-376.

[42] Karin S, Denis B, Werner W. Extraction of virtual scattering centers of vehicles by ray-tracing simulations[J]. IEEE Transactions on Antennas and Propagation, 2008, 56(11): 3543-3551.

[43] Sotnikov V I, Leboeuf J N, Mudaliar S. Scattering of electromagnetic waves in the pressure of wave turbulence excited by a flow with velocity shear[J]. IEEE Transactions on Plasma Science, 2010, 38(9): 2208-2218.

[44] Chung S S M. FDTD simulations on radar cross sections of metal cone and plasma covered metal cone[J]. Vacuum, 2012, 86(7): 970-984.

[45] Klement D, Preissner J, Stein V. Special problems in applying the physical optics method for backscatter computations of complicated objects[J]. IEEE Transactions on Antennas and Propagation, 1988, 36(2): 228-237.

[46] Michael W, Dmitriy S, Carsten U F. Delay-dependent doppler probability density functions for vehicle-to-vehicle scatter channels[J]. IEEE Transactions on Antennas and Propagation, 2014, 62(4): 2238-2249.

[47] Yucel A C, Gomez L J, Michielssen E. Internally combined volume-surface integral equation for EM analysis of inhomogeneous negative permittivity plasma scatterers[J]. IEEE Transactions on Antennas and Propagation, 2018, 66(4): 1903-1913.

[48] Youngjoon L, Bongkyun S, Sangwook N. FDTD simulation of three-wave scattering process in time-varying cold plasma sheath[J]. IEEE Access, 2019, 7: 106713-106720.

[49] 于哲峰, 刘佳琪, 刘连元, 等.临近空间高超声速飞行器 RCS 特性研究[J].宇航学报, 2014, 35(6): 713-719.

[50] 聂亮, 陈伟芳, 夏陈超, 等.高超声速飞行器绕流流场电磁散射特性分析[J].电波科学学报, 2014, 29(5): 874-879.

[51] 常雨, 陈伟芳, 曾学军, 等.再入钝锥体绕流流场电磁散射特性分析[J].宇航学报, 2008, 29(3): 962-965.

[52] 莫锦军, 刘少斌, 袁乃昌, 等.非均匀等离子体覆盖目标隐身研究[J].电波科学学报, 2002, 17(1): 69-73.

[53] 周超, 张小宽, 张晨新, 等.再入段等离子体对弹头 RCS 的影响研究[J].现代雷达, 2014, 36(3): 83-86.

[54] Chen W, Guo L X, Li J T. Research on the FDTD method of scattering effects of obliquely incident electromagnetic waves in time-varying plasma sheath on collision and plasma frequencies[J]. Physics of Plasmas, 2017, 24(4): 042102.

[55] Xu H, He Z, Ding D Z, et al. Scattering analysis of magnetized plasma objects with spectral-

element time-domain method [C]. IEEE International Conference on Computational Electromagnetics, Guangzhou, 2016: 52-54.

[56] 张厚,殷雄.高超声速飞行器等离子体鞘套的电磁特性[M].北京:国防工业出版社,2018.

[57] Sims T E, Jones R F. Flight measurements of VHF signals attenuation and antenna impedance for the RAM AI slender probe at velocities up to 17800 feet per second[R]. Washington: NASA TM X-760, 1963.

[58] Lundstrom R R, Henning A B, Hook W. Description and performance of three trailblazer II reentry research vehicles [R]. Hampton: National Aeronautics and Space Administration, 1964.

[59] Croswell E F, Jones W L. Effects of reentry plasma on RAM C-I VHF telemetry antennas[J]. NASA Special Publication, 1971, 252: 183.

[60] Rochefort J S, Sukys R, Goldberg S. Instrumentation of reentry plasma experiments on trail blazer 2 rocket A21. 220-1[R]. Boston: Northeastern University Electronics Research Lab, 1974.

[61] Golden K E, Mcpherson D A. Analysis of VHF and X-Band telemetry systems degradation by reentry environment[R]. Hampton: NASA Langley Research Center, 1971.

[62] Poirier J L, Rotman W, Hayes D T, et al. Effects of the reentry plasma sheath on microwave antenna performance: trailblaser 2 rocket results of 18 Jun 1967[R]. Boston: Air Force Cambridge Research Laboratories, 1969.

[63] Galejs J. Admittance of a waveguide radiating into stratified plasma[J]. IEEE Transactions on Antennas and Propagation, 1965, 13(1): 64-70.

[64] Villeneuve A. Admittance of waveguide radiating into plasma environment [J]. IEEE Transactions on Antennas and Propagation, 1965, 13(1): 115-121.

[65] Bogatskaya A V, Klenov N V, Tereshonok M V, et al. Resonant interaction of electromagnetic wave with plasma layer and overcoming the radio communication blackout problem[J]. Journal of Physics D: Applied Physics, 2018, 51(18): 1-8.

[66] 钱志华,陈如山,杨宏伟.等离子体覆盖单极子天线的 FDTD 分析[J].南京理工大学学报(自然科学版),2005,5:510-513.

[67] 王龙军.再入环境中的电波传播与天线特性研究[D].哈尔滨:哈尔滨工业大学,2008.

[68] 李伟.飞行器再入段电磁波传播与天线特性研究[D].哈尔滨:哈尔滨工业大学,2010.

[69] 许斌.等离子体鞘套对测控导航天线性能影响研究[D].西安:西安电子科技大学,2013.

[70] Xie K, Li X, Liu D, et al. Reproducing continuous radio blackout using glow discharge plasma[J]. Review of Scientific Instruments, 2013, 84(10): 1-103.

[71] Mei J, Xie Y J. Effects of a hypersonic plasma sheath on the performances of dipole antenna and horn antenna[J]. IEEE Transactions on Plasma Science, 2017, 45(3): 364-371.

[72] Itoh K, Ueda S, Komuro T, et al. Hypervelocity aerothermodynamic and propulsion research using a high enthalpy shock tunnel HIEST [C]. 9th International Space Planes and Hypersonic Systems and Technologies Conference, Norfolk, 1999.

［73］ Holden M S, Parker R A. LENS hypervelocity tunnels and application to vehicle testing at duplicated flight conditions［J］. Progress in Astronautics and Aeronautics, 2002, 198: 73-110.

［74］ 姜宗林,赵伟,林贞彬,等. 爆轰驱动高焓激波风洞及其瞬态测试技术的研究与进展［J］. 力学进展,2001,31(2): 312-313.

［75］ Rudderow W H. An experimental study of the effect of a thin plasma layer on high power microwave transmission［R］. Advanced Technology Center, 1974.

［76］ Xie K, Sun B, Guo S S, et al. Experimental apparatus for investigating the propagation characteristics of the low-frequency electromagnetic waves in hypersonic plasma fluid generated by shock tube［J］. Review of Scientific Instruments, 2019, 90: 073503.

［77］ Plihon N, Bousselin G, Palermo F, et al. Flow dynamics and magnetic induction in the von-Karman plasma experiment［J］. Journal of Plasma Physics, 2015, 81(1): 1-17.

［78］ 张松贺,杨远剑,王茂刚,等.电弧风洞热/透波联合试验技术研究及应用［J］.空气动力学学报, 2017, 35(1): 141-145.

［79］ Chen F F. Experiments on helicon plasma sources［J］. Journal of Vacuum Science and Technology A, 1992, 10(4): 1389-1401.

［80］ Yang M, Li X P, Xie K, et al. A large volume uniform plasma generator for the experiments of electromagnetic wave propagation in plasma［J］. Physics of Plasmas, 2013, 20(1): 879-1194.

［81］ Galea C, Shneider M N, Dogariu A, et al. Magnetically induced depolarization of microwave scattering from a laser-generated plasma［J］. Physical Review Applied, 2019, 12(3): 034055.

［82］ Fernsler R F, Manheimer W M. Production of large-area plasmas by electron beams［J］. Physics of Plasmas, 1998, 5(5): 2137-2142.

［83］ 曾学军,马平,部绍清,等.高超声速球模型及其尾迹电磁散射试验研究［J］.实验流体力学,2008,22(4): 5-10.

［84］ 周军.电子束等离子体的电流测量与参数诊断［D］.合肥: 中国科学技术大学,2014.

第 2 章

高超声速目标等离子体
鞘套流场特征及仿真

由于高超声速飞行器等离子体鞘套飞行轨迹、姿态及攻角等因素的变化,其流场具有空间非均匀性,且由于高温稀薄气体效应、强激波边界层干扰、流动分离、湍流、烧蚀等多重随机非线性效应及其高阶耦合,流场具有时域的随机特征[1]。研究高超声速等离子体鞘套的电磁特性,首要任务是明确其流场特征,因为流场分布直接决定了等离子体鞘套的介电特性,继而影响其电磁特性,本章介绍高超声速等离子体鞘套流场特征,并对几类典型飞行器进行流场仿真。

2.1　高超声速目标等离子体鞘套流场

高超声速飞行器外形大多采用锥体外形,可以有效减小气动阻力,高超声速飞行器及再入体采用最多的就是尖锥及钝锥的结构。在高超声速飞行过程中,采用锥形头部可有效地在飞行器迎风面产生一个宽大且强烈的脱体正激波,并使波前锋远离飞行器头部,脱体激波层使气动加热所产生的热量主要耗散在空气密度较高的激波层内,飞行器在周围宽厚边界层的保护下,本身承受的热负荷反而比锥体头部更小,因此锥体结构被广泛用于宇宙飞船、洲际导弹及航天飞机的头部。

当飞行器以高超声速飞行时,锥体头部的空气被高温电离,在驻点区形成了高密度的自由电子、中性粒子及正离子,并随着流动扩散至飞行器身部,形成非均匀分布的等离子体鞘套,在头部驻点区域,等离子体密度最高,电子密度峰值可达 $10^{20}/m^3$,碰撞频率可达数千亿赫兹。等离子体主要集中在激波层内,其密度在流经头部后逐渐降低。流场中的电子密度主要受电离反应过程的影响,边界层内部高温区域的电子密度较高,并在物面法向呈现分层特性。

美国 RAM 计划中的前两次试飞均针对 RAM-C 等离子体鞘套流场分布和烧蚀产物在纯空气条件下对流场分布的影响进行了研究[2],这些飞行试验数据对我国是公开的,是目前等离子体计算方法和程序验证的标准之一。除此之外,还有一些文献也提到了一些相关的地面模拟实验和飞行试验,但并没给出相关数据,因此可借鉴性不强。但是,飞行试验的成本较为昂贵,由于地面模拟实验中的设备和测量造成的局限性、试验成本及流场不确定性等不利因素,国内外一般多采用理论分析与数值建模相结合的方法来研究等离子体鞘套的流场特征。高超声速飞行器周围的等离子体流场为多耦合场,对其进行数值模拟时会涉及流场控制方程、化学反应模型、数值模拟、离散方法等多个方面。其中,随着现有计算能力的不断提高及其求解问题的变化,高超声速空气动力学控制方程变得越来越复杂,其发展历程为工程计算方法[3,4]、Euler 方程[5]、N-S 方程[6]。

国外在理论方面的研究主要针对化学反应模型和高超声速热化学非平衡流动问题。其中,在化学反应模型方面,1989 年,Gupta 等使用 11 组元化学反应速率,通过数据分析给出了在高温高焓的极端情况下流场中的 20 个化学反应方程式和其相对应的反应速率系数[7]。Park 于 1992 年提出了一组新的化学反应方程式及其相对应的正向反应速率系数[8]。经过数年的发展和研究,气体组元的模型从 5 组元、7 组元、n 组元发展到数百个组元,化学反应方程式也由几个发展到上千个。目前,最常用的化学反应模型有 Park 模型[9]、Gupta 模型和 Dunn-Kang[10]模型等。另外,在高超声速热化学非平衡流动问题方面,1978 年,Murray 等研究了三维的非平衡黏性激波流场,其计算结果与文献中吻合良好[11]。1982 年,Moss 等在考虑多组分质量扩散的条件下,研究了钝头体的化学非平衡绕流问题[12]。1989 年,Gnoffo 等和 Palmer 等使用双温度模型计算得到了飞行器周围流场[13,14]。1991 年,Mitcheltree 使用双温度模型研究了高速再入飞行器解离和电离过程中的流动情况[15];同年,Candler 等提出了六温度模型,假设 7 组元模型中每一个的振动温度都不相同[16]。1992 年,Lee 等研究了层流方式,并以此计算了三维黏性激波流场的电子密度分布,其在热化学非平衡条件下的计算结果量级与飞行试验一致[17]。1994 年,McBride 等在忽略电子的热传导和黏性效应的情况下给出了化学平衡流的应用范例和组分模拟程序[18]。2008 年,Tchuen 等通过求解 N-S 方程,得到了在高超声速状态下非平衡弱电离空气流场和壁面热流值[19]。2015 年,Johnston 等提出了一种气动热环境模拟方法并拓展了气动热计算的适用范围[20]。

近年来,等离子体鞘套的动态性也受到了越来越多的关注,如意大利的 Monteverde 等基于钝锥和尖锥两种飞行器模型,将高超声速地面模拟与理论建模相结合,研究了飞行器表面复合材料经超高温烧蚀后对流场物理特性的影响[21]。美国波音公司的 Lakebrink 等基于椭圆锥飞行器模型,采用理论方法分析了马赫数为 6 时流场边界层的不稳定性效应[22]。德国航空太空中心的 Wartemann 等基于钝锥飞行器模型,采用数值方法对等离子体鞘套边界层的干扰效应进行了理论仿真计算,并通过该中心的激波风洞实验对理论结果进行了验证[23]。

我国在理论方面的研究重点在化学反应模型、各种能量模式耦合效应气体模型的研究、高温气体热化学非平衡流动和对流传热计算等方面。1986 年,沈建伟等采用化学非平衡黏性激波层控制方程和 7 组元 7 化学反应模型研究了滑移和催化等不同边界条件对高超声速钝体绕流流场电子密度分布的影响[24,25]。1997 年,蔡元虎等采用三温度模型数值计算了飞行器强激波后的非平衡流场,并且得到了不同马赫数下气体组分和各流动参数随时间的变化过程[26]。1999 年,张巧芸等采用 11 组元化学反应模型数值计算了双曲体非平衡黏性激波层的流场,并将结果与 5 组元、7 组元进行了对比,得出 11 组元更能满足流场的光电特性计算,而如果仅进行空气动力学分析,则采用 5 组元、7 组元即可[27]。2001 年,董维中对高超声速钝体流场进行了数值模拟,比较了完全气体、平衡气体和非平衡气体等模型的影响,得出使用多温度模型更能贴合实验数据[28]。2003 年,柳军等对高超声速圆球的流场进行了数值模拟,并将结果与弹道靶实验对比,符合良好[29]。2004 年,范绪箕研究了流场模拟过程中各模型的选取及边界条件的设置等问题[30]。2009 年,何开峰等采用 19 组元 28 化学反应模型,研究了烧蚀产物对流场的影响[31]。2014 年,聂亮等计算了类 HTV-2 飞行器的流场,给出了各流场参数和电子密度的分布[32]。2015 年,苗文博等研究了钝头类再入飞行器的马赫数与气体组分模型的相关性,认为对大钝头、高度为 60 km 和马赫数大于 23 的流场进行模拟时,应采用 11 组元化学反应模型[33]。高海燕等分析了仿真模拟飞行器外部绕流、尾迹和发动机喷焰中的问题,并给出了建议[34]。2015~2018 年,浙江大学的陈伟芳课题组针对等离子体鞘套动态特性,采用理论建模的方式分析了来流参数突变、激波/边界层干扰等非定常流动过程引起的参数动态分布[35,36]。2016 年,Shao 等基于表面包裹防热层的高超声速飞行器,采用壁面平衡烧蚀反应模型对流场进行了模拟。结果表明,防热层的烧蚀反应能够削弱复合电离且引入中性粒子,验证了防热层的烧蚀效应可使等离子体鞘套的特征参数发生改变[37]。2018 年,哈尔滨工业大学的 Liang 等通过理论建模与实验模拟相结合的手段研究了尘埃颗粒的直径和密度对直流辉光放电等离子体物理特性的影响[38]。Li 等针对高超声速的湍流效应,基于分形相位屏方法开展了高超声速流场中的电磁波传播特性研究,求解了高超声速湍流的标度因子和频谱指数,计算了高超声速湍流功率谱,并基于分形相位屏方法模拟了高超声速湍流,研究了电磁波在高超声速湍流中的传输特性[39]。

以上研究都取得了重要进展,也从理论上验证了多种非定常物理因素可导致等离子体鞘套的物理特性发生改变,但是现有的化学反应模型及热力学模型具有很大的局限性,不能完全适用于等离子体鞘套流场。另外,等离子体鞘套的动态性是由诸多因素及它们之间的高阶耦合效应共同影响的,单一的效应研究不能全面描述其动态特征。因此,通过理论分析和数值建模很难对等离子体鞘套的动态特征进行精确描述。

2.2　流场控制方程组与化学反应模型

飞行器流场的数值模拟求解过程大致可分为以下几个步骤。

(1)建立流场控制方程组。首先从流体力学及等离子体基本理论出发,确定数值模拟初始条件及边界条件。

(2)按照飞行器的几何形状和尺寸,建立求解域,并从流场的物理特性出发,设定求解域的进出口、轴线、各个壁面及自由面的边界条件。

(3)求解域空间离散。采用数值方法求解控制方程组时,首先要对求解域进行剖分,将连续的空间变量离散到网格节点上,然后得到离散形式的控制方程组,建立未知量的代数方程组。

(4)求解流场控制方程组。对离散的控制方程组,选取相应的求解方法,如隐式时间步进、矢通量分裂方法、通量差分分裂方法等,对方程进行求解,最后将计算结果可视化输出。

本节以钝锥外围流场的数值求解为例,介绍数值求解高超声速飞行器流场的基本方程组和求解步骤。

2.2.1　流场控制方程组

选取球头半径 R_n 为 0.152 4 m、长度为 1.295 m、半锥角为 9° 的钝锥体飞行器模

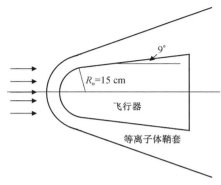

图 2.1　飞行器模型示意图

型,如图 2.1 所示。建立流场控制方程组,包括总体能量守恒方程、动量守恒方程和质量守恒方程,以及一些相关的补充方程。当空气各组元发生化学反应时,还应添加各组元的质量守恒方程。

钝锥体飞行器外形具有旋转对称性,且仿真计算沿飞行器轴线方向高速飞行时的等离子体绕流流场,可采用轴对称热化学非平衡流动的无量纲化控制方程组[40]:

$$\frac{\partial \boldsymbol{Q}}{\partial t} + \frac{\partial \boldsymbol{F}}{\partial x} + \frac{\partial \boldsymbol{G}}{\partial r} + \boldsymbol{H} = \frac{1}{Re}\left(\frac{\partial \boldsymbol{F}_V}{\partial x} + \frac{\partial \boldsymbol{G}_V}{\partial r} + \boldsymbol{H}_V\right) + \boldsymbol{W} \tag{2.1}$$

式中,$\boldsymbol{Q}$ 为守恒变量组成的矢量;$\boldsymbol{F}$、$\boldsymbol{G}$ 分别为 x、r 方向的对流通量矢量;$\boldsymbol{F}_V$、$\boldsymbol{G}_V$ 分别为 x、r 方向的黏性项矢量;$\boldsymbol{H}$、$\boldsymbol{H}_V$ 分别为有黏部分和无黏部分的源项矢量;$\boldsymbol{W}$ 为化学反应和振动能量源项矢量;Re 为流场的雷诺数。

$$\boldsymbol{Q} = \begin{bmatrix} \rho_i, & \rho E_V, & \rho, & \rho u, & \rho v, & \rho E \end{bmatrix}^{\mathrm{T}} \tag{2.2}$$

式中,E_V 为振动能量;ρ 为密度;u、v 为直角坐标系下 x、y 方向上的速度分量;E 为能量。

$$\boldsymbol{F} = \begin{bmatrix} \rho_i u, & \rho E_V u, & \rho u, & \rho u^2 + p, & \rho uv, & (\rho E + p)u \end{bmatrix}^{\mathrm{T}} \tag{2.3}$$

$$\boldsymbol{G} = \begin{bmatrix} \rho_i v, & \rho E_V v, & \rho v, & \rho uv, & \rho v^2 + p, & (\rho E + p)v \end{bmatrix}^{\mathrm{T}} \tag{2.4}$$

$$\boldsymbol{H} = \begin{bmatrix} \rho_i v, & \rho E_V v, & \rho v, & \rho uv, & \rho v^2, & (\rho E + p)v \end{bmatrix}^{\mathrm{T}} \tag{2.5}$$

$$\boldsymbol{F}_V = \begin{bmatrix} \rho D_i(\partial c_i/\partial x), & q_{vx}, & 0, & \tau_{xx}, & \tau_{xr}, & q_x + u_j\tau_{xj} \end{bmatrix}^{\mathrm{T}} \tag{2.6}$$

$$\boldsymbol{G}_V = \begin{bmatrix} \rho D_i(\partial c_i/\partial r), & q_{vy}, & 0, & \tau_{xr}, & \tau_{rr}, & q_r + u_j\tau_{rj} \end{bmatrix}^{\mathrm{T}} \tag{2.7}$$

$$\boldsymbol{H}_V = \begin{bmatrix} \rho D_i(\partial c_i/\partial r), & q_{vr}, & 0, & \tau_{xr}, & \tau_{rr} - \tau_{\theta\theta}, & q_r + u_j\tau_{rj} \end{bmatrix}^{\mathrm{T}} \tag{2.8}$$

$$\boldsymbol{W} = \begin{pmatrix} \omega_i, & \omega_v, & 0, & 0, & 0, & 0 \end{pmatrix}^{\mathrm{T}} \tag{2.9}$$

式(2.2)~式(2.9)中,各项表达式如下:

$$u_j\tau_{xj} = u\tau_{xx} + v\tau_{xr} \tag{2.10}$$

$$q_x = k_{tr} \frac{\partial T_{tr}}{\partial x} + k_v \frac{\partial T_v}{\partial x} + \sum_{i=1}^{N_s} \rho_i D_i \frac{h_i}{M_i} \frac{\partial c_i}{\partial x} \tag{2.11}$$

$$q_{vx} = k_v \frac{\partial T_v}{\partial x} + \sum_{i=1}^{N_s} \rho_i D_i \frac{e_{vi}}{M_i} \frac{\partial c_i}{\partial x} \tag{2.12}$$

$$\tau_{xx} = \frac{2}{3} \mu \left(2 \frac{\partial u}{\partial x} - \frac{\partial v}{\partial r} - \frac{v}{r} \right) \tag{2.13}$$

$$\tau_{rr} = \frac{2}{3} \mu \left(2 \frac{\partial v}{\partial r} - \frac{\partial u}{\partial x} - \frac{v}{r} \right) \tag{2.14}$$

$$\tau_{xr} = \mu \left(\frac{\partial u}{\partial r} - \frac{\partial v}{\partial x} \right) \tag{2.15}$$

$$\tau_{\theta\theta} = \tau_{rr} - 2\mu \left(\frac{\partial v}{\partial r} - \frac{v}{r} \right) \tag{2.16}$$

式中，T_{tr}、T_v 分别为平动温度、振动温度；e_{vi} 为分子的振动能量；M_i、h_i、D_i、c_i 分别为 i 组分的摩尔质量、焓、扩散系数、质量分数；k_{tr}、k_v 分别为平动系数、振动系数；ρ_i 为组分密度；p 为压强；N_s 为组分数目；μ 为气体黏性系数。

2.2.2　控制方程的离散

飞行器外围流场控制方程需要在一组离散的网格点上进行计算，剖分网格的选取直接关系到方程组求解的计算精度。本章对于飞行器建模及飞行器外围空间的剖分采用 Gambit 软件，如果飞行器沿轴线方向飞行，其外围流场分布具有旋转对称性质，飞行器空间网格二维平面剖分如图 2.2 所示。

求解控制方程（2.1）时，考虑到贴体网格剖分为非均匀网格剖分，需要对方程（2.1）进行变换，转化为（ξ, η, τ）计算坐标系：

$$\begin{cases} \xi = \xi(x, r, t) \\ \eta = \eta(x, r, t) \\ \tau = \tau(t) \end{cases} \tag{2.17}$$

利用雅可比行列式 J 进行坐标变换，其表达式为

$$J = \frac{\partial(x, r)}{\partial(\xi, \eta)} = \begin{vmatrix} \dfrac{\partial x}{\partial \xi} & \dfrac{\partial r}{\partial \xi} \\ \dfrac{\partial x}{\partial \eta} & \dfrac{\partial r}{\partial \eta} \end{vmatrix} \tag{2.18}$$

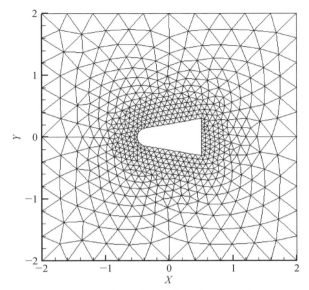

图 2.2　飞行器空间网格二维平面剖分

利用式（2.18）将式（2.1）变换为

$$\frac{\partial \boldsymbol{Q}'}{\partial \tau} + \frac{\partial \boldsymbol{F}'}{\partial \xi} + \frac{\partial \boldsymbol{G}'}{\partial \eta} + \boldsymbol{H}' = \frac{1}{Re}\left(\frac{\partial \boldsymbol{F}_V'}{\partial \xi} + \frac{\partial \boldsymbol{G}_V'}{\partial \eta} + \boldsymbol{H}_V'\right) + \boldsymbol{W}' \tag{2.19}$$

式中，

$$\boldsymbol{Q}' = \boldsymbol{J}^{-1}\boldsymbol{Q} \tag{2.20}$$

$$\boldsymbol{W}' = \boldsymbol{J}^{-1}\boldsymbol{W} \tag{2.21}$$

$$\boldsymbol{F}' = \boldsymbol{J}^{-1}(\xi_x \boldsymbol{F} + \xi_y \boldsymbol{G}) \tag{2.22}$$

$$\boldsymbol{G}' = \boldsymbol{J}^{-1}(\eta_x \boldsymbol{F} + \eta_y \boldsymbol{G}) \tag{2.23}$$

$$\boldsymbol{F}_V' = \boldsymbol{J}^{-1}(\xi_x \boldsymbol{F}_V + \xi_y \boldsymbol{G}_V) \tag{2.24}$$

$$\boldsymbol{G}_V' = \boldsymbol{J}^{-1}(\eta_x \boldsymbol{F}_V + \eta_y \boldsymbol{G}_V) \tag{2.25}$$

$$\boldsymbol{H}' = \boldsymbol{J}^{-1}\boldsymbol{H} \tag{2.26}$$

$$\boldsymbol{H}_V' = \boldsymbol{J}^{-1}\boldsymbol{H}_V \tag{2.27}$$

求解控制方程（2.19），将其离散为

$$\boldsymbol{\Omega}_{ij} = \frac{\partial \boldsymbol{Q}'_{ij}}{\partial \tau} + \frac{\boldsymbol{F}'_{i+1/2,\,j} - \boldsymbol{F}'_{i-1/2,\,j}}{\Delta \xi} + \frac{\boldsymbol{G}'_{i,\,j+1/2} - \boldsymbol{G}'_{i,\,j-1/2}}{\Delta \eta} \tag{2.28}$$

$$\boldsymbol{\Omega}_{ij} = \frac{1}{Re}\left(\frac{\boldsymbol{F}'_V\big|_{i+1,\,j} - \boldsymbol{F}'_V\big|_{i-1,\,j}}{2\Delta \xi} + \frac{\boldsymbol{G}'_V\big|_{i+1,\,j} - \boldsymbol{G}'_V\big|_{i-1,\,j}}{2\Delta \eta} + \boldsymbol{H}'_V\big|_{ij} \right) + \boldsymbol{W}'_{ij} - \boldsymbol{H}'_{ij} \tag{2.29}$$

式中，$\boldsymbol{\Omega}_{ij}$ 为黏性项与源项之和。

$$\begin{cases} \boldsymbol{\Phi}^n_{i+1/2,\,j} = \boldsymbol{F}'_{i+1/2,\,j} \\[2mm] \boldsymbol{\Phi}^n_{i,\,j+1/2} = \boldsymbol{G}'_{i,\,j+1/2} \end{cases} \tag{2.30}$$

式中，$\boldsymbol{\Phi}^n$ 为无黏数值通量项。

为了提高激波捕捉效率，提高计算精度，这里采用 AUSMPW+格式[41,42]，将数值通量项写为

$$\boldsymbol{\Phi}^n_{1/2} = M_L^+ a_{1/2} \boldsymbol{\Phi}_L^{(C)} + M_R^- a_{1/2} \boldsymbol{\Phi}_R^{(C)} + (P_L^+ \boldsymbol{P}_L + P_R^+ \boldsymbol{P}_R) \tag{2.31}$$

式（2.31）中，马赫数分裂函数 $M_{L,\,R}^{\pm}$ 和压力项分裂函数 $P_{L,\,R}^{\pm}$ 分别为

$$M_{L,\,R}^{\pm} = \begin{cases} \pm\dfrac{1}{4}(M_{L,\,R} \pm 1)^2, & |M_{L,\,R}| \leqslant 1 \\[3mm] \dfrac{1}{2}(M_{L,\,R} \pm |M_{L,\,R}|), & |M_{L,\,R}| > 1 \end{cases} \tag{2.32}$$

$$P_{L,\,R}^{\pm} = \begin{cases} \dfrac{1}{4}(M_{L,\,R} \pm 1)(2 \mp M_{L,\,R}), & |M_{L,\,R}| \leqslant 1 \\[3mm] \dfrac{1}{2}[1 \pm \operatorname{sign}(M_{L,\,R})], & |M_{L,\,R}| > 1 \end{cases} \tag{2.33}$$

式中，$M_{L,\,R} = u_{L,\,R}/a_{1/2}$，$u_{L,\,R}$ 为相邻左右两分界面处的标量速度。

界面处的声速 $a_{1/2}$ 定义为

$$a_{1/2} = \begin{cases} a_s^2/\max(|u_L|,\,a_s), & \dfrac{1}{2}(u_L + u_R) \geqslant 0 \\[3mm] a_s^2/\max(|u_R|,\,a_s), & \dfrac{1}{2}(u_L + u_R) < 0 \end{cases} \tag{2.34}$$

$$a_s = \sqrt{2(\gamma - 1)(\gamma + 1)H_{\text{normal}}} \tag{2.35}$$

式中, H_{normal} 为激波法线方向的总焓; γ 为比热容比。

2.2.3 化学反应模型

1. 气体状态方程

求解空气化学反应方程首先需要建立多温度模型来计算各组分的反应系数。考虑到飞行器表面的流场特性,本节采用双温度模型[43],即分子、原子的平动能和分子的转动能采用一个温度,分子的振动能、自由电子的能量和分子、原子的轨道电子能量采用另一个温度,该方法相对简单,且符合计算要求[44, 45]。气体状态方程如下:

$$p = \rho T \sum_{i=1}^{N-1} \frac{c_i}{M_i} + \rho T_v \frac{c_e}{m_e} \tag{2.36}$$

$$E = e + E_V + \frac{1}{2}(u^2 + v^2 + \omega^2) \tag{2.37}$$

$$e = \sum_{i=1}^{N-1} \frac{c_i}{M_i} e_i \tag{2.38}$$

$$e_i = e_{i,\,\text{tr}} + e_{i,\,e} + \Delta h_i \tag{2.39}$$

$$E_V = \sum_{i=1}^{N} \frac{c_i}{M_i} e_{vi} + \frac{3}{2} \frac{c_e}{m_e} T_v \tag{2.40}$$

$$e_{vi} = \frac{\theta_{vi}}{\exp\left(\dfrac{\theta_{vi}}{T_v}\right) - 1} \tag{2.41}$$

式中, N 为绕流各组分数; m_e 为电子质量; T_v 为振动温度; e_{vi} 为分子的振动能量; M_i 、 h_i 、 c_i 分别为 i 组分的摩尔质量、焓、质量分数; ρ 为组分密度; E_V 为振动能量; $e_{i,\,\text{tr}}$ 和 $e_{i,\,e}$ 分别为组分平动能和束缚电子激发能; θ_{vi} 为 i 组分的振动特征温度。

2. 热化学模型

高速飞行器流场中的空气化学反应采用 Dunn-Kang 空气化学模型,反应组元包括 N、O、N_2、O_2、NO、N^+、O^+、N_2^+、O_2^+、NO^+、e,通常采用其中的 5、7、13 组元进行计算[13]。Dunn-Kang 空气化学模型中,正、逆反应速率系数分别取为[46]

$$\begin{cases} k_{fi} = A_{fi} T_f^{B_{fi}} \exp(-C_{fi}/T_f) \\ k_{bi} = A_{bi} T_b^{B_{bi}} \exp(-C_{bi}/T_b) \end{cases} \tag{2.42}$$

式中，k_{fi}、k_{bi} 分别为正反应速率系数和逆反应速率系数；A_{fi}、B_{fi}、C_{fi} 分别为第 i 个反应速率系数的指前因子、活化能及温度指数。

因此，第 i 个组分的化学反应生成源项为

$$\chi_i = k_{fi} \prod_{j=1}^{N_i} \left(\frac{\rho_j}{M_j} \right)^{\gamma_{ij}} - k_{bi} \prod_{j=1}^{N_i} \left(\frac{\rho_j}{M_j} \right)^{\gamma_{ij}^*} \tag{2.43}$$

第 j 个组分的化学反应生成源项为

$$W_j = M_j \sum_{i=1}^{N_r} (\gamma_{ij}^* - \gamma_{ij}) \chi_i \tag{2.44}$$

自由电子能量源项为

$$W_e = 2\rho_e (T - T_e) \sum_{i=1}^{N_i-1} \frac{\nu_{ei}}{M_i} - Q_e \tag{2.45}$$

式中，Q_e 为电离源项；ν_{ei} 为电子与离子的碰撞频率。

$$\nu_{ei} = 3.74 \times 10^{27} \left(\frac{\rho_i}{M_i} \right) T_e^{1/2} \sigma_{ei} \tag{2.46}$$

式中，σ_{ei} 为电子碰撞截面面积。

各组分反应方程及相关参数如表 2.1～表 2.3 所示[7]。

表 2.1　空气化学模型中 5 组元的 12 个反应方程

编　号	化 学 反 应 式	T_f	T_b
1	$O_2 + N \Longrightarrow 2O + N$	T_a	T
2	$O_2 + NO \Longrightarrow 2O + NO$	T_a	T
3	$N_2 + O \Longrightarrow 2N + O$	T_a	T
4	$N_2 + NO \Longrightarrow 2O + NO$	T_a	T
5	$O_2 + NO \Longrightarrow 2N + NO$	T_a	T
6	$O_2 + NO \Longrightarrow N + O + O_2$	T_a	T
7	$N_2 + NO \Longrightarrow O + N + N_2$	T_a	T
8	$O + NO \Longrightarrow 2O + N$	T_a	T
9	$NO + N \Longrightarrow 2N + O$	T_a	T
10	$NO + NO \Longrightarrow N + O + N$	T_a	T
11	$O + NO \Longrightarrow O_2 + N$	T	T
12	$N_2 + O \Longrightarrow N + NO$	T	T

表 2.2　正反应速率系数

编　号	指前因子(A_{fi})	温度指数(B_{fi})	活化能(C_{fi})
1	3.6×10^{12}	-1.00	5.95×10^4
2	3.6×10^{12}	-1.00	5.95×10^4
3	1.9×10^{11}	-0.50	1.13×10^5
4	1.9×10^{11}	-0.50	1.13×10^5
5	1.9×10^{11}	-0.50	1.13×10^5
6	3.9×10^{14}	-1.50	7.55×10^4
7	3.9×10^{14}	-1.50	7.55×10^4
8	7.8×10^{14}	-1.50	7.55×10^4
9	7.8×10^{14}	-1.50	7.55×10^4
10	7.8×10^{14}	-1.50	7.55×10^4
11	3.2×10^3	1.00	1.97×10^4
12	7.0×10^7	0.00	3.80×10^4

表 2.3　逆反应速率系数

编　号	指前因子(A_{bi})	温度指数(B_{bi})
1	3.0×10^3	-0.50
2	3.0×10^3	-0.50
3	1.1×10^4	-0.50
4	1.1×10^4	-0.50
5	1.1×10^4	-0.50
6	1.0×10^8	-1.50
7	1.0×10^8	-1.50
8	2.0×10^8	-1.50
9	2.0×10^8	-1.50
10	2.0×10^8	-1.50
11	1.3×10^4	1.00
12	1.56×10^7	0.00

3. 输运模型

输运模型用于数值模拟飞行器外围热化学流场。通过求解 Chapman-Enskog 一阶近似下的玻尔兹曼输运方程来求解以下参数：反映动量输运的气体组元和混合气体的黏性系数 μ_i、μ，反映能量输运的气体组元和混合气体的导热系数 k_i、k，反映质量输运的气体组元的扩散系数 D_i 等。绕流场的黏性系数 μ 及导热系数 k_{tr}、k_v 和 k_e 采用 Wilke 的半经验公式[7]：

$$\mu = \sum_{i=1}^{N_i} \frac{X_i \mu_i}{\varPhi_i} \tag{2.47}$$

$$k_{\mathrm{tr}} = \sum_{i=1}^{N_i} \frac{X_i k_{\mathrm{tr},\,i}}{\varPhi_i} \tag{2.48}$$

$$k_v = \sum_{i=1}^{N_i} \frac{X_i k_{v,\,i}}{\varPhi_i} \tag{2.49}$$

$$k_e = \frac{X_e k_{e,\,e}}{\varPhi_e} \tag{2.50}$$

式中,

$$\varPhi_i = \sum_{j=1}^{N_i} \left\{ \left[\frac{c_i}{M_i} \middle/ \sum_{j=1}^{N_i} \frac{c_j}{M_j} \right] \left[1 + \left(\frac{\mu_s}{\mu_j} \right)^{0.5} \left(\frac{M_j}{M_i} \right)^{0.25} \right]^2 \middle/ \left[8 \left(1 + \frac{M_i}{M_j} \right)^{0.5} \right] \right\} \tag{2.51}$$

而第 i 个组元的扩散系数为

$$D_i = \frac{(1 - c_i)\mu}{(1 - X_i)\rho Sc} \tag{2.52}$$

式中, Sc 为施密特数。

输运模型中各组分的理化数据如表 2.4 所示。

表 2.4　各组分理化数据[45]

组　分	摩尔质量/ (g/mol)	振动温度/ K	第一能级特征 温度/K	生成能/ (J/mol)
O	16	—	22 890	2.49×10^5
O_2	32	2 239	11 390	0
N	14	—	27 670	4.73×10^5
N_2	28	3 353	72 225	9.46×10^5
NO	30	2 699	55 874	9.04×10^4
O^+	16	—	38 610	1.57×10^6
N^+	14	—	22 052	1.88×10^6
NO^+	30	3 373	75 140	9.93×10^5
N_2^+	28	3 129	13 200	1.53×10^6
O_2^+	32	2 652	47 460	1.17×10^6

2.3　典型飞行器等离子体鞘套流场仿真

　　Fluent 是现阶段使用率最高的模拟高超声速飞行器等离子体鞘套绕流流场的软件,也是目前市场上最流行的计算流体力学(computational fluid dynamics, CFD)软件,具有丰富的物理模型、先进的数目计算方法和强大的后处理功能,其最突出的优势是强大的网络处理技术,包括完全非结构化网格技术、先进的动变形网格技术和多网络支持功能等,其中采用动变形网格技术可灵活地解决边界运动问题,并可支持混合网格、滑动网格等,拥有多种网格自适应、动态自适应技术。

　　本节采用 Fluent 软件求解高超声速飞行器流场。利用 Gambit 建模软件建立或导入飞行器几何模型,如图 2.1 所示。首先,创建所要求解的控制区域,并将求解域进行非结构化网格划分,如图 2.2 所示。其次,选取流场中的空气化学反应模型,如 Dunn-Kang 空气化学反应的 5 组元模型,如表 2.1 所示,其正、逆反应速率系数的选取分别如表 2.2 和表 2.3 所示。定义流体的物理属性,有关输运模型中各组分的理化数据如表 2.4 所示。再次,给定初始状态下飞行器外围空气各个组分的摩尔分数、大气密度、温度、压强及来流方向和流速的初值等,并设定飞行器表面为壁面,设定压力远场等边界条件。最后,选取求解器及湍流模型,并在数值通量项离散时按照式(2.30)取为 AUSMPW+格式,设置好库朗数、松弛因子、残差平滑及迭代次数等求解参数,运行软件,求解式(2.1)流场方程组。

2.3.1　钝锥飞行器流场仿真

　　飞行器模型长度为 1.295 m,球头半径为 0.152 4 m,半锥角为 9° 的钝锥,几何模型如图 2.3 所示。由于需要对飞行器周围的流场控制方程进行数值离散求解,外围空间的网格剖分是必不可少的,并且尺寸及类型的选取会对后续计算的速度与准确性造成影响。对于钝锥飞行器外围空间的网格剖分同样采用 Gambit 软件。

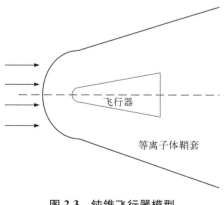

飞行器

等离子体鞘套

图 2.3　钝锥飞行器模型

　　设飞行器所处空间的背景温度为 200 K,背景压强为 50 Pa,对控制方程进行的离散求解选用 AUSMPW+格式。高超声速钝锥飞行器周围流场模拟结果如图 2.4~图 2.6 所示。

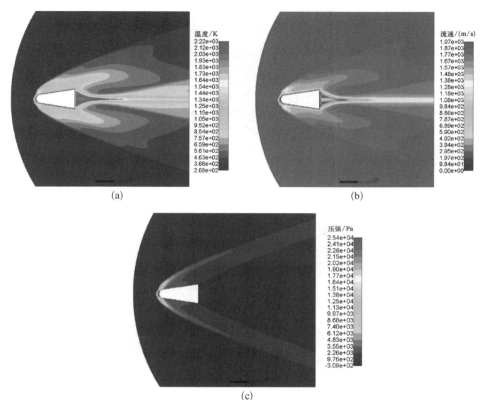

(a)　　　　　　　　　　　(b)

(c)

图 2.4　飞行速度为 *6Ma* 时钝锥飞行器的流场分布

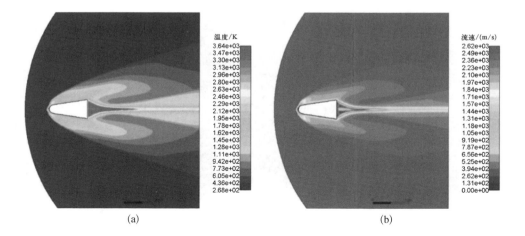

(a)　　　　　　　　　　　(b)

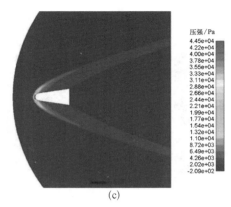

(c)

图 2.5　飞行速度为 *8Ma* 时钝锥飞行器的流场分布

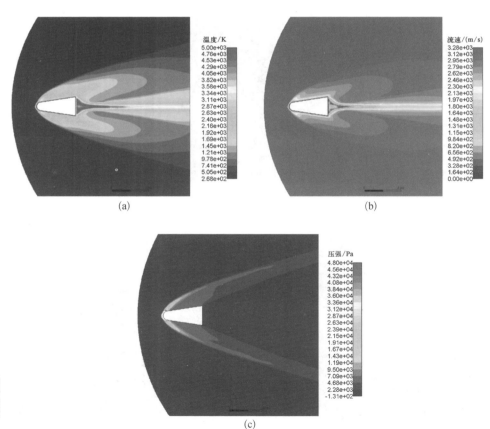

(a)　　　　　　　　　　　　　　　　(b)

(c)

图 2.6　飞行速度为 *10Ma* 时钝锥飞行器的流场分布

由图 2.4~图 2.6 可知,当飞行器以不同马赫数的速度高速飞行时,会在飞行器外围形成包覆的高温流场,其中壁面附近温度峰值可达 5 000 K 左右。同时,周围高温空气中发生化学反应的各组分也呈现出类似激波的分布。除此之外,马赫数的增大对高超声速钝锥飞行器的波系结构影响较小,但对流场参数数值大小分布影响很大,并且在飞行器的尾部,激波影响范围较大。

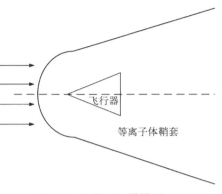

2.3.2　尖锥飞行器流场仿真

本节的仿真实验中,选取长度为 1.3 m 的尖锥飞行器模型,建立的模型如图 2.7 所示。

图 2.7　尖锥飞行器模型

设尖锥飞行器所处空间的背景温度为 200 K,背景压强为 50 Pa,对控制方程进行的离散求解选用 AUSMPW+格式。应用 Fluent 仿真软件模拟的尖锥飞行器周围流场结果如图 2.8~图 2.10 所示。

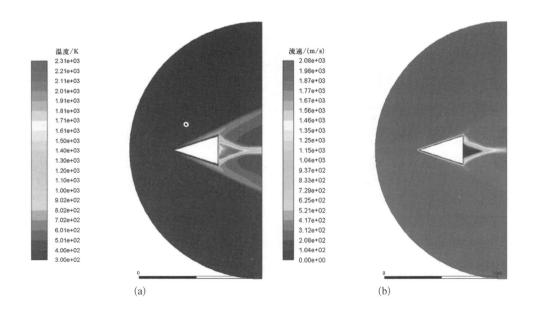

(a)　　　　　　　　　　　　　　　　(b)

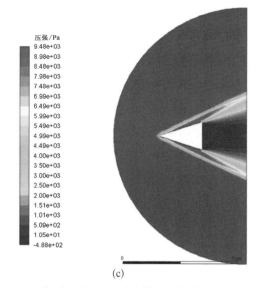

(c)

图 **2.8** 飞行速度为 **6Ma** 时尖锥飞行器的流场分布

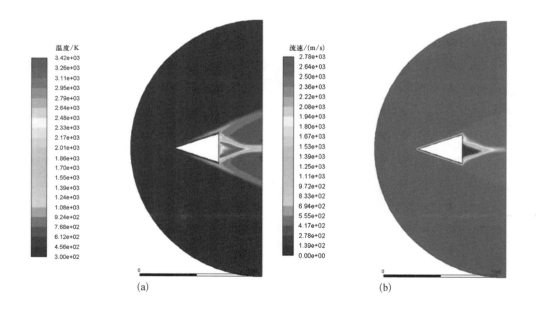

(a)   (b)

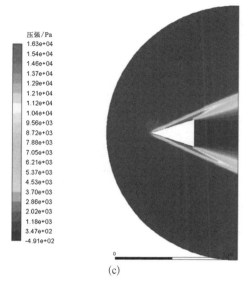

(c)

图 2.9　飞行速度为 **8Ma** 时尖锥飞行器的流场分布

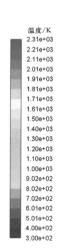

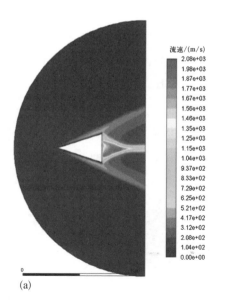

(a)

(b)

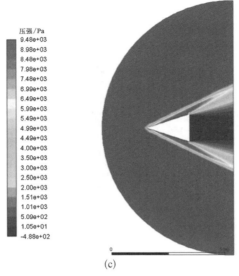

(c)

图 2.10 飞行速度为 10*Ma* 时尖锥飞行器的流场分布

算例中的飞行器沿轴向方向飞行,由图 2.10 可以看到,飞行器在高速飞行时表面形成高温气体,由于边界层的影响,其表面温度最高可达 9 000 K 左右。飞行马赫数也与流场中的各项化学反应密切相关,随着飞行器马赫数的增加,温度与气体压强不断升高,导致飞行器周围化学反应强度增大。

2.3.3 类 HTV 高超声速流场仿真

选取长度为 2.25 m,翼展为 1.8 m 的三维类 HTV 高超声速飞行器模型,采用 Gambit 软件建立的模型如图 2.11 所示。

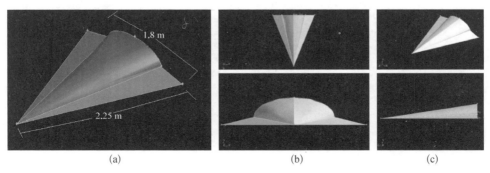

(a)　　　　　　　　　　(b)　　　　　　　　　　(c)

图 2.11 类 HTV 飞行器模型

对于飞行器外围空间的网格剖分同样采用 Gambit 软件,计算空间的网格剖分如图 2.12 所示。首先将整体空间分为六个部分,各部分采用结构化或映射形式的六面体的体网格剖分类型,剖分成 0.02～0.08 m 的非均匀网格。

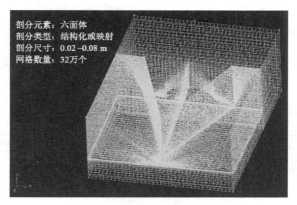

剖分元素：六面体
剖分类型：结构化或映射
剖分尺寸：0.02～0.08 m
网格数量：32 万个

图 2.12　计算空间的网格剖分

设飞行器所处空间的背景温度为 200 K、背景压强为 50 Pa,对控制方程进行的离散求解选用 AUSMPW+格式。应用 Fluent 仿真软件模拟高超声速飞行器周围流场,结果如图 2.13 所示。

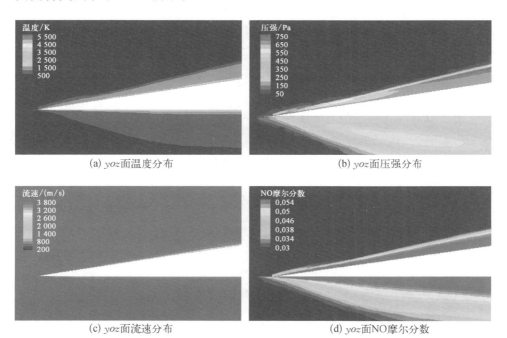

(a) yoz 面温度分布

(b) yoz 面压强分布

(c) yoz 面流速分布

(d) yoz 面 NO 摩尔分数

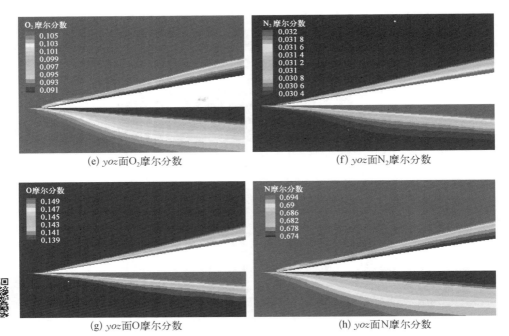

(e) yoz面O_2摩尔分数　　　　　　　　　(f) yoz面N_2摩尔分数

(g) yoz面O摩尔分数　　　　　　　　　　(h) yoz面N摩尔分数

图 2.13　飞行器流场

由图 2.13 可知,当飞行器以 10 马赫数的速度高速飞行时,会在飞行器外围形成包覆的高温流场,其中壁面附近温度峰值可达 5 500 K 左右。同时,周围高温空气中发生化学反应的各组分也呈现出类似激波的分布。除此之外,飞行器上部流场的厚度一般比下部要薄,并且在飞行器的尾部,激波影响范围较大。

有关高超声速流场中电子密度分布的求解,可以采用气体平衡临界状态方法,即假设产生电子的化学反应在流场内是平衡的,以空气的 5 组元模型为例,则有 N、O、N_2、O_2、NO,涉及的化学反应方程式如下:

$$
\begin{cases}
N_2 + M_1 \Longleftrightarrow 2N + M_1 \\
O_2 + M_2 \Longleftrightarrow 2O + M_2 \\
NO + M_3 \Longleftrightarrow N + O + M_3 \\
N_2 + O \Longleftrightarrow NO + N \\
NO + O \Longleftrightarrow O_2 + N
\end{cases}
\tag{2.53}
$$

式中,$M_1 = O、NO、O_2$; $M_2 = N、NO$; $M_3 = O_2 + N_2$。

在 5 组分化学反应方程式中考虑到有

$$O + N \Longleftrightarrow NO^+ + e^- \tag{2.54}$$

电子的正反应速率 k_{fe} 和逆反应速率 k_{be} 分别为

$$\begin{cases} k_{fe}(T) = C_{fm} T^{um} \exp(-Q_m/T) \\ k_{be}(T) = \dfrac{k_{fe}(T)}{k_{eqe}(T)} \end{cases} \tag{2.55}$$

式中，$k_{eqe}(T)$ 为电子的反应平衡系数；C_{fm}、Q_m 分别为指前因子、温度指数化能。

由产生电子的化学反应平衡条件可得

$$\frac{k_{fe}}{k_{be}} = \frac{N_{NO^+} N_e}{N_N N_O} \tag{2.56}$$

式中，N_{NO^+}、N_e、N_N、N_O 为各组分的数值密度，其中 $N_{NO^+} = N_e$。

因此，电子密度为

$$N_e^2 = N_N N_O \frac{k_{fe}(T)}{k_{be}(T)} \tag{2.57}$$

将式(2.57)与流场仿真计算的各组分密度分布结果联合求解，即可得到高超声速流场中的电子密度分布。

2.4　等离子体鞘套流场的典型物理效应

2.4.1　等离子体鞘套流场的空间非均匀性

等离子体鞘套的介电参数是飞行器外围流场参数的函数，介质的分布特性与流场参数分布特性紧密相关。飞行器飞行过程中首先在驻点区形成高密度等离子体，然后随着流动扩散至飞行器身部，从而形成大范围的三维空间非均匀等离子体鞘套。等离子体鞘套的分布与飞行器绕流流场密切相关，且其流场的特征参数的范围可达 4 个数量级以上的大跨度[47-50]。下面以钝锥飞行器的等离子体流场为例，其具有典型的区域分布特征，飞行器表面等离子体鞘套模型如图2.14 所示。

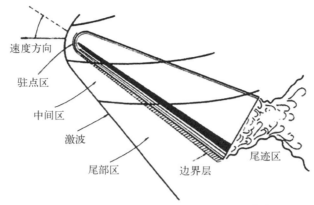

图 2.14   飞行器表面等离子体鞘套模型[45]

在针对流场的研究过程中,一般将飞行器的头部至尾部大致分为 5 个典型区域[51,52]。

(1)驻点区。驻点区是等离子体鞘套最严重,也是温度、压强及电子密度最高且中性粒子数量最多的区域,驻点区电子密度最高可达 10^{20} m^{-3} 以上,碰撞频率可达数十 GHz,温度甚至可达 5 000 K 以上,飞行器天线一般不安装在此处。

(2)中间区。此处的等离子体流场一般处于化学反应非平衡状态,电子密度依然较高,但是已经明显低于驻点区。

(3)尾部区。此处自由电子主要来自穿过斜激波的气体,其电子密度与飞行器外形及飞行攻角密切相关。此时,电子密度持续降低,飞行器天线一般安装在此处。

(4)边界层。边界层是飞行器与等离子体流场的接触面,存在一个黏性覆面层,激波的流速在覆面层中降为零,其内部存在巨大的温度和速度梯度。

虽然整个流场中的温度在超声速膨胀流动过程中有所下降,但由于边界层的影响,壁面附近的边界层内温度仍接近驻点区的温度。

通常情况下,在 75 km 以上的再入高度,覆面层中气体电离效应比较显著[53],在更低的再入高度,覆面层之外的电离占主导,覆面层的电离可以忽略[54]。

(5)尾迹区。尾迹区位于飞行器后部,其流场特性十分复杂,此处电子、离子复合速率大于生成速率,电子密度急剧下降,对电磁波的衰减明显下降。

图 2.15 为美国进行的 RAM-C 飞行器再入大气层试验中,在不同高度位置

处垂直于飞行器表面的电子密度分布情况[47],该飞行器的天线位置处形成的鞘套厚度为 5~15 cm,且鞘套厚度是随着飞行器本身的位置高度而变化的。从图2.15 中可以看出,电子密度近似服从双高斯分布。由于国内实验条件的限制,缺乏有效的流场数据,大多的理论研究也是基于流场特征参数服从特定的分布规律(如高斯分布、双指数、抛物线等)的基础上开展的。

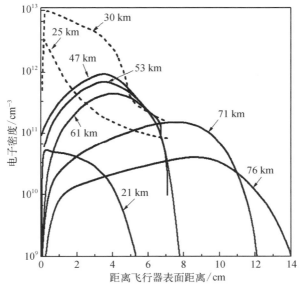

图 2.15　RAM-C 飞行器再入大气层的电子密度分布[47]

2.4.2　等离子体鞘套流场的时域动态性

等离子体鞘套流场的变化是一个复杂的随机过程,流场的这种时域动态特性直接导致其具有非常复杂的电磁特性。按形成原因,流场的时域动态特性大体分为两类:一类是飞行过程中流体参数、姿态和大气环境等随机因素引起等离子体鞘套的动态性;另一类是激波/边界层干扰、湍流流场、分离区非定常流动等气动随机过程引起的等离子体鞘套参数及分布动态性。

等离子体鞘套由中性原子、分子、自由电子及带有正电荷和负电荷的原子、分子和离子组成多组分气体混合物。随着飞行器速度和高度不断变化,等离子体鞘套内部温度剧烈变化,再加上流体内部剪切力的作用,使等离子体鞘套内部存在着剧烈的湍流效应,湍流是一种很不规则的流动效应。等离子体湍流包含着多组分气体混合物,这些气体混合物形成大量的不规则湍涡,散射光/电磁波能量,造成信号波前和相位随机起伏,引起发射和接收信号的剧烈抖动,使飞行器与外界通信受到干扰,这也可能是高频波通信实验失败的原因[55]。

　　湍流运动与流体的各种性质,如温度、流速、密度、黏性和流体组分分布等均存在密切联系,这些因素都会影响湍流掺混作用。湍涡的存在会造成介质折射率的随机变化,折射率的随机起伏在湍流场中扮演着重要角色,是研究湍流中波传播问题时必须考虑的因素之一。对于等离子体鞘套,高超声速飞行器飞行高度和速度不断变化,引起绕流流场内温度、电子密度、电子碰撞频率随机变化,进而导致等离子体鞘套湍流折射率产生随机起伏现象。

　　等离子体鞘套的参数分布与流场的动态变化密切相关,流场出现湍动时,等离子体鞘套参数分布也将随时间发生快速抖动,这种动态性将会导致等离子体介电参数的动态变化。文献[56]中通过修改 REACH 代码,对包含湍流的高速流场进行了模拟,并与 Demetriade 的风洞试验数据进行了对比[57],结果比较吻合。随后对某飞行器再入过程进行了模拟,研究表明电子密度的抖动有可能大于电子密度平均值,如图 2.16 所示,其中图 2.16(a)为用温度起伏估算的电子密度的变化情况,但规律不明;图 2.16(b)为采用高速流场显示技术拍摄到的流场,流场具有复杂结构。文献[58]中在介绍 PIRATE(一种解决多场耦合问题的计算引擎)代码时,就明确指出等离子体鞘套中电子密度的变化频率可以近似取湍流的猝发频率(边界层内湍流结构发生的频率)。而飞行器再入过程中,涡流的猝发频率一般为 20~60 kHz,最高可达 100 kHz。

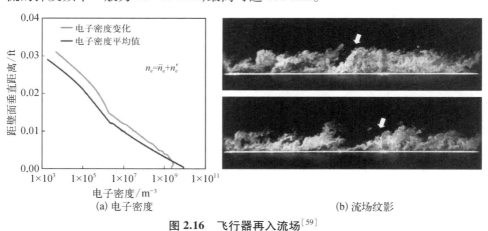

(a) 电子密度　　　　　　　　　　　(b) 流场纹影

图 2.16　飞行器再入流场[59]

　　在实验观测验证方面,早在 1959 年,Kistler 利用热线法测量了马赫数为 1.72、3.56、4.7 下的湍流体内的流速和温度抖动,1971 年,Demetriade 提出了一种利用温度抖动导出电子密度抖动的方法,并指出真实的等离子体电子密度平均值比用平均温度算出的电子密度平均值大得多,且电子密度的抖动方差与平均值处于同一量级,并根据 Kistler 测量得到的温度抖动数据验证了这一结论。在实际飞行中,通信信号也会产生剧烈的幅度抖动(幅噪)和相位抖动(相噪)[60],如图 2.17 所示的美国 RAM-C 飞行试验,这种动态变化会降低信号质量,严重时会引起接收系统中的捕获与跟踪环路失效,同样会使信息传输中断,最终导致与"黑障"类似的异常电磁现象。文献[61]报道了 2.3Ma 条件下,即使在非扰动边界层也存在很大的抖动。文献[62]报道了德国格图斯特大学的 IAG 实验室在HMMS 风洞通过常温热线仪测得的 2.5Ma 流体的速度、电子密度变化规律与Kistler 的测量结果较为吻合。

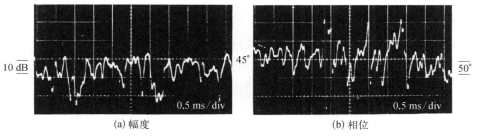

(a) 幅度　　　　　　　　　　　　　　　　(b) 相位

图 2.17　美国 RAM-C 飞行试验 X 频段信号幅度抖动和相位抖动[59]

针对等离子体鞘套的动态性,我国也在理论及实验方面开展了大量的研究,例如,杨利霞等在对物理参数的时变模型进行人为设定的基础上,对一维和三维情况下模拟谐振腔内填充快速/缓慢等离子体后对时谐场电磁波产生的频率漂移现象进行了理论上的验证[63]。薄勇等在地面辉光放电等离子体实验的基础上,利用 5.8 GHz 微波测量了电子密度和碰撞频率随时间的变化规律[64]。陈文波等在理论建模仿真计算的基础上,分析了时变等离子体的上升时间、电子密度、温度及等离子体平板厚度等参数对 THz 波在等离子体中传播特性的影响[65]。徐珂等基于辅助微分方程的时域有限差分法对 THz 波在时变等离子体中的麦克斯韦方程进行推导,利用本构关系建立了含有尘埃颗粒的时变等离子体模型,得到了随时间变化的尘埃等离子体的吸收系数、反射系数和传输系数[66]。李小平课题组基于美国 RAM-C 飞行试验数据,通过研究发现等离子体的随机动态性导致信道具有一种乘性干扰的特性,在信息传输过程中,信号出现了异常的附加调制现象,即使电磁波能够穿透等离子体,动态随机介质也会引发信号的附加调制、畸变,严重时会导致信号捕获、解调失败等[67-69]。

总之,国外从实验和理论角度初步验证了等离子体鞘套动态性的存在,但其形成机理、动态性的服从规律尚不完全明确。我国对等离子体鞘套动态特征的认识还只停留在起步阶段,无法全面认识和精确描述物理参量的时域高动态性。

2.4.3 等离子体鞘套流场中的烧蚀效应

临近空间高速飞行器物面辐射平衡温度高达 2 000 K 以上,为保证飞行器内部仪器装置的正常使用,一般在表面涂覆一层防/隔热材料,通过高温高压气体与物面涂覆材料发生气固热化学反应和质量交换(熔解/燃烧和升华),达到吸收大部分气动加热能量的目的,使物面温度保持在可控的范围内。目前,一般的防/隔热烧蚀材料包含高硅氧等含有易电离的碱金属物质,这些物质在高温烧蚀之后可产生大量复杂化学组分,如单原子、双原子团簇及形状不规则的碳碎片等,可对等离子体流场本身的物理特性产生重要影响,使其变为复杂等离子体环境,继而对入射电磁波产生不可忽视的影响。

复杂等离子体环境中的烧蚀颗粒和等离子体之间有着极其复杂的相互作用。首先,烧蚀颗粒可在等离子体中的电子/离子及带电粒子的作用下被充电,充电后的烧蚀颗粒会在其周围产生屏蔽库仑势;其次,带电后的烧蚀颗粒反过来又会对等离子体中的其他带电粒子的动力学过程产生较大影响。相较于普通的高超声速目标等离子体,复杂等离子体能对入射电磁波产生更多样的相互作用。尘埃颗粒的组分类型和颗粒尺寸都可以对入射电磁波的传播产生影响,如扩展普通高速等离子体的吸收带宽、增大能量衰减等。

为了研究等离子体鞘套中的烧蚀效应,Sarma 等、Jaiswal 等通过提前在实验装置内放入尘埃颗粒的方式,对尘埃颗粒的物理特性进行了研究[70,71],这样的实验装置与真实的高超声速目标等离子体物理环境之间存在很大差异。因此,美国多次启动并实施了与尘埃等离子体有关的实验工程,但绝大多数实验细节及实质性结果并未对外发表,如著名的充电气溶胶释放实验[72],通过火箭喷洒的形式进行数据采集与研究,但最终只公布了少数视觉效果图。

近年来,我国针对复杂等离子体也进行了一些研究,例如,徐彬等将带电尘埃颗粒的影响引入非相干散射理论中,建立了包含电子、离子和尘埃组分的尘埃等离子体非相干散射理论模型,此理论研究工作中未考虑实际尘埃颗粒的几何特征,而是采用单一的尘埃颗粒描述尘埃等离子体的整体非相干散射特性,在精度上具有一定的局限性[73]。宫卫华等通过筛网振动的实验方式研究了非均匀尘埃等离子体中不规则尘埃颗粒的复杂运动,包括圆滚运动、尖头圆滚运动、圆周运动及波浪运动等[74]。哈尔滨工业大学的相关课题组通过理论及实验的方式研究了高超声速飞行器表面碳纤维与大气摩擦产生的烧蚀产物的微观机理及类型,围绕其吸收特性建立了复杂等离子体模型,并进行了多次实验,但这些实验均采用筛网振动或提前在腔体内放入颗粒的方式进行模拟[75,76]。除此之外,中国科学技术大学、大连理工大学等也相继开展了有关复杂等离子体的理论研究及实验,并取得了一定的成果。

2.4.4　等离子体鞘套流场的非线性效应

等离子体鞘套中存在多种组分粒子,其中电子的质量与其他重粒子的质量相比要小得多,将能量由电子传输到重粒子的过程会很慢。因此,即使入射到等离子体鞘套中的电磁波的电场振幅很小,电子也可以从中获取能量,但传输速度很慢,即电子会被迅速加热[77]。由于介电常数与电子含量相关,电场的振幅必然影响等离子体的介电常数,即电磁波的入射造成了等离子体鞘套物理参数的非线性化。强高频的电磁波在入射到等离子体时产生的非线性效应不可再继续作为线性项处理。

针对非线性的研究可通过多种形式进行开展,本书第 3 章及第 6 章中将针对非线性效应的原理及理论仿真均进行研究,一种是热致非线性效应,即入射电磁波的电场会加热等离子体中的电子,造成电子温度和碰撞频率升高,进而影响介电参数,呈现出非线性;另一种是对电极化强度项进行非线性推广,通过仿真来分析考虑这一修正是否必要。电磁波与等离子体鞘套间相互作用的非线性效应是造成飞行器无线通信误差的主要来源之一。另外,非线性效应是等离子体本身的物理特性,因此如果能够对非线性效应进行合理运用,也可成为解决高超声速飞行器出现"黑障"现象的有效方法。

2.5　本章小结

高超声速飞行器等离子体鞘套的流场特性是研究等离子体鞘套电磁特性的基础,本章首先介绍了等离子体鞘套流场的控制方程与化学反应模型,在此基础上针对三种典型目标飞行器(钝锥、尖锥及类 HTV)进行了不同背景参数下的流场仿真及分析,最终对等离子体鞘套流场的典型物理效应(如空间非均匀性、时域动态性、烧蚀性及非线性等)进行了详细阐述。本章是后续章节研究等离子体鞘套中电磁波传播及电磁散射的基础。

参考文献

[1] Takizawa Y, Matsuda A, Sato S, et al. Experiment on shock layer enhancement by electromagnetic effect in reentry related high enthalpy flow[C]. 36th AIAA Plasma Dynamics and Laser Conference, Toronto, 2005.

[2] Weaver W L, Bowen J T. Entry trajectory, entry environment, and analysis of spacecraft motion for the RAM C-3 flight experiment [R]. Hampton: NASA Langley Research Center, 1972.

[3] Lee R H C, Chang I S, Stewart G E. Studies of plasma properties in rocket plumes[R]. EI Segundo: The Aerospace Corporation, 1982.

[4] Smoot L D, Underwood D L, Schroeder R G. Prediction of microwave attenuation characteristics of rocket exhausts [J]. Journal of Spacecraft & Rockets, 1966, 3(3): 302-309.

[5] 郭智权,叶友达.高超声速化学非平衡欧拉方程数值模拟[J].空气动力学学报,1999,17 (4): 423-428.

[6] Bhutta B A, Lewis C H. A new technique for low-to high altitude predictions of ablative hypersonic flowfields[J]. Journal of Spacecraft and Rockets, 1992, 29(1): 35-50.

[7] Gupta R N, Yos J M, Thompson R A, et al. A review of reaction rates and thermodynamic and transport properties for an 11-species air model for chemical and thermal nonequilibrium calculations to 30000 K[R]. NASA-TM-101528, 1989.

[8] Park C. Nonequilibrium hypersonic aerodynamics[M]. New York: Wiley-Interscience John Wiley and Sons Inc Publication, 1992.

[9] Park C. Assessment of two-temperature kinetic model for ionizing air [J]. Journal of Thermophysics and Heat Transfer, 1989, 3(3): 233-244.

[10] Dunn M G, Sang W K. Theoretical and experimental studies of reentry plasmas[R]. NASA-CR-2232, 1973.

[11] Murray A L, Lewis C H. Hypersonic three-dimensional viscous shock-layer flows over blunt bodies[J]. AIAA Journal, 1978, 16(12): 1279-1286.

[12] Moss J N, Simmond A L. Galileo probe forebody flowfiled predictions during Jupiter entry [J]. AIAA Paper 1982-0874, 1982.

[13] Gnoffo P A, Gupta R N, Shinn J L. Conservation equations and physical models for hypersonic air flows in thermal and chemical nonequilibrium[R]. Hampton: NASA Langley Research Center, 1989.

[14] Palmer G. The development of an explicit thermochemical nonequilibrium algorithm and its applications to compute three dimensional AFE flowfields[J]. AIAA Paper, 1989.

[15] Mitcheltree R A. A parametric study of dissociation and ionization models at 12 km/sec[C]. 26th Thermophysics Conference, Honolulu, 1991.

[16] Candler G V, MacCormack R W. Computation of weakly ionized hypersonic flows in

thermochemical nonequilibrium [J]. Journal of Thermophysics and Heat Transfer, 1991, 5(3): 266-273.

[17] Lee K P, Gupta R N. Viscous-shock-layer analysis of hypersonic flows over long slender vehicles[R]. Norfolk: Old Dominion University, 1992.

[18] McBride B, Gordon S. Computer program for calculation of complex chemical equilibrium compositions and applications. Part 1 analysis[Z]. NASA Reference Publication, 1994.

[19] Tchuen G, Zeitoun D E. Computation of weakly ionized air flow in thermochemical nonequilibrium over sphere-cones[J]. International Journal of Heat and Fluid Flow, 2008, 29(5): 1393-1401.

[20] Johnston C O, Samared J. Aerothermodynamic characteristics of 16-22 km/s earth entry[J]. AIAA Paper, 2015.

[21] Monteverde F, Savino R, Fumo M D S, et al. Plasma wind tunnel testing of ultra-high temperature ZrB2-SiC composites under hypersonic reentry conditions [J]. Journal of the European Ceramic Society, 2010, 30(11): 2313-2321.

[22] Lakebrink M T, Paredes P, Borg M P. Toward robust prediction of crossflow-wave instability in hypersonic boundary layers[J]. Computers & Fluids, 2017, 144: 1-9.

[23] Wartemann V, Camillo G P, Reiter P, et al. Influence of transpiration cooling on second-mode instabilities investigated on hypersonic, conical flows[J]. Ceas Space Journal, 2019, 11(3): 341-350.

[24] 沈建伟,瞿章华.电离非平衡粘性激波层低雷诺数钝体绕流[J].空气动力学学报,1986, 4(4): 380-388.

[25] 沈建伟,瞿章华.高超音速化学非平衡层流粘性激波层钝头细长体绕流数值计算[J].宇航学报,1988,3: 5-22.

[26] 蔡元虎,张凯院,毛根旺.有化学反应的气体的非平衡数值模拟[J].航空学报,1997,18 (5): 515-518.

[27] 张巧芸,瞿章华.11 组元化学反应气体粘性激波层钝体绕流数值计算[J].国防科技大学学报,1999,21(3): 17-20.

[28] 董维中.气体模型对高超声速再入钝体气动参数计算影响的研究[J].空气动力学学报, 2001,19(2): 197-202.

[29] 柳军,刘伟,曾明,等.高超声速三维热化学非平衡流场的数值模拟[J].力学学报,2003, 35(6): 730-734.

[30] 范绪箕.关于飞行器高超声速不平衡气体绕流的数值模拟[J].力学进展,2004,34(2): 224-236.

[31] 何开峰,高铁锁.烧蚀对再入体绕流电子数密度影响的数值研究[J].空气动力学学报, 2009,27(1): 57-61.

[32] 聂亮,陈伟芳,夏陈超,等.高超声速飞行器绕流流场电磁散射特性分析[J].电波科学学报,2014,29(5): 874-879.

[33] 苗文博,黄飞,程晓丽,等.再入飞行器等离子体预测与气体组分相关性[J].计算物理, 2015,32(1): 27-32.

[34] 高海燕,唐志共,杨彦广,等.高超声速飞行器高温流畅数值模拟面临的问题[J].航空学

报,2015,36(1):176-191.

[35] Zhao W, Chen W, Agarwal R K. Computation of rarefied hypersonic flows using modified form of conventional burnett equation[J]. Journal of Spacecraft & Rockets, 2015, 52(3): 1-15.

[36] 陈伟芳,赵文文.稀薄气体动力学矩阵方法及数值模拟[M].北京:科学出版社,2018.

[37] Shao C, Nie L, Chen W F. Analysis of weakly ionized ablation plasma flows for a hypersonic vehicle[J]. Aerospace Science and Technology, 2016, 51: 151-161.

[38] Liang Y G, Yuan C X, Hu L, et al. Influence of dust particles on DC glow discharge plasma [J]. Physics of Plasmas, 2018, 25(2): 023701.

[39] Li J T, Yang S F, Guo L X, et al. Power spectrum of refractive-index fluctuation in hypersonic plasma turbulence[J]. IEEE Transactions on Plasma Science, 2017, 45(9): 1-7.

[40] Liu J. Experimental and numerical research on thermo chemical nonequilibrium flow with radiation phenomenon[D]. Changsha: National University of Defense Technology, 2004.

[41] Kim K H, Kim C, Rho O H. Methods for the accurate computations of hypersonic Flows I. AUSMPW+ Scheme[J]. Jounal of Computational Physics, 2001, 174(1): 81-119.

[42] Kim K H, Kim C. Accurate efficient and monotonic numerical methods for multi-dimensional compressible flows Part II: multi- dimensional limiting process[J]. Journal of Computational Physics, 2005, 208(1): 570.

[43] Park C. Problems of rate chemistry in the flight regimes of aero assisted orbital transfer vehicles[J]. Progress in Astronautics and Aeronautics, 1985, 96: 511-537.

[44] 董维中. 气体模型对高超声速再入钝体气动参数计算影响的研究[J].空气动力学报, 2001,19(2): 197-202.

[45] 乐嘉陵. 再入物理.国防科研试验工程技术系列教材[M].北京:国防工业出版社,2005.

[46] 柳军,刘伟,曾明,等.高超声速三维热化学非平衡流场的数值模拟[J].力学学报,2003, 35(6): 730-734.

[47] Swift C T, Beck F B, Thomson J, et al. RAMCIII S-band diagnostic experiment[R]. NASA Langley Research Center, 1970.

[48] Akey N D. Overview of RAM reentry measurements program [R]. NASA Special Publication, 1970.

[49] Mather D E, Pasqual J M, Sillence J P. Radio frequency(RF) blackout during hypersonic reentry[C]. AIAA/CIRA 13th International Space Planes and Hypersonic Systems and Technologies, Capua, 2005.

[50] Usui H, Mat S H, Yamashita F. Computer experiments on radio blackout of a reentry vehicle [C]. 6th Spacecraft Charging Technology Conference, Massachusetts, 2000.

[51] Rybak J, Churchill R J. Progress in reentry communications[J]. IEEE Transactions on Aerospace and Electronic Systems, 1971, 7(5): 879-894.

[52] Dyakonov A A, Schoenenberger M, Norman J V. Hypersonic and supersonic static aerodynamics of Mars Science Laboratory entry vehicle[J]. AIAA Paper, 2012: 25-28.

[53] Friel P, Rosenbaum B. Propagation of electromagnetic waves through reentry induced plasma

[J]. Advances in the Astronautical Sciences, 1963, 11: 399.

[54] McCabe W M, Stolwyk C F. Electromagnetic propagation through shock ionized air surrounding glide reentry spacecraft [J]. IRE Transaction on Space Electronics and Telemetry, 1962, 8(4): 257-266.

[55] Li J T, Yang S F, Guo L X. Propagation characteristics of Gaussian beams in plasma sheath turbulence[J]. IET Microwaves, Antennas and Propagation, 2017, 11(2): 280-286.

[56] Lin T C, L K Sproul. Influence of reentry turbulent plasma fluctuation on EM wave propagation[J]. Computers and Fluids, 2006, 35(7): 703-711.

[57] Anthony D, Richard G. Mean and fluctuating electron density in equilibrium turbulent boundary layers[J]. AIAA Journal, 1971, 9(8): 1533-1538.

[58] Potter D L. Introduction of the PIRATE program for parametric reentry vehicle plasma effects studies[C]. 37th AIAA Plasma Dynamics and Lasers Conference, San Francisco, 2006.

[59] 杨敏.等离子鞘套下测控通信信号传输特性研究[D].西安：西安电子科技大学,2014.

[60] 李建林.临近空间高超声速飞行器发展研究[M].北京：中国宇航出版社,2011.

[61] Sagaut P, Garnier E, Tromeur E, et al. Turbulent inflow conditions for LES of compressible wall-bounded flows[J]. AIAA Journal, 2004, 42(3): 469-477.

[62] Schreyer A M, Uwe G, Ewald K. Fluctuation measurements in the turbulent boundary layer of a supersonic flow [C]. Seventh IUTAM Symposium on Laminar-Turbulent Transition, Stockholm, 2010.

[63] 杨利霞,沈丹华,施卫东.三维时变等离子体目标的电磁散射特性研究[J].物理学报, 2013,62(10): 104101.

[64] 薄勇,赵青,罗先刚,等.电磁波在时变磁化等离子体信道中通信性能的实验研究[J].物理学报,2016,65(5): 055201.

[65] 陈文波,龚学余,邓贤君,等. THz 电磁波在时变非磁化等离子体中的传播特性研究[J]. 物理学报,2014,63(19): 74-79.

[66] 徐珂,黄志祥,吴先良,等. 基于时域有限差分方法的时变等离子体传播特性[J].光子学报,2017,(10): 220-226.

[67] Shi L, Liu Y, Fang S, et al. Adaptive multistate markov channel modeling method for reentry dynamic plasma sheaths [J]. IEEE Transactions on Plasma Science, 2016, 44 (7): 1083-1093.

[68] Chen X Y, Li K X, Liu Y Y, et al. Study of the influence of time-varying plasma sheath on radar echo signal[J]. IEEE Transactions on Plasma Science, 2017, 45(12): 3166-3176.

[69] Liu Z W, Bao W M, Li X, et al. Effects of pressure variation on polarization properties of obliquely incident RF waves in re-entry plasma sheath[J]. IEEE Transactions on Plasma Science, 2015, 43(9): 3147-3154.

[70] Sarma A, Sanyal M K, Littlewood P B. Evidence of the charge-density wave state in polypyrrole nanotubes[J]. Physical Review B, 2015, 91(16): 165409.

[71] Jaiswal S, Bandyopadhyay P, Sen A. Flowing dusty plasma experiments: generation of flow and measurement techniques[J]. Plasma Sources Science and Technology, 2016, 25(6): 1-8.

［72］ Scales W A, Mahmoudian A. Charged dust phenomena in the near earth space environment ［J］. Reports on Progress in Physics, 2016, 79(10): 1-31.

［73］ 徐彬,李辉,王占阁,等.高密度尘埃等离子体的非相干散射理论研究［J］.物理学报, 2017,66(4): 320-325.

［74］ 宫卫华,张永亮,冯帆,等.非均匀磁场尘埃等离子体中颗粒的复杂运动［J］.物理学报, 2015,64(19): 210-217.

［75］ Jia S J, Cheng X Y, Sha L, et al. Propagation of electromagnetic waves in a weak collisional and fully ionized dusty plasma［J］. Physics of Plasmas, 2016, 23(4): 3733.

［76］ Li W Q, Xu X D, Sun X D, et al. Modulating the molecular third-order optical nonlinearity by curved surface of carbon skeleton［J］. Molecular Physics, 2018, 116(2): 242-250.

［77］ 王绒. 大功率电波在等离子体中的非线性效应研究［D］.西安: 西安电子科技大 学,2014.

第3章

等离子体鞘套中的电磁波传播

等离子体作为一种电磁损耗介质,会对电磁波造成折射、反射、衰减、波形畸变等。包覆于飞行器表面的等离子体鞘套不仅在空间具有复杂的三维形态,且在时间域上具有高动态性[1-3]。此外,飞行器表面的防/隔热材料高温烧蚀后也会产生含烧蚀颗粒的复杂等离子体。入射电磁波与等离子体鞘套中形成的电磁场耦合且相互作用会引起一系列复杂多样的电磁现象,例如,等离子体鞘套的空间非均匀性及大梯度变化特征会使入射电磁波的反射、透射及吸收发生改变[4-6];时域动态性会使入射的电磁波幅/相特征发生改变,导致信号发生畸变[7-11];而高温烧蚀产生的尘埃颗粒可与入射电磁波相互作用,使充放电过程发生改变[12,13]。因此,电磁波与等离子体鞘套之间的作用机理及传播规律是临近空间高超声速飞行器通信、探测、导航的核心问题。本章针对具有磁化、时变及尘埃颗粒的空间非均匀等离子体中的电磁波传播特性进行分析。

3.1 基本理论与方法

3.1.1 等离子体特征参量

1. 等离子体频率

等离子体中存在电子扰动,这将在等离子体中形成电子振荡,等离子体中电子振荡频率用 ω_{pe} 表示,是等离子体的重要参数,通常表示为[14]

$$\omega_{pe} = \left(\frac{n_e e^2}{m_e \varepsilon_0} \right)^{\frac{1}{2}} \tag{3.1}$$

式中, m_e 表示电子的质量; e 表示电子电量; n_e 表示等离子体电子密度; ε_0 表示真空中的介电常数。

同样,等离子体中离子振荡频率用 ω_{pi} 表示:

$$\omega_{pi} = \left(\frac{n_i e^2}{m_i \varepsilon_0} \right)^{\frac{1}{2}} \tag{3.2}$$

式中,m_i 表示离子的质量;n_i 表示离子的密度。

因为离子的质量远大于电子的质量,所以离子振荡频率较低,通常认为电子的振荡频率就是等离子体频率,即 $\omega_p = \omega_{pe}$,此时等离子体频率仅取决于电子密度。

2. 回旋频率

在一个不随时间和空间变化的均匀强度磁场中,等离子体中的带电粒子会受到外加磁场给它的洛伦兹力,产生一个回旋运动,称为拉莫尔进动,电子对应的频率称为电子回旋频率 ω_{ce},其回转半径称为拉莫尔半径 r_{ce},其计算公式分别为

$$\omega_{ce} = \frac{eB}{m_e} \tag{3.3}$$

$$r_{ce} = \frac{m_e v_e}{eB} \tag{3.4}$$

式中,B 为磁感应强度;v_e 为电子运动速度。

同样地,在外加磁场的存在下,离子也会受到洛伦兹力的作用,它的回旋频率和回旋半径分别表示为 ω_{ci} 和 r_{ci},其计算公式分别为

$$\omega_{ci} = \frac{eB}{m_i} \tag{3.5}$$

$$r_{ci} = \frac{m_i v_i}{eB} \tag{3.6}$$

式中,v_i 为离子运动速度。

3. 等离子体碰撞频率

自由电子具有很高的运动速度,所以在等离子体中,电子和离子之间的库仑碰撞及电子和中性粒子之间的弹性碰撞占主导地位,因此等离子体的碰撞频率为

$$\nu_e = \nu_{en} + \nu_{ei} \tag{3.7}$$

式中,ν_{en} 和 ν_{ei} 分别表示电子与中性粒子、电子与离子之间的碰撞频率。

对于非磁化等离子体,当温度为 T 时,有[15]

$$\nu_{en} = 6.3 \times 10^{-9} n_n \sqrt{T/300} \tag{3.8}$$

式中, n_n 为中性粒子密度。

当电子温度 $T_e > T$ 时,有

$$\nu_{ei} = \frac{5.5 n_i}{T_e^{3/2}} \left[\ln\left(\frac{280 T_e}{n_i^{1/3}}\right) + \frac{1}{3}\ln\left(\frac{T}{T_e}\right) \right] \tag{3.9}$$

对于低温弱电离的等离子体,可近似认为等离子体的碰撞频率为电子与中性粒子之间的碰撞频率,即 $\nu_e = \nu_{en}$ 。

3.1.2　等离子体的色散特性

1. 非磁化冷等离子体中的电磁波传播

冷等离子体的相对介电常数为[16]

$$\varepsilon_r(\omega) = 1 - \frac{\omega_p^2}{\omega^2 + \nu_{en}^2} - i\,\frac{\omega_p^2 \nu_{en}}{\omega(\omega^2 + \nu_{en}^2)} \tag{3.10}$$

式(3.10)的实部和虚部分别为

$$\varepsilon_r' = 1 - \frac{\omega_p^2}{\omega^2 + \nu_{en}^2} \tag{3.11}$$

$$\varepsilon_r'' = i\,\frac{\omega_p^2 \nu_{en}}{\omega(\omega^2 + \nu_{en}^2)} \tag{3.12}$$

通过求解麦克斯韦方程组可以得到平面电磁波在等离子体中传播时的相位常数 β 和衰减常数 α 分别为

$$\beta = k_0 \left\{ \frac{1}{2}\left[\varepsilon_r' + (\varepsilon_r'^2 + \varepsilon_r''^2)^{1/2} \right] \right\}^{1/2} \tag{3.13}$$

$$\alpha = k_0 \left\{ \frac{1}{2}\left[-\varepsilon_r' + (\varepsilon_r'^2 + \varepsilon_r''^2)^{1/2} \right] \right\}^{1/2} \tag{3.14}$$

对于无损耗(无碰撞)非磁化等离子体,其相对介电常数为

$$\varepsilon_r(\omega) = 1 - \frac{\omega_p^2}{\omega^2} \tag{3.15}$$

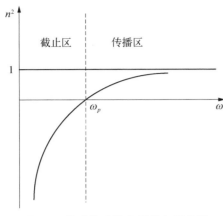

图 3.1 非磁化冷等离子体色散特性

由式（3.14）、式（3.15）可得此时相位常数 $\beta = k_0 \left(1 - \dfrac{\omega_p^2}{\omega^2} \right)^{1/2}$，衰减常数 $\alpha = 0$。无损耗等离子体的折射率为 $n = (1 - \omega_p^2/\omega^2)^{1/2}$，可以看出等离子体是色散介质，其色散特性见图3.1。

从图3.1可以看出，当 $\omega < \omega_p$ 时，电磁波沿传播方向按指数规律衰减；当 $\omega > \omega_p$ 时，衰减常数为零，电磁波可以无损耗通过，该频段为通带。

对于碰撞频率不为0的非磁化等离子体，由式（3.13）、式（3.14）可知，其衰减常数和相位常数分别为

$$\begin{cases} \alpha = k_0 \left(\dfrac{1}{2} \left\{ - \left(1 - \dfrac{\omega_p^2}{\omega^2 + \nu_{en}^2} \right) + \left[\left(1 - \dfrac{\omega_p^2}{\omega^2 + \nu_{en}^2} \right)^2 + \left(i\,\dfrac{\nu_{en}^2}{\omega}\,\dfrac{\omega_p^2}{\omega^2 + \nu_{en}^2} \right)^2 \right]^{1/2} \right\} \right)^{1/2} \\ \beta = k_0 \left(\dfrac{1}{2} \left\{ \left(1 - \dfrac{\omega_p^2}{\omega^2 + \nu_{en}^2} \right) + \left[\left(1 - \dfrac{\omega_p^2}{\omega^2 + \nu_{en}^2} \right)^2 + \left(i\,\dfrac{\nu_{en}^2}{\omega}\,\dfrac{\omega_p^2}{\omega^2 + \nu_{en}^2} \right)^2 \right]^{1/2} \right\} \right)^{1/2} \end{cases}$$

$$(3.16)$$

衰减常数表示等离子体对入射电磁波的碰撞吸收情况，当入射电磁波的频率大于等离子体频率时，表示等离子体通过碰撞的形式吸收了大部分入射电磁波能量。电磁波的电场与自由电子通过复杂的相互作用将能量转化给电子本身，所以电磁波本身的电场就被衰减掉了，而得到能量的电子又通过碰撞把能量转化给其他粒子。

在高频情况下，ω 远大于 ν_{en}^2 和 ω_p，此时衰减常数和相位常数分别为

$$\begin{cases} \alpha \approx k_0\,\dfrac{\nu_{en}\omega_p^2}{2\omega^3} \left(1 - \dfrac{\omega_p^2}{\omega^2} \right)^{-1/2} \\ \beta \approx k_0 \left(1 - \dfrac{\omega_p^2}{\omega^2} \right)^{1/2} \end{cases}$$

$$(3.17)$$

从式（3.17）可以看出，此时相位常数不受碰撞频率影响，所以折射率也不受碰撞频率的影响。由于此情况下 $\beta \gg \alpha$，等离子体变成一种损耗较低的介质。

在低频情况下，ω 远小于 ν_{en} 和 ω_p，等离子体是良导体，采用导电模型更合

适,可将导电率表示为

$$\sigma = \frac{\varepsilon_0 \omega_{pe}^2}{\nu_e} + \frac{\varepsilon_0 \omega_{pi}^2}{\nu_i} \tag{3.18}$$

式(3.16)在一级近似下为

$$\begin{cases} \alpha \approx k_0 \left(\dfrac{\omega_p^2}{2\omega \nu_{en}} \right)^{1/2} \left(1 + \dfrac{\omega}{2\nu_{en}} \right) \\[4mm] \beta \approx k_0 \left(\dfrac{\omega_p^2}{2\omega \nu_{en}} \right)^{1/2} \left(1 - \dfrac{\omega}{2\nu_{en}} \right) \end{cases} \tag{3.19}$$

从式(3.19)可以看出,此时衰减常数和相位常数基本相同,所以这种情况下电磁波在等离子体中的传播与在导体中的情况类似。

2. 磁化等离子体中电磁波的传播

外加磁场之后,等离子体会成为各向异性介质,对于无碰撞的磁化等离子体,平行于磁场的特征波传播的色散方程为[17]

$$\begin{cases} n_L^2 = 1 - \dfrac{\omega_{pe}^2}{\omega(\omega + \omega_{ce})} - \dfrac{\omega_{pi}^2}{\omega(\omega - \omega_{ci})} \\[4mm] n_R^2 = 1 - \dfrac{\omega_{pe}^2}{\omega(\omega - \omega_{ce})} - \dfrac{\omega_{pi}^2}{\omega(\omega + \omega_{ci})} \end{cases} \tag{3.20}$$

式中,下标 L 和 R 分别表示左旋圆极化波和右旋圆极化波。

进一步简化可得

$$\begin{cases} n_L^2 = 1 - \dfrac{\omega_p^2}{\omega(\omega + \omega_{ce})(\omega - \omega_{ci})} \\[4mm] n_R^2 = 1 - \dfrac{\omega_p^2}{\omega(\omega - \omega_{ce})(\omega + \omega_{ci})} \end{cases} \tag{3.21}$$

式中, $\omega_p^2 = \omega_{pe}^2 + \omega_{pi}^2$ 。

左、右旋圆极化的截止条件分别为 $n_L^2 = 0$ 、 $n_R^2 = 0$,因此左、右旋圆极化的截止频率分别为

$$\begin{cases} \omega_L = \left[\omega_p^2 + \dfrac{(\omega_{ce} + \omega_{ci})^2}{4} \right]^{1/2} - \dfrac{\omega_{ce} - \omega_{ci}}{2} = \left[\omega_p^2 + \dfrac{\omega_{ce}^2}{4} \right]^{1/2} - \dfrac{\omega_{ce}}{2} \\[4mm] \omega_R = \left[\omega_p^2 + \dfrac{(\omega_{ce} + \omega_{ci})^2}{4} \right]^{1/2} + \dfrac{\omega_{ce} - \omega_{ci}}{2} = \left[\omega_p^2 + \dfrac{\omega_{ce}^2}{4} \right]^{1/2} + \dfrac{\omega_{ce}}{2} \end{cases} \tag{3.22}$$

左、右旋圆极化的共振条件分别为 $n_L^2 = \infty$、$n_R^2 = \infty$，所以它们的共振频率分别为

$$
\begin{cases}
\omega_L^\infty = \omega_{ci} \\
\omega_R^\infty = \omega_{ce}
\end{cases}
\tag{3.23}
$$

根据式(3.21)~式(3.23)可以得到左、右旋圆极化波的色散特性，如图 3.2 所示。

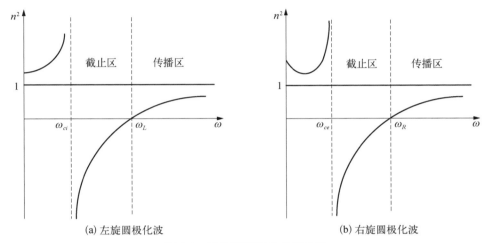

(a) 左旋圆极化波   (b) 右旋圆极化波

图 3.2   磁化等离子体色散特性

由图 3.2 可以看出，当 $\omega < \omega_{ce}$ 时，$n_L^2 = n_R^2 = 1$，电磁波在等离子体中传播的相速与真空中相同，这是因为入射到等离子体中的电磁波频率很高，使得电磁场的变化速度大于等离子体中粒子的响应；左旋圆极化波存在两个通带：$\omega > \omega_L$ 和 $\omega < \omega_{ci}$，以及一个阻带 $\omega_{ci} < \omega < \omega_L$；右旋圆极化波存在两个通带：$\omega > \omega_R$ 和 $\omega < \omega_{ce}$，以及一个阻带 $\omega_{ce} < \omega < \omega_R$。

磁化等离子体碰撞率不为零时，只考虑电子的碰撞而忽略离子的碰撞，则平行于磁场的特征波的色散方程为

$$
\begin{cases}
n_L^2 = 1 - \dfrac{\omega_{pe}^2}{\omega^2 \left[\left(1 - i\dfrac{\nu_{en}}{\omega} \right) + \dfrac{\omega_{ce}}{\omega} \right]} \\[4mm]
n_R^2 = 1 - \dfrac{\omega_{pe}^2}{\omega^2 \left[\left(1 - i\dfrac{\nu_{en}}{\omega} \right) - \dfrac{\omega_{ce}}{\omega} \right]}
\end{cases}
\tag{3.24}
$$

式(3.24)可以进一步改写为

$$
\begin{cases}
n_L^2 = 1 - \dfrac{\omega_{pe}^2(\omega + \omega_{ce})}{\omega\left[(\omega + \omega_{ce})^2 + \nu_{en}^2\right]} - i\,\dfrac{\nu_{en}\omega_{pe}^2}{\omega\left[(\omega + \omega_{ce})^2 + \nu_{en}^2\right]} \\[4mm]
n_R^2 = 1 - \dfrac{\omega_{pe}^2(\omega - \omega_{ce})}{\omega\left[(\omega - \omega_{ce})^2 + \nu_{en}^2\right]} - i\,\dfrac{\nu_{en}\omega_{pe}^2}{\omega\left[(\omega - \omega_{ce})^2 + \nu_{en}^2\right]}
\end{cases}
\tag{3.25}
$$

则对于左、右旋圆极化波,其衰减常数和相位常数分别为

$$
\begin{cases}
\alpha = -\dfrac{\omega}{c}\operatorname{Im}(n_{L,R}) \\[4mm]
\beta = \dfrac{\omega}{c}\operatorname{Re}(n_{L,R})
\end{cases}
\tag{3.26}
$$

式(3.26)中,衰减常数不为零,说明左旋圆极化波和右旋圆极化波在磁化等离子体中传播时,其电场能量都会被衰减。

对于无碰撞的磁化等离子体,当电磁波与磁场方向垂直时,能获得两个非零解的色散关系,第一个色散关系为

$$
n^2 = 1 - \frac{\omega_p^2}{\omega^2}
\tag{3.27}
$$

此处特征波的电场方向与磁场方向相同,磁场对这个方向上电子的运动没有影响,这样的特征波称为寻常波,其色散关系与图 3.1 相同,寻常波只有一个截止频率,不存在共振频率。

第二个非零解色散关系为

$$
n^2 = \frac{2n_L^2 n_R^2}{n_L^2 + n_R^2} = 1 - \frac{\omega_{pe}^2(\omega^2 - \omega_{pe}^2 - \omega_{ce}\omega_{ci})}{(\omega^2 - \omega_{ce}^2)(\omega^2 - \omega_{ci}^2) - \omega_{pe}^2(\omega^2 - \omega_{ce}\omega_{ci})}
\tag{3.28}
$$

根据 $\omega_p^2 = \omega_{pe}^2 + \omega_{pi}^2$ 和 $\omega_{pe}^2\omega_{ci} = \omega_{pi}^2\omega_{ce}$,式(3.28)可改写为

$$
n^2 = 1 - \frac{\left[(\omega + \omega_{ce})(\omega - \omega_{ci}) - \omega_p^2\right]\left[(\omega - \omega_{ce})(\omega + \omega_{ci}) - \omega_p^2\right]}{(\omega^2 - \omega_{ce}^2)(\omega^2 - \omega_{ci}^2) - \omega_{pe}^2(\omega^2 - \omega_{ce}\omega_{ci})}
\tag{3.29}
$$

该特征波的电场与磁场方向垂直,位于垂直于磁场的平面上,由纵波与横波组成,所以称为混杂波,即非常波,其色散关系见图 3.3。

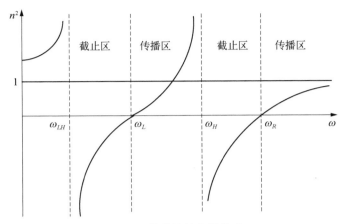

图 3.3 非常波的色散关系

当电磁波的频率较高时（$\omega > \omega_{ce} > \omega_{ci}$），可以忽略离子的运动，非常波的色散关系可以近似表示为

$$n^2 = \frac{(\omega^2 - \omega_R^2)(\omega^2 - \omega_L^2)}{\omega^2(\omega^2 - \omega_H^2)} \tag{3.30}$$

式中，ω_L、ω_R 分别为左右旋圆极化波的截止频率；$\omega_H^2 = \omega_{pe}^2 + \omega_{ce}^2$，称为上混杂频率。

由式（3.30）可以看出，非常波有两个截止频率 ω_L、ω_R，一个共振频率 ω_H。

当 $\omega > \omega_H$ 时，$n^2 = 1$，等离子体中电磁波传播的相速度与它在真空中传播时相同，这是因为入射等离子体中的电磁波频率太高，导致电磁场的变化大于等离子体中粒子的响应；当 $\omega > \omega_R$ 和 $\omega_L < \omega < \omega_H$ 时，$n^2 > 0$ 为电磁波的通带；在 $\omega < \omega_L$ 和 $\omega_H < \omega < \omega_R$ 时，$n^2 > 0$ 为电磁波的阻带。

当电磁波的频率比较低时（$\omega < \omega_{ce}$），离子的运动起主导作用，非常波的色散关系为

$$n^2 = \frac{\omega_{ce}^2(\omega_{ci}^2 - \omega^2)(\omega_L^2 - \omega_R^2)}{\omega_H^2\left(\omega^2 - \omega_{ce}\omega_{ci}\dfrac{\omega_{pe}^2 + \omega_{ce}\omega_{ci}}{\omega_{pe}^2 + \omega_{ce}^2}\right)} \tag{3.31}$$

在低频区域，非常波的共振频率为

$$\omega \approx \omega_{LH} = (\omega_{ce}\omega_{ci})^{1/2} \tag{3.32}$$

式中,ω_{LH} 为下混杂频率,此时电磁波只有一个通带,即 $\omega < \omega_{LH}$ 的区域。

对于碰撞不为零(仅考虑电子的碰撞)的磁化等离子体,电磁波满足的波动方程与平行情况相同,即存在两个非零解的色散关系。

第一个色散关系为

$$n^2 = 1 - \frac{\omega_{pe}^2}{\omega(\omega - \mathrm{i}\,\nu_{en})} = 1 - \frac{\omega_p^2}{\omega^2 + \nu_{en}^2} - \mathrm{i}\,\frac{\nu_{en}^2}{\omega}\frac{\omega_p^2}{\omega^2 + \nu_{en}^2} \qquad (3.33)$$

由式(3.33)可知,磁化等离子体中的寻常波与非磁化等离子体中的寻常波传播相同,与碰撞频率为零的等离子体相比,等离子体中的电子会通过碰撞将寻常波的能量衰减掉,衰减的程度可以通过衰减常数表示出来,也就是式(3.33)中的虚部。

第二个色散关系为

$$n^2 = 1 - \frac{\omega_{pe}^2/\omega^2}{1 - \mathrm{i}\,\dfrac{\nu_{en}}{\omega} - \dfrac{\omega_{ce}^2/\omega^2}{1 - \omega_{pe}^2/\omega^2 - \mathrm{i}\,\nu_{en}/\omega}} \qquad (3.34)$$

3.1.3　等离子体中电磁计算方法

电磁波传播特性的计算方法主要包含解析法和数值法,解析法主要有分离变量法、级数展开法和微扰法等,数值法主要包含时域有限差分法[17]、Wentzel-Kramers-Brillouin 方法、矩量法、有限元法、传输矩阵法等。

等离子体鞘套流场结构非常复杂,很难得到理论上的解析解,因此在研究复杂等离子体环境中电磁波的传播问题时大多采用数值解。本节主要给出Wentzel-Kramers-Brillouin 方法、传输矩阵法及时域有限差分法的求解原理及计算过程,并对与等离子体鞘套有关的多种特征因素进行分析。

1. Wentzel-Kramers-Brillouin(WKB)方法

Wentzel-Kramers-Brillouin 方法是 Gans 为解释光波在对流层折射的相位积分近似而提出的,后因由 Wentzel、Kramers、Brillouin 三人对方法进行改进而得名,一般简称 WKB 方法,是求解空间缓变介质中电磁波传播问题较为成熟的近似方法,基本原理是将介质中的电磁波视为光线一样的射线,在介质交界面处服从几何光学的折射定律,因此该方法属于经典的近似求解波动方程的方法[18]。

本节讨论平面电磁波斜入射模型,假设等离子体沿 z 方向的电子密度分布是不均匀的,以平面电磁波为例,首先从麦克斯韦方程导出不均匀介质内的波动方程。设等离子体的相对介电常数为 $\varepsilon_r(\boldsymbol{r},\omega)$，即 ε_r 是矢量坐标 $\boldsymbol{r}$ 和入射波频率 ω 的函数,磁导率为 μ_0。 频域内的麦克斯韦方程为

$$\begin{cases} \nabla\times\boldsymbol{E} = -\,\mathrm{i}\mu_0\omega\boldsymbol{H} \\[4pt] \nabla\varepsilon_0\varepsilon(\boldsymbol{r})\boldsymbol{E}(\boldsymbol{r},\omega) = 0 \\[4pt] \nabla\times\boldsymbol{H}(\boldsymbol{r},\omega) = \mathrm{i}\omega\varepsilon_0\varepsilon(\boldsymbol{r})\boldsymbol{E}(\boldsymbol{r},\omega) \\[4pt] \nabla\mu_0\boldsymbol{H}(\boldsymbol{r},\omega) = 0 \end{cases} \tag{3.35}$$

注意到如下关系式:

$$\begin{cases} \nabla\times\nabla\times\boldsymbol{E}(\boldsymbol{r},\omega) = -\,\mathrm{i}\mu_0\omega\,\nabla\times\boldsymbol{H}(\boldsymbol{r},\omega) = \omega^2\mu_0\varepsilon_0\varepsilon(\boldsymbol{r})\boldsymbol{E}(\boldsymbol{r},\omega) \\[4pt] \nabla\times\nabla\times\boldsymbol{A} = \nabla\,\nabla\boldsymbol{A} - \nabla^2\boldsymbol{A} \end{cases} \tag{3.36}$$

可得,电场满足如下方程:

$$\nabla^2 + \left(\frac{\omega}{c}\right)^2\varepsilon_r(\boldsymbol{r},\omega)\boldsymbol{E} = \nabla(\nabla\boldsymbol{E}) \tag{3.37}$$

与式(3.37)类似,从麦克斯韦方程中消去电场 $\boldsymbol{E}$,可以得到有关磁场的方程:

$$\nabla^2\boldsymbol{H} + \left(\frac{\omega}{c}\right)^2\varepsilon_r(\boldsymbol{r},\omega)\boldsymbol{H} = \frac{1}{\varepsilon_r(\boldsymbol{r},\omega)}\big[\nabla\varepsilon_r(\boldsymbol{r},\omega)\big]\times\nabla\times\boldsymbol{H} \tag{3.38}$$

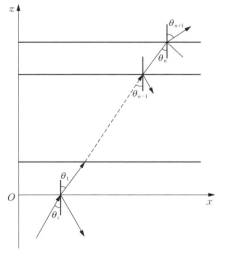

图 3.4　电磁波在非均匀等离子体中的传播示意图

式(3.37)和式(3.38)表示的是非均匀各向同性介质内的波动方程。由于等离子体的相对介电常数 $\varepsilon_r(\boldsymbol{r},\omega)$ 是空间位置的函数,这两式的求解很困难,通常只要求解其一,然后将其代入麦克斯韦方程即可。

考虑到普遍情况,在此给出电磁波斜入射到平面分层介质中的解。假设等离子体仅在 z 方向是不均匀的,电磁波在不均匀等离子体中的传播示意图如图 3.4 所示。

在该情况下,相对介电常数是纵向坐标 z 的函数,可得如下方程组:

$$\begin{cases} \dfrac{\partial^2 E_y}{\partial x^2} + \dfrac{\partial^2 E_y}{\partial z^2} + \left(\dfrac{\omega}{c}\right)\varepsilon_r(z)E_y = 0 \\[2mm] \dfrac{\partial^2 E_x}{\partial z^2} + \left(\dfrac{\omega}{c}\right)\varepsilon_r(z)E_x = \dfrac{\partial^2 E_z}{\partial x \partial z} \\[2mm] \dfrac{\partial^2 E_z}{\partial x^2} + \left(\dfrac{\omega}{c}\right)\varepsilon_r(z)E_z = \dfrac{\partial^2 E_x}{\partial x \partial z} \end{cases} \qquad (3.39)$$

显然，E_x 与 E_z 是相互耦合的，而 E_y 是独立的。当电磁波斜入射到缓变介质中时，通过求 y 方向的极化电磁波波动方程的近似解即可求得 WKB 解。

假设第 n 层介质对应的折射率为 n_n，电磁波在第 $n-1$ 层和第 n 层的交界面上的入射角和折射角分别为 θ_{n-1} 和 θ_n，由折射定律可得

$$n_{n-1}\sin\theta_{n-1} = n_n\sin\theta_n \qquad (3.40)$$

实际上，每一层的界面上都满足如下关系：

$$\sin\theta_i = n_1\sin\theta_1 = n_2\sin\theta_2 = \cdots = n_{n-1}\sin\theta_{n-1} = n_n\sin\theta_n \qquad (3.41)$$

式中，θ_i 为第一层介质的入射角。

可以得到第 n 层内电磁波的场量为

$$E_n = \exp\left[-\mathrm{i}\frac{\omega_0}{c}n_n(x\sin\theta_n \pm z\cos\theta_n)\right] \qquad (3.42)$$

式中，"$\pm$"分别对应向上和向下传播的波。

结合式(3.39)~式(3.42)可写出等离子体内电磁波的波动方程：

$$\frac{\partial^2 E_y}{\partial z^2} + \left[k^2(z) - k_0^2\sin^2\theta_n\right]E_y = 0 \qquad (3.43)$$

式(3.43)的 WKB 解为

$$E_y = E_0\exp\left[\mp\mathrm{i}\int_0^z \sqrt{k^2(z) - k_0^2\sin^2\theta_n}\,\mathrm{d}z\right] \qquad (3.44)$$

式中，k 是电磁波在等离子体中的传播常数；k_0 是电磁波在真空中的传播常数。

令

$$\omega = \sqrt{k^2(z) - k_0^2\sin^2\theta_n}$$

则 WKB 解的有效条件为

$$\left| \frac{3}{4}\left(\frac{1}{\omega^2}\frac{\mathrm{d}\omega}{\mathrm{d}z} \right) - \frac{1}{2\omega^3}\frac{\mathrm{d}^2\omega}{\mathrm{d}z^2} \right| \ll 1 \tag{3.45}$$

式(3.45)成立的条件为要求电磁波的波数在一个入射波波长范围内变化很小,一般情况下这个条件是非常容易满足的,此时电磁波能量的传播函数为

$$P(z) = P_0 \exp\left[-2\mathrm{Im}\left(\int_0^d \sqrt{k^2(z) - k_0^2 \sin^2\theta_n}\,\mathrm{d}z \right) \right] \tag{3.46}$$

电磁波的衰减系数 α 由式(3.47)计算:

$$\alpha = \left| 10\lg\frac{P(z_0)}{P_0} \right| = \left| 8.69\mathrm{Im}\left(\int_0^d \sqrt{k^2(z) - k_0^2 \sin^2\theta_n} \right)\mathrm{d}z \right| \tag{3.47}$$

式中,z 是电磁波传播距离;P_0 表示入射电磁波在 $z = 0$ 处的能量。

WKB 方法基于连续介质中波动方程的近似求解,要求介质随距离变化足够缓慢,即等离子体分布梯度的尺度要远大于波长,但在等离子体鞘套这样小尺度剧烈变化的等离子介质中,该条件不一定完全满足,除非电磁波频率极高。

2. 传输矩阵法

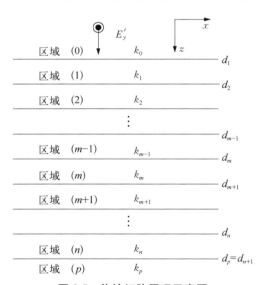

图 3.5 传输矩阵原理示意图

传输矩阵法的核心思想也是将等离子体分割成许多薄层 d_1,d_2,$\cdots$,d_m,$\cdots$,d_n,如图 3.5 所示,每一层中的等离子体参数均匀不变。然后根据传输矩阵,将所有相邻层之间的传输矩阵列方程进行一系列求解[19,20]。第 m 层的厚度为 $d_{m+1} - d_m$,该层的传播常数可表示为

$$k^{(m)} = \frac{\omega}{c}\sqrt{\varepsilon_r^{(m)}} \tag{3.48}$$

在考虑边界条件及对入射场、反射场进行推导后,反射系数 R、透射系数 T 和吸收系数 A 可以表示为

$$\binom{R}{T} = -\left(S_{g1}, \ -V_p\right)^{-1} S_{g2} \tag{3.49}$$

$$A = 1 - R - T \tag{3.50}$$

式中，S_{g1} 和 S_{g2} 分别表示矩阵 $\boldsymbol{S}_g$ 的第一列和最后一列，$\boldsymbol{S}_g = \left(\mathrm{II}_{m=n}^2 \boldsymbol{S}_m\right)S_1$，$\boldsymbol{S}_m$ 表示第 m 层的散射矩阵，还可以表示为 $\boldsymbol{S}_g = \left(S_{g1}, \ S_{g2}\right)$。

而 $\boldsymbol{S}_m$ 可以表示为

$$\boldsymbol{S}_m = \begin{pmatrix} \mathrm{e}^{-ik_x^{(m)}d_m} & \mathrm{e}^{ik_x^{(m)}d_m} \\ k_x^{(m)}\mathrm{e}^{-ik_x^{(m)}d_m} & -k_x^{(m)}\mathrm{e}^{-ik_x^{(m)}d_m} \end{pmatrix}^{-1} \times \begin{pmatrix} \mathrm{e}^{-ik_x^{(m-1)}d_m} & \mathrm{e}^{ik_x^{(m-1)}d_m} \\ k_x^{(m-1)}\mathrm{e}^{-ik_x^{(m-1)}d_m} & -k_x^{(m-1)}\mathrm{e}^{-ik_x^{(m-1)}d_m} \end{pmatrix} \tag{3.51}$$

V_p 表示为

$$V_p = \frac{1}{2k_x^{(n)}}\left[\begin{matrix} \left(k_x^{(n)} + k_x^{(p)}\right)\mathrm{e}^{i\left(k_x^{(n)} - k_x^{(p)}\right)d_p} \\ \left(k_x^{(n)} - k_x^{(p)}\right)\mathrm{e}^{-i\left(k_x^{(n)} + k_x^{(p)}\right)d_p} \end{matrix}\right] \tag{3.52}$$

传输矩阵法基于每一层介质的波阻抗推导透射和反射系数，考虑了阻抗跳跃引起的反射项，因此适用于电磁特性梯度剧烈变化的介质（如复合涂层中的电磁传播等）。综上考虑，传输矩阵法更适用于非均匀等离子体鞘套中的电磁波传播近似计算，因此也是本章以下内容中所采用的计算方法。

3. 时域有限差分（FDTD）法

电磁场的时域有限差分法原理简单直观，易于实现，计算程序具有很强的通用性。几十年来，FDTD 方法在电磁学的许多领域（目标特性、天线辐射、电磁兼容、基于生物电磁学领域的微波线路等）都获得了广泛应用[21-24]。最初，FDTD 方法的数值精度和计算效率不够高、应用范围有限，目前已非常成熟。在脉冲波的激励下，根据 FDTD 方法的一次计算结果，结合傅里叶变换便可获得丰富的频域信息，同频域方法相比可节省大量的计算时间。

FDTD 方法的基本原理是将连续的时间和空间离散化，通过有限差分来近似计算电磁波随时空的变化，具有适应复杂形状和非均匀分布介质的电磁波特性。稳态等离子体中的 FDTD 方法已经非常成熟了，本节介绍使用 LTJEC-FDTD（Laplace transfer current density convolution finite difference time domain）[21]法计算时空非均匀动态等离子体中电磁波传播的计算原理及过程，在时空非均匀各向异性色散介质碰撞磁化等离子体中，麦克斯韦方程组和相关的本构方程为[25]

$$\nabla \times \boldsymbol{E} = -\mu_0 \frac{\partial \boldsymbol{H}}{\partial t} \tag{3.53}$$

$$\nabla \times \boldsymbol{H} = \varepsilon_0 \frac{\partial \boldsymbol{E}}{\partial t} + \boldsymbol{J} \tag{3.54}$$

$$\frac{\mathrm{d}\boldsymbol{J}}{\mathrm{d}t} + \nu_{en}\boldsymbol{J} = \varepsilon_0 \omega_p^2(\boldsymbol{r},\ t)\boldsymbol{E} + \omega_{ce} \times \boldsymbol{J} \tag{3.55}$$

式中，$\boldsymbol{E}$ 为电场强度，单位为 V/m；$\boldsymbol{H}$ 为磁场强度，单位为 A/m；$\boldsymbol{J}$ 为电流密度，单位为 A/m²；ε_0 为真空中的介电常数，$\varepsilon_0 = 8.85 \times 10^{-12}$ F/m；μ_0 为真空中的磁导率，$\mu_0 = 4\pi \times 10^{-7}$ H/m；$\omega_p(r,\ t) = [n_e(\boldsymbol{r},\ t)e^2/m_e\varepsilon_0]^{1/2}$，为等离子体频率，$n_e(\boldsymbol{r},\ t)$ 为电子密度，这里表示与空间和时间有关的量；ν_{en} 为等离子体的碰撞频率；$\omega_{ce} = eB_0/m_e$，为电子旋转频率，B_0 为外部静态磁场。

设沿着 $+z$ 方向为外加磁场的方向，那么有

$$\boldsymbol{E} = E_x\hat{x} + E_y\hat{y}, \quad \boldsymbol{H} = H_x\hat{x} + H_y\hat{y}, \quad \boldsymbol{J} = J_x\hat{x} + J_y\hat{y}, \quad \omega_b = \omega_{ce}\hat{z} \tag{3.56}$$

式（3.53）和式（3.54）可以写为

$$\frac{\partial H_x}{\partial t} = -\frac{1}{\mu_0}\frac{\partial E_y}{\partial z} \tag{3.57}$$

$$\frac{\partial H_y}{\partial t} = -\frac{1}{\mu_0}\frac{\partial E_x}{\partial z} \tag{3.58}$$

$$\frac{\partial E_y}{\partial t} = \frac{1}{\varepsilon_0}\left(\frac{\partial H_x}{\partial z} - J_y\right) \tag{3.59}$$

$$\frac{\partial E_x}{\partial t} = \frac{1}{\varepsilon_0}\left(\frac{\partial H_y}{\partial z} - J_x\right) \tag{3.60}$$

将式（3.55）改写为矩阵可得

$$\frac{\mathrm{d}\boldsymbol{J}}{\mathrm{d}t} = \varepsilon_0\omega_p^2(\boldsymbol{r},\ t)\boldsymbol{E} + \boldsymbol{\Omega}\boldsymbol{J} \tag{3.61}$$

式中，$\boldsymbol{J} = \begin{bmatrix} J_x \\ J_y \end{bmatrix}$；$\boldsymbol{E} = \begin{bmatrix} E_x \\ E_y \end{bmatrix}$；$\boldsymbol{\Omega} = \begin{pmatrix} -\nu_{en} & -\omega_{ce} \\ \omega_{ce} & -\nu_{en} \end{pmatrix}$。

对式（3.58）和式（3.59）进行差分离散，得到的 FDTD 方程如下：

$$H_x^{n+1/2}\left(k + \frac{1}{2}\right) = H_x^{n-1/2}\left(k + \frac{1}{2}\right) + \frac{\Delta t}{\mu_0 \Delta z}\left[E_y^n(k + 1) - E_y^n(k) \right] \quad (3.62)$$

$$H_y^{n+1/2}\left(k + \frac{1}{2}\right) = H_y^{n-1/2}\left(k + \frac{1}{2}\right) - \frac{\Delta t}{\mu_0 \Delta z}\left[E_x^n(k + 1) - E_x^n(k) \right] \quad (3.63)$$

$$E_x^{n+1}(k) = E_x^n(k) - \frac{\Delta t}{\varepsilon_0 \Delta z}\left[H_y^{n+1/2}\left(k + \frac{1}{2}\right) - H_y^{n+1/2}\left(k - \frac{1}{2}\right) \right] - \frac{\Delta t}{\varepsilon_0} J_x^{n+1/2}(k)$$
$$(3.64)$$

$$E_y^{n+1}(k) = E_y^n(k) + \frac{\Delta t}{\varepsilon_0 \Delta z}\left[H_x^{n+1/2}\left(k + \frac{1}{2}\right) - H_x^{n+1/2}\left(k - \frac{1}{2}\right) \right] - \frac{\Delta t}{\varepsilon_0} J_y^{n+1/2}(k)$$
$$(3.65)$$

对式(3.61)求导可得

$$\mathrm{d}\boldsymbol{J}/\mathrm{d}t = \varepsilon_0 \omega_p^2(\boldsymbol{r},\ t)\boldsymbol{E} + \boldsymbol{\Omega}\boldsymbol{J}$$

采用差分离散,处理后可得

$$\frac{\mathrm{d}\boldsymbol{J}}{\mathrm{d}t} \Rightarrow s\boldsymbol{J}(s) - J_0 \quad (3.66)$$

$$\varepsilon_0 \omega_p^2 \boldsymbol{E} \Rightarrow \frac{1}{s}\varepsilon_0 \omega_p^2 \boldsymbol{E} \quad (3.67)$$

$$\boldsymbol{\Omega}\boldsymbol{J} \Rightarrow \boldsymbol{\Omega}\boldsymbol{J}(s) \quad (3.68)$$

则式(3.61)的 s 域为

$$s\boldsymbol{J}(s) - J_0 = \frac{1}{s}\varepsilon_0 \omega_p^2 \boldsymbol{E} + \boldsymbol{\Omega}\boldsymbol{J}(s) \quad (3.69)$$

移项可得

$$s\boldsymbol{J}(s) - \boldsymbol{\Omega}\boldsymbol{J}(s) = J_0 + \frac{1}{s}\varepsilon_0 \omega_p^2 \boldsymbol{E} \quad (3.70)$$

整理可得

$$(s\boldsymbol{I} - \boldsymbol{\Omega})\boldsymbol{J}(s) = J_0 + \frac{1}{s}\varepsilon_0 \omega_p^2 \boldsymbol{E} \quad (3.71)$$

式中, $\boldsymbol{I}$ 为单位矩阵。

式(3.71)左右两边同时左乘 $(s\boldsymbol{I} - \boldsymbol{\Omega})^{-1}$,可得

$$J(s) = (s\boldsymbol{I} - \boldsymbol{\Omega})^{-1}J_0 + \varepsilon_0\omega_p^2\frac{1}{s}(s\boldsymbol{I} - \boldsymbol{\Omega})^{-1}\boldsymbol{E} \tag{3.72}$$

将式(3.72)改写为

$$J(s) = \boldsymbol{A}J_0 + \varepsilon_0\omega_p^2\frac{1}{s}\boldsymbol{A}\boldsymbol{E} \tag{3.73}$$

式中,

$$\boldsymbol{A} = (s\boldsymbol{I} - \boldsymbol{\Omega})^{-1} \tag{3.74}$$

$$\boldsymbol{A} = (s\boldsymbol{I} - \boldsymbol{\Omega})^{-1} = \frac{1}{(s + \nu_{en})^2 + \omega_{ce}^2}\begin{pmatrix} s + \nu_{en} & -\omega_{ce} \\ \omega_{ce} & s + \nu_{en} \end{pmatrix} \tag{3.75}$$

对于式(3.75),已知拉普拉斯变换对:

$$\cos(\omega_{ce}t) \Leftrightarrow \frac{s}{s^2 + \omega_{ce}^2} \tag{3.76}$$

又由频移性质可得

$$\mathrm{e}^{-\nu_{en}t}\cos(\omega_{ce}t) \Leftrightarrow \frac{s + \nu_{en}}{(s + \nu_{en})^2 + \omega_{ce}^2} \tag{3.77}$$

$$\mathrm{e}^{-\nu_{en}t}\sin(\omega_{ce}t) \Leftrightarrow \frac{1}{(s + \nu_{en})^2 + \omega_{ce}^2} \tag{3.78}$$

则 $\boldsymbol{A}$ 的逆拉普拉斯变换形式为

$$A(t) = \ell^{-1}[A(s)] = \mathrm{e}^{-\nu_{en}t}\begin{bmatrix} \cos(\omega_{ce}t) & -\sin(\omega_{ce}t) \\ \sin(\omega_{ce}t) & \cos(\omega_{ce}t) \end{bmatrix} \tag{3.79}$$

同理,根据拉普拉斯变换的积分性质,已知 $f(t)$ 与 $F(s)$ 是拉普拉斯变换对,则有

$$\ell\left[\int_0^t f(\tau)\mathrm{d}\tau\right] = \frac{1}{s}F(s) \tag{3.80}$$

由上述性质可得

$$K(t) = \ell^{-1}\left[\frac{1}{s}A(s)\right] = \int_0^t A(\tau)\,\mathrm{d}\tau \tag{3.81}$$

即 $K(t)$ 是 $A(t)$ 在 $0 \sim t$ 的积分，$K(t)$ 为

$$K(t) = \frac{\mathrm{e}^{-\nu_{en}t}}{\omega_b^2 + \nu_{en}^2}\left\{\begin{matrix} \nu_{en}\left[\mathrm{e}^{\nu_{en}t} - \cos(\omega_{ce}t)\right] + \omega_{ce}\sin(\omega_{ce}t) & -\omega_b\left[\mathrm{e}^{\nu_{en}t} - \cos(\omega_{ce}t)\right] + \nu_{en}\sin\omega_{ce}t \\ \omega_b\left[\mathrm{e}^{\nu_{en}t} - \cos(\omega_{ce}t)\right] - \nu_{en}\sin(\omega_{ce}t) & \nu_{en}\left[\mathrm{e}^{\nu_{en}t} - \cos(\omega_{ce}t)\right] + \omega_{ce}\sin\omega_{ce}t \end{matrix}\right\} \tag{3.82}$$

则 $\boldsymbol{J}(t)$ 的表达式为

$$\boldsymbol{J}(t) = A(t)J_0 + \varepsilon_0\omega_p^2(\boldsymbol{r},\,t)K(t)\boldsymbol{E}$$

$$= \mathrm{e}^{-\nu_{en}t}\begin{bmatrix} \cos(\omega_{ce}t) & -\sin(\omega_{ce}t) \\ \sin(\omega_{ce}t) & \cos(\omega_{ce}t) \end{bmatrix}J_0 + \varepsilon_0\omega_p^2(\boldsymbol{r},\,t)$$

$$\cdot \frac{\mathrm{e}^{-\nu_{en}t}}{\omega_b^2 + \nu_{en}^2}\left\{\begin{matrix} \nu_{en}\left[\mathrm{e}^{\nu_{en}t} - (\cos\omega_{ce}t)\right] + \omega_{ce}\sin(\omega_{ce}t) & -\omega_{ce}\left[\mathrm{e}^{\nu_{en}t} - (\cos\omega_{ce}t)\right] + \nu_{en}\sin(\omega_{ce}t) \\ \omega_{ce}\left[\mathrm{e}^{\nu_{en}t} - (\cos\omega_{ce}t)\right] - \nu_{en}\sin(\omega_{ce}t) & \nu_{en}\left[\mathrm{e}^{\nu_{en}t} - (\cos\omega_{ce}t)\right] + \omega_{ce}\sin(\omega_{ce}t) \end{matrix}\right\}\boldsymbol{E} \tag{3.83}$$

由式(3.83)可知，式(3.61)的 FDTD 离散形式为

$$\begin{pmatrix} J_x^{n+\frac{1}{2}}(k) \\ J_y^{n+\frac{1}{2}}(k) \end{pmatrix} = A(\Delta t)\begin{pmatrix} J_x^{n-\frac{1}{2}}(k) \\ J_y^{n-\frac{1}{2}}(k) \end{pmatrix} + \varepsilon_0\,\omega_p^2\mid_k^n K(\Delta t)\begin{pmatrix} E_x^n(k) \\ E_y^n(k) \end{pmatrix} \tag{3.84}$$

式中，

$$A(\Delta t) = \mathrm{e}^{-\nu_{en}\Delta t}\begin{bmatrix} \cos(\omega_{ce}\Delta t) & -\sin(\omega_{ce}\Delta t) \\ \sin(\omega_{ce}\Delta t) & \cos(\omega_{ce}\Delta t) \end{bmatrix} \tag{3.85}$$

$$K(\Delta t) = \frac{\mathrm{e}^{-\nu_{en}\Delta t}}{\omega_{ce}^2 + \nu_{en}^2}\left\{\begin{matrix} \nu_{en}\left[\mathrm{e}^{\nu_{en}\Delta t} - (\cos\omega_{ce}\Delta t)\right] + \omega_{ce}\sin(\omega_{ce}\Delta t) & -\omega_{ce}\left[\mathrm{e}^{\nu_{en}\Delta t} - \cos(\omega_{ce}\Delta t)\right] + \nu_{en}\sin(\omega_{ce}\Delta t) \\ \omega_b\left[\mathrm{e}^{\nu_{en}\Delta t} - (\cos\omega_{ce}\Delta t)\right] - \nu_{en}\sin(\omega_{ce}\Delta t) & \nu_{en}\left[\mathrm{e}^{\nu_{en}\Delta t} - \cos(\omega_{ce}\Delta t)\right] + \omega_{ce}\sin(\omega_{ce}\Delta t) \end{matrix}\right\} \tag{3.86}$$

根据式(3.61)~式(3.65)的 FDTD 方程组可得出计算一维时空非均匀等离子体中电场 $\boldsymbol{E}$ 和磁场 $\boldsymbol{H}$ 的时域推进计算方法。

反射系数 R 定义为

$$R = 10 \times \lg\left(\left|\frac{E_r}{E_i}\right|^2\right)$$

而透射系数 T 则定义为

$$T = 10 \times \lg\left(\left|\frac{E_t}{E_i}\right|^2\right)$$

以上三种方法在计算等离子体鞘套中的电磁波传播时均有各自的优缺点,如 WKB 方法以几何光学近似为基础,进而求解波动方程,是一种近似方法。该方法推导简单,但存在一定的成立条件,只有当等离子体参数随位置的变化足够缓慢时才适用,因此该方法的使用有一定的局限性。传输矩阵法也是将等离子体分割成许多个薄层,每一层内电子密度看成是均匀分布的,利用麦克斯韦方程组求解相邻两个等离子体薄层中的电场和磁场,建立层间传递矩阵,进而得到入射波、反射波与透射波之间的传输矩阵方程。传输矩阵法可以更快、更准确地计算连续分层结构的传播特性,因此在研究电磁波的传播特性方面得到了非常广泛的应用,但是它要求等离子体参数在物面法线方向的梯度远大于切线方向。FDTD 方法从麦克斯韦方程组出发,在时间和空间上用交替抽样的方法对电场和磁场分量进行离散,将麦克斯韦方程组转化为与空间间隔、时间间隔有关的差分方程组,进而在时间轴上逐步推进,以求解空间电磁场。FDTD 方法可适用于求解任意分布的飞行器等离子体鞘套,然而当等离子体鞘套的分布比较复杂或者电磁波频率较高时,FDTD 方法需要性能更好的计算机及更长的计算时间。

3.2 空间非均匀等离子体鞘套中的电磁波传播

针对电磁波在无限大、均匀、无磁场等离子体中的传输问题,已经有完善的理论和计算方法。然而实际中,等离子体鞘套是厚度有限且空间非均匀的复杂介质,可通过多层介质理论或 FDTD 方法等,将整体的非均匀问题过渡为局部均匀介质来计算。等离子体中对电磁波传播较为关键的物理参数有电子密度和碰撞频率,本节将依据 RAM-C 试飞试验中等离子体鞘套的三维空间分布形态,设立电子密度和碰撞频率的空间分布模型,在此模型的基础上采用传输矩阵法分析电磁波在等离子体中的传播特征。

3.2.1　电子密度非均匀性对电磁波传播的影响

目前,等离子体鞘套的电子密度空间分布主要根据飞行试验及流场仿真计算得到,例如,RAM-C 的实测数据表明电子密度沿飞行器物面的法线方向呈中间高两边底的趋势,本节中的算例也以该趋势为电子密度场物理模型:算例 1 和算例 2 两个模型中的碰撞频率均呈非均匀分布,不同的是算例 1 中的电子密度均匀分布,算例 2 中的电子密度非均匀分布且分布趋势与碰撞频率一致,如式 (3.87) 所示,其中, n_0 和 ν_0 分别表示最大电子密度和最大碰撞频率,如图 3.6 所示,图中等离子体厚度 L 取值为 0.1 m,最大电子密度及最大碰撞频率分别取值为 10^{20} m^{-3} 和 10 GHz。

$$\begin{cases} n_e(z) = n_0, \quad \nu_{en}(z) = \nu_0 \exp\left[-20^2 \times \left(z - \dfrac{L}{2}\right)^2\right] & (\text{算例 1}) \\[4mm] n_e(z) = n_0 \exp\left[-20^2 \times \left(z - \dfrac{L}{2}\right)^2\right], \quad \nu_{en}(z) = \nu_0 \exp\left[-20^2 \times \left(z - \dfrac{L}{2}\right)^2\right] & (\text{算例 2}) \end{cases}$$
$$(3.87)$$

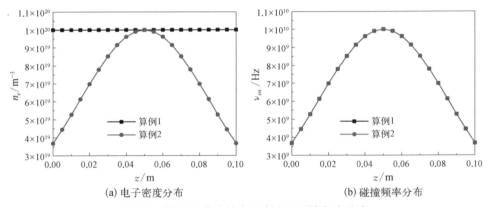

(a) 电子密度分布　　　　　　　　(b) 碰撞频率分布

图 3.6　等离子体中的电子密度和碰撞频率分布

以非磁化冷等离子体为例,非磁化冷等离子体的相对介电常数如式 (3.88) 所示[26],其中 m 表示将等离子体分层后的第 m 层。本节采用的仿真计算方法为传输矩阵法,按照式 (3.49) 计算等离子体介质对 10 GHz ~ 0.8 THz 范围内电磁波的反射系数和透射系数,再依据式 (3.50) 即可得出该介质对电磁波的吸收系数。

$$\varepsilon_r(\omega, m) = 1 - \frac{\omega_{p,m}^2 \omega}{\omega[\omega^2 + \nu_{en,m}^2]} - \mathrm{i}\frac{\omega_{p,m}^2 \nu_{en,m}}{\omega[\omega^2 + \nu_{en,m}^2]} \tag{3.88}$$

图 3.7 给出了在算例 1 和算例 2 两种模型下,不同的最大电子密度对垂直入射下等离子体中电磁波吸收的影响。结果表明,随着入射波频率的增大,等离子体对入射波的吸收呈现出先增大后减小的趋势,即形成吸收峰值,这是粒子间碰撞导致的,且随着电子密度的增大,碰撞吸收峰向着高频移动,同时该峰值随着电子密度的增大而拓宽。

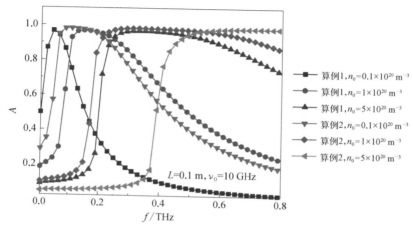

图 3.7   两种分布下最大电子密度对电磁波吸收系数的影响

对比均匀和非均匀模型的仿真结果可知,电子密度非均匀时的碰撞吸收峰相对于均匀时的峰值向高频移动,此处用 ΔA 表示每组中算例 1 和算例 2 之间的差值,该差值表征了电子密度非均匀性对电磁波吸收系数的强弱效应。结果表明,最大电子密度越大,ΔA 的绝对差值越大,且在碰撞吸收峰值出现之前(碰撞峰左侧),算例 1 的吸收系数大于算例 2,而在碰撞吸收峰值之后(碰撞峰右侧),算例 1 的吸收系数均小于算例 2,说明在碰撞吸收峰值的左右两侧,电子密度非均匀性引起的效应正好相反。值得注意的是,当电子密度为 0.1×10^{20} m^{-3} 时,在高频处,随着入射波频率的增大,ΔA 的绝对差值逐渐减小,即随着入射波频率的增大,这种由电子密度的非均匀性引起的效应会降低。

图 3.8 给出了算例 1 和算例 2 两种电子密度分布模型下,等离子体鞘套厚度对入射波的影响。由图可以看出,在碰撞吸收峰值到达之前,每一组非均匀模型对应的吸收系数均小于相应的均匀模型的吸收系数,即 $A_{算例1} > A_{算例2}$,表明此时电子密度的非均匀性会导致更小的能量被吸收。与之相同的是,达到碰撞吸收峰值之后,每一组非均匀模型的吸收系数也都小于相应的均匀模型

的吸收系数,即 $A_{算例1} > A_{算例2}$,也说明了此时电子密度的非均匀性会促使吸收能量的减少。

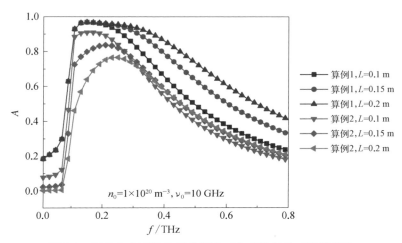

图 3.8　两种分布下等离子体厚度对电磁波吸收系数的影响

图 3.9 分析了电子密度均匀与非均匀两种情况下,最大碰撞频率对等离子体中电磁波传播的影响。从图中可以看出,在两种分布模型下,随着最大碰撞频率的增加,等离子体对入射电磁波的吸收系数增大,同时碰撞吸收的峰值被拓宽,表明等离子体内部各种粒子之间的碰撞更加频繁,粒子所携带的电磁能量会更多地转化为运动粒子的内能,使得吸收系数增大,随着碰撞频率的增

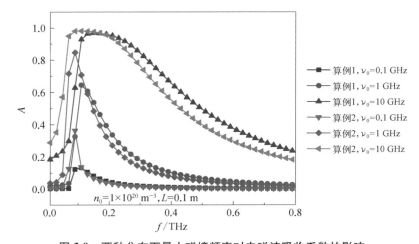

图 3.9　两种分布下最大碰撞频率对电磁波吸收系数的影响

大,差值 ΔA 逐渐增大。在碰撞吸收峰值左侧,$\Delta A = A_{算例2} - A_{算例1} > 0$,且随着等离子体碰撞频率的增大,差值逐渐增大,即电子密度的非均匀性起到了增大碰撞频率的作用;在碰撞吸收峰值右侧,$\Delta A = A_{算例2} - A_{算例1} < 0$,且随着等离子体碰撞频率的增大,差值也逐渐增大,即电子密度的非均匀性起到了减小碰撞频率的作用。另外,随着入射波频率的增大,在碰撞峰值左侧,ΔA 越来越小,说明随着入射波频率的增大,电子密度非均匀性所引起的效应会逐渐降低。

3.2.2 碰撞频率非均匀性对电磁波传播的影响

以往的研究通常将等离子体鞘套中的碰撞频率近似为均匀分布,然而实际过程中碰撞频率是由中性粒子密度和环境温度共同决定的,也具有空间非均匀性。与电子密度类似,飞行器头部及激波附近的碰撞频率值较大,同时在激波层内部沿流向的变化梯度大于物面法向。

为了研究碰撞频率非均匀性对电磁波传播的影响,同样采用两个分布模型:算例 1 和算例 2,两个模型中电子密度都是非均匀分布,算例 1 中的碰撞频率是均匀分布的,算例 2 中的碰撞频率是非均匀分布,其分布趋势与电子密度的分布趋势一致,如式(3.89)所示。两个模型沿垂直于飞行器表面方向的变化如图3.10 所示。同样以非磁化冷等离子体为例,其介电常数参照式(3.88),采用传输矩阵法进行计算。

$$
\begin{cases}
\nu_{en}(z) = \nu_0, \quad n_e(z) = n_0 \exp\left[-20^2 \times \left(z - \dfrac{L}{2}\right)^2\right] & (算例1) \\[3mm]
\nu_{en}(z) = \nu_0 \exp\left[-20^2 \times \left(z - \dfrac{L}{2}\right)^2\right], \quad n_e(z) = n_0 \exp\left[-20^2 \times \left(z - \dfrac{L}{2}\right)^2\right] & (算例2)
\end{cases}
$$

$$(3.89)$$

图 3.11 给出了碰撞频率均匀与非均匀两种模型下,不同最大电子密度对等离子体中电磁波传播的影响。两种分布模型中,随着电子密度峰值的增大,碰撞吸收峰值向高频移动,该峰值也会随着电子密度峰值的增大而拓宽。与电子密度非均匀性类似,用 ΔA 表示每组算例 1 和算例 2 之间的差值,该差值衡量碰撞频率非均匀性导致的电磁波吸收差异。计算结果表明,随着电子密度的增大,ΔA 越来越大,意味着电子密度的增大会使碰撞频率的非均匀性引起的效应增强。

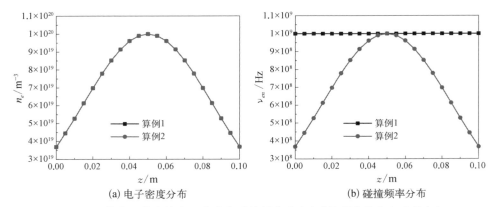

(a) 电子密度分布　　　　　　　　　(b) 碰撞频率分布

图 3.10　等离子体中的电子密度和碰撞频率分布(碰撞频率均匀与非均匀)

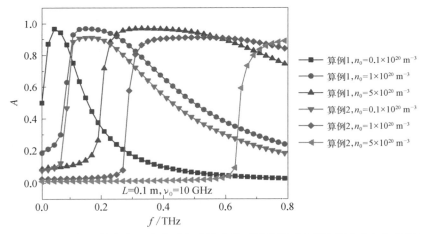

图 3.11　两种分布下最大电子密度对电磁波吸收系数的影响(碰撞频率均匀与非均匀)

　　图 3.12 给出了两种碰撞频率分布下,等离子体厚度对电磁波传播的影响。碰撞频率均匀分布中的三条曲线在到达碰撞吸收峰值之前,即在相对低频段,等离子体的厚度对吸收系数的影响非常小。在到达碰撞吸收峰值之后,随着等离子体厚度的增加,碰撞吸收的峰值被拓宽,且吸收值明显增大。在非均匀碰撞的等离子体中,在到达碰撞吸收峰值之前,即低频段,吸收值明显受到等离子体厚度的影响,即与等离子体厚度成反比。在相对高频段(>0.3 THz)之后,吸收峰值与等离子体厚度成正比。对比三组数据,在整个波段,算例 2 模型下(碰撞频率非均匀)电磁波的吸收系数均低于算例 1 模型(碰撞频率均匀),且随着等离子体厚度的增加,两者之间的差值 ΔA 也逐渐增大,即越厚越大,等离子体碰撞频率的非均匀性效应越强。

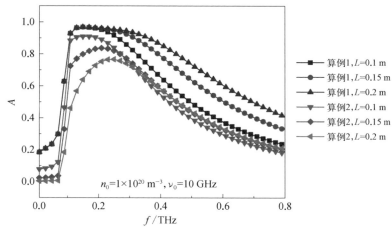

图 3.12　两种分布下等离子体厚度对电磁波吸收系数的影响(碰撞频率均匀与非均匀)

图 3.13 给出了两种碰撞频率分布下,最大等离子体碰撞频率对于电磁波传播的影响。无论是算例 1 还是算例 2,随着碰撞频率的增加,等离子体对电磁波的吸收都明显增强。此外,碰撞频率非均匀的等离子体对电磁波的吸收总是小于碰撞频率均匀的等离子体对电磁波的吸收,且随着碰撞频率的增大,两者之间的差值 ΔA 逐渐增大,说明碰撞频率值越大,碰撞频率的这种非均匀性引起的效应越明显,且随着入射电磁波频率的增大,在碰撞峰值右侧,这种非均匀性和均匀性之间的差值也呈现出减小的趋势,即入射电磁波频率的增大使得碰撞频率的非均匀性效应逐渐减弱。

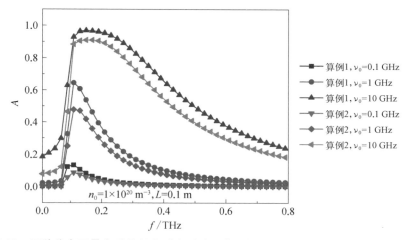

图 3.13　两种分布下最大碰撞频率对电磁波吸收系数的影响(碰撞频率均匀与非均匀)

3.3　磁化有界等离子体鞘套中的电磁波传播

当有外加磁场存在时,等离子体中的自由电子会被磁场束缚,绕着磁力线做回旋运动。当入射电磁波为右旋极化波,且该入射波接近回旋频率时,会产生共振效应,此时电磁波的能量传送给自由电子,其能量被大幅度衰减,但是当入射波频率远离回旋频率,自由电子对外来电磁场的响应很小,此时电磁波能量衰减很少,可形成通信窗口[27-29]。本节将对存在外磁场时等离子体环境中电磁波的传播特性进行研究。

3.3.1　磁化等离子体鞘套物理模型

本节分析电子密度和碰撞频率均为非均匀的情况下,磁化等离子体中的电磁波传播特性。取四种分布模型,如式(3.90)所示,算例 1 中电子密度和碰撞频率均匀分布,算例 2、算例 3 和算例 4 采用双指数分布,四种分布趋势如图 3.14 所示。

$$
\begin{cases}
n_e(z) = n_0, \quad \nu_{en}(z) = \nu_0 & (算例1) \\
n_e(z) = n_0\exp\left[-5^2\times(z-L/2)^2\right], \quad \nu_{en}(z) = \nu_0\exp\left[-5^2\times(z-L/2)^2\right] & (算例2) \\
n_e(z) = n_0\exp\left[-10^2\times(z-L/2)^2\right], \quad \nu_{en}(z) = \nu_0\exp\left[-10^2\times(z-L/2)^2\right] & (算例3) \\
n_e(z) = n_0\exp\left[-20^2\times(z-L/2)^2\right], \quad \nu_{en}(z) = \nu_0\exp\left[-20^2\times(z-L/2)^2\right] & (算例4)
\end{cases}
$$

$$(3.90)$$

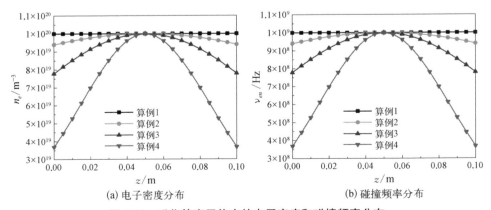

(a) 电子密度分布　　　　　　(b) 碰撞频率分布

图 3.14　磁化等离子体中的电子密度和碰撞频率分布

建立磁化等离子体物理模型,分析外加磁场对电磁波传播特性的影响。与非磁化等离子体的相对介电常数不同[式(3.88)],根据传输矩阵计算原理,将该磁化等离子体沿电磁波传播方向分层,结合式(3.3),则第 m 层的磁化等离子体相对介电常数可表示为

$$\varepsilon_r(\omega, m) = 1 - \frac{\omega_{p,m}^2(\omega \pm \omega_{ce})}{\omega\left[(\omega \pm \omega_{ce})^2 + \nu_{en,m}^2\right]} - i\,\frac{\omega_{p,m}^2\,\nu_{en,m}}{\omega\left[(\omega \pm \omega_{ce})^2 + \nu_{en,m}^2\right]} \quad (3.91)$$

式中,"±"分别表示左旋极化波和右旋极化波。

3.3.2 等离子体物理参数对电磁波传播的影响

算例中,磁场强度 $B = 0\,\text{T}$、$2\,\text{T}$、$4\,\text{T}$,计算时等离子体分层厚度为 $0.1\,\text{mm}$,入射波频段为 $10\,\text{GHz} \sim 0.5\,\text{THz}$,四种分布模型的吸收系数曲线如图 3.15 和图 3.16

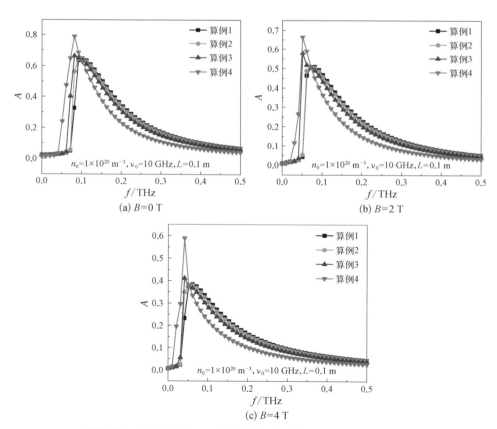

图 3.15 左旋极化波下不同参数分布对电磁波吸收系数的影响

所示。对于左旋极化波(图 3.15),在碰撞吸收峰值之前,$A_{算例1}$ < $A_{算例2}$ < $A_{算例3}$ < $A_{算例4}$,在碰撞吸收峰值之后,$A_{算例1}$ > $A_{算例2}$ > $A_{算例3}$ > $A_{算例4}$,这是由于左旋极化波中的吸收峰主要来源于碰撞吸收,外磁场的存在减弱了吸收峰的峰值,且使吸收峰值向低频范围内移动。

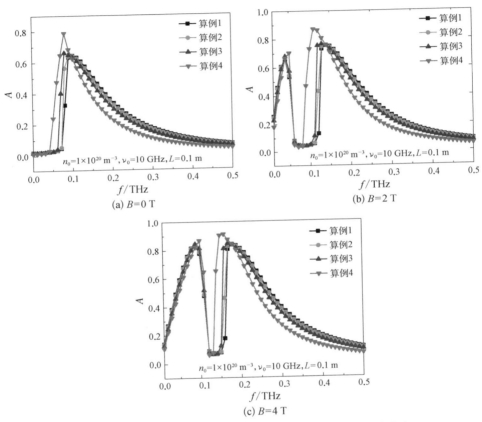

图 3.16 右旋极化波下不同参数分布对电磁波吸收系数的影响

对比图 3.14 中的四种模型,对于等离子体参数值,$A_{算例1}$ > $A_{算例2}$ > $A_{算例3}$ > $A_{算例4}$,对于参数变化梯度,$A_{算例1}$ < $A_{算例2}$ < $A_{算例3}$ < $A_{算例4}$。结果表明,在到达碰撞吸收峰值之前,等离子体对电磁波的吸收系数与参数值成反比,与参数的变化梯度成正比。在碰撞吸收峰值之后,等离子体对电磁波的吸收系数与参数值成正比,与参数变化梯度成反比。

对于右旋极化波(图 3.16),外加磁导致等离子体对电磁波的吸收系数产生了一个低吸收带,且低吸收带左右两边各存在一个吸收峰值,左边的吸收峰值是由电子的回旋共振产生的,右边的吸收峰值是由碰撞产生的。此外,在外加磁场强度一致的情况下,低吸收带的起始位置一样,即磁场强度决定了低吸收带的起始位置,但是低吸收带的宽度(用 W 表示)会随着参数分布的变化而变化。从磁场强度为 2 T 和 4 T 时可以看出,低吸收带的宽度是 $W_{算例1} > W_{算例2} > W_{算例3} > W_{算例4}$,对比图 3.16 可知,其与等离子体参数值成正比,与参数的变化梯度成反比。

根据 $\omega_{ce} = eB/m_e \approx 1.76 \times 10^{11} \mathrm{rad/s}$,当磁场强度为 2 T 和 4 T 时,对应的电子回旋频率分别为 0.06 THz 和 0.1 THz,入射波频率一旦达到该电子回旋频率,低吸收带就会出现,其主要原因如下:当电磁波入射到等离子体中时,等离子体中的自由电子在电磁波电场的作用下发生振荡,该振荡也受到背景粒子的阻碍,通过这种方式将能量传给背景粒子,碰撞频率约等于电磁波频率时,吸收效果最为明显。

图 3.17 给出了四种分布模型下电磁波吸收系数随外加磁场强度和入射波

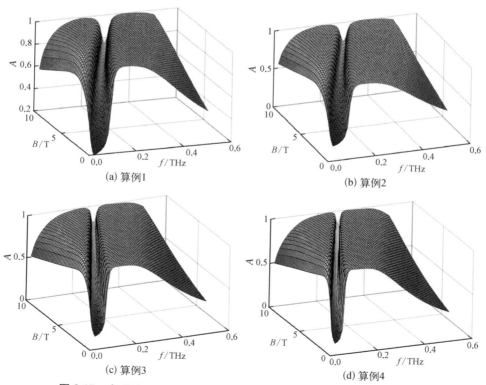

(a) 算例1　　(b) 算例2

(c) 算例3　　(d) 算例4

图 3.17　电磁波吸收系数随外加磁场强度和入射波频率变化的三维图

频率变化的三维图。由图看出,对于四种模型中的任何一种分布,随着磁场强度的增加,低吸收带均向着入射波的高频段移动,且从算例 1 到算例 4,低吸收带的宽度越来越窄。

以下给出不同极化波入射时不同类型等离子体对电磁波的吸收系数。从图 3.18(a)中可以看出,随着电子密度的增大,碰撞吸收峰向高频移动,也会随着电子密度的增大而变宽。从图 3.18(b)中可以看出,对于右旋极化波来说,外加磁场之后,产生一个低吸收带,该低吸收带将吸收峰分成了两个峰值,由电子回旋共振产生左边吸收峰值,由碰撞吸收产生右边峰值[30, 31]。总体来说,随着电子密度的变化,这个低吸收带的宽度和深度都会受到很大的影响,即随着电子密度的增大,低吸收带在深度增加的同时,其宽度也被拓宽。从图 3.19 中可以更加直观地看到电子密度和入射频率变化对电磁波吸收产生的影响。

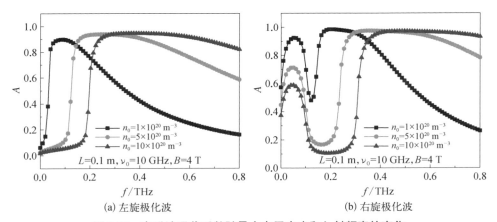

图 3.18　电磁波吸收系数随最大电子密度和入射频率的变化

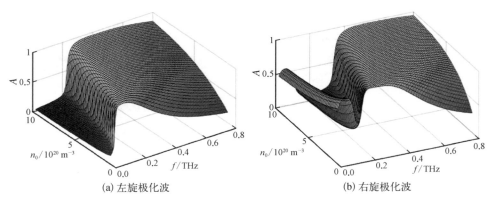

图 3.19　电磁波吸收系数随最大电子密度和入射频率的变化(三维图)

图 3.20 和图 3.21 给出了碰撞频率和入射频率对等离子体中电磁波传播的影响。对于左旋极化波,即图 3.20(a) 中,在峰值左侧,碰撞频率对电磁波吸收系数的影响不明显,在峰值右侧,吸收系数随着碰撞频率的增大而明显增大。对于右旋极化波,在整个入射波频段,随着碰撞频率的增加,等离子体对电磁波的吸收系数增大。从图 3.20(b) 中还可以看出,碰撞频率越大,低吸收带的深度越小,但是低吸收带的宽度不受碰撞频率的影响,图 3.21(三维图) 也再次验证了这一结论。

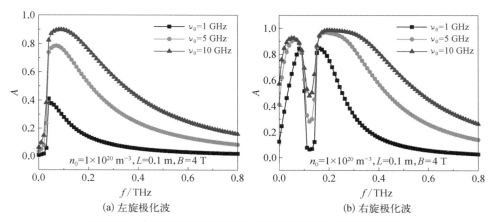

(a) 左旋极化波　　　　　　　　　　(b) 右旋极化波

图 3.20　电磁波吸收系数随最大碰撞频率和入射频率的变化

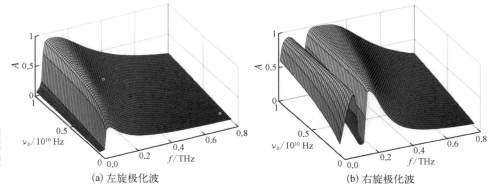

(a) 左旋极化波　　　　　　　　　　(b) 右旋极化波

图 3.21　电磁波吸收系数随最大碰撞频率和入射频率的变化(三维图)

图 3.22 给出了等离子体鞘套厚度和入射频率对电磁波传播的影响。对于左旋极化波,即图 3.22(a) 中,随着等离子体鞘套厚度增加,碰撞吸收峰值在被拓宽的同时,吸收明显增强,峰值处的吸收系数却与等离子体鞘套厚度呈反比。对于右旋

极化波,即图 3.22(b)中,左边较低的峰值为电子回旋的共振吸收峰值,右边的较高峰值为碰撞吸收峰值,与图 3.22(a)的情况相同,在碰撞吸收峰左侧,等离子体对电磁波的吸收几乎不受等离子体鞘套厚度的影响,在碰撞吸收峰右侧,等离子体对电磁波的吸收随着等离子体鞘套厚度的增大而明显增大,值得注意的是低吸收带的宽度和深度均不受等离子体鞘套厚度的影响,图 3.23 更加直观地给出了等离子体鞘套厚度和入射频率对电磁波吸收系数产生的影响。

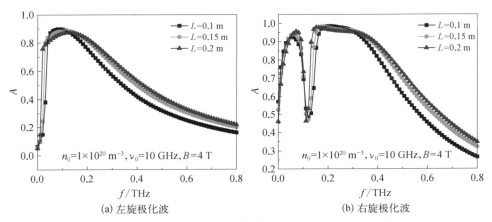

图 3.22　电磁波吸收系数随等离子体鞘套厚度和入射频率的变化

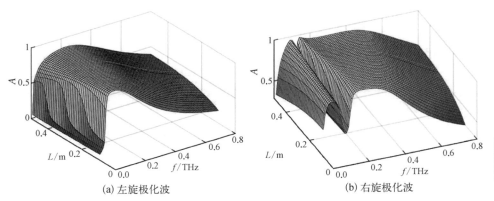

图 3.23　电磁波吸收系数随等离子体鞘套厚度和入射频率的变化(三维图)

3.4　时变等离子体鞘套中的电磁波传播

等离子体鞘套是包覆于飞行器周围的弱电离等离子体,具有宽参数、非均匀、强碰撞和动态等特征,与理想的均匀稳态等离子体中的电磁波传播有很大的区别,研究等离子体鞘套中的电磁波传播时必须考虑等离子体鞘套独特的参数特征。本节针对等离子体鞘套中的时变特性,以 RAM-C 再入试验的实测数据为依据,分析电磁波在时变等离子体鞘套中的传播特性。

3.4.1　时变等离子体鞘套参数对电磁波传播的影响

图 2.19 为美国于 20 世纪进行的 RAM-C 飞行器再入大气层时在不同高度位置处垂直于飞行器表面的电子密度分布情况[32],当时该飞行器的天线位置处形成的等离子体鞘套厚度为 5 ~ 15 cm,且随着飞行器本身的位置高度而变化,电子密度曲线近似服从双高斯分布。

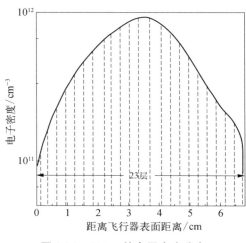

图 3.24　47 km 的电子密度分布

本节采用 RAM-C 再入试验中 47 km 高度时的电子密度数据并将电子密度进行分层近似处理,如图 3.24 所示,等离子体厚度为 6.7 cm,一共分为 23 层。模型中等离子体时变表现在每层电子密度的弛豫时间 $\Delta t/T_r$,将电子密度的时变表达式写为

$$n_e(t) = n_{e\_\text{layer}(n)} \Delta t/T_r,$$
$$0 \leqslant \Delta t \leqslant T_r \tag{3.92}$$

式中, $n_{e\_\text{layer}(n)}$ 表示每一层电子密度的最大值; Δt 为时间步; T_r 为一个定值,控制电子密度随时间变化的速率。

根据等离子体鞘套中碰撞频率的经验公式[33] $\nu_{en} = 5.8 \times 10^{12} T^{-1/2} P$,其中 T 和 P 分别为等离子体鞘套的温度和压强。采用 LTJEC-FDTD 方法计算电磁波的反射系数、透射系数及吸收系数,入射波源为微分高斯脉冲,频率范围取 0 ~ 1 THz,网格长度 $\delta = 75\ \mu\text{m}$,时间步 $\Delta t = \delta/2c$ (c 是真空中的光速),采用 MUR 吸收边界,计算时间步为 15 000Δt。计算电磁波在不同弛豫时间、温度和压强下时变等离子体鞘套中的反射系数、透射系数和吸收系数,采用表 3.1 所示的计算参数。

表 3.1　图 3.25~图 3.27 的计算参数

图　号	T_r/s	T/K	P/Pa
图 3.25	500、1 000、1 500、2 000	3 000	100
图 3.26	1 500	1 000、2 000、3 000、4 000	100
图 3.27	1 500	3 000	100、200、300、400

　　T_r 对电磁波传播特性的影响如图 3.25 所示,从图 3.25(a)和(b)看出,T_r 越大,反射系数越小,透射系数越大。根据式(3.92)可知,随着 T_r 的变大,电子密度随时间上升的速度变慢,在相同时刻下,T_r 大时对应的电子密度较小,因而电磁波更容易穿透等离子体,导致反射系数减小。在 0~0.1 THz,反射系数的振荡周期长,而到了 THz 波段(0.1~1 THz),振荡变得剧烈。在 THz 波段,电磁波的衰减在 10 dB 以内,因此在这种情况下等离子体对电磁波的影响很小,电磁波可以携带信号穿透等离子体层到达接收端。另外,从图 3.25(c)看出,随着 T_r 的

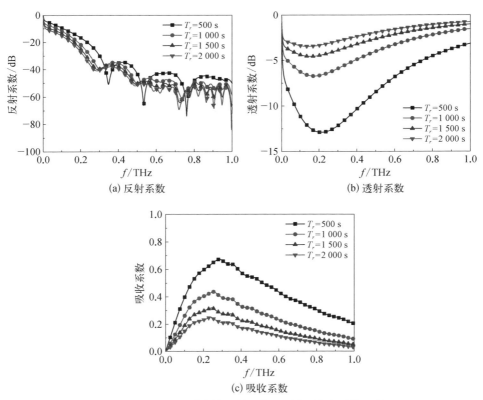

(a) 反射系数　　　　　　　　(b) 透射系数

(c) 吸收系数

图 3.25　不同 T_r 对应的反射系数、透射系数和吸收系数

增大,吸收峰在变小且有逐渐向低频方向移动的趋势。随着频率的增大,等离子体鞘套对电磁波的吸收作用也越来越小,这是因为当电子密度的弛豫时间尺度小于或等于 THz 波的周期时,快速产生的等离子体能够从电磁波中吸收更多的能量[34]。反之,当电子密度弛豫时间大于 THz 波的周期时,等离子体对电磁波能量的吸收会减弱,进而加强了电磁波穿透等离子体层的能力。

从图 3.26 可以看出,温度越高,反射系数越小,到了 THz 波段,温度的变化对反射系数几乎没有影响。从图 3.26(b)来看,曲线在 0.4 THz 处发生了明显的改变。当电磁波穿透等离子体时,温度越高,等离子体对电磁波的碰撞吸收作用就越明显,透射系数减小。

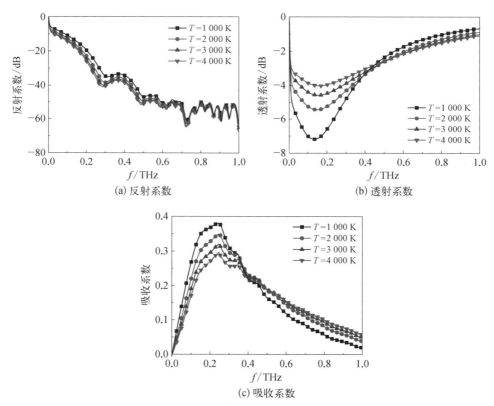

图 3.26　不同温度对应的反射系数、透射系数和吸收系数

图 3.27 给出了压强对电磁波传播特性的影响,从图中可知,透射系数与压强的大小成正比。由碰撞频率的经验公式可知,温度、压强和等离子体的碰撞频率之间存在线性关系。因此,图 3.27 中反射系数、透射系数和吸收系数的变化

趋势与图 3.26 具有一致性。另外,从图 3.27(b)和(c)可以看出,压强的变化对透射系数和吸收系数的影响比温度的影响更大。当入射波频率为 0.1~1 THz 时,压强的变化对电磁波吸收的影响要明显减小。因此,选用 THz 波段可以改善等离子体鞘套周围压强对电磁波造成的影响。

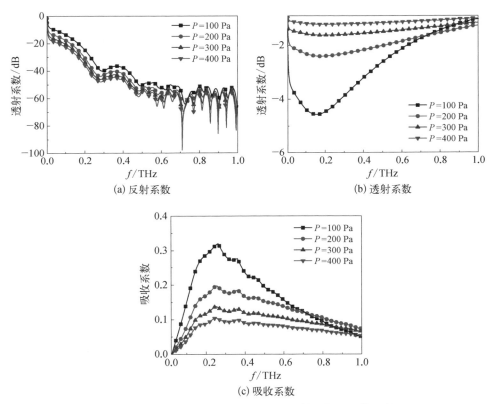

图 3.27　不同压强对应的反射系数、透射系数和吸收系数

3.4.2　RAM-C 再入试验不同再入高度下的电磁波传播

RAM-C 再入试验一共给出了 8 组再入高度下的电子密度空间分布,分别是 76 km、71 km、61 km、53 km、47 km、30 km、25 km 和 21 km。这里对入射波的频率为 0~1 THz 的波段进行了计算和分析,入射波为微分高斯脉冲,网格长度 $\delta = 75\ \mu m$,时间步 $\Delta t = \delta/2c$,模型两边均采用 MUR 吸收边界,整个计算时间步为 8 000Δt。在时空非均匀情况下,计算不同再入高度在不同温度和压强下的反射系数、透射系数和吸收系数,$T_r = 1\ 000\Delta t$,具体计算参数如表 3.2 所示。

表 3.2　图 3.28 对应的等离子体鞘套计算参数

图　号	T_r/s	T/K	P/Pa
图 3.28(a)	1 500	3 000	100
图 3.28(b)	1 500	4 000	200
图 3.28(c)	1 500	5 000	300
图 3.28(d)	1 500	6 000	400

　　图 3.28 为 8 种再入高度下不同温度和压强对应的电磁波反射系数频谱图，从图中看出，8 条曲线的变化规律基本一致，按反射系数从小到大对应的高度依次为 21 km、76 km、71 km、61 km、53 km、25 km、47 km 和 30 km。从结果中分析可知，反射系数会随着电子密度的增大而变大，这是因为随着等离子体层中电子密度逐渐增大，在加强等离子体对电磁波吸收作用的同时也会增强等离子体的反射作用。从图中看出，低频段入射波等离子体的反射作用要大于吸收作用；当入

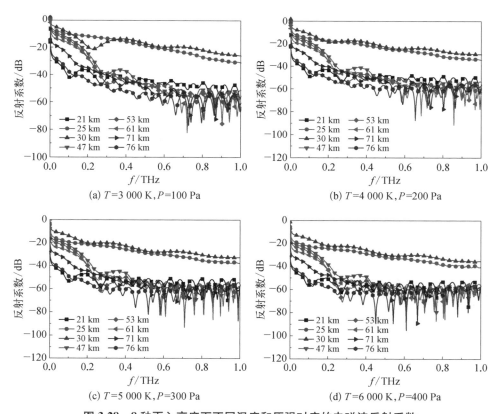

图 3.28　8 种再入高度下不同温度和压强对应的电磁波反射系数

射波频率大于等离子体的截止频率时,这种现象逐渐改变,8 组反射系数的差距
在减小,随着温度和压强的逐渐增大,整体的反射系数会有所下降,这与等离子
体中的碰撞频率有关,因为随着温度和压强的增大,等离子体中的碰撞频率也会
增大,使电磁波中一部分能量被吸收,导致反射的能量减少。

　　图 3.29 给出了 8 种再入高度下,温度为 3 000 K、4 000 K、5 000 K 和 6 000 K,
压强为 100 Pa、200 Pa、300 Pa、400 Pa 情况下的电磁波透射系数。从图中可知,
不同再入高度对电磁波的透射也有很大的影响。其中,当再入高度为 30 km 时,
由于电子密度的空间分布最大,电磁波的透射系数最小,76 km 和 21 km 对应的
电子密度空间分布较小,因而得到的透射系数最大。由此可知,在时变非均匀等
离子体中,电磁波穿透等离子体的能力也与电子密度的分布情况和大小有很大
的关系。此外,对比图 3.29 各分图可知,透射系数随着温度和压强的增大而增
大,特别是在 30 km 处受温度和压强的影响最强烈,图 3.29(a)中,30 km 处透射
系数最低值大约为 −13 dB,其他再入高度下的透射系数最低值仅为 −0.6 ∼

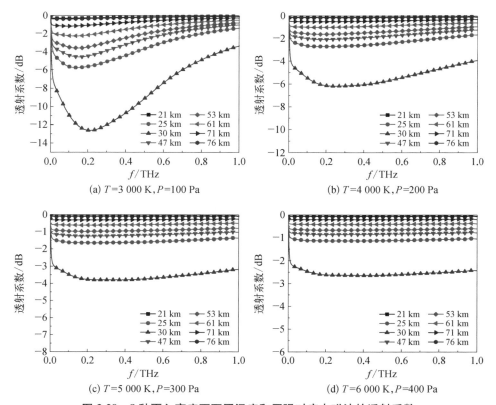

图 3.29　8 种再入高度下不同温度和压强对应电磁波的透射系数

−6.2 dB;图 3.29(b)中,30 km 处透射系数的最低值大约为−6.2 dB,其他再入高度下的透射系数最低值仅为−3.0~−0.1 dB;图 3.29(c)中,30 km 处透射系数的最低值大约为−4 dB;图 3.29(d)中,30 km 处透射系数的最低值大约为−2.8 dB。由此可知,电子密度越大,透射系数受到温度和压强的影响就越大,变化最明显。

图 3.30 给出了 8 种再入高度下,不同温度和压强对应的电磁波吸收系数,与图 3.28 和图 3.29 相对应,吸收系数从大到小对应的再入高度依次为:76 km、47 km、53 km、25 km、61 km、71 km、76 km 和 21 km。出现这种现象是由于等离子体中电子-电子、电子-离子、离子-离子之间的相互碰撞吸收作用。由碰撞频率经验公式可知,等离子体中的碰撞频率与温度和压强成正比关系,随着温度和压强的增大,等离子体的碰撞频率会增大,导致等离子体中各个电子和离子之间碰撞更加频繁,这样消耗了电磁波大量能量,导致等离子体对电磁波的吸收系数增大。

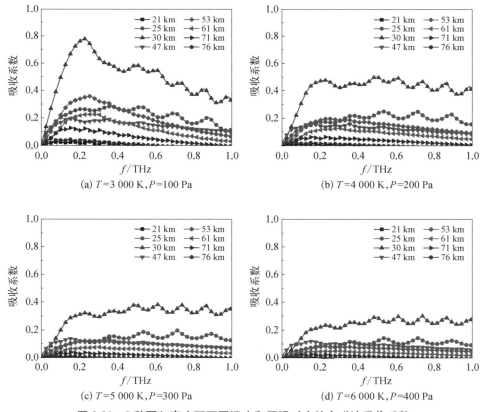

(a) T=3 000 K, P=100 Pa

(b) T=4 000 K, P=200 Pa

(c) T=5 000 K, P=300 Pa

(d) T=6 000 K, P=400 Pa

图 3.30　8 种再入高度下不同温度和压强对应的电磁波吸收系数

3.5　尘埃时变等离子体鞘套中的电磁波传播

高超声速飞行器与大气摩擦后,表面温度可达上千摄氏度,表面的防/隔热层经高温烧蚀后形成含有烧蚀颗粒的尘埃等离子体,即尘埃等离子体或复杂等离子体。复杂等离子体的介电特性受带电粒子(电子、离子等)与烧蚀颗粒之间的碰撞、充电等多种微观机理的影响,使等离子体鞘套的介电特性发生改变,继而对入射其中的电磁波产生不可忽视的影响。本节以 NASA 实测的高超声速飞行器等离子体鞘套电子密度为例,分析尘埃因素对入射电磁波传播的影响。

3.5.1　时空非均匀等离子体鞘套中的电磁波传播特性

采用 3.4 节中的物理模型,即 RAM-C 再入试验中再入高度为 47 km 时的电子密度空间分布数据。如图 3.24 所示,等离子体层的厚度为 6.7 cm,并且将其平均分为 20 层,其中,$n_{e\_\text{layer}(n)}$ 是每一层的最大电子密度。

通过求解玻尔兹曼方程和 Shukla 方程,可以得到全电离情况下尘埃等离子体的介电常数为[10]

$$
\begin{aligned}
\varepsilon_d' = \varepsilon_0 &- \varepsilon_0 \frac{\omega_p^2}{\omega^2 + \nu_{en}^2} + \frac{\pi e^2 r_d^2 n_e n_d}{m_e} \frac{\omega}{k} \frac{(\nu_{ch} + \nu_{en})}{(\omega^2 + \nu_{ch}^2)(\omega^2 + \nu_{en}^2)} \left(1 + \frac{Z_i e^2}{6\pi\varepsilon_0 r_d k_B T_e} \right) \\
&- \frac{\mathrm{i}}{\omega} \left[\frac{\varepsilon_0 \omega_p^2 \nu_{en}}{(\omega^2 + \nu_{en}^2)} + \frac{\pi e^2 r_d^2 n_e n_d}{m_e} \frac{\omega}{k} \frac{(\omega^2 - \nu_{ch}\nu_{en})}{(\omega^2 + \nu_{ch}^2)(\omega^2 + \nu_{en}^2)} \left(1 + \frac{Z_i e^2}{6\pi\varepsilon_0 r_d k_B T_e} \right) \right]
\end{aligned}
\tag{3.93}
$$

式中,r_d 为尘埃半径;n_e、n_d 分别为电子密度、尘埃密度;Z_i 为离子的电量;ν_{ch} 为电荷弛豫速率;ν_{en} 为等离子体中的碰撞频率。

充电因子可以表示为

$$
\eta_{ed} = e^2 \pi r_d^2 n_e n_d / m_e
\tag{3.94}
$$

$$
\nu_{en} = \frac{\sqrt{2}\, n_i Z_i^2 e^4 \ln \Lambda}{12\pi^{3/2} \varepsilon_0^2 m_e^{1/2} (kT_e)^{3/2}}
\tag{3.95}
$$

式中,$\ln\Lambda$ 为一个介于 10~20 之间的常数;n_i 为离子密度;$k = 1.38 \times 10^{-23}$ J/K,为玻尔兹曼常量;T_e 为电子的温度。

采用 LTJEC-FDTD 方法时,Δt 表示时间步,T_r 是控制电子密度随时间变化快慢的一个值。在计算中，入射波采用微分高斯脉冲，网格长度 $\delta = 75\ \mu m$，$\Delta t = \delta/2c$，采用 MUR 吸收边界，仍采用再入高度为 47 km 时的电子密度分布模型。

在全电离尘埃等离子体中，尘埃颗粒对 THz 波的传播特性有着特殊的影响，本节分别研究无尘埃等离子体、均匀尘埃等离子体和时变尘埃等离子体三种情况下电磁波的传播特性。采用 SO-FDTD[25] 法计算电磁波的反射系数、透射系数，算例中电子密度 $n_e = 1 \times 10^{19}\ m^{-3}$。在考虑尘埃颗粒时，尘埃半径设为 $r_d = 5\ \mu m$，尘埃密度为 $n_d = 10^{12}\ m^{-3}$，离子的带电量为 $Z_i = 3\,000\ C$[35]。考虑尘埃等离子体的时变特性时，类似式(3.92)，设 $T_r = 2\,000\Delta t$，计算结果如图 3.31 所示。

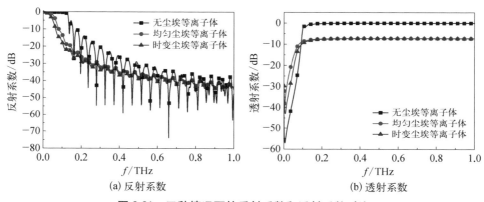

(a) 反射系数　　　　　　　　　　　(b) 透射系数

图 3.31　三种情况下的反射系数和透射系数对比

图 3.31 给了无尘埃等离子体、均匀尘埃等离子体和时变尘埃等离子体中电磁波传播特性的计算结果。计算结果表明，当等离子体中存在尘埃颗粒时，反射系数振荡的幅值明显减弱，且时变尘埃等离子体的反射系数要小于均匀等离子体，这是因为等离子体中的尘埃颗粒会对电磁波产生吸收作用，当电磁波入射到尘埃等离子体后，尘埃颗粒同样会受到库仑力的作用，产生动能，减小了电磁波的能量。从图 3.31(b)可知，在 THz 波段，电磁波能比较容易穿透无尘埃颗粒的等离子体，而在两种尘埃等离子体中，电磁波的穿透能力要明显减小很多，并且透射系数在到达一定值后不再随着入射波频率的增大而增大。这是因为电磁波在等离子体层中传播时，带电的尘埃颗粒受到电场力作用，导致电磁波的部分的能量转化为尘埃颗粒的动能和碰撞时形成的热能而损失掉。

为了分析时空非均匀尘埃等离子体鞘套中不同参数对 THz 波的传播特性，本节计算不同尘埃密度、尘埃半径、电子温度和离子电量下的反射系数和透射系数。算例中，$\nu_{ch} = 8.7 \times 10^9\ rad/s$，$\ln \Lambda = 20$，离子的电量 Z 的取值为 350 ~

1 000 C[35]。电子密度的空间分布如图 3.24 所示,电子密度随时间的变化规律如图 3.32 所示,其他参数如表 3.3 所示。

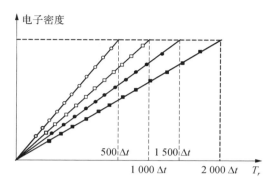

图 3.32　电子密度随时间的变化规律

表 3.3　各个算例的计算参数

图　号	$n_d \times 10^{12}/\mathrm{m}^{-3}$	$r_d/\mu\mathrm{m}$	$T_r \times 10^3/\Delta t$	$Z_i \times 10^3/\mathrm{C}$	$T_e \times 10^4/\mathrm{K}$
图 3.33	1、2.5、5、7.5	5	1.5	3	1
图 3.34	5	2.5、5、7.5、10	1.5	3	1
图 3.35	5	5	0.5、1、1.5、2	3	1
图 3.36	5	5	1.5	2、2.5、3、3.5	1
图 3.37	5	5	1.5	3	1、1.1、1.2、1.3

表 3.3 中,T_r 表示电子密度达到最大值所需的时间,一旦电子密度达到最大值,该值就不再随时间变化。

图 3.33 分别给出了尘埃密度为 1×10^{12} m^{-3}、2.5×10^{12} m^{-3}、5×10^{12} m^{-3} 和 7.5×10^{12} m^{-3} 时的反射系数和透射系数。结果表明,尘埃密度对电磁波反射系数的影响较大,在时空非均匀尘埃等离子体中,提高入射波频率能减小尘埃密度对反射系数的影响,且随着入射波频率的增大,反射系数逐渐减小。图 3.33(b)表明,提高入射频率同样也能增加电磁波穿透尘埃等离子体的能力。

图 3.34 分别给出了尘埃半径 $r_d = 2.5$ μm、5 μm、7.5 μm、10 μm 四种情况下的反射系数和透射系数。结果表明,随着尘埃半径逐渐增大,反射系数增大。随着入射波频率的增大,电磁波穿透尘埃等离子体的能力也在增强。此外,对比图 3.34(a)和(b)可知,在入射频率为 1 THz 时,不同尘埃半径对应的反射系数分别为:$r_d = 2.5$ μm(-21.9 dB);$r_d = 5$ μm(-17.3 dB),$r_d = 7.5$ μm(-16.0 dB),

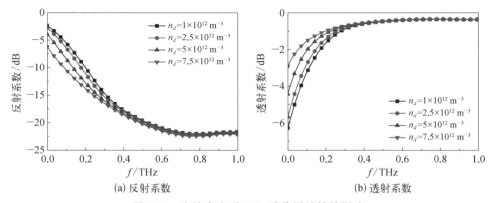

图 3.33　尘埃密度对 THz 波传播特性的影响

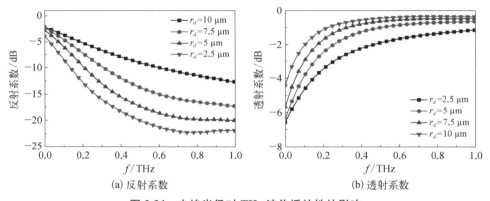

图 3.34　尘埃半径对 THz 波传播特性的影响

$r_d = 10\ \mu m(-12.7\ dB)$。与之对应的透射系数分别为：$r_d = 2.5\ \mu m(-1.15\ dB)$，$r_d = 5\mu m(-0.64\ dB)$，$r_d = 7.5\ \mu m(-0.46\ dB)$，$r_d = 10\ \mu m(-0.36\ dB)$。不同尘埃半径对反射系数的影响大于透射系数，且入射频率越大，这种影响越明显。

　　在时空非均匀尘埃等离子体中，电子密度随时间的变化率也会对电磁波的传播造成较大影响。算例中，$T_r = 500\Delta t$、$1\,000\Delta t$、$1\,500\Delta t$、$2\,000\Delta t$，计算反射系数和透射系数。图 3.35 表明，入射波频率和 T_r 越大，反射系数越小。由式（3.92）可知，T_r 越大，电子密度随时间的变化率会越小。当 T_r 大于 THz 波的周期时，尘埃等离子体对电磁波能量的吸收就会减弱，因此提高了电磁波穿透等离子体鞘套的能力。

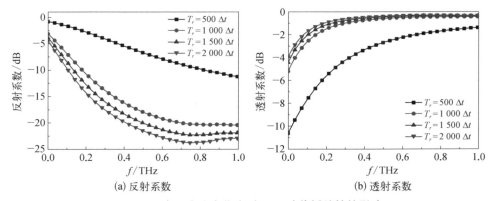

图 3.35　电子密度变化率对 THz 波传播特性的影响

图 3.36 给出了不同电荷量时空非均匀尘埃等离子体对 THz 波传播特性的影响。从图 3.36(a) 来看,对于不同电荷量,随着入射波频率的增大,反射系数会减小。在入射波频率为 0.1 THz 和 1 THz 处,反射系数大约相差 20 dB。而随着电荷量的增大,反射系数也会增大,即尘埃等离子体中的有效碰撞频率 ν_{en} 与电荷量 Z_i 成正比关系,而增大碰撞频率也会对电磁波能起到一定的反射作用。图 3.36(b) 给出的是不同电荷量对应的透射系数对比结果:随着入射波频率的提高,电磁波穿透尘埃等离子体层的能力也越强。对比不同电荷量 Z_i 的变化表明,电荷量越大,电磁波穿透尘埃等离子体的能力越差,因为随着 ν_{en} 的增大,反射也会增大,且随着 Z_i 的增大,将会使电子、离子和尘埃颗粒间的有效碰撞频率变大,导致对电磁波能量的吸收增强,透射系数减小。

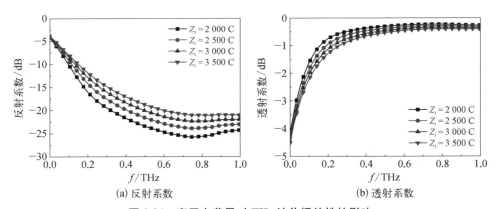

图 3.36　离子电荷量对 THz 波传播特性的影响

图 3.37 给出了电子温度 T_e = 10 000 K、11 000 K、12 000 K 和 13 000 K 下的反

射系数和透射系数。尘埃等离子体中的有效碰撞频率 ν_{en} 与电荷量 Z_i 和电子温度 T_e 相关：ν_{en} 与 Z_i 成正比,与 T_e 成反比。图 3.38 表明,在时空非均匀尘埃等离子体中,电子温度的变化对 THz 波的传播特性影响并不明显。对比入射波频率在 1 THz 处所有时空非均匀尘埃等离子体参数的透射系数的结果可知,在同样的环境下,电子密度的变化对 THz 波的透射系数影响是最大的。

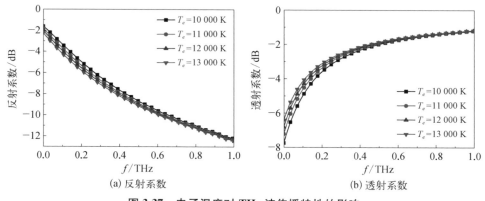

(a) 反射系数 (b) 透射系数

图 3.37 电子温度对 THz 波传播特性的影响

3.5.2 考虑尘埃等离子体时 RAM-C 再入试验不同再入高度下的电磁波传播

高超声速飞行器再入的过程中,周围等离子体流场受到飞行速度、空气密度、再入高度等的影响,其电磁特性明显变化。本节采用 NASA 再入试验中 8 个不同飞行高度下的电子密度分布数据,并结合尘埃等离子体理论模型,分析了不同电子密度分布下时空非均匀尘埃等离子体对 THz 波传播特性的影响,其电子密度计算模型如图 3.24 所示,计算时,取 $n_d = 5 \times 10^{12}$ m^{-3}、$r_d = 7.5$ μm、$T_r = 1\,500\Delta t$,计算结果如图 3.38 所示。

图 3.38 所示为不同再入高度对 THz 波在时空非均匀尘埃等离子体中传播特性的影响,图中的结果主要基于 8 个再入高度下不同电子密度分布得到反射系数和透射系数的频谱分析。从图 3.38(a)可知,反射系数从大到小对应的再入高度依次为 30 km、25 km、47 km、53 km、21 km、61 km、71 km 和 76 km。对比图 3.24 可知,电子密度空间分布差别越大,得到的反射系数相差也越大：在 30 km 处,大气密度非常稠密,同时飞行速度也达到了最高,因而空气电离产生的电子和离子密度最大,对电磁波的反射最强。图 3.38(b)分析的是不同电子密度空

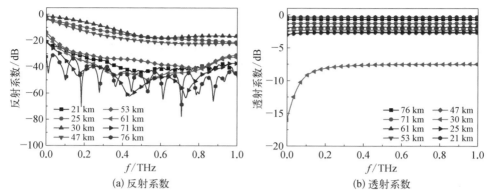

图 3.38　不同再入高度对 THz 波传播特性的影响

间分布下的透射系数,从大到小对应的再入高度依次为 21 km、76 km、71 km、61 km、53 km、25 km、47 km 和 30 km。当入射波频率达到 1 THz 时,不同高度对应的透射系数依次为: 21 km(-0.4 dB);76 km(-0.6 dB);71 km(-1.2 dB);61 km(-1.7 dB);53 km(-2.2 dB);25 km(-2.6 dB);47 km (-2.7 dB);30 km(-7.4 dB),透射系数与普通均匀等离子体的透射系数曲线明显不同[36, 37],透射系数不再随入射波频率的增大而增大,即在时空非均匀尘埃等离子体中,不同电子密度的空间分布会对 THz 波产生一个特定的衰减值,并且这个值不会随着入射波频率的改变而改变。

3.6　碰撞频率对等离子体鞘套中电磁波传播的影响

本章前几节研究尘埃等离子体对电磁波传播特性的影响时使用的碰撞频率都是基于一些经验公式获得的,忽略了碰撞积分第二项对充电电流的贡献。为了得到精确结果,一方面,本节将电子可接近尘埃颗粒表面的最小速率 $v_{\min} = 0$ 改为 $v_{\min} = \sqrt{-2e\varphi_{d0}/m_e}$ 并同时考虑碰撞截面中第二项电势部分对充电电流积分的贡献,重新推导由扰动函数引起的电子充电电流 I_{e1},得出了 Bhatnagar-Gross-Krook(BGK)碰撞模型下的非磁化全电离尘埃等离子体的介电常数的精确解;另一方面,从适合低温高密度全电离等离子体的小角度散射占主导的 Fokker-Planck-Landau(FPL)碰撞模型出发,结合尘埃充电理论,建立全电离尘埃等离子体总复介电常数模型,利用传输矩阵法计算出全电离下电磁波通过尘埃等离子体层的传播系数,讨论全电离尘埃等离子体(含烧蚀颗粒)在不同半径、不同密度参数下电磁波的传输特性,并基于 FPL 碰撞模型与 BGK 碰撞模型比较电磁波在全电离有尘埃和无尘埃两种情形下等离子体中的传播系数。

3.6.1　不同模型下非磁化尘埃等离子体的介电常数

1. BGK 碰撞模型下尘埃等离子体的介电常数

考察非磁化电磁强度 $B = 0$,且在小振幅电场 E 扰动下电子的运动行为,相对电子的速度,离子可近似认为静止不动,设电子分布函数 $f^{(e)}$ 在空间均匀分布且与空间坐标 r 无关,则含 BGK 碰撞项的玻尔兹曼方程可以写为

$$\frac{\partial f^{(e)}}{\partial t} + \frac{e}{m_e} \boldsymbol{E} \frac{\partial f^{(e)}}{\partial v_e} = \left(\frac{\partial f^{(e)}}{\partial t} \right)_{\text{BGK}} \tag{3.96}$$

式中,v_e 为电子运动速度。

$$\left(\frac{\partial f^{(e)}}{\partial t} \right)_{\text{BGK}} = -\nu_{\alpha n}(f_e - f_0) \tag{3.97}$$

式中,$\nu_{\alpha n} = 1/\tau_\alpha$,即用平均自由时间来近似处理分布函数随时间的变化。

令外电场 $\boldsymbol{E} = \boldsymbol{E}_0 \mathrm{e}^{\mathrm{i}\omega t - ikr}$,在微扰下,$f^{(e)}$ 分解成两项,即平衡项和扰动项之和:

$$f^{(e)}(v_e, t) = f_0(v_e, t) + f_1(v_e, t) \tag{3.98}$$

求解 BGK 碰撞模型下的玻尔兹曼方程可得[38]

$$
\begin{aligned}
f_1(v_e) &= -\frac{eEn_e \dfrac{\partial f_0}{\partial v_e}}{m_e [\mathrm{i}\omega + \nu_{en}(v_e)]} \\
&= -\frac{eEn_e}{2 m_e \pi^{3/2} [\mathrm{j}\omega + \nu_{en}(v_e)]} \left(\frac{m_e}{kT_e} \right)^2 t \mathrm{e}^{-t^2}
\end{aligned}
\tag{3.99}
$$

式中,$t = \sqrt{\dfrac{m_e}{2k_B T_e}} v_e$;$k$ 为玻尔兹曼常量。

在弱电离等离子体中,中性分子居多,占主导的为电子与中性分子中的碰撞,故用有效碰撞频率公式 $\nu_{en} = V_{Te} \sigma_n n_n$ 代替 $\nu_{en}(v_e)$,且与电子运动速度无关,其中电子热速度 $V_{Te} = \sqrt{kT_e/m_e}$,σ_n 是分子的有效截面面积,一般取 $\sigma_n =$

$4.4 \times 10^{-20} \mathrm{~m}^{2[39]}$，中性粒子密度取为 $n_n = 5 \times 10^{24} \mathrm{~m}^{-3}$，则可求得等离子体中因电子与离子碰撞产生的入射电流为

$$\boldsymbol{j}_e = e \int_0^\infty \upsilon f_1 \mathrm{d}v = \frac{8e^2 n_e \boldsymbol{E}}{3\sqrt{\pi}\, m_e} \left(\int_0^\infty \frac{\nu_{en} u^4 \mathrm{e}^{-v^2} \mathrm{d}u}{\omega^2 + \nu_{en}^2} - \mathrm{i}\omega \int_0^\infty \frac{u^4 \mathrm{e}^{-v^2} \mathrm{d}u}{\omega^2 + \nu_{en}^2} \right) \tag{3.100}$$

式中，$u = \sqrt{\dfrac{m_e}{2k_B T_e v}}$。

最后结合欧姆定律：$\boldsymbol{j}_e = \sigma_{e2}\boldsymbol{E}$，即可求出满足 BGK 碰撞模型下，弱电离等离子体碰撞条件下的复电导率：

$$\sigma_{e2} = \varepsilon_0 \frac{\omega_p^2 \nu_{en}}{(\omega^2 + \nu_{en}^2)} - \mathrm{i}\omega\varepsilon_0 \frac{\omega_p^2}{(\omega^2 + \nu_{en}^2)} \tag{3.101}$$

则无尘埃弱电离等离子体碰撞复介电常数为

$$\varepsilon_{be} = 1 + \frac{\sigma_{e2}}{\mathrm{i}\omega\varepsilon_0} = 1 - \frac{\omega_p^2}{\omega^2 + \nu_{en}^2} + \frac{\omega_p^2 \nu_{en}}{\mathrm{i}\omega(\omega^2 + \nu_{en}^2)} \tag{3.102}$$

基于轨道受限理论，电子与尘埃颗粒发生碰撞的碰撞截面面积为

$$\sigma_e^d = \pi r_d^2 \left(1 + \frac{2e\varphi_{d0}}{m_e v^2} \right) \tag{3.103}$$

式中，$\varphi_{d0} = -Z_d e / 4\pi\varepsilon_0 r_d$，是无干扰情况下尘埃颗粒表面与背景粒子间的电位差。

等离子体中带电粒子与尘埃颗粒碰撞后被吸附而产生的入射电流为

$$I_{e1} = -e \int_{v_{emin}}^\infty v \sigma_e^d f_1(v)\, \mathrm{d}v \tag{3.104}$$

式中，$v_{emin} = \sqrt{-\dfrac{2e\varphi_{d0}}{m_e}}$，为电子可接近尘埃颗粒表面的最小速度。

为了简便，通常取取电子可接近尘埃颗粒表面的最小速度 $v_{emin} = 0$，同时忽略碰撞截面第二项 $\sigma_e^d = \pi r_d^2 \left(1 + \dfrac{2e\varphi_{d0}}{m_e v^2} \right)$ 对积分的贡献，通过计算可以得到由扰动函数引起的电子充电电流为

$$I_{e1} = \pi r_d^2 \frac{n_e e^2 \boldsymbol{E}}{m_e(\mathrm{i}\omega + \nu_{en})} \tag{3.105}$$

尘埃颗粒所带电荷量随时间变化时,等离子体粒子入射到尘埃颗粒表面所产生的充电电流的代数和满足如下关系:

$$\frac{\mathrm{d}q_d}{\mathrm{d}t} = \sum_{\alpha} I_{\alpha} \tag{3.106}$$

$$\frac{\partial q_{d1}}{\partial t} + \nu_{ch} q_{d1} = I_{e1} + I_{i1} \tag{3.107}$$

式中, α 表示带电粒子的种类; I_{e1} 和 I_{i1} 分别表示扰动下的电子和离子的充电电流; q_{d1} 为扰动电荷量。

忽略正离子产生的扰动电流 I_{i1} ,可求得[40]

$$q_{d1} = \frac{I_{e1}}{\mathrm{i}\omega + \nu_{ch}} \tag{3.108}$$

结合电流连续定律[41]

$$\nabla \cdot \boldsymbol{j}_d + \mathrm{i}\omega\rho_d = 0 \tag{3.109}$$

式中,电荷密度 $\rho_d = n_d q_{d1}$ 。

可得到电流密度表达式为

$$\boldsymbol{j}_d = \frac{\omega}{k} n_d \frac{I_{e1}}{\mathrm{i}\omega + \nu_{ch}} \tag{3.110}$$

将 $I_{e1} = \pi r_d^2 \dfrac{n_e e^2 E}{m_e(\mathrm{i}\omega + \nu_{en})}$ 代入式(3.102),通过计算可得

$$\boldsymbol{j}_d = \frac{\omega}{k} n_d \frac{I_{e1}}{\mathrm{i}\omega + \nu_{ch}} = -\frac{\omega}{k} \frac{n_d n_e e^2 \pi r_d^2 E}{m_e} \frac{(\omega^2 - \nu_{ch}\nu_{en}) + \mathrm{i}\omega(\nu_{en} + \nu_{ch})}{(\omega^2 + \nu_{en}^2)(\omega^2 + \nu_{ch}^2)} \tag{3.111}$$

最后,考虑碰撞效应下无尘埃普通弱电离等离子体的介电常数如式(3.102)所示,结合充电效应,则 BGK 碰撞模型下的非磁化弱电离尘埃等离子体的总复介电常数近似解可以表示为[42]

$$\varepsilon_{br1}(\omega) = 1 - \frac{\omega_p^2}{\omega^2 + \nu_{en}^2} + \frac{c\eta_{ed}(\nu_{ch} + \nu_{en})}{\varepsilon_0(\omega^2 + \nu_{ch}^2)(\omega^2 + \nu_{en}^2)}$$
$$+ \frac{1}{\mathrm{i}\omega}\left[\frac{\omega_p^2 \nu_{en}}{\omega^2 + \nu_{en}^2} + \frac{c\eta_{ed}(\omega_p^2 - \nu_{ch}\nu_{en})}{\varepsilon_0(\omega^2 + \nu_{ch}^2)(\omega^2 + \nu_{en}^2)}\right] \tag{3.112}$$

式中，$\eta_{ed} = \dfrac{\pi r_d^2 n_e n_d}{m_e}$。

为了得到精确结果，现将电子可接近尘埃颗粒表面的最小速率 $v_{emin} = 0$ 改成 $v_{emin} = \sqrt{-\dfrac{2e\varphi_{d0}}{m_e}}$，并同时考虑碰撞截面中第二项电势部分对充电电流积分的贡献，同样用有效碰撞频率 $\nu_{en} = V_{Te}\sigma_n n_n$ 代替 $\nu_{en}(v_e)$，可以得到由扰动函数引起的电子充电电流为

$$
\begin{aligned}
I_{e1} &= -e\int_{v_{emin}}^{\infty} v_e \sigma_e^d f_1(v_e)\,\mathrm{d}v_e \\
&= \pi r_d^2 \frac{4\pi e}{3}\int_{v_{emin}}^{\infty}\left(1 + \frac{2e\varphi_{d0}}{m_e v_e^2}\right)f_1(v_e)v_e^3\,\mathrm{d}v_e \\
&= -\pi r_d^2 \frac{n_e e^2 E}{3m_e \pi^{1/2}(\mathrm{i}\omega + \nu_{en})}\left[\Phi_1(u_{min}) + \frac{e\varphi_{d0}}{k_B T_e}\Phi_2(u_{min})\right]
\end{aligned}
\tag{3.113}
$$

其中，$u_{min} = \sqrt{-\dfrac{e\varphi_{d0}}{kT_e}}$，重复近似结果下电流密度表达式的推导步骤，根据 $\boldsymbol{j}_d = \dfrac{\omega}{k}n_d \dfrac{I_{e1}}{\mathrm{i}\omega + \nu_{ch}}$ 通过计算可得

$$
\begin{aligned}
\boldsymbol{j}_d &= \frac{\omega}{k}n_d \frac{I_{e1}}{\mathrm{i}\omega + \nu_{ch}} \\
&= \frac{8}{3\sqrt{\pi}}\frac{n_d n_e \pi r_d^2 e^2}{m_e}\frac{\omega}{k}\left[\Phi_1(u_{min}) + \frac{e\varphi_{d0}}{k_B T_e}\Phi_2(u_{min})\right] \\
&\quad \frac{(\omega^2 - \nu_{ch}\nu_{en}) + \mathrm{i}\omega(\nu_{en} + \nu_{ch})}{(\omega^2 + \nu_{en}^2)(\omega^2 + \nu_{ch}^2)}
\end{aligned}
\tag{3.114}
$$

根据欧姆定律 $\boldsymbol{j}_d = \sigma_{dcomplex}\boldsymbol{E}$，尘埃充电效应下的复介电常数可以表达为

$$
\varepsilon_{bd} = a_1 \frac{\nu_{en} + \nu_{ch}}{(\omega^2 + \nu_{en}^2)(\omega^2 + \nu_{ch}^2)\varepsilon_0} + a_1 \frac{\omega^2 - \nu_{ch}\nu_{en}}{\mathrm{i}\omega\varepsilon_0(\omega^2 + \nu_{en}^2)(\omega^2 + \nu_{ch}^2)}
\tag{3.115}
$$

最后，同样考虑碰撞效应下无尘埃普通弱电离等离子体的介电常数为 $\varepsilon_{be} = 1 - \dfrac{\omega_p^2}{\omega^2 + \nu_{en}^2} + \dfrac{\omega_p^2 \nu_{en}}{\mathrm{i}\omega(\omega^2 + \nu_{en}^2)}$，结合充电效应，则 BGK 碰撞模型下的非磁化弱电离尘埃等离子体的总复介电常数精确解 $\varepsilon_{be} + \varepsilon_{bd}$ 可以表示为

$$\varepsilon_{br2}(\omega) = 1 - \frac{\omega_p^2}{\omega^2 + \nu_{en}^2} + a_1 \frac{\nu_{en} + \nu_{ch}}{(\omega^2 + \nu_{en}^2)(\omega^2 + \nu_{ch}^2)\varepsilon_0}$$
$$+ \frac{\omega_p^2 \nu_{en}}{\mathrm{i}\omega(\omega^2 + \nu_{en}^2)} + a_1 \frac{\omega^2 - \nu_{ch}\nu_{en}}{\mathrm{i}\omega\varepsilon_0(\omega^2 + \nu_{en}^2)(\omega^2 + \nu_{ch}^2)} \tag{3.116}$$

式(3.116)中，a_1 表达式如下：

$$a_1 = \frac{8}{3\sqrt{\pi}} \frac{n_d n_e \pi r_d^2 e^2}{m_e} \frac{\omega}{k} \left[\Phi_1(u_{\min}) + \frac{e\varphi_{d0}}{k_B T_e} \Phi_2(u_{\min}) \right] \tag{3.117}$$

其中，

$$\Phi_1(u_{\min}) = \int_{u_{\min}}^{\infty} u^4 \mathrm{e}^{-u^2} \mathrm{d}u = \frac{1}{2} u^3 \mathrm{e}^{-u^2} + \frac{3}{4} u \mathrm{e}^{-u^2} + \frac{3\sqrt{\pi}}{8} [1 - \mathrm{erf}(u_{\min})]$$
$$\tag{3.118}$$

$$\Phi_2(u_{\min}) = \int_{u_{\min}}^{\infty} u^2 \mathrm{e}^{-u^2} \mathrm{d}u = \frac{1}{2} u \mathrm{e}^{-u^2} + \frac{\sqrt{\pi}}{4} [1 - \mathrm{erf}(u_{\min})] \tag{3.119}$$

2. FPL 碰撞模型下尘埃等离子体的介电常数

考察非磁化且小振幅电场 E 扰动下电子的运动行为，相对电子的速度，离子可近似认为静止不动，设电子分布函数 $f^{(e)}$ 在空间均匀分布与空间坐标 r 无关，则 $f^{(e)}$ 满足如下方程[43]：

$$\frac{\partial f^{(e)}}{\partial t} + \frac{e}{m_e} E \frac{\partial f^{(e)}}{\partial v_e} = \left(\frac{\partial f^{(e)}}{\partial t} \right)_{\mathrm{FPL}} \tag{3.120}$$

其中，碰撞项为

$$\left[\frac{\partial f^{(e)}}{\partial t} \right]_{\mathrm{FPL}} = \frac{n_i Z_i e^4 \ln \Lambda}{8\pi \varepsilon_0^2 m_e^2} \frac{\partial}{\partial v_e} \left[\frac{v_e^2 I - v_e v_e}{v_e^3} \frac{\partial f^{(e)}(v_e)}{\partial v_e} \right] + C_{ee}[f^{(e)}] \tag{3.121}$$

式中，$f^{(e)}$ 为电子分布函数；$C_{ee}[f^{(e)}]$ 为电子之间的碰撞因子。

本节选取离子电荷数 $Z_i = 1$，在微扰下 $f^{(e)}$ 分解成两项，即平衡项和扰动项之和[44]：

$$f^{(e)}(v_e, \cos\theta, t) = f_{00}(v_e, t) + f_1(v_e, t)\cos\theta \tag{3.122}$$

式中，$f_{00}(v_e, t) = n_e \left(\frac{m_e}{2\pi k_B T_e} \right)^{\frac{3}{2}} \exp\left(-\frac{m_e v_e^2}{2k_B T_e} \right)$，远大于 $f_1(v_e, t)$。

因此，忽略二小量阶 Ef_1，在球坐标系下求解该方程推导出电子扰动分布函数 $f_1(v_e)$ [45, 46]：

$$\frac{\partial f_1(v_e, t)}{\partial t} + \frac{eE_0}{m_e} \frac{\partial f_{00}(v_e, t)}{\partial v_e} = -\frac{2A}{v_e^3} f_1(v_e, t) \qquad (3.123)$$

式中，$A = \dfrac{n_i Z_i e^4 \ln \Lambda}{8\pi \varepsilon_0^2 m_e^2}$，$n_i$ 是离子密度，Z_i 是离子电荷数。

进一步整理得

$$f_1(v_e) = -\frac{eE_0 g(\omega, v_e)}{\omega^2 v_e^3} \frac{2A - i\omega v_e^3}{m_e} \frac{\partial f_{00}(v_e, t)}{\partial v_e} \qquad (3.124)$$

$$g(\omega, v_e) = \frac{1}{1 + (2A/\omega v_e^3)^2} \qquad (3.125)$$

通过计算证明全电离等离子体中，$g(\omega, v_e) \approx 1$。

等离子体中经历电子与离子屏蔽库仑势多次小角度碰撞后产生的入射电流为

$$
\begin{aligned}
\boldsymbol{j}_e &= e \int_0^\infty v_e f_1(v_e) \, dv_e \\
&= \frac{\sqrt{2} Z_i^2 \omega_p^2 e^4 n_i \ln \Lambda \boldsymbol{E}}{3\pi^{1/2} \omega^2 \sqrt{m_e} (k_B T_e)^{3/2}} - i \frac{\varepsilon_0 \omega_p^2 \pi^{1/2} \boldsymbol{E}}{\omega}
\end{aligned}
\qquad (3.126)
$$

式中，v_e 为电子运动速度；0 为电子与离子碰撞的最小速度；$f_1(v_e)$ 为电子扰动分布函数。

结合欧姆定律：$\boldsymbol{j}_e = \sigma_{ecomplex} \boldsymbol{E} = (\sigma_{e1} + i\omega \varepsilon_0 \chi_e) \boldsymbol{E}$，即可求出在满足 FPL 碰撞模型下，无尘埃全电离等离子体碰撞条件下的复介电常数模型 ε_{fe} 为

$$\varepsilon_{fe} = 1 + \chi_e + \frac{\sigma_{e1}}{i\omega \varepsilon_0} \qquad (3.127)$$

其中，

$$\sigma_{e1} = \frac{\sqrt{2} Z_i^2 \omega_p^2 e^4 n_i \ln \Lambda}{3\pi^{1/2} \omega^2 \sqrt{m_e} (k_B T_e)^{3/2}} \qquad (3.128)$$

$$\chi_e = -\frac{\omega_p^2 \pi^{1/2}}{\omega^2}$$

通过计算，等离子体中电子与尘埃颗粒碰撞后被吸附而产生的充电电流为

$$I_{e1} = -e \int_{v_{min}}^{\infty} v \sigma_e^d f_1(v) \, dv$$

$$= \left(\begin{array}{c} -\sigma_e \pi r_d^2 e^{\frac{e\varphi_{d0}}{k_B T_e}} + \sigma_e \pi r_d^2 \dfrac{2e\varphi_{d0}}{k_B T_e} \Phi_3(u_{min}) \\[3mm] + \mathrm{i}\, \dfrac{8e^2 n_e \pi r_d^2}{3\pi^{1/2} \omega m_e} \left[\Phi_1(u_{min}) - \dfrac{e\varphi_{d0}}{k_B T_e} \Phi_2(u_{min}) \right] \end{array} \right) E \qquad (3.129)$$

令 $I_{e1} = \left(\dfrac{\sigma_{d1}}{\omega^2} + \mathrm{i}\, \dfrac{\chi_{e1}}{\omega} \right) E$，并将式(3.129)的结果代入电流密度 j_d 与充电电流 I_{e1} 的关系式，可得

$$\begin{aligned} j_d &= \frac{\omega}{k} n_d \frac{I_{e1}}{\mathrm{i}\omega + \nu_{ch}} \\[2mm] &= \frac{\omega}{k} n_d \frac{\nu_{ch} - \mathrm{i}\omega}{(\omega^2 + \nu_{ch}^2)} \times \left(\frac{\sigma_{d1} + \mathrm{i}\omega \chi_{e1}}{\omega^2} \right) E \\[2mm] &= \frac{\omega}{k} n_d \frac{\nu_{ch}\sigma_{d1} + \chi_{e1}\omega^2 + \mathrm{i}\omega(-\sigma_{d1} + \chi_{e1}\nu_{ch})}{(\omega^2 + \nu_{ch}^2)\omega^2} E \end{aligned} \qquad (3.130)$$

其中，

$$\sigma_{d1} = -\sigma_{e1}\omega^2 \pi r_d^2 e^{\frac{e\varphi_{d0}}{k_B T_e}} + \sigma_{e1}\omega^2 \pi r_d^2 \frac{2e\varphi_{d0}}{k_B T_e} \Phi_3(u_{min}) \qquad (3.131)$$

$$\chi_{e1} = \frac{8e^2 n_e \pi r_d^2}{3\pi^{1/2} m_e} \left[\Phi_1(u_{min}) - \frac{e\varphi_{d0}}{k_B T_e} \Phi_2(u_{min}) \right] \qquad (3.132)$$

结合欧姆定律 $j_d = \sigma_{dcomplex} E$，其中 $\sigma_{dcomplex}$ 是与电子充电相关的复电导率，则可得到充电效应下全电离等离子体的复介电常数 ε_{fd}：

$$\varepsilon_{fd} = \frac{\omega}{k} n_d \left(\frac{-\sigma_{d1} + \chi_{e1}\nu_{ch}}{\omega^2(\omega^2 + \nu_{ch}^2)\varepsilon_0} + \frac{\sigma_{d1}\nu_{ch} + \omega^2 \chi_{e1}}{\mathrm{i}\omega\varepsilon_0\omega^2(\omega^2 + \nu_{ch}^2)} \right) \qquad (3.133)$$

最后结合碰撞效应和充电效应，二者的复介电常数相加（$\varepsilon_{fe} + \varepsilon_{fd}$）即为全电离尘埃等离子体的总复介电常数：

$$\begin{aligned} \varepsilon_{fr}(\omega) = 1 &- \frac{\omega_p^2 \pi^{1/2}}{\omega^2} + \frac{\omega}{k} n_d \frac{-\sigma_{d1} + \chi_{e1}\nu_{ch}}{\omega^2(\omega^2 + \nu_{ch}^2)\varepsilon_0} \\[2mm] &+ \frac{\sigma_{e1}}{\mathrm{i}\omega\varepsilon_0} + \frac{\omega}{k} n_d \frac{\sigma_{d1}\nu_{ch} + \omega^2 \chi_{e1}}{\mathrm{i}\omega\varepsilon_0\omega^2(\omega^2 + \nu_{ch}^2)} \end{aligned} \qquad (3.134)$$

$$\Phi_3(u_{\min}) = \int_{u_{\min}}^{\infty} u^{-1} e^{-u^2} du = \frac{1}{2} E_i(1, u_{\min}^2) \tag{3.135}$$

下面将讨论尘埃密度、半径及带电量等因素对电磁波在全电离尘埃等离子体中传输的影响。

3.6.2 尘埃等离子体的电离度对电磁波传播的影响

1. BGK 碰撞模型下介电常数近似解和精确解下的传播系数对比

本节选用传播矩阵法计算尘埃等离子体层的反射系数和透射系数,设定尘埃等离子体层总厚度为 0.9 cm,共分为 10 层,每一层的厚度为 0.09 cm,周围介质为自由空间,为了简便,假定等离子体均匀分布。图 3.39 为介电常数近似解和精确解下的弱电离尘埃等离子体的传播系数,并将结果与无尘埃弱电离等离子体的传播系数进行对比,每一层尘埃等离子体参数为 $n_e = 1 \times 10^{19} \text{ m}^{-3}$、$n_d =$

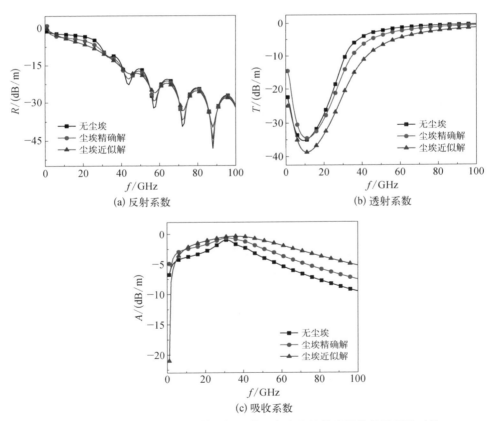

图 3.39 介电常数近似解和精确解下的弱电离尘埃等离子体传播系数对比

1×10^{14} m^{-3}、$r_d = 3 \times 10^{-6}$ m、$T_e = 3\,000$ K。

图 3.39 表明,相比于近似解下模拟的传播系数,精确解下的传播系数有了明显的变化,特别是透射系数。因为考虑碰撞截面的第二项电势部分对充电电流的影响后,介电常数虚部值变小,尘埃等离子体的整体电导率降低,故透射作用明显增强。

如图 3.39(a)所示,无论有无尘埃,弱电离等离子体的反射系数都随着入射波频率增加而减小并呈现出振荡现象,然而,由于尘埃颗粒的存在,尘埃等离子体反射系数的振荡幅度小于无尘埃情况,表明无尘埃弱电离等离子体会反射更多的电磁波,电磁波更容易进入尘埃等离子体。

无论有无尘埃颗粒,对于弱电离等离子体来说,大角度的带电粒子与中性粒子的碰撞都是处于主要地位的。在低频区域,大角度的碰撞降低了带电粒子的德拜屏蔽效应,而在高频区域增强了电磁波因碰撞吸收而导致的损耗能力,故无论有无尘埃,弱电离等离子体的透射系数曲线趋势基本相同,随着入射波频率的增大,二者均呈现出低频减小、高频增大的变化规律。另外,由于尘埃颗粒的存在,将非弹性碰撞引入等离子体中,会对电子能量造成更大的损失,使得弱电离尘埃等离子体低频区域的德拜屏蔽作用效应减弱,高频区域的吸收损耗能力增强,故如图 3.39(b)所示,普通等离子体的透射系数在低频区域小于尘埃等离子体,在高频区域大于尘埃等离子体,这与全电离的结果一致,但弱电离尘埃等离子体中中性粒子之间的碰撞占主导,尘埃的非弹性充电效应是次要的,只起辅助作用。而对于全电离尘埃等离子体,由于碰撞微弱,尘埃的非弹性充电效应占据主导,尘埃对弱电离的影响明显弱于全电离。

图 3.39(c)表明,尘埃等离子体的吸收系数大于普通等离子体。随着入射波频率的增大,二者的吸收系数曲线均呈现先增大后减小的趋势。这是因为除了大角度碰撞外,尘埃等离子体较普通等离子体多了一种非弹性碰撞影响,即尘埃的吸附充电作用,从而使得电磁波损耗加大,吸收系数相应变大。

2. 不同半径和密度下弱电离尘埃等离子体的传播系数

不同半径下弱电离尘埃等离子体的传播常数如图 3.40 所示,尘埃半径为 $r_d = 1 \times 10^{-6}$ m、3×10^{-6} m、5×10^{-6} m,其余媒质参数为 $n_e = 1 \times 10^{19}$ m^{-3}、$n_d = 3 \times 10^{14}$ m^{-3}、$T_e = 3\,000$ K。

图 3.40(a)和(b)表明,尘埃半径对传播系数特别是透射系数的影响显著。随着尘埃尺寸增大,反射系数略有减小,但透射系数减小趋势非常明显,因为在带电粒子与中性粒子碰撞频率不变的前提下,尘埃颗粒尺寸增大,可吸附更多的

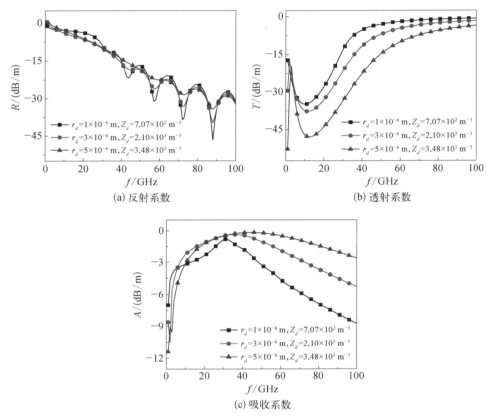

图 3.40　不同半径下的弱电离尘埃等离子体传播系数

带电粒子,这样尘埃电荷量增加,外界电磁波能量被带电粒子吸收并通过非弹性渠道转化成尘埃等离子体内能的能力增强,导致尘埃等离子体整体的电导率增加,对电磁波的衰减吸收增强,透射振幅明显下降。此外,如图 3.40(b)所示,在碰撞频率为 10 GHz 附近时,存在透射系数达到最低值的截止频率,这是因为在弱电离中,电子与中性粒子之间的碰撞占主导作用,且碰撞频率远大于由带电粒子与尘埃颗粒非弹性碰撞形成的充电频率,导致电磁波能量不断被衰减吸收并转化为等离子体的内部热能,使外部电磁场的德拜屏蔽效应受到严重破坏,而碰撞发生时,能量转移严重依赖于电子与中性粒子的碰撞周期,如果电子在具有最大动能时遭受碰撞,那么能量转移效率最高。因此,当入射波频率接近碰撞频率时,能量吸收最大化,截止频率一般出现在碰撞频率位置的附近。

如图 3.40(c)所示,吸收系数的变化规律与透射系数恰好相反,其随着尘埃半径的增大而增大,尤其在大于等离子体频率的高频区域,此时碰撞吸收作用占主导,尘埃颗粒的尺寸越大,损耗越严重,等离子体吸收的电磁波增多,透射系数减小。

在尘埃等离子体中,尘埃颗粒的密度越大,电子与其发生充电吸附的可能性就越大。根据电中性公式 $n_e + Z_d n_d = n_i$,可以看出尘埃密度与电子密度是存在关联作用的。如果尘埃密度取值过高,尤其是尘埃密度 n_d 的量级与离子密度 n_i 量级接近时,电子密度会急剧下降。本节只研究不改变整体电子密度分布的尘埃低密度情形,即 $Z_d n_d \ll n_e$,取值为 $n_d = 1 \times 10^{14} \ \mathrm{m}^{-3}$、$3 \times 10^{14} \ \mathrm{m}^{-3}$、$5 \times 10^{14} \ \mathrm{m}^{-3}$,其他媒质参数为 $n_e = 1 \times 10^{19} \ \mathrm{m}^{-3}$、$r_d = 2 \times 10^{-6} \ \mathrm{m}$、$T_e = 3\,000 \ \mathrm{K}$。

如图 3.41(a)和(b)所示,随着尘埃密度的增大,透射系数略有减小,这是因为在碰撞频率不变的前提下,由于尘埃密度增加,非弹性碰撞引起的传播系数增

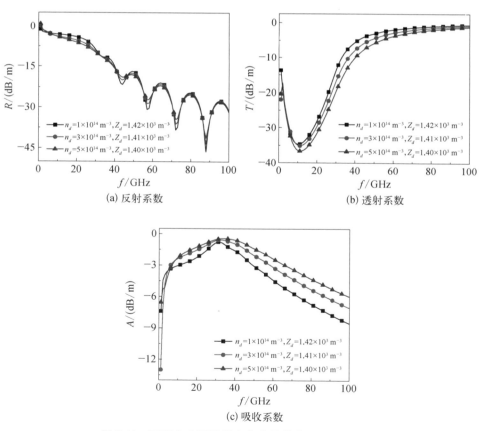

(a) 反射系数   (b) 透射系数

(c) 吸收系数

图 3.41　不同密度下的弱电离尘埃等离子体传播系数

大,充电效应增强,因此透射系数随着尘埃密度增加而减小。特别地,由于轨道受限理论的限制,相对于尘埃半径的影响,尘埃密度对传播系数的影响很小。从图 3.41(c)也可以看出,尽管吸收系数随着尘埃密度的增加而增大,但相比尘埃半径的吸收损耗,尘埃密度对吸收系数的影响也明显弱得多。

3. FPL 碰撞模型下全电离等离子体中电磁波的传播特性

弱碰撞尘埃等离子体中的尘埃颗粒处于平衡状态时,其带电荷数 Z_d 一般满足 $Z_d = 7 \times 10^2 z r_d T_e$,其中 $2 \leqslant z \leqslant 5$。本节选取的尘埃密度满足 $5 \times 10^{13} \leqslant n_d \leqslant 2 \times 10^{15} \text{ m}^{-3}$,尘埃半径满足 $1 \text{ μm} \leqslant r_d \leqslant 8 \text{ μm}$,电子温度 $T_e = 1 \text{ eV}$,可以估算尘埃颗粒平衡带电荷数 Z_d 的范围为 $1\,400 \sim 28\,000 \text{ m}^{-3}$。

1)比较全电离尘埃等离子体与普通全电离等离子体的传播系数

有无尘埃下的全电离等离子体的传播系数如图 3.42 所示,每一层的参数为 $n_e = 1 \times 10^{19} \text{ m}^{-3}$、$n_d = 1 \times 10^{14} \text{ m}^{-3}$、$r_d = 5 \times 10^{-6} \text{ m}$、$T_e = 10\,000 \text{ K}$,电荷弛豫速率

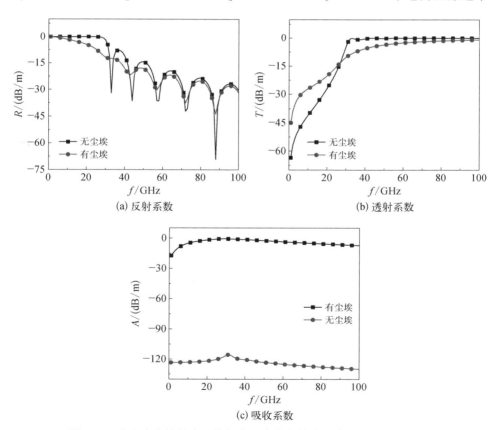

(a) 反射系数

(b) 透射系数

(c) 吸收系数

图 3.42 全电离尘埃等离子体与普通全电离等离子体的传播系数比较

ν_{ch} 和尘埃带电荷数 Z_d 分别为 1.64×10^{11} rad/s 和 1.16×10^4 m^{-3}。

如图 3.42（a）所示，对于全电离等离子体，无论有无尘埃，随着入射波频率增加，反射系数都减小并呈现出振荡现象，且密集等离子体区域中的消逝波与边界层中驻波之间的共振作用导致反射系数曲线出现了许多吸收峰[47]。随着入射波频率增大，反射系数逐渐减小，然而，由于尘埃颗粒的存在，尘埃等离子体反射系数的振荡幅度下降，表明在同样频率的电磁波入射下，有尘埃的等离子体的反射能力较差。

图 3.42（b）表明，在低频区域，有尘埃的等离子体透射系数大于无尘埃等离子体，这是因为尘埃颗粒的阻碍作用使得带电粒子不能及时有效地屏蔽外部电场，德拜屏蔽效应变差，则低于截止频率的电磁波也可以在等离子体中传播，即在低频区域，尘埃的存在使得电磁波透过率增加，透射波的振幅增大。在高频区域，电磁波的德拜屏蔽效应减弱，但碰撞吸收作用变得更加显著，逐渐成为主导作用。电磁波加速电子，与此同时，电子与其他粒子碰撞，提高了电磁波能量转换为等离子体热能的能力，导致微波衰减增强。因此，高频区域的有尘埃等离子体透射系数要低于无尘埃等离子体。

对于无尘埃全电离等离子体，碰撞频率量级非常低，可近似当作无碰撞等离子体。当入射波频率小于等离子体频率时，因为其振荡频率较慢，在远小于入射波周期时间内，电子和离子可以自由移动，屏蔽电磁波，电磁波几乎会被全反射而不能进行传播；当入射波频率大于等离子体频率时，因为入射波振荡频率太快，电子无法自由移动去屏蔽电磁波，则透射系数增加到 0 dB，电磁波将几乎无损耗地通过等离子体。对于尘埃全电离等离子体，只有当入射波频率达到非常高的频率范围时，电磁波才可以完全穿透等离子体。

图 3.42（c）表明，有尘埃等离子体的吸收系数明显高于无尘埃等离子体，这是由于尘埃颗粒的存在使得尘埃等离子体中的弹性碰撞作用及非弹性碰撞的充电作用增强，全电离等离子体对电磁波的吸收损耗能力显著增强，从而导致吸收系数增大。需要说明的是，在低频区域，当入射频率远小于等离子体频率和充电频率时，由于入射频率太低，碰撞较为频繁，电子还未被极化做功就已经碰撞，故在该区域中由于碰撞吸收损耗的电磁波能量还是很低的。

2）尘埃半径的影响

图 3.43 给出了不同半径下全电离尘埃等离子体的传播系数曲线，尘埃半径为 $r_d = 1 \times 10^{-6}$ m、3×10^{-6} m、5×10^{-6} m、6×10^{-6} m、8×10^{-6} m，其余媒质参数取为 $n_e = 1 \times 10^{19}$ m^{-3}、$n_d = 2 \times 10^{14}$ m^{-3}、$T_e = 10\,000$ K。

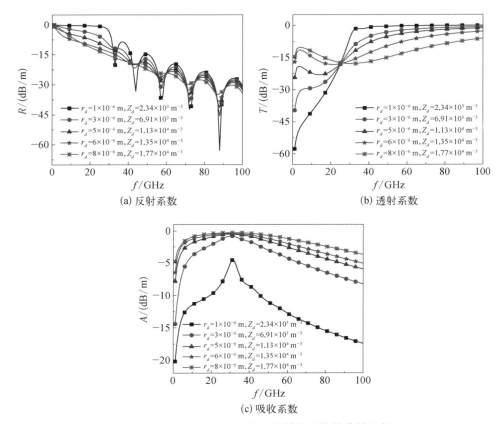

图 3.43 不同半径下全电离尘埃等离子体的传播系数

如图 3.43(a)所示,随着尘埃半径的增加,低频区域的透射率降低,而高频区域的电磁波能量转化吸收增强,故反射系数随着半径的增大而降低,这表明增大尘埃半径将减少电磁波的反射。如图 3.43(c)所示,尘埃半径对吸收系数的影响也同样显著,特别是尘埃半径处于 $1×10^{-6}~3×10^{-6}$ m 范围时,电荷量的增加使得电磁波的吸收作用增强,即电子或离子更多地参与到与尘埃颗粒的充电吸附过程中,使得碰撞加剧,消耗了大量能量,导致吸收系数显著增大。

图 3.43(b)表明,在高频区域,透射系数随着尘埃半径增大而减小,由电荷平衡方程可知,当尘埃密度不变时,尘埃带电荷量随着半径的增大而增加。从物理机制来看,增大尘埃尺寸,便增大了尘埃颗粒碰撞截面,提高了带电粒子与尘埃颗粒非弹性充电的可能性,使得充电电流增大,进而导致达到平衡态时尘埃颗粒的电荷量增加。电荷量增加,则电子或离子更多地参与到与尘埃颗粒的充电

吸附过程中,这种碰撞是非弹性碰撞,因此对电子能量的损失很大,使得电磁波传输受到阻碍,透射作用减弱。而在低频区域,透射系数随着尘埃半径增大而增加,这是因为当尘埃密度不变时,尘埃带电荷量随着半径的增大而增加,增加的电荷量增强了系统的静电力,进而增大了带电粒子与尘埃颗粒间的碰撞概率,使得带电粒子不能及时有效地屏蔽外部电场,因此德拜屏蔽效应随着半径的增大而减弱,电磁波的透射振幅被提升。

随着尘埃半径的增大,特别是当半径达到 6×10^{-6} m 时,透射系数曲线会产生质的变化,曲线呈现先下降后上升的趋势,处于波谷位置的截止频率(透射系数最低值时)出现在 $10 \sim 40$ GHz 范围的低频段,且随着尘埃半径的增大,波谷逐渐向接近充电频率值的位置移动。这是因为随着尘埃半径的增大,低频区域带电粒子与尘埃颗粒的非弹性充电作用逐渐成为主导,电子将与等离子体中的尘埃颗粒碰撞,并将它们的动能传递给尘埃颗粒。且碰撞发生时,能量转移严重依赖于电子与尘埃颗粒非弹性碰撞时的充电周期,如果电子在具有最大动能时遭受碰撞,那么此时能量转移效率最高。因此,当电磁波频率大致等于充电频率时,电子与尘埃颗粒的非弹性碰撞吸收可能性最强,电子将电磁波的能量转移给背景粒子,透射系数最低值出现,电磁波的能量被最大化吸收。此外,当尘埃半径较小(小于 6×10^{-6} m),充电效应较弱时,在低频区域,德拜屏蔽效应起主导作用,如图 3.43(b)所示,透射系数最低值出现在 0 GHz 位置。

3)尘埃密度的影响

当尘埃密度相对较低($< 1 \times 10^{14}$ m^{-3}),如 $n_d = 5 \times 10^{13}$ m^{-3} 时,随着密度的增加,每一个尘埃颗粒的平均带电荷量会减少,同时,用于分析尘埃颗粒充电过程的轨道限制运动理论仅考虑单个带电粒子和单个尘埃颗粒之间的碰撞[32],在这种情形下,充电效应并不明显,故相比于半径,尘埃密度对传播系数的影响较弱。如图 3.44 所示,尽管低密度尘埃等离子体的吸收系数大于普通等离子体[图 3.44(c)],但低密度尘埃等离子体的传播系数相对无尘埃等离子体几乎未发生变化[图 3.44(a)和(b)],只有当尘埃密度达到一定量级时,充电效果才比较明显。

当尘埃密度为 $n_d = 1 \times 10^{14}$ m^{-3}、2×10^{14} m^{-3}、3×10^{14} m^{-3}、4×10^{14} m^{-3}、5×10^{14} m^{-3},其他参数为 $n_e = 1 \times 10^{19}$ m^{-3}、$r_d = 2 \times 10^{-6}$ m、$T_e = 10\,000$ K 时,如图 3.45(a)所示,反射系数幅值随着尘埃密度的增加而降低。增加的尘埃密度通过电子和尘埃颗粒的碰撞阻尼作用促进了电磁波的能量转化吸收,严重阻碍了电子的德拜屏蔽效应。因此,如图 3.45(b)所示,在低频区域,透射系数随着尘埃密

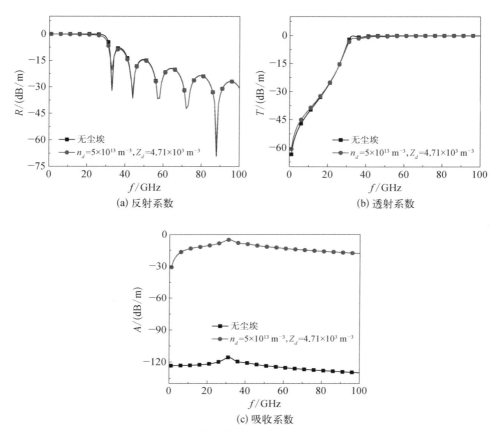

(a) 反射系数　　　　　　　　　　(b) 透射系数

(c) 吸收系数

图 3.44　尘埃密度 $n_d = 5 \times 10^{13} \mathrm{~m}^{-3}$ 时与普通全电离等离子体的传播系数对比

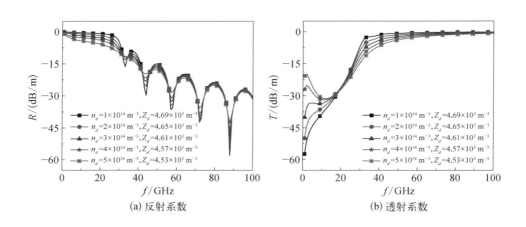

(a) 反射系数　　　　　　　　　　(b) 透射系数

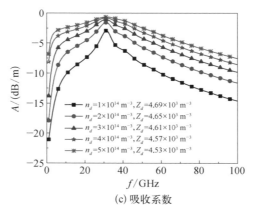

(c) 吸收系数

图 3.45　不同密度下全电离尘埃等离子体的传播系数

度的增加而增大。在高频区域则刚好相反,原因已在上述章节做了详细解释,这里不再多做解释。类似地,当尘埃密度较高时,透射系数呈现先下降后上升趋势,且当电磁波频率接近充电频率时,透射系数达到最小值,这是因为当尘埃密度较高时,带电粒子与尘埃的非弹性碰撞导致碰撞吸收效应逐渐占主导作用。

　　然而,如图 3.46 所示,当尘埃密度为 $5 \times 10^{14}\,\mathrm{m^{-3}}$、$6 \times 10^{14}\,\mathrm{m^{-3}}$、$7 \times 10^{14}\,\mathrm{m^{-3}}$,即尘埃密度相对较高时,特别是超过 $5 \times 10^{14}\,\mathrm{m^{-3}}$ 后,在整个频率范围,透射系数随着尘埃密度的增大而减小,这是因为充电效应中选用的轨道受限理论没有包

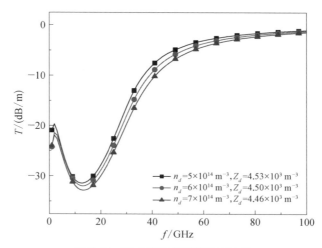

图 3.46　高尘埃密度下的透射系数

括尘埃颗粒间的相互作用,只考虑了单个尘埃颗粒作用;另外,由于尘埃密度过高,许多电子都被尘埃颗粒吸附,等离子体中电子密度下降,进而影响了等离子体频率,导致尘埃密度对电磁波的传播影响变弱。因此,这些原因综合在一起,使低频区域的透射系数呈现随尘埃密度增大而减小的趋势。

另外,图 3.46(c)表明,尘埃密度对电磁波的碰撞作用及其充电作用影响要远小于尘埃半径,吸收系数随尘埃密度的增大逐渐减小,但减小幅度要明显低于尘埃半径影响下的减小幅度。

4. 弱电离与全电离尘埃等离子体中的电磁波传播特性对比

1)无尘埃时全电离与弱电离的传播系数

图 3.47(参数见表 3.4)在对比了在 FPL 和 BGK 两种碰撞模型下全电离等离子体和弱电离等离子体的传播系数。在弱电离等离子体中,占主导的是电子与中性分子的近程大角度非库仑碰撞;在全电离等离子体中,起主要影响的是带电粒子之间的碰撞,是长程小角度库仑碰撞,前者的作用力大于后者。另外,因为弱电离下中性分子的密度量级一般在 10^{24} m^{-3} 左右[44],远大于全电离等离子体的电子密度,故弱电离等离子体的碰撞频率一般要远大于全电离等离子体碰撞频率。当入射波频率小于等离子体频率(约 8.38 GHz)时,等离子体中的电子和离子形成对电磁波的屏蔽,更多的电磁波不能穿透等离子体而被反射,所以在低频区域,全电离的反射系数高于弱电离。此外,对于弱电离等离子体,由于受到带电粒子和中性粒子的大角度碰撞阻碍,低频区域的德拜屏蔽效应减弱,而高频区域的电磁波能量被吸收转化的能力增强。因此,无尘埃时,在低频区域,弱电离等离子体的透射系数应高于全电离等离子体,在高频区域则相反。

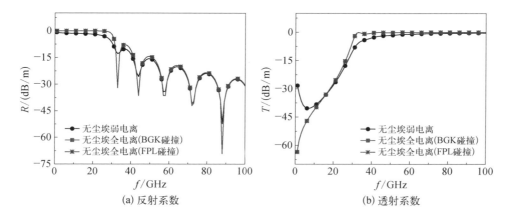

(a) 反射系数   (b) 透射系数

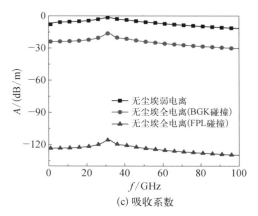

(c) 吸收系数

图 3.47 无尘埃全电离等离子体和弱电离等离子体的传播系数

表 3.4 普通等离子体参数

普通等离子体参数	弱 电 离	全 电 离
n_e	1×10^{19} m^{-3}	1×10^{19} m^{-3}
T_e	3 000 K	10 000 K
n_n	5×10^{24} m^{-3}	—

如图 3.47(a)和(b)所示,FPL 碰撞模型下全电离等离子体的反射系数和透射系数曲线与 BGK 碰撞模型下的曲线几乎完全重合(参数见表 3.4)。尽管图 3.47(c)显示出二者的吸收系数有所偏差,但都小于 20 dB,与 BGK 碰撞模型下弱电离等离子体进行对比可得,在低频区域,FPL 碰撞模型下的全电离反射系数高于弱电离,透射系数低于弱电离,在高频区域则相反。对于吸收系数,弱电离的吸收系数要远高于全电离,FPL 碰撞模型的结果皆符合前面的理论预测。因此,和 BGK 碰撞模型一样,FPL 碰撞模型可以用来分析全电离等离子体中电磁波的传播特性。

2) 有尘埃时全电离与弱电离的传播系数

图 3.48 分别将 FPL 和 BGK 两种碰撞模型下全电离尘埃等离子体的传播系数与弱电离尘埃等离子体进行比较,参数见表 3.5。

如图 3.48 所示,基于 FPL 碰撞模型下的全电离尘埃等离子体传播曲线不再与 BGK 碰撞模型下的传播曲线重合。加入尘埃颗粒后,在低频区域,弱电离尘埃等离子体的德拜屏蔽效应会受到更明显的破坏,高频区域的碰撞吸收效应也明显增强(中性粒子的碰撞和尘埃颗粒的非弹性碰撞共同阻碍低频区域的屏蔽

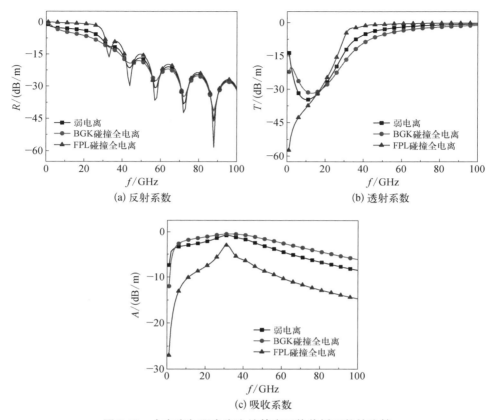

图 3.48　全电离与弱电离尘埃等离子体传播系数的比较

表 3.5　尘埃等离子体参数[48]

尘埃等离子体参数	弱 电 离	全 电 离
n_e	1×10^{19} m^{-3}	1×10^{19} m^{-3}
T_e	3 000 K	10 000 K
n_d	1×10^{14} m^{-3}	1×10^{14} m^{-3}
n_n	5×10^{24} m^{-3}	—
r_d	2×10^{-6} m	2×10^{-6} m

效应并增加高频碰撞吸收作用),即在低频区域,全电离尘埃等离子体的透射系数要明显低于弱电离尘埃等离子体,在高频区域则相反。此外,弱电离尘埃等离子体的吸收系数应远大于全电离尘埃等离子体。如图 3.48(b)所示,在低频区域,BGK 碰撞模型下的透射系数高于弱电离,而在高频区域则低于弱电离,甚至

如图 3.48(a)和(c)所示,BGK 碰撞模型下的吸收系数高于弱电离尘埃等离子体,反射系数低于弱电离尘埃等离子体,而 FPL 碰撞模型下的传播曲线与理论基本一致。全电离的尘埃等离子体反射系数几乎在整个频率范围内高于弱电离尘埃等离子体,其最大差值约为 5 dB[图 3.48(a)]。与此同时,除约 20 GHz 以下的部分频域外,在大部分频域内,全电离尘埃等离子体的透射系数要明显高于弱电离尘埃等离子体,其最大差值约为 45 dB[图 3.48(b)],尘埃存在时,全电离和弱电离传播系数之间的差距增大。因此,考虑到尘埃效应,BGK 碰撞模型不再适合分析电磁波在全电离中的传播特性,而 FPL 碰撞模型较为适用。

3.7   非线性效应对等离子体中电磁波传播的影响

3.7.1   热致非线性效应

等离子体鞘套中存在多种粒子,其中电子的质量与其他粒子相比要小得多,因此将能量由电子传输到粒子的过程进行很慢。因此,即使入射到等离子体中的电磁波电场振幅很小,电子也可以从中获取能量,但将能量传输出去的过程很慢,电子被快速加热[49]。介电常数与电子状态直接相关,所以鞘套中的电磁波也将影响等离子体的介电常数,即电磁波的入射造成了等离子体参数的非线性化。

电子在等离子体中要受到磁场影响,当无外加磁场时,有

$$F = -eE \tag{3.136}$$

因此,如果不考虑摩擦力的影响,电子速度 v_e 就可以表示为

$$m\frac{\mathrm{d}v_e}{\mathrm{d}t} = -eE \tag{3.137}$$

等离子体内部各种粒子相互间的碰撞决定了其摩擦力[50],其中电子与电子的碰撞不影响电子的能量平衡,即电子的平均速度不会发生变化。但当考虑电子同其他第 k 类粒子(平均速度为 v_k)相互间的摩擦时,电子的速度 v_e 会大幅度减小,同时其平均动量也会相应地减少 $m(v_e - v_k)$,这一过程发生的间隔为 $\tau_v = \nu_{ek}^{-1}$,由此引起的摩擦力就可以写成 $-m\nu_{ek}(v_e - v_k)$,其中,ν_{ek} 表示电子与第 k 类粒子之间的碰撞频率。那么式(3.137)就可以化为

$$m \frac{\mathrm{d} v_e}{\mathrm{d} t} = - eE - \sum m \nu_{ek} (v_e - v_k) \tag{3.138}$$

由于碰撞参量不同且电子的速度分布也不同,动量的改变量也不同。因此,这里的时间间隔 τ_v 和对应的碰撞频率 ν_{ek} 均是描述这一过程的一个平均值或有效值。

另外,无论等离子体处于强电场还是弱电场中,电子的定向速度 v_e 都要远小于电子随机运动的热速度,所以各种情形的碰撞频率 ν_{ek} 就可以看作一个与电子定向速度 v_e 无关的量,而仅仅与电子的热运动有关,即碰撞频率仅依赖于表征电子热运动的电子温度 T_e。因此,在考虑同分子碰撞时,电子温度与碰撞频率就有以下关系[51, 52]:

$$\nu(T_e) = \nu_0 (T_e/T)^{1/2} \tag{3.139}$$

式中,ν_0 表示初始碰撞频率。

同时假设电子质量无穷小,所以其平均速度会远远大于其他粒子,即 $v_e > v_k$,那么式(3.138)就可简化为[53]

$$m \frac{\mathrm{d} v_e}{\mathrm{d} t} = - eE - m\nu(T_e) v_e \tag{3.140}$$

式中,$\nu(T_e) = \sum_k \nu_{ek}$,表示有效碰撞频率,是电子温度的函数;$E$ 为入射电磁波的电场;v_e 为电子定向速度,与电场作用有关。

下面讨论存在电场时,电子的能量平衡关系。外加电场会引起感应电流,其值为 $J = - e n_0 v_e$,那么在等离子体中,其做功为 $JE = - e n_0 v_e E$。同时,还要考虑电子在碰撞过程中消耗的能量,单位时间内平均损耗能量为 $3\delta\nu k(T_e - T)/2$,其中 δ 表示在一次碰撞中能量转移的平均值,对于弹性情形的过程,$\delta = 2m/M$,M 为重粒子的质量。由于电子质量无穷小,所以 δ 是非常小的,即在一次碰撞过程中,电子几乎不损耗能量。于是,关于电子的能量平衡有以下形式:

$$\frac{\mathrm{d} k T_e}{\mathrm{d} t} = - \frac{2}{3} e v_e E - \delta \nu k(T_e - T) \tag{3.141}$$

式(3.140)和式(3.141)是求解 T_e 和 v_e 的基本方程。

先假设 $\delta\nu$ 为常数,那么在没有外加场的情形下,式(3.140)与式(3.141)的解分别为

$$v_e(t) = v_e(0) e^{-\nu t} \tag{3.142}$$

$$T_e - T = (T_e - T)_{t=0} e^{-\delta \nu t} \tag{3.143}$$

在此过程中,假设电子的起始速度为 $v_e(0)$,那么当没有外加电磁波时,电子的定向速度会趋向于零,同时电子温度也会趋向于没有外加场时的电子温度。一般情形下,$\delta \ll 1$。因此,无外场时,电子动量的弛豫时间相比电子温度的弛豫时间是无穷小的,即 $1/\nu \ll 1/\delta \nu$,这也就是说电子能够很快恢复到平衡状态,这时电子满足麦克斯韦速率分布。

接下来分析有外加电场 $E = E_0 \cos(\omega t)$ 时,式(3.140)和式(3.141)的解。假设 v_e 和 δ 都与电子温度 T_e 有关,但是与时间无关,这样就可以直接对式(3.140)积分得

$$v_e(t) = -\frac{eE_0}{m} \frac{1}{\nu^2 + \omega^2} [\nu \cos(\omega t) + \omega \sin(\omega t)] + c e^{-\nu t} \tag{3.144}$$

式中,最后一项只在初始时刻考虑,当时间大于电子的动量弛豫时间时可以忽略。

将式(3.144)代入式(3.141),就可以得到

$$\frac{\mathrm{d}kT_e}{\mathrm{d}t} + \delta \nu k(T_e - T) = \frac{e^2 E_0^2}{3m(\nu^2 + \omega^2)} [\nu + \nu \cos(2\omega t) + \omega \sin(2\omega t)] \tag{3.145}$$

解为

$$k(T_e - T) = c_1 e^{-\delta \nu t} + e^{-\delta \nu t} \int e^{\delta \nu t} \frac{e^2 E_0^2}{3 m(\nu^2 + \omega^2)} [\nu + \nu \cos(2\omega t) + \omega \sin(2\omega t)] \mathrm{d}t \tag{3.146}$$

式中,c_1 为常量。

在现实情况中,作极限假设,认为碰撞是弹性的,即 $\delta \ll 1$。同时在 $\omega \gg \delta \nu$ 的条件下,可以直接求解式(3.145)的一阶解,对式(3.145)进行直接积分可求得一阶解为

$$T_e - T = \frac{e^2 E_0^2}{3 m \delta k(\nu^2 + \omega^2)} \tag{3.147}$$

式(3.147)中,瞬时项忽略不计。在此条件下,电子温度是与时间无关的,并且正

比于 E_0^2。

在现实情形中,入射波的周期 $2\pi/\omega$ 远远小于温度的弛豫时间 $1/\delta\nu$,即条件 $\omega \gg \delta\nu$ 成立。在此假设下,温度的变化是无法跟得上场的快速变化的,因此取式(3.147)给出的某个常数的平均值。

式(3.146)还可以写为[54]

$$\frac{T_e}{T} = 1 + \frac{e^2 E_0^2}{3m\delta k(\nu^2 + \omega^2)} = 1 + \frac{E_0^2}{E_p^2}\frac{\omega^2 + \nu_0^2}{\omega^2 + \nu^2} \tag{3.148}$$

式中, $E_p = [3kTm\delta(\nu_0^2 + \omega^2)/e^2]^{1/2}$,称为等离子体特征场,它是衡量非线性效应程度的重要度量,与入射波及等离子体本身的特性有关。

可以看出,当 $E_0 \gg E_p$ 时,有电场影响的电子温度将远远大于无外加电场时的电子温度,此时,非线性效应较为明显;反之,则认为非线性效应的影响微乎其微。

为了进一步考量热致非线性效应,从碰撞频率的角度来分析,当非线性效应明显时,电子被加热,从而导致电子温度升高,碰撞变得剧烈,宏观综合各个碰撞过程,说明碰撞频率是上升的。将式(3.139)代入式(3.148),可以得到碰撞频率与电场强度的关系为

$$\left(\frac{\nu}{\nu_0}\right)^2 = 1 + \frac{E_0^2}{E_p^2}\frac{\omega^2 + \nu_0^2}{\omega^2 + \nu^2} \tag{3.149}$$

求解式(3.149)得到

$$\nu = \left[-\frac{\omega^2 - \nu_0^2}{2} + \frac{\sqrt{E_p^2(\omega^2 - \nu_0^2)^2 + 4(\nu_0^2 E_p^2 \omega^2 + \nu_0^2 E_0^2 \omega^2 + \nu_0^4 E_0^2)}}{2E_p} \right]^{1/2}$$

$$\tag{3.150}$$

介电常数为

$$\varepsilon(\omega) = \varepsilon_0 \varepsilon_r = \varepsilon_0 \left[1 - \frac{\omega_p^2}{\omega^2(1 - i\nu/\omega)} \right] \tag{3.151}$$

等离子体不但是频率色散介质,同时入射电磁波的电场强度也会对其造成影响,这就是非线性的明显体现。

当碰撞频率为 1 GHz、电子密度为 10^{16} m^{-3} 时,根据式(3.151)得到线性与非线性衰减常数 α 的对比,如图 3.49 所示。

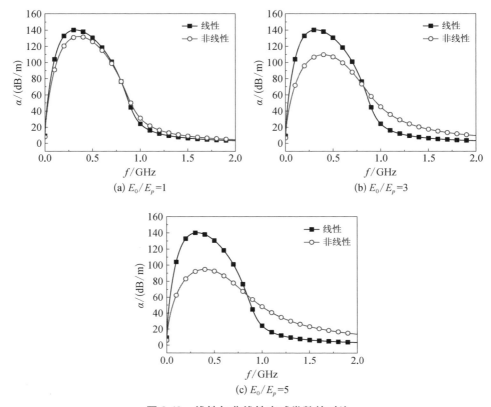

图 3.49　线性与非线性衰减常数的对比

仿真结果表明,当电场强度与等离子体特征场相比较大时,非线性效应所起的作用不可忽略。

通过上述仿真分析可以看出,入射的电磁波会改变等离子体的碰撞频率,进而改变介电常数,造成扰动,使得介电常数不仅是频率的函数,而且还与入射电磁波的电场强度有关,即电磁波与等离子体的作用是非线性的。

3.7.2　非线性效应下等离子体中的电磁波传播

电磁波在等离子体中的吸收衰减一直是等离子体微波技术领域研究的热门问题,目前国内外相关研究主要集中在电磁波在等离子体中的线性响应及其引起的衰减效应。而较强的高频电磁波在入射到等离子体时会产生一系列的非线性效应,此时,非线性项将对电磁波在等离子体中的吸收产生很大影响,不能再继续做线性处理将其忽略。本节将考虑对电极化强度进行非线性修正,分析等离子体中非线性项造成的影响。

1. 基础理论及公式推导

电磁波的入射会使得等离子体中产生电流，进而导致等离子体被极化。在电极化强度中添加非线性项后，电极化强度可以表示为[55]

$$\boldsymbol{P}(\boldsymbol{r},\ t) = \boldsymbol{P}^{(1)}(\boldsymbol{r},\ t) + \boldsymbol{P}^{NL}(\boldsymbol{r},\ t) \tag{3.152}$$

式中，$\boldsymbol{P}^{(1)}(\boldsymbol{r},\ t)$ 为线性项；$\boldsymbol{P}^{NL}(\boldsymbol{r},\ t)$ 为非线性项。

在电磁波的传播过程中，线性项起主要作用。但在强电磁场中，非线性项及其引起的一系列非线性响应对电磁波的吸收衰减也有很大的影响。

当电磁波入射到等离子体中，其电子的振动方程为

$$\frac{\mathrm{d}\boldsymbol{r}}{\mathrm{d}t^2} + \nu_{en}\frac{\mathrm{d}\boldsymbol{r}}{\mathrm{d}t} = -\frac{e}{m}\boldsymbol{E} \tag{3.153}$$

电磁波在传播过程中所引起的电流密度为

$$\boldsymbol{J} = \boldsymbol{J}^{(1)} + \boldsymbol{J}^{(2)} + \cdots \tag{3.154}$$

式中，$\boldsymbol{J}^{(1)}$ 为线性项；$\boldsymbol{J}^{(2)}$ 等都是非线性项，一般情况下，$\boldsymbol{J}^{(2)}$ 起主要的作用，所以这里只考虑到 $\boldsymbol{J}^{(2)}$。

结合电子的振动方程与电流的连续性方程，可以得到

$$\boldsymbol{J}^{(2)} = -\frac{e\varepsilon_0\omega_p^2}{2m\omega^2(\mathrm{i}\omega - \nu_{en})}\left[\frac{\nu_{en}}{(\mathrm{i}\omega - \nu_{en})}(\boldsymbol{E}\cdot\Delta)\boldsymbol{E} + \frac{1}{2}\Delta(\boldsymbol{E}\cdot\boldsymbol{E})\right]$$
$$-\frac{e^2}{m^2(\mathrm{i}\omega - \nu_{en})[\omega(\omega + \mathrm{i}\nu_{en}) + \omega_p^2]}[(\Delta n_0)\cdot\boldsymbol{E}]\boldsymbol{E} \tag{3.155}$$

同时，电流 $\boldsymbol{J}$ 又分为传导电流与极化电流两部分，表示为[56]

$$\boldsymbol{J} = \sigma\boldsymbol{E} - \mathrm{i}\omega\boldsymbol{P} = \sigma\boldsymbol{E} - \mathrm{i}\omega[\varepsilon^{(1)} - \varepsilon_0]\boldsymbol{E} - \mathrm{i}\omega\varepsilon^{(2)}:\boldsymbol{E}\boldsymbol{E} \tag{3.156}$$

式中，$\sigma\boldsymbol{E} - \mathrm{i}\omega[\varepsilon^{(1)} - \varepsilon_0]\boldsymbol{E} = \boldsymbol{J}^{(1)}$；$-\mathrm{i}\omega\varepsilon^{(2)}:\boldsymbol{E}\boldsymbol{E} = \boldsymbol{J}^{(2)}$；$\varepsilon^{(1)}$ 为线性介电常数；$\varepsilon^{(2)}$ 为非线性介电常数。

联立式（3.155）和式（3.156），可得[57]

$$\varepsilon_{lmn}^{(2)} = \frac{\mathrm{i}}{\omega}\left[\mathrm{i}k_n(a + 2b)\delta_{lm}\delta_{mn} + c\frac{\partial n_0}{\partial r_m}\delta_{lm}\right] \tag{3.157}$$

其中，

$$a = - \frac{e\varepsilon_0\omega_p^2\nu_{en}}{2m\omega^2(\mathrm{i}\omega - \nu_{en})^2}, \quad b = - \frac{e\varepsilon_0\omega_p^2}{4m\omega^2(\mathrm{i}\omega - \nu_{en})}$$

$$c = - \frac{e^2}{m^2(\mathrm{i}\omega - \nu_{en})[\omega(\omega + \mathrm{i}\nu_{en}) + \omega_p^2]}$$

下面考虑介质为各向同性这一简单情形,此时,波动方程可写为[58]

$$\Delta \times [\Delta \times \boldsymbol{E}(\boldsymbol{k}, \omega)] = -\mu_0 \frac{\partial^2}{\partial t^2}[\varepsilon^{(1)}\boldsymbol{E}(\boldsymbol{k}, \omega)]$$

$$- \mu_0 \frac{\partial^2}{\partial t^2}[\varepsilon^{(2)}: \boldsymbol{E}(\boldsymbol{k}_1, \omega_1)\boldsymbol{E}(\boldsymbol{k}_2, \omega_2)]$$

$$- \mu_0\sigma \frac{\partial \boldsymbol{E}(\boldsymbol{k}, \omega)}{\partial t} \quad (3.158)$$

结合式(3.157)和式(3.158),就可以得到在均匀分布等离子体中传播的电磁波波矢为[59, 60]

$$k = \frac{-A_1 - \mathrm{i}A_2 + [(A_1^2 - A_2^2 + 4B_1) + \mathrm{i}(2A_1A_2 + 4B_2)]^{1/2}}{2} \quad (3.159)$$

其中,

$$A_1 = \frac{e^2 n_0 \mu_0 \omega v_e \nu_{en}}{m^2(\omega^2 + \nu_{en}^2)^2}, \quad A_2 = \frac{e^2 n_0 \mu_0(\omega^2 - \nu_{en}^2)}{2m^2(\omega^2 + \nu_{en}^2)^2}$$

$$B_1 = \mu_0\omega^2\varepsilon_0\left(1 + \frac{\omega_p^2}{\omega^2 + \nu_{en}^2}\right), \quad B_2 = \frac{-\varepsilon_0\omega_p^2\mu_0\omega\nu_{en}}{2(\omega^2 + \nu_{en}^2)}$$

同时,等离子体为耗散介质,有 $k = \beta + \mathrm{i}\alpha$,其中 β 为相位常数,表示波在传播中的相位延迟;α 为衰减常数,表示波在传播过程中的幅度衰减。结合电磁波波矢,可以得到

$$\beta = -\frac{1}{2}A_1 + \frac{1}{2}\left\{\frac{1}{2}[f + (f^2 + g^2)^{1/2}]\right\}^{1/2} \quad (3.160)$$

式中,$f = A_1^2 - A_2^2 + 4B_1$;$g = 2A_1A_2 + 4B_2$。

$$\alpha = -\frac{1}{2}A_2 + \frac{1}{2}\left\{\frac{1}{2}[-f + (f^2 + g^2)^{1/2}]\right\}^{1/2} \quad (3.161)$$

2. 仿真分析与讨论

图 3.50 给出了当等离子体密度为 10^{16} m^{-3} 时,不同碰撞频率下非线性衰减常数随入射波频率的变化情况。

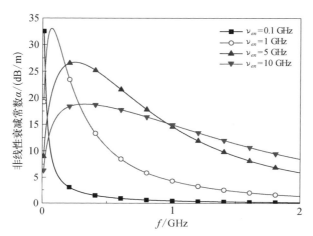

图 3.50 不同碰撞频率下非线性衰减常数随入射波频率的变化

从图 3.50 中可以看出,无论碰撞频率的取值是多少,非线性衰减常数随入射波频率的变化总有一个峰值。当碰撞频率变大时,峰值对应的入射波频率会右移,同时非线性衰减常数峰值会减小,并且非线性衰减常数随入射波频率增加而变化的程度也不一样。

图 3.51 给出了当碰撞频率为 1 GHz 时,不同电子密度下非线性衰减常数随

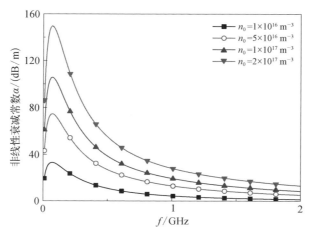

图 3.51 不同电子密度下非线性衰减常数随入射波频率的变化

入射波频率的变化情况。

从图 3.51 中可以看出,电子密度的改变对非线性衰减常数的极大值对应的入射波频率值并无影响,但电子密度的增加会使得非线性衰减常数也随之增大。

图 3.52 给出了当等离子体密度为 10^{15} m^{-3}、碰撞频率为 5 GHz 时,线性衰减常数与非线性衰减常数的对比。

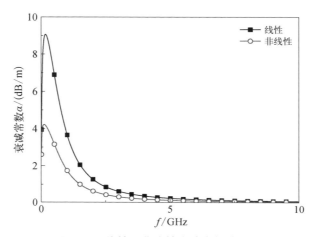

图 3.52 线性和非线性衰减常数的对比

从图 3.52 可以看出,与只考虑线性项相比,当对电极化强度项进行非线性推广后,衰减常数随入射波频率变化的峰值较小,并且峰值对应的入射波频率也有小程度的左移,所以当研究电磁波与等离子体的作用时,采用非线性推广后的情形更为合适。

3.8 本章小结

本章探究了高超声速目标等离子体中的电磁波传播问题,主要研究内容及结果概述如下。

(1)针对等离子体的空间非均匀性进行的理论分析表明,碰撞频率的非均匀性与电子密度的非均匀性对电磁波传播的影响同样重要,所以对等离子体鞘套中的电磁波传播问题进行探究时,将碰撞频率的非均匀性这一因素纳入计算范畴,可以有效提高计算精确度。

(2)通过对加磁等离子体的研究,发现在右旋极化波中,加磁之后的等离子体会出现一个低吸收带,其起始位置直接由外加磁场的强度决定,同时还受诸多物理参数的影响,如电子密度的增大可以有效拓宽低吸收带的频带,并且使其深度加深;碰撞频率的增大不会改变低吸收带的频带宽度,却能使其深度变浅;而等离子体厚度对低吸收带的频带宽度和深度都没有影响。

(3)以 RAM-C 实测数据为例,采用 LTJEC-FDTD 方法计算了 THz 频段电磁波的传播特征。通过计算表明,等离子体鞘套中温度和压强的增大会加强等离子体层对电磁波的碰撞吸收作用,从而阻碍电磁波对等离子体鞘套的透射性能。当入射波的频率小于等离子体的截止频率时,鞘套中温度和压强的增大会加强电磁波的反射作用,而当电磁波的频率大于等离子体的截止频率时,能有效抑制这些情况,特别是在 THz 波段,整个等离子体层对电磁波的影响非常小,因此利用 THz 波来穿透等离子体鞘套的方法是可行的。在时空非均匀等离子体鞘套模型的基础上,引入尘埃等离子体的理论模型,结合 SO-FDTD 方法分析了时空非均匀尘埃等离子体鞘套中各个参数对 THz 波的传播特性的影响。

(4)通过计算传播系数,分别将 FPL 和 BGK 两种碰撞模型下全电离有无尘埃等离子体的传播系数与弱电离传播系数进行了对比,并利用 FPL 碰撞模型详细分析了尘埃密度和半径对全电离尘埃等离子体中电磁波传播特性的影响。结果表明:考虑尘埃效应后,BGK 碰撞模型不再适用于分析电磁波在全电离中的传播特性,而 FPL 模型较为适用;通过与普通等离子体的传播系数比较,可以看到尘埃的存在使得二者的传播系数的差距增大,对电磁波传播有着显著影响;最后值得注意的是,由于轨道受限理论的局限性,在较低的尘埃密度下,电磁波传播几乎没有产生影响,表明尘埃密度对传播的影响要弱于半径。另外,由于尘埃密度增大,许多电子都被尘埃颗粒所吸附,等离子体中的电子密度下降,进而影响了等离子体碰撞频率,也导致尘埃密度对电磁波的传播影响变弱。

(5)对比了考虑热致非线性效应与线性两种情形和不同参数下的结果。分析结果表明,当电场强度与等离子体特征场相比较大时,非线性效应所起的作用不可忽略,当对电极化强度项进行非线性推广后,衰减常数随入射波频率变化的峰值较小,并且峰值对应的入射波频率也有小程度的左移,所以当研究电磁波与等离子体作用时,采用非线性推广后的情形更为合适。

综上所述,本章采用传输矩阵法和 FDTD 方法分析了等离子体鞘套中的电磁波传播问题,并考虑了多种因素的影响,不过本章中使用的鞘套模型相对简单,与真实的等离子体鞘套流场中的参数有一定差距,尚需进一步的完善。

参考文献

[1] Wang M, Li H, Dong Y, et al. Propagation matrix method study on THz waves propagation in a dusty plasma sheath[J]. IEEE Transactions on Plasma Science, 2016, 64(1): 286-290.

[2] He G, Zhan Y, Zhang J, et al. Characterization of the dynamic effects of the reentry plasma sheath on electromagnetic wave propagation[J]. IEEE Transactions on Plasma Science, 2016, 44(3): 1-7.

[3] Xuan T L, Chun X J, Ning G. Outage probability analysis and dynamic criterion calculation under the plasma sheath channel[J]. IEEE Transactions on Plasma Science, 2018, 46(6): 1995-2002.

[4] Laroussi M, Roth J R. Numerical calculation of the reflection, absorption, and transmission of microwaves by a nonuniform plasma slab[J]. IEEE Transactions on Plasma Science, 1993, 21(4): 366-372.

[5] Petrin A B. Transmission of microwaves through magnetoactive plasma[J]. IEEE Transactions on Plasma Science, 2001, 29(3): 471-478.

[6] Xi Y B, Liu Y. Effect of electron density profile on power absorption of high frequency electromagnetic waves in plasma[J]. Physics of Plasmas, 2012, 19(7): 073301.

[7] Goteti V R, Kalluri D K. Wave propagation in a switched-on time-varying plasma medium [J]. IEEE Transactions on Plasma Science, 1989, 17(5): 828-833.

[8] Kalluri D K, Venkata R G, Andrew M S. WKB solution for wave propagation in a time-varying magnetoplasma medium: longitudinal propagation[J]. IEEE Transactions on Plasma Science, 1993, 21(1): 70-76.

[9] Yang M, Li X P, Liu Y M, et al. Characteristic of time-varying plasma sheath channel[C]. 10th International Symposium on Antennas, Propagation and EM Theory, IEEE, Xi'an, 2012.

[10] Jia S J, Cheng X Y, Sha L, et al. Propagation of electromagnetic waves in a weak collisional and fully ionized dusty plasma[J]. Physics of Plasmas, 2016, 23: 043302.

[11] Li W Q, Xu X D, Sun X D, et al. Modulating the molecular third-order optical nonlinearity by curved surface of carbon skeleton[J]. Molecular Physics, 2018, 116(2): 242-250.

[12] Hyde T W, Matthews L S, Land V. Guest editorial special issue on dusty plasmas[J]. IEEE Transactions on Plasma Science, 2013, 41(41): 733-734.

[13] Morfill G E, Ivlev A V. Complex plasmas: an interdisciplinary research field[J]. Review of Modern Physics, 2009, 81(4): 1353-1404.

[14] 金兹堡.电磁波在等离子体中的传播[M].北京: 科学出版社,1978.

[15] 刘万东.等离子体物理导论[Z].中国科学技术大学近代物理系,2002.

[16] 庄钊文,袁乃昌,刘少斌,等.等离子体隐身技术[M].北京: 科学出版社,2006.

[17] 刘少斌.色散介质时域有限差分方法[M].北京: 科学出版社,2010.

[18] 柳杨,王丽黎,刘江凡,等.WKB方法在等离子体鞘套中电波传播的应用研究[C]//全国天线年会,成都,2009.

[19] Yee K. Numerical solution of initial boundary value problems involving maxwell's equations in

isotropic media [J]. IEEE Transactions on Antennas and Propagation, 1966, 14 (3): 302-307.

[20] Hu B J, Wei G, Lai S L. SMM analysis of reflection, absorption, and transmission from nonuniform magnetized plasma slab [J]. IEEE Transactions on Plasma Science, 1999, 27 (4): 1131-1136.

[21] Kelley D F, Luebbers R J. Piecewise linear recursive convolution for dispersive media using FDTD[J]. IEEE Transactions on Antennas and Propagation, 1996, 44(6): 792-797.

[22] Samimi A, Simpson J J. An efficient 3-D FDTD model of electromagnetic wave propagation in magnetized plasma[J]. IEEE Transactions on Antennas and Propagation, 2015, 63(1): 269-279.

[23] Zhang Y, Liu Y, Li X. A 2-D FDTD model for analysis of planewave propagation through the reentry plasm a sheath [J]. IEEE Transactions on Antennas and Propagation, 2017, 65 (11): 5940-5948.

[24] 艾夏.复杂色散介质电磁散射的 FDTD 算法及其改进方法的研究[D].西安:西安电子科技大学, 2013.

[25] 金莎莎.等离子体涂覆目标散射特性的 FDTD 方法[D].西安:西安电子科技大学,2011.

[26] Heald M A, Wharton C B. Plasma diagnostics with microwaves [M]. New York: Wiley, 1967.

[27] Russo F P, Hughes J K. Measurements of the effects of static magnetic fields on VHF transmission in ionized flow fields[R]. NASA TM X-907, 1964.

[28] Dutta R, Biswas R, Roy N. Reduction of attenuation of E.M wave inside plasma formed during supersonic or hypersonic re-entry of missile like flight vehicles by the application of D.C magnetic field — a technique for mitigation of RF blackout[C]. Proceedings of the 2011 IEEE Applied Electromagnetics Conference, Kolkata, 2011.

[29] Guo B, Wang X G. Power absorption of high-frequency electromagnetic waves in a partially ionized magnetized plasma[J]. Physics of Plasmas, 2005, 12(8): 084506.

[30] Stenzel R L, Gould R W. Upper-hybrid resonance absorption, emission, and heating of an afterglow plasma column[J]. Journal of Applied Physics, 1971, 42(11): 4225-4235.

[31] Donné A J H. Introduction to plasma diagnostics[J]. Fusion Science and Technology, 2004, 45(2): 383-390.

[32] Swift C T, Beck F B, Thomson J, et al. RAM C-III S-band diagnostic experiment [R]. Washington: NASA, 1970.

[33] 刘智惟,包为民,李小平,等.一种考虑电磁波驱动效应的等离子碰撞频率分段计算方法 [J].物理学报,2014,63: 235201.

[34] 陈文波,龚学余,邓贤君,等.THz 电磁波在时变非磁化等离子体中的传播特性研究[J].物理学报,2014,63(19): 194101.

[35] Motie I, Bokaeeyan M. Effect of the radio frequency discharge on the dust charging process in a weakly collisional and fully ionized plasma [J]. Physics of Plasmas, 2015, 22 (2): 023707.

[36] Guo L J, Guo L X, Li J T. Propagation of electromagnetic waves on a relativistically moving

nonuniform plasma［J］. IEEE Antennas and Wireless Propagation Letters，2017，16：137-140.

［37］ Guo L J, Guo L X, Li J T. Propagation of terahertz electromagnetic waves in a magnetized plasma with inhomogeneous electron density and collision frequency［J］. Physics of Plasmas，2017，24（2）：1-7.

［38］ Duan J Z, Han J F, Wang C L, et al. Contribution of the dust grains to the damping of the electromagnetic waves propagating in plasma［J］. IEEE Transactions on Plasma Science，2013，41（8）：2434-2437.

［39］ 石雁祥,葛德彪,吴健.尘埃等离子体微波衰减常数的理论分析［J］.地球物理学报，2007,50（4）：1005-1010.

［40］ Lee J H, Kalluri D K. Three-dimensional FDTD simulation of electromagnetic wave transformation in a dynamic inhomogeneous magnetized plasma［J］. IEEE Transactions on Antennas and Propagation，1999，47（7）：1146-1151.

［41］ Shukla P K, Mamun A A. Introduction to dusty plasma physics［M］. Boca Raton：CRC Press，2001.

［42］ 石雁祥,吴健,葛德彪.弱电离尘埃等离子体的介电张量研究［J］.物理学报,2009,58（8）：5507-5512.

［43］ Li H, Wu J, Zhou Z, Yuan C. Propagation of electromagnetic wave in dusty plasma and the influence of dust size distribution［J］. Physics of Plasmas，2016，23（7）：073702.

［44］ Jia J, Yuan C, Liu S, et al. Propagation of electromagnetic waves in a weak collisional and fully ionized dusty plasma［J］. Physics of Plasmas，2016，23（4）：043302.

［45］ Bendib A, Bendib-Kalache K, Cros B, et al. Anisotropic electron-distribution functionin inverse-bremsstrahlung-heated plasmas［J］. Physical Review E，2016，93（4）：043208.

［46］ Bendib A, Bendib K, Sid A. Weibel instability due to inverse bremsstrahlung absorption［J］. Physical Review E，1997，55（6）：7522-7526.

［47］ Sternberg N, Smolyakov A I. Resonant transparency of a three-layer structure containing the dense plasma region［J］. Progress in Electromagnetics Research，2009，99（4）：37-52.

［48］ Havnes O, Melandso F, Hoz C L, et al. Charged dust in the earth's mesopause：effects on radar backscatter［J］. Physica Scripta，2006，45（5）：535.

［49］ 王绒,李小平.大功率电波在等离子体中的非线性效应研究［D］.西安：西安电子科技大学,2014.

［50］ 袁忠才,时家明.非磁化等离子体中的电子碰撞频率［J］.核聚变与等离子体物理，2004，24（2）：157-160.

［51］ 王磐,牛忠霞,周东方.高功率微波在低电离层中的自作用效应分析［J］.信息工程大学学报,2006,7（4）：368-340.

［52］ 王磐,侯德亭,牛忠霞,等.高功率微波在低电离层中的互作用效应分析［J］.强激光与粒子束,2007,19（6）：961-965.

［53］ 陆建萍.电磁波在等离子体中的吸收衰减［D］.北京：北京理工大学,2004.

［54］ 饶育萍,宋航,牛忠霞.电磁波在等离子体中的热致非线性衰减［J］.现代雷达,2008，

30(5)：93-95.

[55] 李淳飞.非线性光学[M].哈尔滨：哈尔滨工业大学出版社,2005.

[56] Heinrich Hora. Laser plasma physics-forces and the nonlinearity principle[M]. Washington：
SPIE Press, 2000.

[57] 王晓燕,李国锋,赵宏康.电磁波在等离子体中的非线性吸收衰减[J].计算物理,2006,
23(6)：661-664.

[58] Shen Y R. The principles of nonlinear optics [M]. New York：A Wiley-Interscience
Publication, 1976.

[59] 张艳艳.电磁波在等离子体波导中的非线性吸收衰减[J].中国科技财富,2010,14：279.

[60] 卜宪存.电磁波在等离子体同轴波导中的非线性吸收衰减[J].中国科技纵横,2010,
12：186.

第4章

高超声速湍流中的电磁波传播特性分析

  高超声速飞行器等离子体鞘套的动态特性对电磁波传播有不容忽视的影响。第3章分析了由飞行器飞行姿态、速度、大气环境等因素引起的大尺度时域动态性对入射电磁波相位、振幅的影响。而在微波较高频段甚至 THz 波段，波长与流场微扰尺度相当，由激波/边界层干扰、湍流流场、分离区非定常流动、烧蚀颗粒扩散等因素引起的小尺度时域动态性对入射电磁波的影响越来越明显。本章基于流场的湍流随机特性，建立分形模型，分析等离子体鞘套中的电磁波传播特性，主要内容如下：① 基于带限分形函数和等离子体鞘套湍流功率谱模型，建立等离子体鞘套湍流分形相位屏模型，分析等离子体鞘套湍流结构参数对电磁波衍射强度分布的影响，并利用距离-多普勒算法，仿真分析等离子体鞘套湍流对高超声速飞行器机载合成孔径雷达成像的影响；② 基于随机介质中高斯波束传输理论，利用等离子体鞘套湍流功率谱，推导等离子体鞘套湍流中的高斯波束二阶矩，并据此计算等离子体鞘套湍流中高斯波束的平均强度、波束展宽、到达角起伏和波束漂移，分析等离子体鞘套湍流中高斯波束的传输特性。

4.1 等离子体鞘套分形描述及电磁波传播模型

4.1.1 等离子体鞘套湍流

  等离子体鞘套内的电子密度可以高达 $10^{15}\,\mathrm{cm}^{-3}$[1]，如此高的电子密度会导致微波段通信电磁波的频率远远低于等离子体频率，这样一来电磁波会产生严重的衰减效应，进而导致飞行器和外界之间的通信遥测信号受到严重影响，甚至造成地面无法捕捉飞行器位置，即飞行器失联[2]。目前，可以通过提高通信电磁波频率使通信信号"穿透"等离子体鞘套来解决高超声速飞行器通信"黑障"问题,理论仿真也证实了这种方法的正确性,但在实验中却出现了与预期不相符的现象。这说明实际的等离子体鞘套与电磁波相互作用过程中,很有可能存在着还未发现的新机理和新问题。

等离子体鞘套中由中性原子、分子、自由电子及带有正电荷和负电荷的原子、分子和离子组成多组分气体混合物[3]。等离子体鞘套形成过程中,飞行器的飞行速度和飞行高度不断变化,导致其内部温度剧烈变化,再加上流体内部剪切力的作用,等离子体鞘套内部存在着剧烈的湍流效应[4-6]。等离子体湍流包含着多组分气体混合物,这些气体混合物形成大量的不规则湍涡,散射光/电磁波能量,造成信号波前起伏和相位的随机起伏,引起发射和接收信号的剧烈抖动,使飞行器与外界通信受到干扰,这也可能是高频波通信实验失败的原因[7,8]。图 4.1 为高超声速湍流混合层实验图像[9]。

图 4.1　高超声速湍流混合层实验图像

对于湍流的研究,最早要追溯到 1883 年,雷诺以玻璃管中流动的液体为例进行研究,当液体流速较低时,玻璃管内的液体流动平缓,甚至不能观测到流动现象,这种平滑的运动称为层流;而当液体流动速度加快以后,玻璃管内的液体流动慢慢变得杂乱无章,正如河流中出现的涡流一样,产生混乱、交叉、变化迅速的扰动,流体的这种不规则的涡旋运动称为湍流。为了对这些特性进行统一描述,雷诺提出了湍流雷诺数的概念,即流体内部存在的惯性力和内部不同流层之间的摩擦力的比值[10],如式(4.1)所示。

$$Re = \frac{\rho V}{\mu}L = \frac{V}{\upsilon}L \tag{4.1}$$

式中,L 表示流动的特征长度;ρ 表示流体密度;V 表示流体速度;μ 表示流体黏性系数;υ 表示动力黏性系数。

当雷诺数较小时,流体内摩擦力较大,流体中出现的扰动被内摩擦力消耗,湍流无法出现;当雷诺数较大时,流体内摩擦力很小,流体的动能不断传递给扰动运动,导致流体出现不稳定状态。现已证明存在一个临界雷诺数 Re_c,当 $Re < Re_c$ 时,流动为层流;当 $Re > Re_c$ 时,流动转化为湍流。但 Re_c 并不是一个普适常数,它与流体结构和湍流产生方式有关。

湍流是一种典型的随机介质,其中湍涡的产生到消失难以估计。从流体运动的整体考虑,内摩擦力不断损耗流体动能,要维持湍流运动,必须补偿耗散损失的能量。湍流的级串方案中提出:湍流中不同尺度的湍涡间存在着逐级能量传递,即大尺度湍涡向小尺度湍涡传递能量[11]。第一级湍涡的能量来自外界,大湍涡失稳后产生次级小湍涡,并伴随能量传递,由此维持湍流运动,如图4.2所示。湍涡可以用外尺度 L_0 和内尺度 l_0 来表征(一般湍涡尺度为 $0.05 \sim 0.4$ m)。图4.2中,上方最大的湍涡的尺度为湍流外尺度,下方最小的湍涡的尺度为湍流内尺度。

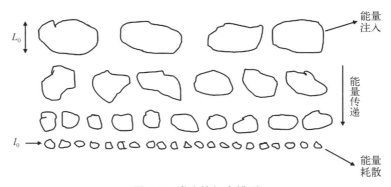

图4.2 湍流的级串模型

湍流运动与流体的各种性质,如温度、流速、密度、黏性和流体组分分布等均存在密切联系,这些因素都会影响湍流的掺混作用。湍涡的存在会造成介质折射率的随机变化,折射率在湍流场中扮演着重要的角色,是研究湍流中电磁波传播问题时必须考虑的因素之一。对于等离子体鞘套而言,高超声速飞行器的飞行高度和速度不断变化,会引起绕流流场内温度、电子密度、电子碰撞频率随机变化,进而导致等离子体鞘套湍流的折射率产生随机起伏的现象。考虑到等离子体鞘套湍流的折射率是随空间、时间变化的随机量,其可以表示为[12]

$$n(\boldsymbol{r}, t) = n_0(\boldsymbol{r}, t) + n_1(\boldsymbol{r}, t) \tag{4.2}$$

式中, $n_0(\boldsymbol{r}, t)$ 是 $n(\boldsymbol{r}, t)$ 的平均值; $n_1(\boldsymbol{r}, t)$ 表示 $n(\boldsymbol{r}, t)$ 围绕平均值 $n_0(\boldsymbol{r}, t)$

的随机起伏,其平均值可近似取为 0。

　　电磁波穿过等离子体鞘套湍流所需的时间比折射率随机分量的起伏时间要短得多,所以在电磁波传播研究中常常不考虑其对时间的依赖关系,而集中注意其空间性质。$n_1(\boldsymbol{r})$ 是典型的随机过程,其最重要的统计性质是其空间自相关函数,即

$$B_n(\boldsymbol{r}_1, \boldsymbol{r}_2) = \langle n_1(\boldsymbol{r}_1) n_2(\boldsymbol{r}_2) \rangle \tag{4.3}$$

　　如果假设 $n_1(\boldsymbol{r}, t)$ 是空间平稳且统计均匀的,那么它的自相关函数就只与空间中两点的位置矢量差 $\boldsymbol{r}_d = \boldsymbol{r}_2 - \boldsymbol{r}_1$ 有关:

$$B_n(\boldsymbol{r}_d) = \langle n_1(\boldsymbol{r}_1) n_1(\boldsymbol{r}_1 + \boldsymbol{r}_d) \rangle \tag{4.4}$$

　　按照 Wiener-Khinchin 定理[13],式(4.4)的功率谱密度 $\Phi_n(\boldsymbol{\kappa})$ 可以由 $B_n(\boldsymbol{r}_d)$ 的三维傅里叶变换得出:

$$\Phi_n(\boldsymbol{\kappa}) = \iiint B_n(\boldsymbol{r}_d) \exp(-\mathrm{i}\boldsymbol{\kappa} \cdot \boldsymbol{r}) \mathrm{d}^3 \boldsymbol{r}_d \tag{4.5}$$

式中,$\boldsymbol{\kappa} = (\kappa_x, \kappa_y, \kappa_z)$ 称为三维空间波数矢量,其各分量的单位是 rad/m。

　　湍流介质中常用折射率起伏结构函数来度量折射率起伏强度的大小,折射率起伏结构函数可以定义为

$$D_n(\boldsymbol{r}_1, \boldsymbol{r}_2) = \langle | n_1(\boldsymbol{r}_2) - n_1(\boldsymbol{r}_1) |^2 \rangle \tag{4.6}$$

　　若湍流介质是局部均匀的,折射率起伏结构函数仅是位置矢量差的函数,且和折射率起伏自相关函数满足如下关系:

$$D_n(\boldsymbol{r}_d) = 2[B_n(0) - B_n(\boldsymbol{r}_d)] \tag{4.7}$$

　　根据非 Kolmogrov 湍流统计理论,局部均匀各向同性的湍流介质中的折射率起伏结构函数和功率谱密度可以表示为[14,15]

$$D_n(r) = C_n^2 r^p \tag{4.8}$$

$$\Phi_n(\boldsymbol{\kappa}) = A(\alpha) C_n^2 \boldsymbol{\kappa}^{-\alpha} \tag{4.9}$$

式中,为了方便起见,将矢量差 $\boldsymbol{r}_d$ 的大小用 r 代替;$A(\alpha)$ 是湍流频谱指数 α 的函数;C_n^2 表示湍流折射率起伏结构常数;p 表示湍流标度律。

　　随机介质中关于大气湍流的研究已经相当成熟,研究者根据实测数据,提出了多种均匀、非均匀、各向同性和各向异性折射率起伏功率谱及大量的折射率结

构常数经验模型,并根据这些湍流功率谱模型开展了大量的电磁/光波传播特性研究工作。但因大气本身的复杂性,至今很难提出一种通用的模型来阐明大气湍流折射率起伏的性质。由于高超声速等离子体鞘套的复杂性与飞行测量实验的成本限制,关于等离子体鞘套湍流的研究主要集中在地面高超声速湍流实验方面,还没有形成具体的数学模型,严重阻碍了等离子体鞘套湍流中电磁/光波传播特性研究的进展。

4.1.2 等离子体鞘套湍流的分形描述

1975 年,Mandelbrot 首次提出分形理论[12],它的含义是"破碎的、分裂的"。分形理论研究的对象具有不规则性和自相似性,典型的代表有山峰、树叶、云彩和海岸线的形状等,这些对象必须借助分形几何理论,很难用欧几里得几何来描述。如图 4.3 所示,科赫曲线就是一种典型的分形对象。

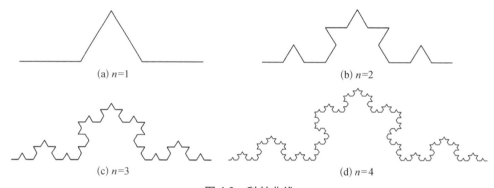

(a) $n=1$

(b) $n=2$

(c) $n=3$

(d) $n=4$

图 4.3 科赫曲线

科赫曲线上的每一点都没有切线,处处是尖点且具有自相似结构,它的长度是无穷的,因此很难用传统的几何方法处理。科赫曲线以独立、同概率方式分布,在构造的过程中每一步都是相互独立的,将曲线进行局部放大后,它与图线整体具有完全相同的统计分布特征,这种性质即统计自相似性。

几何体通常用欧几里得几何中的拓扑维数来形容,欧几里得几何将点的维数定义为 0,线的维数定义为 1,面的维数定义为 2,体的维数定义为 3,并且描述对象外形的改变不会影响拓扑维数的定义,它始终与几何对象的抽象定义有关。分形理论是对经典欧几里得几何思路的拓展,它对几何对象的描述不局限于整数阶拓扑维数。以科赫曲线为例,它不能用经典欧几里得几何来描述,它的长度是无限长的,因此不能用一维思维衡量它;但也不能用二维思维来衡量科赫曲线,因为它没有面积的概念,只是一段无限延长的曲线。在这里,为了描述科赫曲线,只能使用分形几何理论,它研究的几何对象介于经典欧几里得几何的一维拓扑维数、二维拓扑维数和三维拓扑维数之间。对于科赫曲线,可以用分数维的概念去处理。后经证明,科赫曲线的维数是一个分数值[12],约为 1.261 8,介于1~2。

当用欧几里得几何中低于对象维数的尺度去衡量此对象时,获得的对象的拓扑维数为无穷大;当用欧几里得几何中高于对象维数的尺度去衡量此对象时,获得的对象的拓扑维数为零;只有所用的尺度维数与对象维数相同时,才能得到一个有限的拓扑维数。传统欧几里得几何将直线视为一维对象,将平面视为二维对象,将体视为三维对象。但是像科赫曲线这种介于经典一维和二维之间的对象,只能用介于一维和二维之间的分数维表示。同样地,处于经典二维和三维之间的对象,只能用介于二维和三维之间的分数维表示。这种方法将“维”的概念从整数阶扩展到分数阶,即“分维”[16]。分维数可用字母 D 来表示,它与频谱指数 α 和分形指数 H 三者之间满足一定的关系,只需获得其中一个参数便可计算其余两个参数[17]。另外,分维数越大,说明分形对象的结构复杂度越高,越不规则;分维数越小,说明分形对象的结构复杂度越低、越规则。

分维能够体现对象的几何特征,尤其是对于那些自身结构相当复杂但局部与整体之间存在自相似性的几何对象,利用分形理论处理起来十分方便。考虑到分形理论在这方面的优越性,其已经被应用到大气湍流的研究领域。与大气湍流相似,若要研究等离子体鞘套湍流中电磁波的传播特性,首先需要解决等离子体鞘套湍流介质的数学描述问题,然后可采用分形理论结合相位屏的方法描述和分析等离子体鞘套湍流这种随机介质中的波传播问题。

1992 年,有学者提出完全发展湍流由许多不同尺度的湍涡级串组成,这反映了不同尺度湍涡之间具有自相似的重要思想,也是湍流具有分形特征的重要依据。另外,湍流能量耗散率 $\varepsilon(r)$ 的相关函数 $\langle \varepsilon(r)\varepsilon(r+r') \rangle \propto |r'|^{-\gamma}$ 也充分证明湍流在能量耗散区具有分形特征[12],其中,γ 为间歇性因子,且 $0.2 < \gamma < 0.5$。

2008 年,中国人民解放军国防科技大学的 Zhao 等采用纳米激光散射技术,获得了高超声速湍流的纹影图,并基于此提取了高超声速湍流的分维数,这是等离子体鞘套湍流具有分形特征最重要的证据[9]。另外,通过纳米激光散射实验获取了超声速湍流分维数,打开了等离子体鞘套湍流介质数学描述问题的突破口。由此可见,对于具有分形特征的对象,准确、可靠地获取其分维数具有十分重要的意义。

相位屏方法是一种有效的近似方法[18]，它能很好地处理随机介质中的波传播问题，在许多实际问题中都有着广泛应用，如行星和恒星际介质的闪烁问题，光波通过不同厚度大气湍流时的传播特性，或电磁波通过电子密度、温度非均匀分布的电离层等，这些相关问题的研究等均可采用相位屏方法。相位屏方法将复杂的随机介质对电磁波传播特性的影响等效为一个个相位屏的影响，这里的相位屏实际上相当于"一层层"随机介质。相位屏方法直接将随机介质集中在一块几何尺寸有限的薄屏内，当电磁波通过该薄屏时，薄屏的影响只是体现在电磁波的相位被调制，而对电磁波的振幅没有影响。相位改变的电磁波相当于在有介质的区域内传播，因而可以只考虑自由空间的衍射效应。常用的相位屏方法主要有谱反演法、多项式法、随机中点位移法[19]等。

利用相位屏方法研究等离子体鞘套湍流中的波传播特性时，首先需要解决等离子体鞘套湍流介质的数学描述问题。分形理论的研究对象具有不同尺度情况下的自相似性，非常适合描述等离子体鞘套这种随机湍流介质。因此，本节借鉴大气湍流中的分形相位屏方法，利用分形函数构造等离子体鞘套湍流分形相位屏，并据此研究等离子体鞘套内部湍流效应对波传播特性的影响。

4.1.3　等离子体鞘套湍流一维分形相位屏建模及衍射分析

1. 一维分形相位屏建模

1987 年，Kim 基于湍流的分形特征，将湍流功率谱分解为若干基带函数，提出了带限 Weierstrass 分形函数的概念。带限 Weierstrass 分形函数由一系列局部可变的余弦函数构成，将波包限制在一个个余弦函数内，这些余弦函数具有随机变化的相位，体现了随机介质的起伏特性。一维带限 Weierstrass 分形函数可以表示为[20]

$$W(x) = \frac{\{2\langle n_1^2 \rangle [1 - b^{(D-2)n}]\}^{1/2}}{[1 - b^{(2D-4)(N+1)}]} \sum_{n=0}^{N} b^{(D-2)n} \cos(2\pi b^n x/L_0 + \varphi_n) \quad (4.10)$$

式中，D 表示分维数；$\langle n_1^2 \rangle$ 表示折射率起伏方差；$b^n = L_0/l_0$ 表示空间基频，l_0 表示内尺度，L_0 表示外尺度，n 表示指数因子；N 表示尺度因子；φ_n 表示 $[0, 2\pi]$ 上均匀分布的随机相位。

为了解决等离子体鞘套湍流分形特征的数学描述问题，采用一维带限 Weierstrass 分形函数模拟等离子体鞘套湍流中折射率的随机起伏（波前畸变相位屏）：

$$n_1(x) = P_1 W(x)$$

$$= \frac{P_1 \{2\langle n_1^2 \rangle [1 - b^{(2D-4)}]\}^{1/2}}{[1 - b^{(2D-4)(N+1)}]^{1/2}} \sum_{n=0}^{N} b^{(D-2)n} \cos(2\pi b^n x / L_0 + \varphi_n) \quad (4.11)$$

式中，P_1 为常数。

由式（4.11）可得折射率起伏的相关函数为

$$B(x') = \langle n_1(x + x') n_1(x) \rangle$$

$$= \frac{P_1^2 \langle n_1^2 \rangle [1 - b^{(2D-4)}]}{1 - b^{(2D-4)(N+1)}} \sum_{n=0}^{N} b^{(2D-4)n} \cos(2\pi b^n x' / L_0) \quad (4.12)$$

式中，$\langle \rangle$ 表示系综平均。

将式（4.12）进行傅里叶变换，可得折射率起伏的一维功率谱为

$$V(\boldsymbol{\kappa}) = \frac{1}{2\pi} \int_{-\infty}^{\infty} B(x') \exp(\mathrm{i}\boldsymbol{\kappa} x') \mathrm{d}x'$$

$$= \frac{P_1^2 \langle n_1^2 \rangle [1 - b^{(2D-4)}]}{2[1 - b^{(2D-4)(N+1)}]} \sum_{n=0}^{N} b^{(2D-4)n} \delta(\boldsymbol{\kappa} - 2\pi b^n / L_0) \quad (4.13)$$

假设所有尺度的湍涡均存在，空间基频趋于 1，$\boldsymbol{\kappa}$ 为空间波矢，式（4.13）中离散的波数几乎变得连续，可以令 $b = 1 + \tau$，其中 $\tau \to 0^+$，并且 $b^{(N+1)} \approx b^n = L_0 / l_0$，则式（4.13）可简化为

$$V(\boldsymbol{\kappa}) = \frac{P_1^2 \langle n_1^2 \rangle (4 - 2D)\tau}{2[1 - (L_0 / l_0)^{(2D-4)}]} \sum_{n=0}^{N} b^{(2D-4)n} \delta(\boldsymbol{\kappa} - 2\pi b^n / L_0) \quad (4.14)$$

通过高超声速湍流纳米激光散射实验测得一维情况下，完全发展湍流的分维数约为 1.6[9]，将此分维数代入式（4.14），并且考虑到 $L_0 \gg l_0$，式（4.14）可以化简为

$$V(\boldsymbol{\kappa}) = \frac{2 P_1^2 \langle n_1^2 \rangle \tau}{5} \sum_{n=0}^{N} b^{-4n/5} \delta(\boldsymbol{\kappa} - 2\pi b^n / L_0) \quad (4.15)$$

利用 *Berry* 方法[21]，对式（4.15）作连续近似，并假设 δ 函数的系数部分在 $[\boldsymbol{\kappa} - \Delta\boldsymbol{\kappa}/2, \boldsymbol{\kappa} + \Delta\boldsymbol{\kappa}/2]$ 系数为常量，那么式（4.15）可以化简为

$$\bar{V}(\boldsymbol{\kappa}) = \frac{1}{\Delta \boldsymbol{\kappa}} \int_{\boldsymbol{\kappa} - \Delta \boldsymbol{\kappa}/2}^{\boldsymbol{\kappa} + \Delta \boldsymbol{\kappa}/2} V\boldsymbol{\kappa}' \mathrm{d}\boldsymbol{\kappa}'$$

$$\approx \frac{1}{\Delta \boldsymbol{\kappa}} \cdot \frac{2P_1^2 \langle n_1^2 \rangle \tau}{5} \left(\frac{\boldsymbol{\kappa} L_0}{2\pi} \right)^{-4/5} \Delta \boldsymbol{\kappa} \cdot \frac{\mathrm{d}n(\boldsymbol{\kappa})}{\boldsymbol{\kappa}} \tag{4.16}$$

式中，$n(\boldsymbol{\kappa}) = \ln(\boldsymbol{\kappa} L_0/2\pi)/\ln b$，所以 $\dfrac{\mathrm{d}n(\boldsymbol{\kappa})}{\boldsymbol{\kappa}} = \dfrac{1}{\boldsymbol{\kappa} \ln b} \approx \dfrac{1}{\boldsymbol{\kappa} \tau}$。

则有

$$\bar{V}(\boldsymbol{\kappa}) = 1.74 P_1^2 \langle n_1^2 \rangle L_0^{-4/5} \boldsymbol{\kappa}^{-9/5} \tag{4.17}$$

由式(4.17)可得，$P_1 = 0.39$，所以等离子体鞘套湍流中一维折射率起伏函数 $n_1(x)$ 可以表示为

$$n_1(x) = P_1 W(x)$$

$$= \frac{0.39 \cdot \{2\langle n_1^2 \rangle [1 - b^{(2D-4)}]\}^{1/2}}{[1 - b^{(2D-4)(N+1)}]^{1/2}} \sum_{n=0}^{N} b^{(D-2)n} \cos(2\pi b^n x/L_0 + \varphi_n) \tag{4.18}$$

为了研究不同分维数和雷诺数对等离子体鞘套湍流折射率起伏的影响，对等离子体鞘套湍流折射率起伏进行了数值模拟，如图 4.4 所示，具体计算条件为：分维数 $D = 1.6$ 和 1.1。当 $D = 1.1$ 时，折射率起伏函数推导过程与式(4.18)的推导过程相同。折射率起伏方差 $\langle n_1^2 \rangle = 0.8$，尺度因子 $N = 9$，空间基频 b 可由式(4.19)确定[22]：

$$b^N = \frac{L_0}{l_0} = Re^{3/4} \tag{4.19}$$

根据风洞实验[23]，等离子体鞘套湍流的雷诺数取典型值 $Re = 8.63 \times 10^6/\mathrm{m}$、$3.63 \times 10^5/\mathrm{m}$。

图4.4 给出了分维数分别为 $D = 1.6$ 和 1.1，雷诺数分别为 $Re = 8.63 \times 10^6/\mathrm{m}$ 和 $3.63 \times 10^5/\mathrm{m}$ 时，等离子体鞘套湍流中的折射率起伏分布。计算结果表明，分维数增大，折射率起伏也随之增大；而等离子体鞘套湍流雷诺数增大，折射率起伏随之减小。

2. 一维分形相位屏衍射分析

如图 4.5 所示，设一单位平面波垂直入射处于 $x'o'y'$ 平面的分形相位屏，该

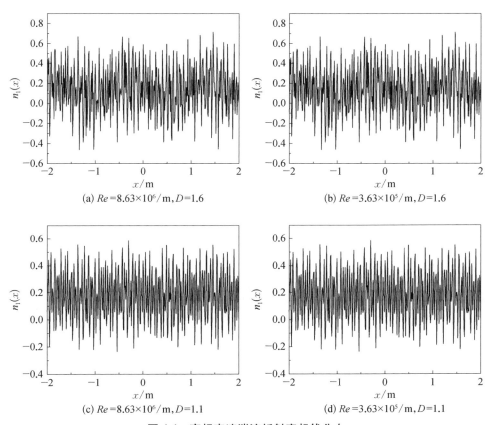

(a) $Re=8.63\times10^6/\mathrm{m}, D=1.6$

(b) $Re=3.63\times10^5/\mathrm{m}, D=1.6$

(c) $Re=8.63\times10^6/\mathrm{m}, D=1.1$

(d) $Re=3.63\times10^5/\mathrm{m}, D=1.1$

图 4.4　高超声速湍流折射率起伏分布

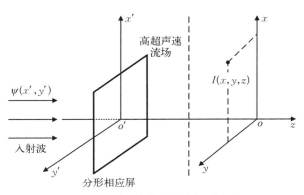

图 4.5　分形相位屏衍射示意图

分形相位屏长度和宽度都为 L,且受矩形函数 $P(x')$ 的限制,此矩形函数可表示为[24]

$$P(x') = P(x', y', 0) = \text{rect}(x'/L)\text{rect}(y'/L) \tag{4.20}$$

因此,分形相位屏处的场可以表示为

$$\psi(\boldsymbol{x}') = \psi(x', y', 0) = \exp[in_1(x')] \tag{4.21}$$

式中,$n_1(x')$ 表示等离子体鞘套湍流中的折射率起伏。

将式(4.18)代入式(4.21),屏处的场可以表示为[24]

$$\begin{aligned}
\psi(\boldsymbol{x}') &= \exp\Big[i\sum_{n=N_1}^{N_2} C_n\cos(2\pi sb^n x' + \varphi_n)\Big] \\
&= \prod_{n=0}^{N}\exp[iC_n\cos(2\pi sb^n x' + \varphi_n)]
\end{aligned} \tag{4.22}$$

式中,s 表示菲涅耳积分。

$$C_n = \frac{0.39\{2\langle n_1^2\rangle[1 - b^{(2D-4)}]\}^{1/2}}{[1 - b^{(2D-4)(N+1)}]^{1/2}} \tag{4.23}$$

采用关系式 $\exp(iz\cos\varphi) = \sum_{q=-\infty}^{\infty} i^q J_q(z)\exp(iq\varphi)$,式(4.22)可以化简为[24]

$$\begin{aligned}
\psi(\boldsymbol{x}') &= \sum_{q_0=-\infty}^{\infty}\sum_{q_1=-\infty}^{\infty}\cdots\sum_{q_N=-\infty}^{\infty}[J_{q_0}(C_0)J_{q_1}(C_1)\cdots J_{q_N}(C_N)] \\
&\quad \times \exp\{i2\pi/L_0[q_0 b^0 + q_1 b^1 + \cdots + q_n b^N]x'\} \\
&\quad \times \exp[i(q_0\bar{\varphi}_0 + q_1\bar{\varphi}_1 + \cdots + q_N\bar{\varphi}_N)]
\end{aligned} \tag{4.24}$$

其中,

$$\bar{\varphi}_n = \bar{\varphi}_n + \pi/2 \tag{4.25}$$

根据广义惠更斯-菲涅耳原理,分形相位屏后观察点 $\boldsymbol{x}(x, y, z)$ 处的衍射场可以表示为[24]

$$\psi(\boldsymbol{x}) = -2ik\int_{-\infty}^{\infty}\int_{-\infty}^{\infty}\psi(\boldsymbol{x}')P(\boldsymbol{x}')G(\boldsymbol{x}, \boldsymbol{x}')d\boldsymbol{x}' \tag{4.26}$$

考虑菲涅耳衍射,式(4.26)中的格林函数 $G(\boldsymbol{x}, \boldsymbol{x}')$ 可近似为

$$G(\boldsymbol{x}, \boldsymbol{x}') \approx \frac{\exp(ikz)}{4\pi z}\exp\Big[\frac{ik[(x-x')^2 + (y-y')^2]}{2z}\Big] \tag{4.27}$$

式中, k 表示波数。

根据式(4.26),菲涅耳区衍射场的平均强度可以表示为

$$\langle I(x) \rangle = \langle \psi(x) \cdot \psi^*(x) \rangle \tag{4.28}$$

式中, $\langle \rangle$ 表示系综平均; $*$ 表示复共轭。

将式(4.26)代入式(4.28)可以得到[24]

$$
\begin{aligned}
\langle I(x) \rangle = \frac{1}{4} & \{ [c(\eta_2) - c(\eta_1)]^2 + [s(\eta_2) - s(\eta_1)]^2 \} \\
& \times \Big\{ (1 - \langle n_1^2 \rangle) \{ [c(\xi_4) - c(\xi_3)]^2 + [s(\xi_4) - s(\xi_3)]^2 \} \\
& + \sum_{n=0}^{N} \Big(\frac{C_n^2}{4} \Big) \{ [c(\xi_6) - c(\xi_5)]^2 + [s(\xi_6) - s(\xi_5)]^2 \} \Big\}
\end{aligned}
\tag{4.29}
$$

其中,

$$
\begin{cases}
\eta_1 = -\sqrt{k/\pi z}\,(L/2 + y) \\
\eta_2 = \sqrt{k/\pi z}\,(L/2 - y) \\
\xi_3 = -\sqrt{k/\pi z}\,(L/2 + x) \\
\xi_4 = \sqrt{k/\pi z}\,(L/2 - x) \\
\xi_5 = -\sqrt{k/\pi z}\,(L/2 + x - z\lambda b^n/L_0) \\
\xi_6 = \sqrt{k/\pi z}\,(L/2 - x + z\lambda b^n/L_0)
\end{cases}
\tag{4.30}
$$

式中, c 和 s 表示菲涅耳积分; λ 表示入射波波长; z 表示等离子体鞘套湍流分形相位屏到观察点的距离,这里取 $z = 0.4$ m。

式(4.29)中等号右边的第一、第二项分别表示电磁波经过相位屏衍射后的相干和非相干强度。当折射率起伏方差较小时,衍射场的相干强度占绝对主要地位。另外,衍射场相干强度与总强度之间的比值可以表示为

$$\frac{\iint \langle I(x) \rangle_{\text{相干}}}{\iint \langle I(x) \rangle_{\text{总}}} \approx 1 - \langle n_1^2 \rangle \approx \exp(\langle n_1^2 \rangle) \tag{4.31}$$

结合式(4.29)和式(4.31),当折射率起伏方差趋于无穷大时,衍射场的相干强度趋于零。分维数 D、尺度因子 N 及分形相位屏的尺寸 L 均对衍射场的衍射强度分布有重要影响。对等离子体鞘套湍流分形相位屏菲涅耳区平均衍射强度

进行仿真分析,讨论等离子体鞘套湍流分维数、外尺度和雷诺数等因素对衍射结果的影响,如图 4.6~图 4.12 所示。

图 4.6 为不同折射率起伏方差下的衍射强度分布。算例中, $L = 0.1$ m, $D = 1.6$, $Re = 8.63 \times 10^6/$m, $z = 0.4$ m, $\lambda = 10^{-4}$ m, $L_0 = 0.01$ m, $\langle n_1^2 \rangle$ 分别为 0.5、0.8 和 1.0,仿真结果表明,当折射率起伏方差很弱时,衍射场的相干强度远远大于非相干强度,在衍射图像中占据绝对优势。而随着折射率起伏方差慢慢增大,衍射场的非相干强度部分慢慢凸显,主极大旁的次极大越来越明显。

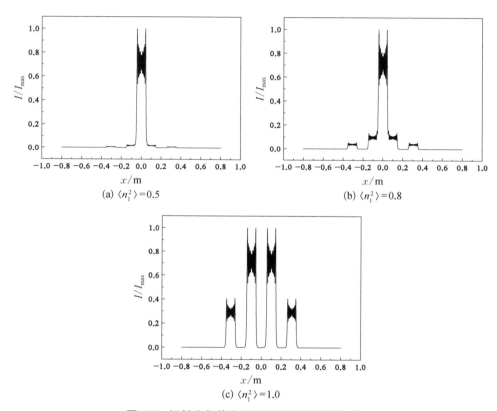

图 4.6 折射率起伏方差不同时的衍射强度分布

图 4.7 为不同相位屏尺寸下的衍射强度分布。算例中, $D = 1.6$, $L_0 = 0.01$ m, $Re = 8.63 \times 10^6/$m, $z = 0.4$ m, $\lambda = 10^{-4}$ m, L 分别为 0.1 m、0.06 m 和 0.03 m,仿真结果表明,随着分形相位屏尺寸的降低,衍射场强度主极大旁出现许多清晰可见的次极大强度,并且这些次极大值逐渐远离主极大所在的位置,它们的分布范围也变得越来越窄,但幅值却越来越大。这与菲涅耳衍射区的特点

有关,当相位屏尺寸较大时,次极大峰无法分离,但随着相位屏尺寸逐渐减小,次极大峰却逐渐清晰。

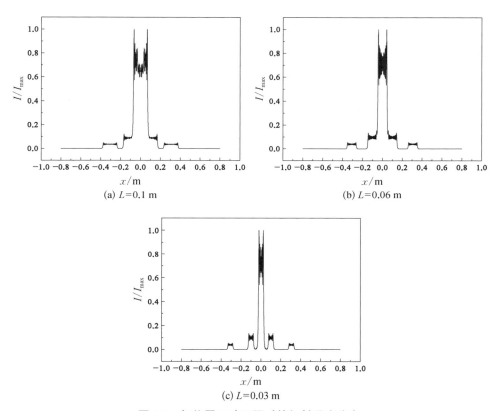

图 4.7　相位屏尺寸不同时的衍射强度分布

图 4.8 为不同雷诺数时的衍射强度分布。算例中,$L = 0.1$ m, $D = 1.6$, $z = 0.4$ m, $L_0 = 0.01$ m, $\lambda = 10^{-4}$ m,雷诺数分别为 1.23×10^4/m、3.63×10^5/m 和 8.63×10^6/m,仿真结果表明,随着雷诺数的增大,Weierstrass 分形函数中的空间基频增大,几何阴影区的次极大变得越来越不明显。另外,随着雷诺数的增大,等离子体鞘套湍流效应变得越发强烈,湍流对波的折射作用增强,衍射作用减弱。

图 4.9 为不同分维数时的衍射强度分布。算例中,$L = 0.1$ m, $z = 0.4$ m, $\lambda = 10^{-4}$ m, $L_0 = 0.01$ m, $Re = 8.63 \times 10^6$/m。考虑到转捩区的分维数随着湍流起伏的增加而增强,到完全发展的湍流区域,分维数最终达到 1.6 左右,因此算例讨论中 D 分别取为 1.1、1.3 和 1.6。仿真结果表明,随着分维数的增大,主极大峰

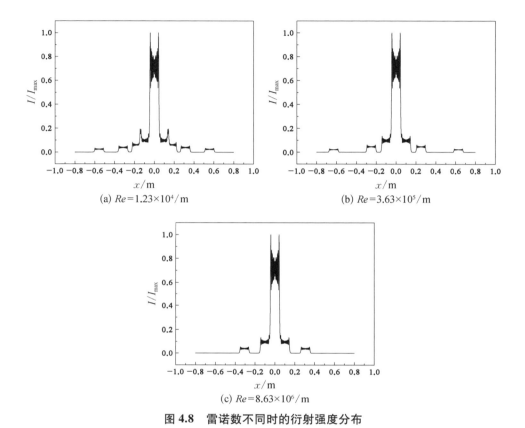

(a) $Re=1.23\times10^{4}/\mathrm{m}$

(b) $Re=3.63\times10^{5}/\mathrm{m}$

(c) $Re=8.63\times10^{6}/\mathrm{m}$

图 4.8 雷诺数不同时的衍射强度分布

(a) $D=1.1\ \mathrm{m}$

(b) $D=1.3\ \mathrm{m}$

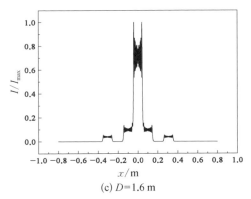

(c) D=1.6 m

图 4.9　分维不同时的衍射强度分布

旁的次极大峰变得越来越明显。这是因为分维数的增大意味着等离子体鞘套湍流内部的分形结构变得越来越复杂,衍射强度受到湍涡结构的影响越来越剧烈,进而导致衍射强度的最大值减小,且衍射场的非相干强度逐渐清晰。

　　图 4.10 给出了不同外尺度时的衍射强度分布。算例中, $L = 0.1$ m, $z = 0.4$ m, $\lambda = 10^{-4}$ m, $Re = 8.63 \times 10^{6}$/m, $D = 1.6$。 L_0 分别为 $0.1 \ m$、$0.01 \ m$ 和 $0.001 \ m$, L_0 的大小取决于在高超声速湍流中首先出现的与流动整体特征长度相当的大湍涡。仿真结果表明,随着外尺度逐渐减小,在主极大几何阴影范围内会出现逐渐清晰的次极大峰,但这些次极大峰的分布位置没有改变。

　　图 4.11 给出了不同入射波长时的衍射强度分布。算例中, $L = 0.1$ m, $z = 0.4$ m, $Re = 8.63 \times 10^{6}$/m, $D = 1.6$, $L_0 = 0.01$ m, λ 分别为 10^{-4} m、10^{-5} m 和 10^{-6} m。 仿真结果表明,随着入射电磁波波长的减小,在主极大几何阴影范围内出现的次极大峰逐渐消失,衍射图像越来越接近于矩形窗口函数分布。

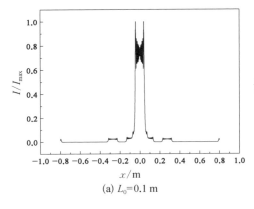

(a) L_0=0.1 m

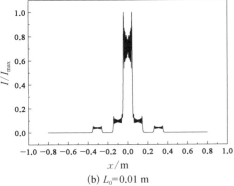

(b) L_0=0.01 m

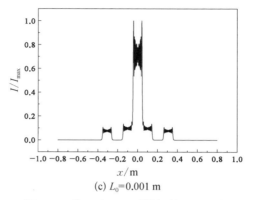

(c) $L_0=0.001$ m

图 4.10　外尺度不同时的衍射强度分布

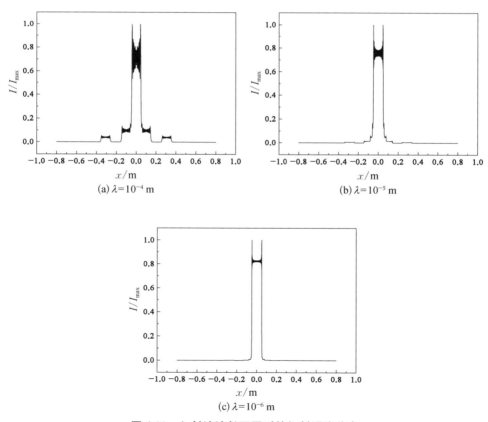

(a) $\lambda=10^{-4}$ m

(b) $\lambda=10^{-5}$ m

(c) $\lambda=10^{-6}$ m

图 4.11　入射波波长不同时的衍射强度分布

图 4.12 给出了分形相位屏平均衍射强度随分维数的变化曲线。算例中，$L = 0.1$ m，$Re = 8.63 \times 10^6/$m，$D = 1.6$，$L_0 = 0.01$ m，$\lambda = 10^{-4}$ m，z 分别为 $0.2\,m$、$0.3\,m$ 和 $0.4\,m$。计算结果表明，对于相同的传播距离，分维数越大则平均衍射强度越小；对于相同的分维数，平均衍射强度随传播距离的增加而减小。

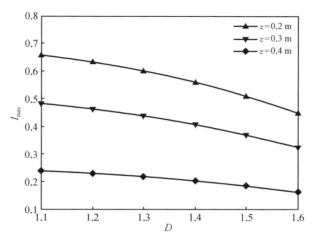

图 4.12 分形相位屏平均衍射强度最大值随分维数的变化

4.1.4 等离子体鞘套湍流二维分形相位屏建模及衍射分析

1. 二维分形相位屏建模

假设等离子体鞘套湍流在一定尺度上是均匀、各向同性的，那么在此尺度内其折射率起伏结构函数满足如下表达式[14]：

$$D(r) = \tilde{C}_n^2 r^p \tag{4.32}$$

式中，$\tilde{C}_n^2$ 为波传输路径上的折射率起伏结构常数；p 为等离子体鞘套湍流标度指数。

同时，等离子体鞘套湍流折射率起伏三维功率谱表达式为[15]

$$\Phi_n(\boldsymbol{\kappa}) = A(\alpha)\tilde{C}_n^2 r^{-\alpha} \tag{4.33}$$

式中，α 为等离子体鞘套湍流频谱指数，且 $\alpha = p + 3$；$A(\alpha)$ 为功率谱常数。

$A(\alpha)$ 的表达式为

$$A(\alpha) = 2^{\alpha-6}(\alpha^2 - 5\alpha + 6)\pi^{-3/2}\frac{\Gamma\left(\dfrac{\alpha-2}{2}\right)}{\Gamma\left(\dfrac{5-\alpha}{2}\right)} \tag{4.34}$$

对于各向同性随机介质,折射率起伏的一维功率谱和三维功率谱满足如下关系[25]:

$$\Phi_n(\boldsymbol{\kappa}) = -\frac{1}{2\pi\boldsymbol{\kappa}}\frac{\mathrm{d}V_n(\boldsymbol{\kappa})}{\boldsymbol{\kappa}} \tag{4.35}$$

式中, $\boldsymbol{\kappa} = 2k\sin(\theta/2)$, k 为波数, θ 为电磁波入射到湍流介质中任一散射元时入射方向与散射方向的夹角; $V_n(\boldsymbol{\kappa})$ 为折射率起伏一维功率谱。

将式(4.33)代入式(4.35)可得

$$V_n(\boldsymbol{\kappa}) = -2\pi A(\alpha)\tilde{C}_n^2\frac{\boldsymbol{\kappa}^{-(\alpha-2)}}{2-\alpha} \tag{4.36}$$

通过纳米激光散射实验测量得出超声速湍流混合层完全发展湍流区的分维数 $D = 1.6$ [9]。在一维情况下,湍流频谱指数 α、分形指数 H 和分维数 D 之间满足 $\alpha = 2H + 3$, $H = 2 - D$ [17]。当 $D = 1.6$ 时, $H = 0.4$, $\alpha = 3.8$。又因为 $\alpha = p + 3$,所以 $p = 4/5$。因此,等离子体鞘套湍流折射率起伏结构函数满足标度律,即

$$D(r) = \tilde{C}_n^2 r^{4/5} \tag{4.37}$$

将 $\alpha = 3.8$ 代入式(4.36),可得等离子体鞘套湍流折射率起伏一维功率谱和三维功率谱的表达式分别为

$$V_n(\boldsymbol{\kappa}) = 0.14\tilde{C}_n^2\boldsymbol{\kappa}^{-9/5} \tag{4.38}$$

$$\Phi_n(\boldsymbol{\kappa}) = 0.04\tilde{C}_n^2\boldsymbol{\kappa}^{-19/5} \tag{4.39}$$

湍流介质惯性子区间内,折射率起伏结构函数的表达式为[26]

$$B_n(r) = \frac{\langle n_1^2\rangle}{2^{\nu-1}\Gamma(\nu)}\left(\frac{r}{L_0}\right)^{\nu}K_{\nu}\left(\frac{r}{L_0}\right) \tag{4.40}$$

式中, $\langle n_1^2\rangle$ 为折射率起伏方差; L_0 为湍流外尺度; $K_{\nu}(z)$ 为虚宗量贝塞尔函数。 $K_{\nu}(z)$ 表达式为[26]

$$K_{\nu}(z) \sim \frac{(\pi/2)}{\sin\nu\pi}\left[\left(\frac{z}{2}\right)^{-\nu}\frac{1}{\Gamma(1-\nu)} - \left(\frac{z}{2}\right)^{\nu}\frac{1}{\Gamma(1+\nu)}\right] \tag{4.41}$$

局部各向同性的随机介质,折射率起伏结构函数满足 $D_n(r) = 2[B_n(0) - B_n(r)]$,将式(4.40)代入可得

$$D_n(r) = 2\langle n_1^2 \rangle \left[1 - \frac{1}{2^{v-1} \Gamma(v)} \left(\frac{r}{L_0} \right)^v K_v \left(\frac{r}{L_0} \right) \right] \tag{4.42}$$

折射率起伏三维功率谱与结构函数之间的关系为[26]

$$\Phi_n(\boldsymbol{\kappa}) = \frac{1}{4\pi^2 \boldsymbol{\kappa}^2} \int_0^\infty \frac{\sin(\boldsymbol{\kappa} r)}{\boldsymbol{\kappa} r} \frac{\mathrm{d}}{\mathrm{d} r} \left[r^2 \frac{\mathrm{d}}{\mathrm{d} r} D_n(r) \right] \mathrm{d} r \tag{4.43}$$

将式(4.42)代入式(4.43)可得

$$\Phi_n(\boldsymbol{\kappa}) = \frac{\Gamma(\nu + 3/2)}{\pi \sqrt{\pi} \Gamma(\nu)} \frac{\langle n_1^2 \rangle L_0^3}{(1 + \boldsymbol{\kappa}^2 L_0^2)^{\nu+3/2}} \tag{4.44}$$

为了使式(4.44)与式(4.39)一致,取 $\nu = 2/5$。将 $\nu = 2/5$ 代入式(4.42),并令其与式(4.38)一致,即

$$D_n(r) \mid_{\nu=2/5} = \tilde{C}_n^2 r^{4/5} \tag{4.45}$$

可以得到等离子体鞘套湍流 $\tilde{C}_n^2$ 与 $\langle n_1^2 \rangle$ 之间的关系:

$$\tilde{C}_n^2 = 1.93 \langle n_1^2 \rangle L_0^{-4/5} \tag{4.46}$$

将式(4.46)代入式(4.38)和式(4.39),可以得到等离子体鞘套湍流折射率起伏一维和三维功率谱表达式:

$$V_n(\boldsymbol{\kappa}) = 0.27 \langle n_1^2 \rangle L_0^{-4/5} \boldsymbol{\kappa}^{-9/5} \tag{4.47}$$

$$\Phi_n(\boldsymbol{\kappa}) = 0.077 \langle n_1^2 \rangle L_0^{-4/5} \boldsymbol{\kappa}^{-19/5} \tag{4.48}$$

根据随机介质中折射率起伏三维功率谱和二维功率谱的关系[25],等离子体鞘套湍流折射率起伏二维功率谱可以表示为

$$F(\boldsymbol{\kappa}, z) = \int_{-\infty}^{+\infty} \Phi_n(\boldsymbol{\kappa}) \cos(\boldsymbol{\kappa}_z z) \mathrm{d} \boldsymbol{\kappa}_z \tag{4.49}$$

式中, $\boldsymbol{\kappa} = \kappa_x x + \kappa_y y + \kappa_z z$。

将式(4.39)代入式(4.49)可得高超声速湍流折射率起伏二维功率谱:

$$F(\boldsymbol{\kappa}) = 0.066 \tilde{C}_n^2 \boldsymbol{\kappa}^{-14/5} \tag{4.50}$$

将式(4.46)代入式(4.50),可以得到

$$F(\boldsymbol{\kappa}) = 0.127 \langle n_1^2 \rangle L_0^{-4/5} \boldsymbol{\kappa}^{-14/5} \tag{4.51}$$

4.1.3 节计算了一维情况下等离子体鞘套湍流中单一分形相位屏的衍射结果,本节将在等离子体鞘套湍流分形特征的基础上,建立基于二维带限 Weierstrass 分形函数的湍流波前畸变相位屏,并计算二维情况下多个相位屏的衍射结果。二维带限 Weierstrass 分形函数可以表示为[20]

$$W_j(x, y) = \frac{\{2\langle n_1^2 \rangle [1 - b^{(2D-6)}]\}^{1/2}}{[1 - b^{(2D-6)(N+1)}]^{1/2}} \sum_{n=0}^{N} \sum_{m=1}^{M} b^{(D-3)n} [\cos(f_{jnm}x + \varphi_{jnm}^{(1)})$$
$$\times \cos(g_{jnm}y + \varphi_{jnm}^{(2)}) + \cos(g_{jnm}x + \varphi_{jnm}^{(3)})\cos(f_{jnm}y + \varphi_{jnm}^{(4)})]$$
$$(4.52)$$

其中,

$$f_{jnm} = 2\pi s b^n \sin[(\pi/2)\sin(\pi m/2M)] \tag{4.53}$$

$$g_{jnm} = 2\pi s b^n \cos[(\pi/2)\sin(\pi m/2M)] \tag{4.54}$$

式中,j 表示第 j 个分形相位屏;D 表示分维数;$\langle n_1^2 \rangle$ 表示折射率起伏方差;$b^n = L_0/l_0$,表示空间基频;l_0 表示内尺度;L_0 表示外尺度;N 为尺度因子;φ_{jnm} 是四个相互独立且在 $[0, 2\pi]$ 上均匀分布的随机相位。

同样,在这里采用二维带限 Weierstrass 分形函数模拟高超声速湍流折射率起伏:

$$n_1(x, y) = \frac{P_2 \{2\langle n_1^2 \rangle [1 - b^{(2D-6)}]\}^{1/2}}{[1 - b^{(2D-6)(N+1)}]^{1/2}} \sum_{n=0}^{N} \sum_{m=1}^{M} b^{(D-3)n} [\cos(f_{jnm}x + \varphi_{jnm}^{(1)})$$
$$\times \cos(g_{jnm}y + \varphi_{jnm}^{(2)}) + \cos(g_{jnm}x + \varphi_{jnm}^{(3)})\cos(f_{jnm}y + \varphi_{jnm}^{(4)})]$$
$$(4.55)$$

式中,P_2 为常数。

根据式(4.55)可以得到等离子体鞘套湍流折射率起伏的自相关函数:

$$B(x', y') = \langle n_1(x + x', y + y')n_1(x, y) \rangle$$
$$= \frac{P_2^2 \langle n_1^2 \rangle [1 - b^{(2D-6)}]}{2[1 - b^{(2D-6)(N+1)}]M^2} \sum_{n=0}^{N} \sum_{m=1}^{M} b^{2(D-3)n}$$
$$\times [\cos(f_{jnm}x')\cos(g_{jnm}y') + \cos(g_{jnm}x')\cos(f_{jnm}y')] \quad (4.56)$$

通过高超声速湍流纳米激光散射实验测得在二维情况下完全发展湍流的分维数约为 2.6。假设等离子体鞘套湍流中内尺度到外尺度之间所有尺度的湍涡均存在,且 $L_0 \gg l_0$。 因此,令 $b = 1 + \tau$,此时 τ 趋近于 0,则根据功率谱与相关函数的关系,可以得到折射率二维功率谱:

$$F(\boldsymbol{\kappa}) = \frac{P_2^2 \langle n_1^2 \rangle \tau}{10M^2} \sum_{n=0}^{N} \sum_{m=1}^{M} b^{2(D-3)n}$$

$$\times \{ [\delta(\kappa_x + f_{jnm}) + \delta(\kappa_x - f_{jnm})] \times [\delta(\kappa_y + g_{jnm}) + \delta(\kappa_y - g_{jnm})]$$

$$+ [\delta(\kappa_x + g_{jnm}) + \delta(\kappa_x - g_{jnm})] \times [\delta(\kappa_y + f_{jnm}) + \delta(\kappa_y - f_{jnm})] \}$$

$$(4.57)$$

利用 Berry 方法,对式(4.57)作连续近似,并假设 δ 函数的系数部分在 $[\boldsymbol{\kappa} - \Delta\boldsymbol{\kappa}/2, \boldsymbol{\kappa} + \Delta\boldsymbol{\kappa}/2]$ 上为常量,那么式(4.57)可以化简为

$$\bar{F}(\boldsymbol{\kappa}) = \frac{1}{\Delta\boldsymbol{\kappa}} \int_{\boldsymbol{\kappa} - \Delta\boldsymbol{\kappa}/2}^{\boldsymbol{\kappa} + \Delta\boldsymbol{\kappa}/2} F(\boldsymbol{\kappa}') \, d\boldsymbol{\kappa}'$$

$$\approx 1.62 P_2^2 \langle n_1^2 \rangle L_0^{-4/5} \boldsymbol{\kappa}^{-14/5} \qquad (4.58)$$

令式(4.58)与式(4.51)相等,可得 $P_2 = 0.28$。 根据式(4.55),等离子体鞘套湍流中的二维折射率起伏函数 $n_1(x, y)$ 可以表示为

$$n_1(x, y) = \frac{0.28 \{ 2\langle n_1^2 \rangle [1 - b^{(2D-6)}] \}^{1/2}}{[1 - b^{(2D-6)(N+1)}]^{1/2}} \sum_{n=0}^{N} \sum_{m=1}^{M} b^{(D-3)n} [\cos(f_{jnm}x + \varphi_{jnm}^{(1)})$$

$$\times \cos(g_{jnm}y + \varphi_{jnm}^{(2)}) + \cos(g_{jnm}x + \varphi_{jnm}^{(3)})\cos(f_{jnm}y + \varphi_{jnm}^{(4)})] \qquad (4.59)$$

根据式(4.59),本节建立了如图 4.13 所示的等离子体鞘套湍流分形相位屏,可以看出分形相位屏能够体现出等离子体鞘套湍流在空间尺度上和微结构上的特征,其中等离子体鞘套湍流的分维数 $D = 2.6$。

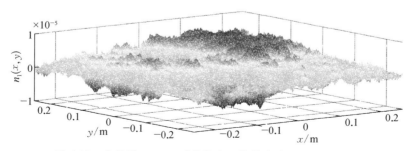

图 4.13 分维数 $D = 2.6$ 时的等离子体鞘套湍流分形相位屏

2. 二维分形相位屏衍射分析

本节以高斯波束为例,研究二维情形下等离子体鞘套湍流中多个分形相位屏对高斯波束的衍射。高斯波束在等离子体鞘套湍流中传输时,相位屏只改变电磁波的相位,而振幅没有受到影响,相当于它在相邻的两屏间自由传播。那么,通过菲涅耳积分由第 j 个分形相位屏前的衍射场 $\psi_i(x, y)$ 可以得到第 $j + 1$ 个分形相位屏前的衍射场 $\psi_{j+1}(x, y)$ 为[18]

$$\psi_{j+1}(x, y) = (-2ik)\int_{-\infty}^{\infty}\int_{-\infty}^{\infty}\psi_j(x', y')t_j(x', y')G(x, y, x', y')\mathrm{d}x'\mathrm{d}y' \tag{4.60}$$

式中, $G(x, y, x', y')$ 表示自由空间的格林函数; $t_j(x', y')$ 表示第 j 个相位屏的相位调制函数。

通过旁轴近似可以将格林函数简化为

$$G(x, y, x', y') \approx \frac{\exp(ikz)}{4\pi z}\exp\left\{\frac{ik\left[(x - x')^2 + (y - y')^2\right]}{2z}\right\} \tag{4.61}$$

$t_j(x', y')$ 的表达式为

$$t_j(x', y') = \exp\left[in_1(x, y)\right] \tag{4.62}$$

式中, $n_1(x, y)$ 表示等离子体鞘套湍流中的二维折射率起伏。

高斯波束的场分量在 x 和 y 两个方向上具有相似的结构,那么,自由空间中传输距离 z 后,高斯波束的幅度变为[18]

$$\psi_G(x, y, z) = A(z)\exp\left\{-\left[(x^2 + y^2)/W^2(z)\right]\right\}/(1 + i\alpha z) \tag{4.63}$$

式中, $W(z)$ 和 $A(z)$ 分别表示传输距离 z 后高斯波束的束宽和幅度。

$$W^2(z) = \frac{2(1 + i\alpha z)}{k\alpha}, \quad A(z) = \frac{A}{1 + i\alpha z}, \quad \alpha = \frac{\lambda}{\pi W^2} \tag{4.64}$$

式中, W 和 A 分别表示入射高斯波束的初始束宽和初始幅度。

若分形相位屏的个数为 J,根据驻相法,等离子体鞘套湍流中分形相位屏的远区衍射场可以表示为[18]

$$\psi(x, y) = \sum_{q_1=0}^{1}\sum_{q_2=0}^{1}\cdots\sum_{q_J=0}^{1}\sum_{n_1=0}^{N}\sum_{n_2=0}^{N}\cdots\sum_{n_J=0}^{N}\sum_{m_1=0}^{M}\sum_{m_2=0}^{M}\cdots\sum_{m_J=0}^{M}$$

$$\Big[\prod_{j=1}^{J}(1-k^2\langle n_1^2\rangle_j^2)^{(1/2)\langle n_1^2\rangle^{q,j,0}}\prod_{j=1}^{J}(ika_{j_{n_j}}/2)^{\langle n_1^2\rangle^{q,j,1}}\Big]$$

$$\times\exp(ikz_t)\exp\big[\,i(\,\pm q_1 f_{n_1 m_1}\pm q_2 f_{n_2 m_2}\cdots\pm q_J f_{n_J m_J})\,\big]$$

$$\times\exp\big[\,i(\,\pm q_1\varphi_{1_{n_1 m_1}}\pm q_2\varphi_{2_{n_2 m_2}}\cdots\pm q_J\varphi_{J_{n_J m_J}})\,\big]$$

$$\times\psi_G\big\{\big[x\pm q_1 f_{n_1 m_1}J\Delta z/k\pm q_2 f_{n_2 m_2}(J-1)\Delta z/k\cdots\pm q_J f_{n_J m_J}\Delta z/k\big],$$

$$\big[y\pm q_1 g_{n_1 m_1}J\Delta z/k\pm q_2 g_{n_2 m_2}(J-1)\Delta z/k\cdots\pm q_J f_{n_J m_J}\Delta z/k\big],z_t\big\}$$

$$\tag{4.65}$$

式中，$z_t\approx(j+1)\Delta z$，表示高斯波束传播的总距离。

当 $q_j=0$ 时，第 j 个相应屏使高斯波束幅度衰减，传播方向不变；当 $q_j=1$ 时，第 j 个相应屏使高斯波束相位受到调制，传播方向发生改变。另外，式（4.50）中所有 $q_j(j=0,1,2,\cdots,J)=0$ 的项对应衍射相干场；所有 $q_j(j=0,1,2,\cdots,J)=1$ 的项对应衍射非相干场。当仅有一个 $q_j=1$ 时，高斯波束的传播方向只改变一次，此时该项为衍射场的一阶非相干场。在弱散射条件下，衍射总场近似等于相干场和一阶非相干场之和。根据式（4.65），高斯波束衍射场的平均强度可以表示为[18]

$$\langle I(x,y)\rangle=\langle\psi(x,y)\psi^*(x,y)\rangle$$

$$=\sum_{q_1=0}^{1}\sum_{q_2=0}^{1}\cdots\sum_{q_j=0}^{1}\sum_{n_1=0}^{N}\sum_{n_2=0}^{N}\cdots\sum_{n_j=0}^{N}\sum_{m_1=0}^{M}\sum_{m_2=0}^{M}\cdots\sum_{m_j=0}^{M}$$

$$\Big[\prod_{j=1}^{J}(1-k^2\langle n_1^2\rangle_j^2)^{(1/2)\langle n_1^2\rangle^{q,j,0}}\prod_{j=1}^{J}(ika_{j_{n_j}}/2)^{\langle n_1^2\rangle^{q,j,1}}\Big]$$

$$\times\Big|\psi_G\big\{\big[x\pm q_1 f_{n_1 m_1}J\Delta z/k\pm q_2 f_{n_2 m_2}(J-1)\Delta z/k\cdots\pm q_J f_{n_J m_J}\Delta z/k\big],$$

$$\big[y\pm q_1 g_{n_1 m_1}J\Delta z/k\pm q_2 g_{n_2 m_2}(J-1)\Delta z/k\cdots\pm q_J f_{n_J m_J}\Delta z/k\big],z_t\big\}\Big|^2$$

$$\tag{4.66}$$

假设等离子体鞘套湍流中 J 个分形相位屏的方差 $\langle n_1^2\rangle_j$ 均相等。由式（4.66）可知，当所有 $q_j(j=0,1,2,\cdots,J)=0$ 时，相当于相干波束通过 J 个分形相位屏后，仅其幅度被衰减了 $(1-k^2\langle n_1^2\rangle^2)^J$ 倍，而其强度分布与高斯波束在自由空间传播时的衍射强度分布相同。当相干波束在等离子体鞘套湍流中传播并发生衰减时，衰减的能量形成非相干场。由上面的讨论可知，通过取平均衍射

强度中的一个 $q_i = 1$ 时,可以得到一阶非相干强度[18]:

$$I(x, y)_1 = \frac{A^2}{(1 + \alpha^2 z^2)} \exp\left[\frac{-k\alpha(x^2 + y^2)}{1 + \alpha^2 z^2}\right]$$

$$\times \sum_{j=1}^{J} \sum_{n=0}^{N} \sum_{m=1}^{M} C_n \delta(x \pm \mathrm{j}G_{n,m,x}, y \pm \mathrm{j}G_{n,m,y}) \tag{4.67}$$

式中,

$$C_n = \frac{(1 - k^2\langle n_1^2\rangle^2)^{J-1} k^2\langle n_1^2\rangle^2 [1 - b^{(2D-6)}] b^{(2D-6)n}}{2[1 + b^{(2D-6)(N+1)}]} \tag{4.68}$$

$$G_{n,m,x} = 2\pi s b^n \sin[(\pi/2)\sin(\pi m/2M)]\Delta z/k \tag{4.69}$$

$$G_{n,m,y} = 2\pi s b^n \cos[(\pi/2)\sin(\pi m/2M)]\Delta z/k \tag{4.70}$$

式(4.67)为两个函数的乘积,第一项为自由空间中高斯波束的衍射强度,第二项为一阶非相干几何因子,它与分形相位屏的几何特征参数有关。图 4.14 ～图 4.16 为等离子体鞘套湍流中高斯波束衍射场的相干强度和一阶非相干强度分布,仿真条件为:入射波长 $\lambda = 10^{-4}$ m,等离子体鞘套湍流的分维数 $D = 2.6$,传输距离 $z = 0.4$ m,分形相位屏个数 $J = 4$,$M = 100$。

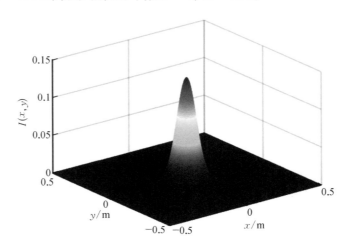

图 4.14　分形相位屏后高斯波束衍射场的相干强度

由图 4.14～图 4.16 可知,高斯波束通过多个分形相位屏后,衍射场相干强度分布范围与电磁波经过自由空间衍射后的分布范围相同,只是幅度减小了 $(1 - k^2\langle n_1^2\rangle)^2$ 倍,而非相干强度在衰减的同时发生了强度分布展宽。

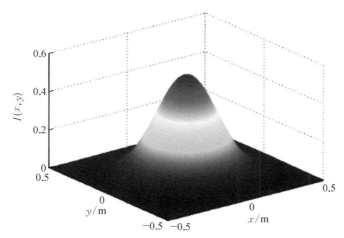

图 4.15　分形相位屏后高斯波束衍射场的一阶非相干强度

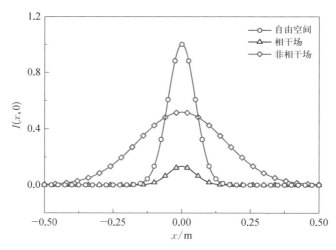

图 4.16　分形相位屏后高斯波束衍射场的相干强度和一阶非相干强度分布

4.2　等离子体鞘套中的波束传播特性

电磁波在等离子体鞘套中传播时,会被等离子体吸收、反射及折射。除此以外,由于等离子体鞘套中存在湍流结构,该湍流也会对电磁波造成衰减及散射等影响,尤其当较高频率的电磁波在等离子体鞘套中传播时,这种效应就越发明显。本节基于高超声速湍流的特性分析,建立了外尺度为 0.05~0.4 m 的湍流模型,并采用傍轴近似分析等离子体鞘套湍流中高斯波束的传播特性。

4.2.1　高斯波束传输模型

在自由空间中(折射率 $n = 1$),高斯波束沿 z 轴方向传输,其过程满足亥姆霍兹函数[27]:

$$\nabla^2 U_0(\rho, z) + k^2 U_0(\rho, z) = 0 \tag{4.71}$$

式中,下标 0 表示自由空间;$U_0(\rho, z)$ 为自由空间波束的复振幅;k 为自由空间波数。

在发射平面处,高斯波束的复振幅可以表示为

$$U_0(\rho, 0) = \exp(-\rho^2/W_0^2 - \mathrm{i}k\rho^2/2R_0) = \exp\left(-\frac{1}{2}\alpha k\rho^2\right) \tag{4.72}$$

式中,$\rho = \sqrt{y^2 + z^2}$,表示径向距离;W_0 表示发射平面处波束的束宽半径;R_0 表示发射平面处波阵面的曲率半径。其中,

$$\alpha = \alpha_r + \mathrm{i}\alpha_i = \frac{\lambda}{kW_0^2} + \mathrm{i}\frac{1}{R_0} \tag{4.73}$$

波束从 $z = 0$ 沿 z 轴正方向传播,将式(4.71)用柱坐标表示,即令 $y = \rho\cos\theta$,$z = \rho\sin\theta$,式(4.71)可以表示为

$$\frac{1}{\rho}\frac{\partial}{\partial\rho}\left(\rho\frac{\partial U_0}{\partial\rho}\right) + \frac{\partial^2 U_0}{\partial x^2} + k^2 U_0 = 0 \tag{4.74}$$

式(4.74)可以运用傍轴近似和惠更斯-菲涅耳积分求解,最终得到高斯波束在自由空间中沿 z 轴传播路径上任一位置处的场强表达式为[27]

$$U_0(\rho, z) = \frac{1}{1 + \mathrm{i}\alpha z}\exp\left(\mathrm{i}kz - \frac{k\alpha}{2}\frac{\rho^2}{1 + \mathrm{i}\alpha z}\right) \tag{4.75}$$

Andrews 定义了高斯波束传播参数[27]:

$$p(z) = 1 + \mathrm{i}\alpha z \tag{4.76}$$

$$\alpha = \frac{\lambda}{kW_0^2} + \mathrm{i}\frac{1}{R_0} \tag{4.77}$$

将式(4.75)中实部和虚部定义为发射平面处的波束参数 Θ_0 和 Λ_0，即

$$1 + i\alpha z = \Theta_0 + i\Lambda_0 \tag{4.78}$$

根据式(4.78)，发射平面处的波束参数 Θ_0 和 Λ_0 可以表示为[27]

$$\Theta_0 = 1 - \frac{z}{R_0}, \quad \Lambda_0 = \frac{2L}{kW_0^2} \tag{4.79}$$

类似地，波束传输路径上任一位置 z 处的波束参数 Θ 和 Λ 可以表示为[27]

$$\frac{1}{p(z)} = \frac{1}{1 + i\alpha z} = \frac{1}{\Theta_0 + i\Lambda_0} = \Theta - i\Lambda \tag{4.80}$$

$$\Theta = \frac{\Theta_0}{\Theta_0 + \Lambda_0} = 1 + \frac{z}{R}, \quad \overline{\Theta} = 1 - \Theta, \quad \Lambda = \frac{\Lambda_0}{\Theta_0 + \Lambda_0} = \frac{2z}{kW^2} \tag{4.81}$$

根据式(4.75)仿真计算了自由空间中高斯波束的传播特性，如图 4.17 所示。其中，传播距离 $z = 0.4\text{ m}$，高斯波束波长 $\lambda = 10^{-4}\text{ m}$，波束宽度 $W_0 = 0.01\text{ m}$，曲率半径 $R_0 = 1\,000\text{ m}$，波束参数 $\Theta_0 = 1$。

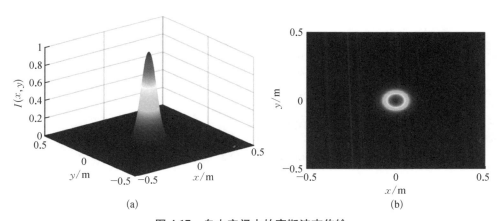

(a)　　　　　　　　　　　(b)

图 4.17　自由空间中的高斯波束传输

图 4.17 给出了自由空间中高斯波束传输至接收机处及接收机平面上的波场分布情况。当传播路径上无湍流存在时(暂不考虑其他外界因素)，接收机平面上的波场能量高度集中在高斯波束的传输轴上，波场能量分布均匀清晰。波场能量呈正态高斯型空间分布，主峰能量集中、锐度大，且为无能量的多峰分布。虽然衍射作用导致波场能量分布在垂直于传播轴的平面内发生一定的展宽，但能量沿径向分布高度对称，极为规律。

4.2.2 等离子体鞘套湍流中高斯波束的二阶矩

为了方便之后的计算,在 Born 近似和 Rytov 近似的基础上引入三个基本统计矩[28]:

$$
\begin{cases}
E_1(\boldsymbol{r}, \boldsymbol{r}) \equiv \langle \varphi_2(\boldsymbol{r}, L) \rangle = \langle \psi_2(\boldsymbol{r}, L) \rangle + \dfrac{1}{2} \langle \psi_1(\boldsymbol{r}, L) \rangle \\[2mm]
E_2(\boldsymbol{r}_1, \boldsymbol{r}_2) \equiv \langle \varphi_1(\boldsymbol{r}_1, L) \varphi_1^*(\boldsymbol{r}_2, L) \rangle = \langle \psi_1(\boldsymbol{r}_1, L) \psi_1^*(\boldsymbol{r}_2, L) \rangle \\[2mm]
E_3(\boldsymbol{r}_1, \boldsymbol{r}_2) \equiv \langle \varphi_1(\boldsymbol{r}_1, L) \varphi_1(\boldsymbol{r}_2, L) \rangle = \langle \psi_1(\boldsymbol{r}_1, L) \psi_1(\boldsymbol{r}_2, L) \rangle
\end{cases}
\tag{4.82}
$$

式中,$*$ 表示复共轭;$\boldsymbol{r}_1$ 和 $\boldsymbol{r}_2$ 表示垂直于传播方向的平面内任意两个点的位置矢量;L 表示传播距离。

考虑 Rytov 近似,等离子体鞘套湍流中复相位扰动 $\langle \exp[\psi(\boldsymbol{r})] \rangle$ 的一阶、二阶和四阶系综平均可以分别表示为

$$
\langle \exp[\psi(\boldsymbol{r})] \rangle = \langle \exp[\psi_1(\boldsymbol{r}) + \psi_2(\boldsymbol{r})] \rangle
\tag{4.83}
$$

$$
\langle \exp[\psi(\boldsymbol{r}_1, L) + \psi^*(\boldsymbol{r}_2, L)] \rangle = \langle \exp[\psi_1(\boldsymbol{r}_1) + \psi_2(\boldsymbol{r}_2) + \psi_1^*(\boldsymbol{r}_1) + \psi_2^*(\boldsymbol{r}_2)] \rangle
\tag{4.84}
$$

$$
\begin{aligned}
&\langle \exp[\psi(\boldsymbol{r}_1, L) + \psi^*(\boldsymbol{r}_2, L) + \psi(\boldsymbol{r}_3, L) + \psi^*(\boldsymbol{r}_4, L)] \rangle \\
&= \langle \exp[\psi_1(\boldsymbol{r}_1, L) + \psi_2(\boldsymbol{r}_1, L) + \psi_1^*(\boldsymbol{r}_2, L) + \psi_2^*(\boldsymbol{r}_2, L) \\
&\quad + \psi_1(\boldsymbol{r}_3, L) + \psi_2(\boldsymbol{r}_3, L) + \psi_1^*(\boldsymbol{r}_4, L) + \psi_2^*(\boldsymbol{r}_4, L)] \rangle
\end{aligned}
\tag{4.85}
$$

上述复相位扰动的系综平均可用 Cumulants 方法求解[28]:

$$
\begin{aligned}
\langle \exp(\psi) \rangle &= \lim_{t \to -i} \langle \exp(it\psi) \rangle \\
&= \exp\left(K_1 + \dfrac{1}{2} K_2 + \dfrac{1}{6} K_3 + \dfrac{1}{24} K_4 + \cdots \right)
\end{aligned}
\tag{4.86}
$$

式中,

$$
\begin{cases}
K_1 = \langle \psi \rangle \\
K_2 = \langle \psi^2 \rangle - \langle \psi \rangle^2 \\
K_3 = \langle \psi^3 \rangle - 3\langle \psi \rangle \langle \psi^2 \rangle + 2\langle \psi \rangle^3 \\
K_4 = \langle \psi^4 \rangle - 4\langle \psi \rangle \langle \psi^3 \rangle - 3\langle \psi^2 \rangle^2 + 12\langle \psi^2 \rangle \langle \psi \rangle^2 - 6\langle \psi \rangle^4
\end{cases}
\tag{4.87}
$$

理论上,上述方法可以用来求解 Rytov 近似的任意阶矩,但在实际计算过程

中,基本取到二阶即可满足计算要求,所以式(4.86)可以化简为

$$\langle \exp(\psi) \rangle = \exp\left(K_1 + \frac{1}{2} K_2 \right)$$

$$= \exp\left[\langle \psi \rangle + \frac{1}{2}(\langle \psi^2 \rangle - \langle \psi \rangle^2) \right] \tag{4.88}$$

使用式(4.86),可以计算复相位扰动的一阶、二阶和四阶系综平均:

$$\langle \exp[\psi(\boldsymbol{r})] \rangle = \exp[E_1(0, 0)] \tag{4.89}$$

$$\langle \exp[\psi(\boldsymbol{r}_1, L) + \psi^*(\boldsymbol{r}_2, L)] \rangle = \exp[E_1(0, 0) + E_2(\boldsymbol{r}_1, \boldsymbol{r}_2)] \tag{4.90}$$

$$\langle \exp[\psi(\boldsymbol{r}_1, L) + \psi^*(\boldsymbol{r}_2, L) + \psi(\boldsymbol{r}_3, L) + \psi^*(\boldsymbol{r}_4, L)] \rangle$$
$$= \exp[E_1(0, 0) + E_2(\boldsymbol{r}_1, \boldsymbol{r}_2) + E_2(\boldsymbol{r}_1, \boldsymbol{r}_4)$$
$$+ E_2(\boldsymbol{r}_3, \boldsymbol{r}_2) + E_2(\boldsymbol{r}_3, \boldsymbol{r}_4) + E_3(\boldsymbol{r}_1, \boldsymbol{r}_3) + E_3^*(\boldsymbol{r}_2, \boldsymbol{r}_4)] \tag{4.91}$$

式中, $E_1(0, 0)$、$E_2(\boldsymbol{r}_1, \boldsymbol{r}_2)$ 和 $E_3(\boldsymbol{r}_1, \boldsymbol{r}_2)$ 即式(4.82)定义的三个基本统计矩。

在这里借鉴等离子体鞘套电磁波传播分层方法,将等离子体鞘套湍流视为分层介质,即认为等离子体鞘套湍流在垂直于传播路径的横向平面内是均匀、各向同性的,那么上述三个基本统计矩可以分别表示为[28]

$$E_1(0, 0) = -2\pi^2 k^2 L \int_0^1 \int_0^\infty \boldsymbol{\kappa} \Phi_n(\boldsymbol{\kappa}) \mathrm{d}\boldsymbol{\kappa} \mathrm{d}\xi \tag{4.92}$$

$$E_2(\boldsymbol{r}_1, \boldsymbol{r}_2) = 4\pi^2 k^2 L \int_0^1 \int_0^\infty \boldsymbol{\kappa} \Phi_n(\boldsymbol{\kappa})$$
$$\times J_0[\boldsymbol{\kappa} \mid (1 - \overline{\Theta}\xi)\boldsymbol{\rho} - 2\mathrm{i}\Lambda\xi r \mid] \exp\left(-\frac{\Lambda L \boldsymbol{\kappa}^2 \xi^2}{k} \right) \mathrm{d}\boldsymbol{\kappa} \mathrm{d}\xi \tag{4.93}$$

$$E_3(\boldsymbol{r}_1, \boldsymbol{r}_2) = -4\pi^2 k^2 L \int_0^1 \int_0^\infty \boldsymbol{\kappa} \Phi_n(\boldsymbol{\kappa}) J_0[(1 - \overline{\Theta}\xi - \mathrm{i}\Lambda\xi)\boldsymbol{\kappa}\boldsymbol{\rho}]$$
$$\times \exp\left(-\frac{\Lambda L \boldsymbol{\kappa}^2 \xi^2}{k} \right) \exp\left[-\frac{\mathrm{i}L\boldsymbol{\kappa}^2}{k}\xi(1 - \overline{\Theta}\xi) \right] \mathrm{d}\boldsymbol{\kappa} \mathrm{d}\xi \tag{4.94}$$

式中, $\boldsymbol{r} = (\boldsymbol{r}_1 + \boldsymbol{r}_2)/2$; $\boldsymbol{\rho} = \boldsymbol{r}_1 - \boldsymbol{r}_2$; $\xi = 1 - z/L$, z 表示传输路径上的任一位置; k 表示自由空间波数; $J_0(x)$ 为零阶贝塞尔函数; $\Phi_n(\boldsymbol{\kappa})$ 为等离子体鞘套湍流折射率起伏功率谱。

等离子体鞘套湍流中折射率的随机起伏会导致波束振幅和相位随机起伏。因此,只能利用波场统计矩的方法来研究等离子体鞘套湍流中高斯波束的传输

特性。前述中,$U(\boldsymbol{r}, L)$ 为高斯波束的任一场分量,其中 L 表示沿 z 轴的传播距离,$\boldsymbol{r}$ 表示传播距离 $z = L$ 处横向平面内一点的位置矢量。在这里定义等离子体鞘套湍流中波场的互相关函数或二阶矩为[28]

$$\Gamma_2(\boldsymbol{r}_1, \boldsymbol{r}_2, L) = \langle U(\boldsymbol{r}_1, L) U^*(\boldsymbol{r}_2, L) \rangle \tag{4.95}$$

根据前面的推导,式(4.95)可以表示为

$$\Gamma_2(\boldsymbol{r}_1, \boldsymbol{r}_2, L) = U_0(\boldsymbol{r}_1, L) U_0^*(\boldsymbol{r}_2, L) \langle \exp[\psi(\boldsymbol{r}_1, L) + \psi^*(\boldsymbol{r}_2, L)] \rangle$$
$$= \Gamma_2^0(\boldsymbol{r}_1, \boldsymbol{r}_2, L) \exp[2E_1(0, 0) + E_2(\boldsymbol{r}_1, \boldsymbol{r}_2)] \tag{4.96}$$

根据式(4.92)、式(4.93)和式(4.96),自由空间波场的互相关函数可以表示为

$$\Gamma_2^0(\boldsymbol{r}_1, \boldsymbol{r}_2, L) = U_0(\boldsymbol{r}_1, L) U_0^*(\boldsymbol{r}_2, L)$$
$$= \frac{W_0^2}{W^2} \exp\left(-\frac{2r^2}{W^2} - \frac{\rho^2}{2W^2} - \mathrm{i}\frac{k}{R}\boldsymbol{\rho} \cdot \boldsymbol{r} \right) \tag{4.97}$$

式中,$r = |\boldsymbol{r}|$;$\rho = |\boldsymbol{\rho}|$。

结合式(4.96),等离子体鞘套湍流中波场的互相关函数可以表示为

$$\Gamma_2(\boldsymbol{r}_1, \boldsymbol{r}_2, L) = \Gamma_2^0(\boldsymbol{r}_1, \boldsymbol{r}_2, L) \exp\left\{ -4\pi^2 k^2 L \int_0^1\int_0^\infty \boldsymbol{\kappa} \Phi_n(\boldsymbol{\kappa}) \right.$$
$$\left. \times \left[1 - \exp\left(-\frac{\Lambda L \boldsymbol{\kappa}^2 \xi^2}{k} \right) \right] J_0[\boldsymbol{\kappa} | (1 - \overline{\Theta}\xi)\boldsymbol{\rho} - 2\mathrm{i}\Lambda\xi\boldsymbol{r} |] \mathrm{d}\boldsymbol{\kappa}\mathrm{d}\xi \right\} \tag{4.98}$$

式(4.98)可以进一步表示为如下较为方便的表达式[28]:

$$\Gamma_2(\boldsymbol{r}_1, \boldsymbol{r}_2, L) = \Gamma_2^0(\boldsymbol{r}_1, \boldsymbol{r}_2, L)$$
$$\times \exp[\sigma_r^2(\boldsymbol{r}_1, L) + \sigma_r^2(\boldsymbol{r}_2, L) - T] \exp\left[\left| -\frac{1}{2}\Delta(\boldsymbol{\rho}_1, \boldsymbol{\rho}_2, L) \right| \right] \tag{4.99}$$

式中,

$$\sigma_r^2(\boldsymbol{r}, L) = \frac{1}{2}[E_2(\boldsymbol{r}, \boldsymbol{r}) - 2E_2(0, 0)]$$
$$= 2\pi^2 k^2 L \int_0^1\int_0^\infty \boldsymbol{\kappa} \Phi_n(\boldsymbol{\kappa}) \exp\left(-\frac{\Lambda L \boldsymbol{\kappa}^2 \xi^2}{k} \right) [I_0(2\Lambda\boldsymbol{\rho}\xi\boldsymbol{\kappa}) - 1] \mathrm{d}\boldsymbol{\kappa}\mathrm{d}\xi$$
$$\tag{4.100}$$

$$T = -2E_1(\boldsymbol{r}, \boldsymbol{r}) - E_2(0, 0) = 4\pi^2 k^2 L \int_0^1 \int_0^\infty \boldsymbol{\kappa} \Phi_n(\boldsymbol{\kappa}) \left[1 - \exp\left(-\frac{\Lambda L \boldsymbol{\kappa}^2 \xi^2}{k} \right) \right] \mathrm{d}\boldsymbol{\kappa} \mathrm{d}\xi$$

(4.101)

$$\Delta(\boldsymbol{r}, \boldsymbol{r}, L) = E_2(\boldsymbol{r}_1, \boldsymbol{r}_1) + E_2(\boldsymbol{r}_2, \boldsymbol{r}_2) - 2E_2(\boldsymbol{r}_1, \boldsymbol{r}_2)$$

$$= 4\pi^2 k^2 L \int_0^1 \int_0^\infty \boldsymbol{\kappa} \Phi_n(\boldsymbol{\kappa}) \left[1 - \exp\left(-\frac{\Lambda L \boldsymbol{\kappa}^2 \xi^2}{k} \right) \right]$$

$$\times \{ I_0(2\Lambda r_1 \boldsymbol{\kappa} \xi) + I_0(2\Lambda r_2 \boldsymbol{\kappa} \xi)$$

$$- 2J_0[\mid (1 - \overline{\Theta}\xi)\boldsymbol{\rho} - 2\mathrm{i}\Lambda\xi\boldsymbol{r} \mid \boldsymbol{\kappa}] \} \mathrm{d}\boldsymbol{\kappa}\mathrm{d}\xi$$

(4.102)

式中，$I_0(x) = J_0(\mathrm{i}x)$ 为修正零阶贝塞尔函数；$\sigma_r^2(\boldsymbol{r}, L)$ 为等离子体鞘套湍流在垂直于波束传输方向的横向平面内引起的平均强度轮廓改变，而 T 与 $\boldsymbol{r}$ 无关，表示接收平面内等离子体鞘套湍流在传播轴上引起的平均强度改变；$\Delta(\boldsymbol{r}, \boldsymbol{r}, L)$ 表示波束的复相干度，其实部为高斯波束的波结构函数，$Re[\Delta(\boldsymbol{r}_1, \boldsymbol{r}_2, L)] = D(\boldsymbol{r}_1, \boldsymbol{r}_2, L)$。

　　等离子体鞘套湍流中高斯波的互相关函数与横向平面内两点的位置矢量有关，且是统计非均匀的，但当 $\boldsymbol{r}_2 = -\boldsymbol{r}_1$，即两观察点的位置关于波束中心线（传播轴）对称时，高斯波束的互相关函数只是 $\rho = \mid \boldsymbol{r}_2 - \boldsymbol{r}_1 \mid$ 的函数，互相关函数式（4.99）可以化简为[28]

$$\Gamma_2(\rho, L) = \frac{W_0^2}{W^2} \exp\left[-T - \frac{1}{4}\Lambda\left(\frac{k\rho^2}{L} \right) - D(\rho, L) \right]$$

(4.103)

式中，结构函数为

$$D(\rho, L) = 8\pi^2 k^2 L \int_0^1 \int_0^\infty \boldsymbol{\kappa} \Phi_n(\boldsymbol{\kappa})$$

$$\times \exp\left(-\frac{\Lambda L \boldsymbol{\kappa}^2 \xi^2}{k} \right) \{ 1 - J_0[(1 - \overline{\Theta}\xi)\boldsymbol{\kappa}\rho] \} \mathrm{d}\boldsymbol{\kappa}\mathrm{d}\xi$$

(4.104)

　　将 4.1.4 节推导的等离子体鞘套湍流折射率起伏功率谱，即式（4.48）代入式（4.104），经过积分可以得到

$$D(\rho, L) = 3.427 \langle n_1^2 \rangle L_0^{-4/5} k^{11/10} L^{19/10} \left(\frac{1 - \Theta^{14/5}}{1 - \Theta} \right) \left(\frac{k\rho^2}{L} \right)^{9/10}, \quad \Theta \geqslant 0$$

(4.105)

　　当 $\Theta = 1$、$\Lambda = 0$ 或 $\Theta = \Lambda = 0$ 时，上述讨论可分别转化为平面波情形和球面

波情形。

图 4.18 给出了等离子体鞘套湍流中,平面波、球面波和高斯波束的互相关函数随 $(k\rho^2/L)^{1/2}$ 的变化。图中使用传播轴上 $(\rho=0)$ 的互相关函数值 $\Gamma_2(0,L)=W_0^2/[W^2\exp(-T)]$,对互相关函数表达式(4.103)进行了归一化。其中,入射波波长为 10^{-4} m,波束宽度 $W_0=0.01$ m,曲率半径 $R_0=1\,000$ m,波束参数 $\Theta_0=1$,互相关距离的幅度约为 10^{-8} m。结果表明,球面波的互相关函数分布最宽,高斯波束的互相关函数下降最快,球面波的互相关函数下降最慢,且当 $(k\rho^2/L)^{1/2}>7$ 时,互相关函数逐渐趋于零。

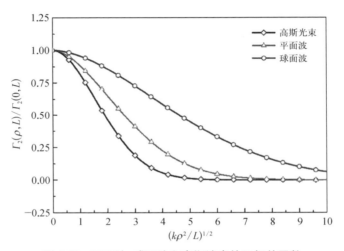

图 4.18　平面波、球面波和高斯波束的互相关函数

4.2.3　等离子体鞘套湍流中高斯波束的平均强度和波束展宽

1. 高斯波束的平均强度

等离子体鞘套湍流中,若互相关函数 $\Gamma_2(r_1,r_2,L)$,$r_1=r_2=r$ 波束波场的互相关函数(二阶矩),可转化为高斯波束的平均强度[28]:

$$\langle I(r,L)\rangle = \Gamma_2(r,r,L)$$
$$= \frac{W_0^2}{W^2}\exp\left(-\frac{2r^2}{W^2}\right)\exp\left[2\sigma_r^2(r,L)-T\right] \qquad (4.106)$$

将等离子体鞘套湍流折射率起伏功率谱表达式,即式(4.48)代入式(4.100)中,根据修正贝塞尔函数的级数形式:

$$I_0(2\varLambda r\boldsymbol{\kappa}\xi) - 1 = \sum_{n=0}^{\infty} \frac{(\varLambda r)^{2n}}{(n!)^2} k^{2n}\xi^{2n} - 1 = \sum_{n=1}^{\infty} \frac{(\varLambda r)^{2n}}{(n!)^2} k^{2n}\xi^{2n} \tag{4.107}$$

$\sigma_r^2(\boldsymbol{r}, L)$ 可以化简为

$$\sigma_r^2(\boldsymbol{r}, L) = 1.519\langle n_1^2\rangle L_0^{-4/5} k^2 L \sum_{n=1}^{\infty} \frac{(\varLambda r)^{2n}}{(n!)^2} \int_0^1 \xi^{2n} \int_0^{\infty} \boldsymbol{\kappa}^{2n-14/5} \exp\left(-\frac{\varLambda L\boldsymbol{\kappa}^2\xi^2}{k}\right) d\boldsymbol{\kappa} d\xi$$

$$= 8.054\langle n_1^2\rangle L_0^{-4/5} k^{11/10} L^{19/10} \varLambda^{9/10} \int_0^1 \xi^{9/5} \left[1 - {}_1F_1\left(-\frac{9}{10}, 1, \frac{2r^2}{W^2}\right)\right] d\xi$$

$$\cong 5.178\langle n_1^2\rangle L_0^{-4/5} k^{11/10} L^{19/10} \varLambda^{9/10} \frac{r^2}{W^2} \tag{4.108}$$

式中, ${}_1F_1(a, c, z)$ 表示合流超几何函数。

在式(4.108)中考虑到 $r \ll W$, 因而采用了如下的积分公式和近似条件[29]:

$$\int_0^{\infty} \boldsymbol{\kappa}^{2n-14/5} \exp(-a^2\boldsymbol{\kappa}^2) d\boldsymbol{\kappa} = \frac{1}{2}\varGamma\left(n - \frac{9}{10}\right) a^{9/5-2n} \tag{4.109}$$

$$
{}_1F_1(a, c, -z) \cong
\begin{cases}
1 - \dfrac{az}{c}, & |z| \ll 1 \\[3mm]
\dfrac{\varGamma(c)}{\varGamma(c-a)} z^{-a}, & Re(z) \gg 1
\end{cases}
\tag{4.110}
$$

类似地, 将等离子体鞘套湍流折射率起伏功率谱代入式(4.101)中, 式(4.106)中函数 T 可以化简为

$$T = 5.753\langle n_1^2\rangle L_0^{-4/5} k^{11/10} L^{19/10} \varLambda^{9/10} \tag{4.111}$$

根据式(4.111), 式(4.108)可以表示为

$$\sigma_r^2(\boldsymbol{r}, L) = 0.9T\frac{r^2}{W^2} \cong T\frac{r^2}{W^2} \tag{4.112}$$

在这里, 应用如下近似条件[29]:

$$e^{-T} \cong \frac{1}{1+T}, \quad \frac{r^2}{W^2} - \sigma_r^2(\boldsymbol{r}, L) \cong \frac{r^2}{W^2(1+T)} \tag{4.113}$$

将式(4.113)与式(4.106)和式(4.112)结合, 高超声速湍流中高斯波束的平均强度可以表示为

$$\langle I(\boldsymbol{r}, L)\rangle = \frac{W_0^2}{W_{LT}^2}\exp\left(-\frac{2\boldsymbol{r}^2}{W_{LT}^2}\right) \tag{4.114}$$

式中，$W_{LT} = W\sqrt{1+T}$，表示等离子体鞘套湍流中高斯波束的长期波束展宽。

根据无线电衰减测量实验[30]及文献[31]中的仿真结果，等离子体鞘套流场的分布范围超过 0.4 m。因此，在这里将等离子体鞘套的厚度取为 0.4 m，等离子体鞘套湍流的外尺度也被限制在小于 0.4 m 的范围内。根据风洞实验测得的高超声速湍流雷诺数 $Re = 4.75\times10^5/\text{m}$，湍流介质中外尺度 L_0、内尺度 l_0 和雷诺数 Re 的关系如下[32]：

$$\frac{L_0}{l_0} = Re^{3/4} \tag{4.115}$$

结合式（4.115）可以得到等离子体鞘套湍流内尺度 $l_0 = 2.21\times10^{-5}$ m。

图 4.19~图 4.21 为不同波长、折射率起伏方差和外尺度情况下，等离子体鞘套湍流中高斯波束平均强度分布情况。结果表明，垂直于高斯波束传播轴平面内的强度服从高斯分布。当等离子体鞘套湍流存在时，高斯波束平均强度的峰值明显减小，并且出现强度分布展宽。随着波束波长和等离子体鞘套湍流折射率起伏方差的增大，高斯波束平均强度的峰值明显减小，且强度分布发生了展宽。随着等离子体鞘套湍流外尺度增大，高斯波束平均强度的峰值明显增大，但强度分布展宽并不明显，这是因为波束发散和能量耗散随着入射波长和折射率起伏方差的增大而增大，随着外尺度的增大而减小。另外，越靠近传播轴处的能量越强且越集中，因此能量耗散越小。

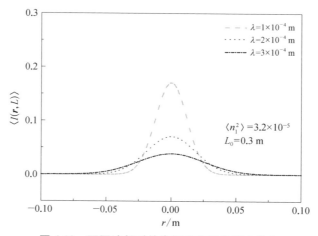

图 4.19 不同波长时的高斯波束平均强度分布

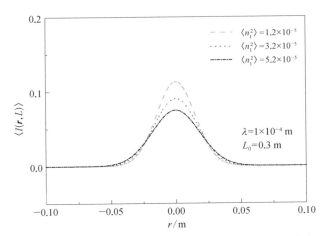

图 4.20　不同折射率起伏方差时的高斯波束平均强度分布

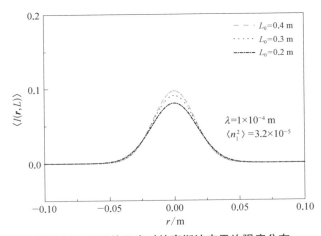

图 4.21　不同外尺度时的高斯波束平均强度分布

2. 高斯波束的波束展宽

如图 4.22 所示,波束展宽是指接收平面上光斑半径或面积的变化,主要由等离子体鞘套湍流中小尺度湍涡的衍射作用引起[28]。

若观察时间较短,可以看到光斑随机抖动偏离原点并发生了展宽 W_{ST};若观察时间较长,接收平面上光斑的随机抖动会产生一个平均半径为 W_{LT} 的大光斑,即长期波束展宽。图中,$\langle r_c^2 \rangle$ 为波束漂移方差。根据

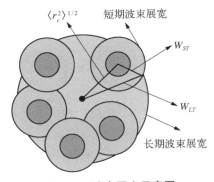

图 4.22　波束展宽示意图

式(4.114),可以发现等离子体鞘套湍流中高斯波束的平均强度变化只与波束的长期波束展宽有关,本节只讨论高斯波束长期波束展宽的特性。

图4.23~图4.25给出了不同折射率起伏方差、外尺度和雷诺数情况下,等离子体鞘套湍流中高斯波束的展宽特性。结果表明,随着等离子体鞘套湍流折射率起伏方差的增大,长期波束展宽增大;随着外尺度和雷诺数增大,波束展宽减小。等离子体鞘套湍流内部的不规则体可以散射波束能量,当折射率起伏方差增大时,湍流不规则体之间的差异越大,则散射作用越强,长期波束展宽越大。

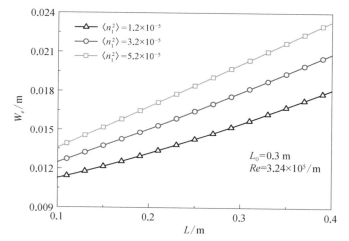

图4.23　不同折射率起伏方差时的高斯波束展宽特性

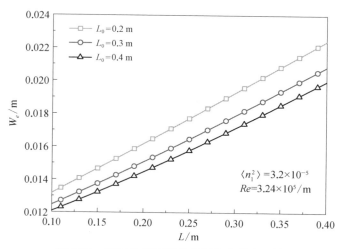

图4.24　不同外尺度时的高斯波束展宽特性

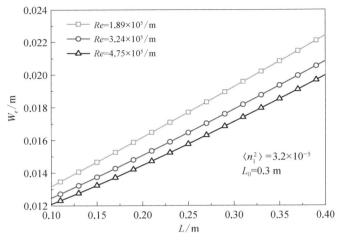

图 4.25　不同雷诺数时的高斯波束展宽特性

根据式(4.114)，波束展宽与外尺度呈反比关系，因而外尺度总是趋于限制波束展宽。根据式(4.115)，当内尺度保持不变时，雷诺数越大意味着等离子体鞘套湍流的外尺度越大，这会削弱湍流的散射作用，进而导致波束展宽减小。这是因为当外尺度趋于 0.4 m 时，湍涡的空间尺度与等离子体鞘套厚度相当，此时湍涡对波束传播的影响很小。

4.2.4　等离子体鞘套湍流中高斯波束的到达角起伏和漂移特性

1. 高斯波束的到达角起伏特性

从 4.2.2 节推导得到的互相关函数表达式，可以得到等离子体鞘套湍流中高斯波束的另一个重要统计量，即到达角起伏[28]，在波束传播的实际应用方面(如成像、激光通信、激光雷达等)具有重要应用价值。

如图 4.26 所示，等离子体鞘套湍流中接收平面上高斯波束的到达角起伏 β_a 与成像系统焦平面上的波束抖动有关[28]。

等离子体鞘套湍流不规则体可视作半径为 $2W_G$ 的会聚透镜，则相应的光程差为 Δl，波束穿过透镜后的总相移为 ΔS，两者与 k 之间有如下关系：

$$k\Delta l = \Delta S \qquad (4.116)$$

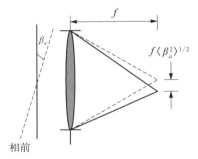

图 4.26　到达角起伏示意图

式中，k 为自由空间波束。

通常，到达角起伏 β_a 是一个相当小的量，因此 $\sin\beta_a = \beta_a$，在几何光学近似条件下，可以将其定义为

$$\beta_a = \frac{\Delta l}{2W_G} = \frac{\Delta S}{2kW_G} \tag{4.117}$$

考虑到 β_a 是一个随机起伏小量，假设 $\langle \beta_a \rangle = 0$，从式（4.117）可以得到到达角起伏方差为[28]

$$\langle \beta_a^2 \rangle = \frac{\langle (\Delta s)^2 \rangle}{(2kW_G)^2} = \frac{D_S(2W_G, L)}{(2kW_G)^2} \tag{4.118}$$

式中，$D_S(r, L)$ 表示相位结构函数，并且当 $\sqrt{L/k} \ll 2W_G$ 时，可以将相位结构函数近似为波结构函数，即 $D_S(\rho, L) \cong D(\rho, L)$。

根据式（4.102），等离子体鞘套湍流中高斯波束波场的结构函数（仍考虑两观察点的位置关于波束传播轴对称的情形）可以表示为

$$D(\rho, L) = 8\pi^2 k^2 L \int_0^1 \int_0^\infty \boldsymbol{\kappa} \Phi_n(\boldsymbol{\kappa})$$

$$\times \exp\left(-\frac{\Lambda L \boldsymbol{\kappa}^2 \xi^2}{k} \right) \left\{ I_0(\Lambda \boldsymbol{\kappa} \xi \rho) - J_0 \left[(1 - \overline{\Theta}\xi) \boldsymbol{\kappa}\rho \right] \right\} \mathrm{d}\boldsymbol{\kappa}\mathrm{d}\xi \tag{4.119}$$

式中，$I_0(\Lambda\boldsymbol{\kappa}\rho\xi) = J_0(\mathrm{i}\Lambda\boldsymbol{\kappa}\rho\xi)$。

将等离子体鞘套湍流折射率起伏功率谱代入式（4.119），经过类似式（4.108）的积分可以得到

$$D(\rho, L) = d(\rho, L) + 4\sigma_r^2(\rho/2, L)$$

$$\cong 3.427 \langle n_1^2 \rangle L_0^{-4/5} k^{11/10} L^{19/10}$$

$$\times \left[\left(\frac{1 - \Theta^{14/5}}{1 - \Theta} \right) \left(\frac{k\rho^2}{L} \right)^{9/10} + 0.391\Lambda^{19/10} \left(\frac{k\rho^2}{L} \right) \right], \quad \Theta \geqslant 0 \tag{4.120}$$

式中，$d(\rho, L)$ 和 $\sigma_r^2(\rho, L)$ 分别如式（4.105）式（4.108）所示。

　　图 4.27～图 4.29 给出了折射率起伏方差、外尺度和雷诺数不同的情况下,等离子体鞘套湍流中高斯波束到达角起伏特性。结果表明,随着等离子体鞘套湍流折射率起伏方差的增大,到达角起伏增大;而随着外尺度和雷诺数的增大,到达角起伏减小。这是因为随着折射率起伏方差增大,波前相位起伏越剧烈,到达角起伏越大。随着外尺度增大,波束传输经过的湍涡越少,等离子体鞘套湍流对波束相位抖动的影响越小。

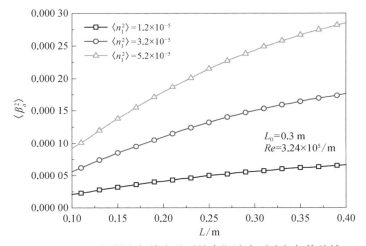

图 4.27　不同折射率起伏方差时的高斯波束到达角起伏特性

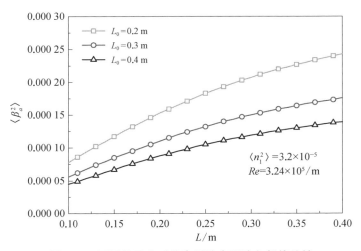

图 4.28　不同外尺度时的高斯波束到达角起伏特性

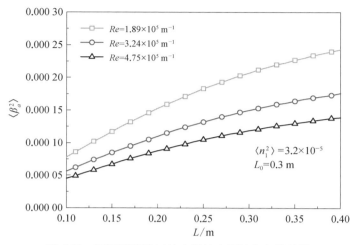

图 4.29 不同雷诺数时的高斯波束到达角起伏特性

2. 高斯波束的漂移特性

等离子体鞘套湍流中,当高斯波束在大尺度湍涡不规则体中传播时会产生折射现象,此时接收平面上波束中心(强度最大的位置或"光斑")随机移动,即波束漂移现象[22]。如前所述,波束漂移主要由大尺度湍涡折射引起,因而经常基于几何光学近似而忽略衍射效应。本节采用空间滤波的方法来分析等离子体鞘套湍流中高斯波束的漂移特性,可以很好地展现小尺度湍涡的影响。如图4.22所示,波束漂移可以用波束偏移方差来描述,其与短期波束展宽共同导致了高斯波束的长期展宽,将波束长期展宽的表达式重新表示为

$$W_{LT}^2 = W^2(1 + T) = W^2 + W^2 T_{SS} + W^2 T_{LS} \tag{4.121}$$

式中,W^2 表示单一的等离子体鞘套湍流引起的衍射效应;$T = T_{SS} + T_{LS}$ 表示小尺度和大尺度的总贡献;$W^2 T_{SS}$ 为上节提到的短期波束展宽;$W^2 T_{LS}$ 即波束偏移方差。

其中,$\langle r_c^2 \rangle$ 可以表示为[28]

$$\langle r_c^2 \rangle = W^2 T_{LS} = 4\pi^2 k^2 W^2 \int_0^L \int_0^\infty \boldsymbol{\kappa} \Phi_n(\boldsymbol{\kappa})$$

$$\times H_{LS}(\boldsymbol{\kappa}, z) \left[1 - \exp\left(-\frac{\Lambda L \boldsymbol{\kappa}^2 \xi^2}{k} \right) \right] \mathrm{d}\boldsymbol{\kappa} \mathrm{d}\xi \tag{4.122}$$

式中,$\xi = 1 - z/L$;$H_{LS}(\boldsymbol{\kappa}, z)$ 表示高斯滤波函数。

$$H_{LS}(\boldsymbol{\kappa}, z) = \exp[-\boldsymbol{\kappa}^2 W^2(z)] = \exp\{-\boldsymbol{\kappa}^2 W_0^2[(1 - z/F_0)^2 + (2z/kW_0^2)^2]\}$$
$$(4.123)$$

式中，$W(z)$ 是传播轴上位置 z 处的波束半径，高斯滤波函数仅考虑等离子体鞘套湍流中与波束尺寸相当的湍涡不规则体产生的波束漂移现象，而忽略引起波束展宽的小尺度效应。

为了积分方便，使用归一化距离变量 $\xi = 1 - z/L$，再利用发射平面上的波束参数，将式（4.123）表示为

$$H_{LS}(\boldsymbol{\kappa}, z) = \exp\{-\boldsymbol{\kappa}^2 W_0^2[(\Theta_0 + \overline{\Theta}_0\xi)^2 + \Lambda_0^2(1 - \xi)^2]\} \quad (4.124)$$

考虑到波束漂移是由大尺度湍涡的折射引起的，因此忽略式（4.123）中最后一项，并利用几何光学近似[29]，得到

$$\exp\left(-\frac{\Lambda L\boldsymbol{\kappa}^2\xi^2}{k}\right) \cong 1 - \frac{\Lambda L\boldsymbol{\kappa}^2\xi^2}{k}, \quad \frac{L\boldsymbol{\kappa}^2}{k} \ll 1 \quad (4.125)$$

在上述讨论的基础上，将等离子体鞘套湍流折射率起伏功率谱表达式，即式（4.48）代入式（4.122），并结合式（4.124）和式（4.125）可以得到

$$\langle r_c^2 \rangle = 4\pi^2 k^2 W^2 \int_0^L \int_0^\infty \boldsymbol{\kappa}(0.077\langle n_1^2 \rangle L_0^{-4/5} \boldsymbol{\kappa}^{-19/5})$$
$$\times \exp[-\boldsymbol{\kappa}^2 W_0^2(\Theta_0 + \overline{\Theta}_0\xi)^2]\frac{\Lambda L\boldsymbol{\kappa}^2\xi^2}{k}\mathrm{d}\boldsymbol{\kappa}\mathrm{d}\xi$$
$$= 3.039 k^2 W^2 \langle n_1^2 \rangle L_0^{-4/5}\frac{\Lambda L}{k}\int_0^L\int_0^\infty \boldsymbol{\kappa}^{-4/5}$$
$$\times \exp[-\boldsymbol{\kappa}^2 W_0^2(\Theta_0 + \overline{\Theta}_0\xi)^2]\xi^2\mathrm{d}\boldsymbol{\kappa}\mathrm{d}\xi \quad (4.126)$$

根据式（4.109），式（4.126）可以化简为

$$\langle r_c^2 \rangle = 14.459 k W^2 W_0^{-1/5}\langle n_1^2 \rangle L_0^{-4/5}\Lambda L\int_0^1 \xi^2(\Theta_0 + \overline{\Theta}_0\xi)^{-1/5}\mathrm{d}\xi \quad (4.127)$$

式中，$L_0^{-4/5}$ 表示等离子体鞘套湍流中外尺度对波束偏移方差的影响。

图 4.30~图 4.32 仿真计算了不同折射率起伏方差、外尺度和雷诺数情况下，等离子体鞘套湍流中高斯波束的漂移特性。结果表明，随着等离子体鞘套湍流折射率起伏方差的增大，偏移方差增大；而随着外尺度和雷诺数的增大，偏移方差减小。折射率起伏方差越大意味着等离子体鞘套湍流中小范围内的折射率起伏越剧烈，这会导致严重的波前相位抖动，加剧波束漂移现象。

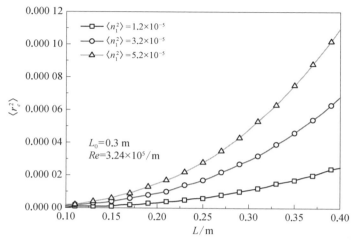

图 4.30　不同折射率起伏方差时的高斯波束漂移特性

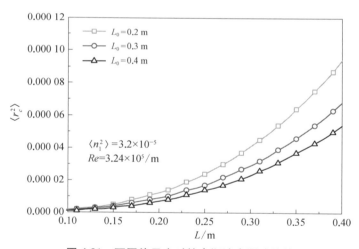

图 4.31　不同外尺度时的高斯波束漂移特性

4.2.5　等离子体鞘套湍流对合成孔径雷达成像特性的影响

本节采用分形相位屏方法对等离子体鞘套影响下的高超声速飞行器平台下扫描式合成孔径雷达(synthetic aperture radar, SAR)成像[33]进行了仿真,雷达位置与波束在地面覆盖区域的几何模型示意图如图 4.33 所示。

1978 年,有研究者采用合成孔径雷达获得了一张数字图像,但当时的算法精度低、效率差,无法准确获取原图像的重要信息。距离-多普勒算法的出现解

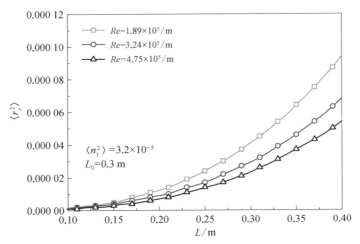

图 4.32　不同雷诺数时的高斯波束漂移特性

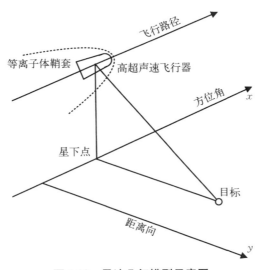

图 4.33　雷达几何模型示意图

决了雷达成像领域的重要难题,它可以对数字图像进行高效、模块化的处理,其将距离向和方位向分开处理,互相独立,然后通过两个方向上的傅里叶变换达到处理图像的目的,但仍具有一维操作的简便性,其基本步骤如下[34]。

首先将雷达系统接收到的数据解调至基带,以便将距离频率中心置零。解调后的点目标信号模型 $s_0(\tau, \eta)$ 为

$$s_0(\tau, \eta) = A_0 \bar{\omega}_r \left[\tau - 2\frac{R(\eta)}{c}\right] \bar{\omega}_a(\eta - \eta_c)$$

$$\times \exp\left[-\mathrm{j}\frac{4\pi f_0 R(\eta)}{c}\right] \exp\left\{\mathrm{j}\pi K_r \left[\tau - 2\frac{R(\eta)}{c}\right]^2\right\} \tag{4.128}$$

式中，A_0 表示任意复常量；τ 表示距离时间，η 表示近距方位时间，η_c 表示波束中心偏离时间；$\bar{\omega}_r(\tau)$ 表示距离包络（矩形窗函数）；$\bar{\omega}_a(\eta)$ 表示方位包络（sin 平方型函数）；f_0 表示雷达中心频率；K_r 表示距离啁啾调频率；$R(\eta)$ 表示瞬时斜距。

孔径较小时，瞬时斜距 $R(\eta)$ 可以近似为

$$R(\eta) = \sqrt{R_0^2 + V_r^2 \eta^2} \approx R_0 + \frac{V_r^2 \eta^2}{2R_0} \tag{4.129}$$

式中，V_r 表示雷达有效速率；R_0 表示最近斜距。

然后进行距离压缩，令 $s_0(f_\tau, \eta)$ 为式（4.128）中 $s_0(\tau, \eta)$ 的距离傅里叶变换，则距离压缩信号可以表示为

$$s_{rc}(\tau, \eta) = \mathrm{IFFT}\left[s_0(f_\tau, \eta)H(f_\tau)\right]$$

$$= A_0 p_r \left[\tau - 2\frac{R(\eta)}{c}\right] \bar{\omega}_a(\eta - \eta_c) \exp\left[-\mathrm{j}\frac{4\pi f_0 R(\eta)}{c}\right] \tag{4.130}$$

式中，IFFT 表示快速傅里叶逆变换（inverse fast Fourier transform，IFFT）；$p_r(\tau)$ 为 sinc 函数；$H(f_\tau)$ 为匹配滤波器。

$$H(f) = \mathrm{rect}\left(\frac{f}{|K|T}\right) \exp\left(+\mathrm{j}\pi\frac{f^2}{K}\right) \tag{4.131}$$

式中，f 表示信号频率；K 表示线性调频率；T 表示信号持续时间。

将式（4.129）代入式（4.130），可以得到距离压缩信号为

$$s_{rc}(\tau, \eta) = A_0 p_r \left[\tau - 2\frac{R(\eta)}{c}\right] \bar{\omega}_a(\eta - \eta_c)$$

$$\times \exp\left(-\mathrm{j}\frac{4\pi f_0 R_0}{c}\right) \exp\left(-\mathrm{j}\pi\frac{2V_r^2 \eta^2}{\lambda R_0}\right) \tag{4.132}$$

式中，从第二个指数项可以明显地得到方位相位调制，由于相位是 η^2 的函数，信号具有线性调频特性，方位调频率为

$$K_a = \frac{2V_r^2}{\lambda R_0} \tag{4.133}$$

对于给定目标,式(4.132)中的第一个指数项为常量,故在距离-多普勒域的信号推导中仅需考虑第二个指数项。利用驻定相位原理,方位向上的时频关系为

$$f_\eta = - K_a \eta \tag{4.134}$$

将 $\eta = - f_\eta / K_a$ 代入式(4.132),方位经过快速傅里叶变换(fast Fourier transform, FFT)后的信号为

$$
\begin{aligned}
s_1(\tau, f_\eta) &= \mathrm{FFT}_\eta \big[s_{rc}(\tau, \eta) \big] \\
&= A_0 p_r \left[\tau - \frac{2R_{rd}(f_\eta)}{c} \right] W_a(f_\eta - f_{\eta c}) \times \exp\left(- \mathrm{j}\, \frac{4\pi f_0 R_0}{c} \right) \exp\left(\mathrm{j}\pi \frac{f_\eta^2}{K_a} \right)
\end{aligned}
\tag{4.135}
$$

式中,$W_a(f_\eta - f_{\eta c})$ 为 $\bar\omega_a(\eta - \eta_c)$ 的频域形式,两者在形式上一致。

距离包络中的 $R_{rd}(f_\eta)$ 可以表示为

$$R_{rd}(f_\eta) = R_0 + \frac{\lambda^2 R_0^2 f_\eta^2}{8 V_r^2} \tag{4.136}$$

距离相同而方位不同的点目标能量变换到方位频域后,其位置重合,因此频域中的单一目标轨迹校正等效于同一最近距离处的一组目标轨迹的校正。基于 sinc 函数的差值处理是一种有效的距离抖动校正实现方法,假设插值是精确的,信号变为

$$
s_2(\tau, f_\eta) = A_0 p_r \left(\tau - \frac{2R_0}{c} \right) W_a(f_\eta - f_{\eta c}) \times \exp\left(- \mathrm{j}\, \frac{4\pi f_0 R_0}{c} \right) \exp\left(\mathrm{j}\pi \frac{f_\eta^2}{K_a} \right)
\tag{4.137}
$$

式中,p_r 与方位频率无关,表明距离抖动已经得到精确校正。

为了进行方位压缩,将距离抖动校正后的信号 $s_2(\tau, f_\eta)$ 乘以频域匹配滤波器 $H_{az}(f_\eta)$,于是有

$$
\begin{aligned}
s_3(\tau, f_\eta) &= s_2(\tau, f_\eta) H_{az}(f_\eta) \\
&= A_0 p_r \left(\tau - 2\frac{R_0}{c} \right) W_a(f_\eta - f_{\eta c}) \exp\left(- \mathrm{j}\, \frac{4\pi f_0 R_0}{c} \right)
\end{aligned}
\tag{4.138}
$$

其中,

$$H_{az}(f_\eta) = \exp\left(- \mathrm{j}\pi \frac{f_\eta^2}{K_a} \right) \tag{4.139}$$

再经 IFFT,即完成压缩:

$$s_{ac}(\tau,\ \eta) = \mathrm{IFFT}_{\eta}\left[s_3(\tau,\ f_{\eta}) \right]$$
$$= A_0 p_r\left(\tau - 2\frac{R_0}{c} \right) p_a(\eta) \times \exp\left(-\mathrm{j}\frac{4\pi f_0 R_0}{c} \right) \exp(\mathrm{j}2\pi f_{\eta c}\eta) \quad (4.140)$$

式中,p_a 为方位冲击响应的幅度,与 p_r 同为 sinc 函数。

应用分形相位屏之前,先将式(4.128)中的点目标信号简化为

$$s_0 = A\exp(\varphi) \tag{4.141}$$

考虑到分形相位屏对信号相位的调制作用,因此将分形相位屏调制到点目标信号的相位上:

$$s_1 = A\exp(1 + n_1) \tag{4.142}$$

根据前面介绍的 RDA 基本步骤,本节仿真等离子体鞘套湍流影响下高超声速飞行器机载 SAR 的点目标成像,分析等离子体鞘套湍流对机载 SAR 成像系统的影响。算例中,飞行器的飞行高度为 71 km,飞行速度为 5 000 m/s,脉冲重复频率=5.5 kHz,雷达发射频率为 10 GHz,发射脉冲宽度为 60 MHz,采样频率为 100 MHz,脉冲持续时间为 10^{-3} ms。假设飞行器飞行路径为直线,且仅考虑等离子体鞘套对雷达信号的影响。

在采用相位屏方法分析等离子体鞘套湍流对 SAR 成像系统的影响时,相位屏必须满足以下三个条件。

(1)保证分形相位屏造成的相位改变很小,而波场的振幅不会因为分形相位屏的出现被衰减,即要求:

$$\Delta z \ll \lambda / \langle n_1^2 \rangle \tag{4.143}$$

式中,$\langle n_1^2 \rangle$ 为折射率起伏均方差;Δz 为屏间距;λ 为入射波波长。

(2)分形相位屏的统计特性要保证相互独立,为了避免相位屏的产生方式改变波场的传输特性,分形相位屏之间的距离要小于等离子体鞘套湍流中所有的不规则湍涡,包括最大的湍涡尺度,即要求:

$$L_s > \Delta z > L_0 \tag{4.144}$$

式中,L_s 为等离子体鞘套湍流厚度;L_0 为等离子体鞘套湍流的外尺度。

(3)衍射现象发生时,相干射线和衍射线程差在 Δz 内,而且应该小于半个波长,即要求:

$$\Delta z \; < \; L_0^2 / \lambda \tag{4.145}$$

当飞行器飞行高度为 71 km 时,等离子体鞘套厚度为 0.12 m。假设等离子体鞘套中湍流外尺度与等离子体鞘套厚度量级相等,则取 $L_0 = 0.12$ m。 折射率起伏均方差必须满足如下条件:

$$\langle n_1^2 \rangle \ll \lambda / \Delta z = 0.03 / 0.12 = 0.25 \tag{4.146}$$

计算模型中,波长等于 0.03 m,折射率起伏均方差可取为 0.000 1。高超声速飞行器机载 SAR 成像仿真如图 4.34 和图 4.35 所示。

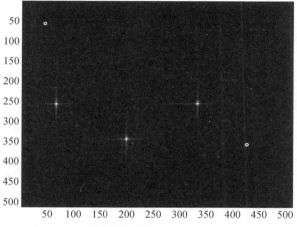

图 4.34　无鞘套湍流影响时三个点目标的成像

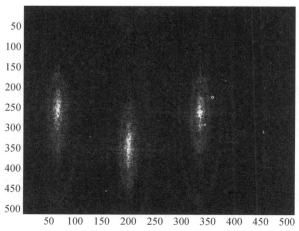

图 4.35　等离子体鞘套湍流影响下三个点目标的成像

图 4.34 和图 4.35 给出了三个点目标的 SAR 成像结果,其中,图 4.34 为不考虑等离子体鞘套湍流影响下的点目标成像结果。图 4.35 为采用分形相位屏方法模拟的等离子体鞘套湍流影响下的点目标成像结果,可见此时等离子体鞘套湍流造成的回波相位失真,导致成像结果分辨率明显降低,目标无法完全聚焦。

图 4.36 和图 4.37 给出了在不同分维数情况下,等离子体鞘套在湍流影响下的点目标的成像结果。由计算结果可知,在等离子体鞘套的湍流影响下,SAR 成像分辨率下降严重,且分维数越高,成像质量下降越明显。而且方位向对于点目

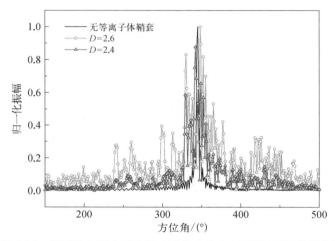

图 4.36　等离子体鞘套湍流影响下的方位向剖面图(不同分维数)

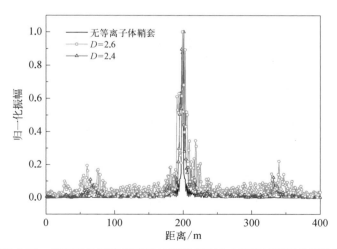

图 4.37　等离子体鞘套湍流影响下的距离向剖面图(不同分维数)

标成像的影响明显大于距离向。其原因在于,随着分维数的增加,等离子体鞘套中的湍流微小结构引起的回波相位误差越明显,而且由于飞行器的高速运动,方位向的聚焦对沿流场方向的湍流微结构更加敏感。

图4.38和图4.39给出了在不同雷诺数情况下,等离子体鞘套在湍流影响下的点目标的成像结果。算例中分析了不同的流场雷诺数对 SAR 系统成像的影响。由计算结果可知,雷诺数越高,空间基频 b 越大,流场中的微结构起伏越明显,成像质量越差。而且由于方位向的聚焦对沿流场方向的湍流微结构更加敏感,方位向对于点目标成像的影响明显大于距离向,甚至在方位向上产生了虚假目标。

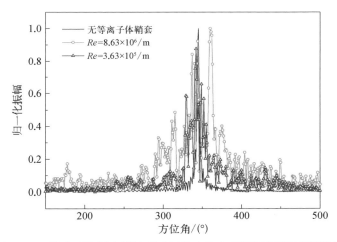

图 4.38　等离子体鞘套湍流影响下的方位向剖面图(不同雷诺数)

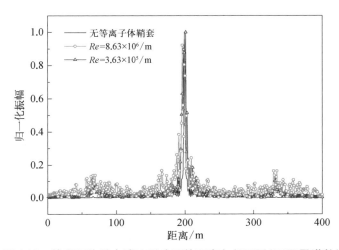

图 4.39　等离子体鞘套湍流影响下的距离向剖面图(不同雷诺数)

4.3 本章小结

本章基于流场的湍流随机特性、分形模型及非线性模型,分析了等离子体鞘套中的电磁波传播特性。首先,在等离子体鞘套湍流折射率起伏功率谱基础上推导了等离子体鞘套湍流中高斯波束的二阶矩、平均强度、波束展宽、到达角起伏方差和波束偏移方差表达式,并在此基础上仿真分析了等离子体鞘套湍流微结构参量对高斯波束传播特性的影响。计算结果表明,等离子体鞘套湍流可以散射波束的能量,引起波前振幅和相位的变化。折射率起伏方差大意味着折射率起伏更加明显,此时等离子体鞘套湍流作用对波场特性的影响更加剧烈;雷诺数越大意味着湍流的外尺度越大,此时湍流效应较弱,对波场特性的影响也较弱。其次,采用基于带限分形函数构建分形相位屏的方法模拟高超声速湍流折射率起伏,研究了电磁波在高超声速湍流中的传播特性。然后,分析了高超声速湍流的分维数、湍流内尺度、外尺度、折射率起伏方差及入射电磁波频率等参数对分形相位屏衍射强度分布的影响,结果表明,折射率起伏方差决定着衍射场强度分布图像,且高超声速湍流分维数、雷诺数及湍流外尺度决定非相干场的分布。最后,采用分形相位屏方法对等离子体鞘套湍流影响下高超声速飞行器机载 SAR 系统的成像特性进行了仿真。结果表明,随着等离子体鞘套分维数的增加,湍流微小结构引起的回波相位误差更加明显。等离子体鞘套湍流的雷诺数越高,流场中的微结构起伏越明显,成像质量越差。

参考文献

[1] 刘德.电磁波在等离子体鞘套中的传播与散射相关问题研究[D].西安:西安电子科技大学,2015.

[2] Shi L, Liu Y M. Adaptive multistate markov channel modeling method for reentry dynamic plasm sheaths[J]. IEEE Transactions on Plasma Science, 2016, 44(7): 1083-1093.

[3] 李江挺.电磁波在空间等离子体中传输与散射若干问题研究[D].西安:西安电子科技大学,2012.

[4] Lin S C. Spectral characterization of dielectric constant fluctuation in hypersonic wake plasmas[J]. AIAA Journal, 2015, 7(10): 1853-1861.

[5] Lewis J E, Behrens W. Fluctuation measurements in the near wake of a wedge with and without base injection[J]. AIAA Journal, 1971, 7(4): 664-670.

[6] Demetriades A, Grabow R. Mean and fluctuating electron density in equilibrium turbulent

boundary layers[J]. AIAA Journal, 1971, 9(8): 1533-1538.

[7] Mei J, Xie Y J. Effects of a hypersonic plasma sheath on the performances of dipole antenna and horn antenna[J]. IEEE Transactions on Plasma Science, 2017, 45(3): 364-371.

[8] Gao P, Li X P, Liu Y M, et al. Plasma sheath phase fluctuation and its effect on GPS navigation[C]. 10th International Symposium on Antennas, Propagation and EM Theory, IEEE, Xi'an, 2012.

[9] Zhao Y X, Yi S H. The fractal measurement of experimental images of supersonic turbulent mixing layer[J]. Science in China Series G: Physics, Mechanics and Astronomy, 2008, 38 (5): 562-571.

[10] 尹纪欣.波束在湍流大气中的传播特性研究[D].西安:西安电子科技大学,2010.

[11] 饶瑞中.光在湍流大气中的传播[M].合肥:安徽工业出版社,2005.

[12] 闫传忠.基于分形的大气湍流随机相位屏数值模拟[D].青岛:中国海洋大学,2009.

[13] 骆志敏.湍流大气中的波传播及散射问题研究[D].西安:西安电子科技大学,2002.

[14] Lazorenko P F. Differential image motion at non-kolmogorov distortions of the turbulent wave-front[J]. Astronomy & Astrophysics, 2002, 382(3): 1125-1137.

[15] Tang H, Baolin O U. Optical propagation through non-kolmogorov turbulence[J]. Science China Information Sciences, 2013, 56(4): 1-6.

[16] 肯尼思·法尔科内.分形几何:数学基础及其应用[M].曾文曲,刘世耀,戴连贵,等译. 北京:人民邮电出版社,2007.

[17] Dang A, Wang B, Zhai H, et al. Fractal phase screen generation algorithm for atmospheric turbulence[J]. Applied Optics, 2015, 54(13): 4023-4032.

[18] 郭立新.随机介质波传播和散射的若干问题研究[D].西安:中国科学院陕西天文台,1999.

[19] 李洪平,闫传忠,华志励.基于分形的大气湍流随机相位屏数值模拟[J].大气与环境光学学报,2009(3): 171-177.

[20] Kim Y, Jaggard D L. Band-limited fractal model of atmospheric refractivity fluctuation[J]. Journal of the Optical Society of America A, 1988, 5(4): 475-480.

[21] Berry M V, Lewis Z V. On the weierstrass-mandelbrot fractal function[J]. Proceedings of the Royal Society of London, 1980, 370(1743): 459-484.

[22] Li J T, Yang S F, Guo L X. Research on EM waves propagation in hypersonic turbulence using fractal phase screen method[J]. Journal of Electromagnetic Waves and Applications, 2017, 31(3): 250-262.

[23] Shahrbabaki N, Manshadi M D. Designing a fuzzy logic controller for the reynolds number in a blowdown supersonic wind tunnel[C]. IEEE Aerospace Conference, Montana, 2014.

[24] Jaggard D L, Kim Y. Diffraction by band-limited fractal screens[J]. Journal of the Optical Society of America A, 1987, 4(6): 1055-1062.

[25] Li J T, Yang S F, Guo L X. Bit error rate performance of free-space optical link under effect of plasma sheath turbulence[J]. Optics Communications, 2017, 396: 1-7.

[26] Ishimaur A. Wave propagation and scattering in random media[M]. New York: Academic Press, 1978.

［27］ 王玲丽.大气湍流中光束的漂移和扩展特性的研究［D］.西安：西安电子科技大学,2012.

［28］ Andrews L C, Phillips R L. Laser beam propagation through random media［M］. Washington：SPIE Press, 2005.

［29］ Gradshteyn I S, Ryzhik I M. Table of integrals, series, and products［M］. New York：Academic Press, 2007.

［30］ Hartunian R, Stewart G, Curtiss T, et al. Implications and mitigation of radio frequency blackout during reentry of reusable launch vehicles［J］. AIAA Atmospheric Flight Mechanics Conference and Exhibit, Hilton Head, 2007.

［31］ Li J T, Guo L X. Research on electromagnetic scattering characteristics of reentry vehicles and blackout forecast model［J］. Journal of Electromagnetic Waves & Applications, 2012, 26（13）：1-12.

［32］ Li J T, Yang S F, Guo L X. Propagation characteristics of gaussian beams in plasma sheath turbulence［J］. IET Microwaves, Antennas & Propagation, 2016, 11(2)：280-286.

［33］ Curlander J C, Mcdonough R N. Synthetic aperture radar：systems and signal processing［M］. New York：Wiley, 1991.

［34］ 卡明,黄熙炽.合成孔径雷达成像算法与实现［M］.北京：电子工业出版社,2012.

第 5 章

基于 FDTD 的高超声速等离子体
鞘套包覆目标的电磁散射

临近空间高超声速飞行器高速飞行时,其表面流场中的气体电离生成自由电子和离子,形成等离子体鞘套,鞘套流场的复杂结构造成等离子体中电子密度呈非均匀分布[1-10]。同时,由于飞行器的高速、机动特性,等离子体流场随时间快速变化,具有时变动态特性。因此,高超声速流场的非均匀及时变特性对等离子体鞘套包覆目标的电磁散射特性,特别是雷达散射截面(PCS)具有重要影响。本章采用 FDTD 方法研究等离子体鞘套包覆目标的电磁散射特性,分析空间非均匀性、时域动态性以及烧蚀效应对包覆等离子体鞘套高超声速目标飞行器雷达散射截面的影响。

5.1 等离子体鞘套中的 FDTD 方法

针对等离子体鞘套目标的电磁散射问题,国内外已有大量学者进行了广泛的研究[11-27],研究方法主要集中在散射矩阵法[28,29]、物理光学法[30,31]和 FDTD 方法[32,33],其中 FDTD 方法相较于其他方法有着较大的优势,如计算效率高、易于实现、占用内存少及通用性高等,已被广泛应用于等离子体环境中的电磁散射计算。JEC-FDTD 方法是一种既能保证较低的计算时间和存储空间,又有较高计算精度的方法。本节给出该方法的计算公式,通过分析非磁化等离子体球的散射特性验证其有效性,同时,也验证了该算法具有较高的计算效率和精度。

在各向异性磁化非均匀等离子体中,麦克斯韦方程及其等离子体的本构方程可以表示为[34]

$$\nabla \times \boldsymbol{H} = \varepsilon_0 \frac{\partial \boldsymbol{E}}{\partial t} + \boldsymbol{J} \tag{5.1}$$

$$\nabla \times \boldsymbol{E} = -\mu_0 \frac{\partial \boldsymbol{H}}{\partial t} \tag{5.2}$$

$$\frac{\partial \boldsymbol{J}}{\partial t} + \nu_{en} \boldsymbol{J} = \varepsilon_0 \omega_p^2(t) \boldsymbol{E} + \omega_{ce} \times \boldsymbol{J} \tag{5.3}$$

式中，$\boldsymbol{E}$ 表示电场；$\boldsymbol{H}$ 表示磁场；$\boldsymbol{J}$ 为电流密度；ε_0 为真空中的介电常数；μ_0 表示磁导率；ν_{en} 表示等离子体中电子的碰撞频率；ω_{ce} 表示电子回旋频率；ω_p 表示等离子体频率，是一个关于时间非均匀的函数。

这里设外加磁场沿 +z 轴方向，那么式（5.3）可以表示为

$$\frac{\mathrm{d} J_x}{\mathrm{d} t} + \nu_{en} J_x = \varepsilon_0 \omega_p^2(t) E_x - \omega_{ce} J_y \tag{5.4}$$

$$\frac{\mathrm{d} J_y}{\mathrm{d} t} + \nu_{en} J_y = \varepsilon_0 \omega_p^2(t) E_y + \omega_{ce} J_x \tag{5.5}$$

$$\frac{\mathrm{d} J_z}{\mathrm{d} t} + \nu_{en} J_z = \varepsilon_0 \omega_p^2(t) E_z \tag{5.6}$$

将式（5.4）写成频域形式，可得

$$J_x(\omega) = \frac{\varepsilon_0 \omega_p^2}{\mathrm{i}\omega + \nu_{en}} E_x(\omega) - \frac{\omega_{ce}}{\mathrm{i}\omega + \nu_{en}} J_y(\omega) \tag{5.7}$$

再将式（5.7）转换到时域后可得

$$J_x(t) = \int_0^t \sigma(t - \tau) E_x(\tau) \mathrm{d}\tau - \int_0^t \xi(t - \tau) J_y(\tau) \mathrm{d}\tau \tag{5.8}$$

其中，

$$\sigma(t) = \varepsilon_0 \omega_p^2(t) \mathrm{e}^{-\nu_{en} t}, \quad t > 0 \tag{5.9}$$

$$\xi(t) = \omega_{ce} \mathrm{e}^{-\nu_{en} t}, \quad t > 0 \tag{5.10}$$

在 $t = (n + 1/2)\Delta t$ 时刻对式（5.8）进行中心差分后，可得

$$J_x^{n+1/2} = \mathrm{e}^{-\nu_{en}(n+1/2)\Delta t} \int_0^{(n+1/2)\Delta t} \mathrm{e}^{\nu_{en}\tau} \{ \varepsilon_0 \omega_p^2 [(n + 1/2)\Delta t] E_x(\tau) - \omega_{ce} J_y(\tau) \} \mathrm{d}\tau$$

$$= e^{-\nu_{en}(n+1/2)\Delta t} \left\{ \int_0^{(n-1/2)\Delta t} e^{\nu_{en}\tau} [\varepsilon_0 \omega_p^2 (n + 1/2)\Delta t E_x(\tau) - \omega_{ce} J_y(\tau)] d\tau \right.$$

$$\left. + \int_{(n-1/2)\Delta t}^{(n+1/2)\Delta t} e^{\nu_{en}\tau} [\varepsilon_0 \omega_p^2 (n + 1/2)\Delta t E_x(\tau) - \omega_{ce} J_y(\tau)] d\tau \right\} \qquad (5.11)$$

将式(5.8)在 $t = (n - 1/2)\Delta t$ 时刻进行中心差分后,可得

$$J_x^{n-1/2} = e^{-\nu_{en}(n-1/2)\Delta t} \int_0^{(n+1/2)\Delta t} e^{\nu_{en}\tau} [\varepsilon_0 \omega_p^2 (n - 1/2)\Delta t E_x(\tau) - \omega_{ce} J_y(\tau)] d\tau$$

$$(5.12)$$

由式(5.11)和式(5.12)可知

$$J_x^{n+1/2} = e^{-\nu_{en}\Delta t} J_x^{n-1/2} + e^{-\nu_{en}(n+1/2)\Delta t} \int_{(n-1/2)\Delta t}^{(n+1/2)\Delta t} e^{\nu_{en}\tau}$$

$$\cdot [\varepsilon_0 \omega_p^2 (n + 1/2)\Delta t E_x(\tau) - \omega_{ce} J_y(\tau)] d\tau \qquad (5.13)$$

令

$$f(\tau) = e^{\nu_{en}\tau} [\varepsilon_0 \omega_p^2(\tau)(n + 1/2)\Delta t E_x(\tau) - \omega_{ce} J_y(\tau)] \qquad (5.14)$$

则式(5.13)可以写为

$$J_x^{n+1/2} = e^{-\nu_{en}\Delta t} J_x^{n-1/2} + e^{-\nu_{en}(n+1/2)\Delta t} \int_{(n-1/2)\Delta t}^{(n+1/2)\Delta t} f(\tau) d\tau \qquad (5.15)$$

对式(5.15)进行处理后可得

$$\int_{(n-1/2)\Delta t}^{(n+1/2)\Delta t} f(\tau) d\tau = \int_{(n-1/2)\Delta t}^{(n+1/2)\Delta t} [f(n\Delta t) + f^{(1)}(n\Delta t)(\tau - n\Delta t)$$

$$+ f^{(2)}(n\Delta t) \frac{(\tau - n\Delta t)^2}{2} + O(\Delta t^3)] d\tau$$

$$= \Delta t e^{\nu_{en}\Delta t} [\varepsilon_0 \omega_p^2 (n\Delta t) E_x(n\Delta t) - \omega_{ce} J_y(n\Delta t)] + O(\Delta t^3)$$

$$(5.16)$$

将式(5.16)代入式(5.15)中可得

$$J_x^{n+1/2} = e^{-\nu_{en}\Delta t} J_x^{n-1/2} + \Delta t e^{-\nu_{en}\Delta t/2} \left[\varepsilon_0 \omega_p^2 \Big|_x^n E_x^n - \frac{\omega_{ce}}{2}(J_y^{n+1/2} + J_y^{n-1/2}) \right] \quad (5.17)$$

同理,可得 J_y 的表示形式:

$$J_y^{n+1/2} = e^{-\nu_{en}\Delta t} J_y^{n-1/2} + \Delta t e^{-\nu_{en}\Delta t/2} \left[\varepsilon_0 \omega_p^2 \Big|_y^n E_y^n + \frac{\omega_{ce}}{2}(J_x^{n+1/2} + J_x^{n-1/2}) \right] \quad (5.18)$$

在各向同性非磁化三维等离子体的 FDTD 公式中,取整数时间步位置处的电场为 $\boldsymbol{E}$,取半个时间步位置处的磁场和电流密度分别为 $\boldsymbol{H}$ 和 $\boldsymbol{J}$,并且取 $\boldsymbol{J}$ 分量与 $\boldsymbol{E}$ 分量的位置相同,式(5.1)可以写为

$$E^{n+1} = E^n + \frac{\Delta t}{\varepsilon_0}(\nabla \times \boldsymbol{H})^{n+1/2} - \frac{\Delta t}{\varepsilon_0}\boldsymbol{J}^{n+1/2} \tag{5.19}$$

由式(5.17)和式(5.18)可以得到 J_x 和 J_y 的 FDTD 迭代式:

$$
\begin{aligned}
J_x\big|_{i+1/2,\,j,\,k}^{n+1/2} =\; & \frac{(4 - \omega_{ce}^2\Delta t^2)\,\mathrm{e}^{-\nu_{en}\Delta t}}{4C_0} J_x\big|_{i+1/2,\,j,\,k}^{n-1/2} + \frac{\varepsilon_0\omega_p^2(t)\Delta t\mathrm{e}^{-\nu_{en}\Delta t/2}}{C_0} E_x\big|_{i+1/2,\,j,\,k}^{n} \\
& - \frac{\omega_{ce}\Delta t\mathrm{e}^{-\nu_{en}\Delta t/2}}{2C_0}(1 + \mathrm{e}^{-\nu_{en}\Delta t}) J_y\big|_{i+1/2,\,j,\,k}^{n-1/2} \\
& - \frac{\varepsilon_0\omega_{ce}\omega_p^2(t)\Delta t^2\mathrm{e}^{-\nu_{en}\Delta t}}{2C_0} E_y\big|_{i+1/2,\,j,\,k}^{n}
\end{aligned}
\tag{5.20}
$$

$$
\begin{aligned}
J_y\big|_{i+1/2,\,j,\,k}^{n+1/2} =\; & \frac{(4 - \omega_{ce}^2\Delta t^2)\,\mathrm{e}^{-\nu_{en}\Delta t}}{4C_0} J_y\big|_{i+1/2,\,j,\,k}^{n-1/2} + \frac{\varepsilon_0\omega_p^2(t)\Delta t\mathrm{e}^{-\nu_{en}\Delta t/2}}{C_0} E_y\big|_{i+1/2,\,j,\,k}^{n} \\
& + \frac{\omega_{ce}\Delta t\mathrm{e}^{-\nu_{en}\Delta t/2}}{2C_0}(1 + \mathrm{e}^{-\nu_{en}\Delta t}) J_x\big|_{i+1/2,\,j,\,k}^{n-1/2} \\
& - \frac{\varepsilon_0\omega_{ce}\omega_p^2(t)\Delta t^2\mathrm{e}^{-\nu_{en}\Delta t}}{2C_0} E_x\big|_{i+1/2,\,j,\,k}^{n}
\end{aligned}
\tag{5.21}
$$

式中,$C_0 = 1 + \mathrm{e}^{-\nu_{en}\Delta t}\omega_{ce}^2\Delta t^2/4$。

用同样的方法处理 J_z,可得 J_z 的 FDTD 迭代式为

$$
J_z\big|_{i+1/2,\,j,\,k}^{n+1/2} = \frac{(4 - \omega_{ce}^2\Delta t^2)\,\mathrm{e}^{-\nu_{en}\Delta t}}{4C_0} J_z\big|_{i+1/2,\,j,\,k}^{n-1/2} + \frac{\varepsilon_0\omega_p^2(t)\Delta t\mathrm{e}^{-\nu_{en}\Delta t/2}}{C_0} E_z\big|_{i+1/2,\,j,\,k}^{n}
\tag{5.22}
$$

取式(5.20)中的 $E_y\big|_{i+1/2,\,j,\,k}^{n}$ 和 $J_y\big|_{i+1/2,\,j,\,k}^{n}$ 周围的 4 点进行平均,即

$$
E_y\big|_{i+1/2,\,j,\,k}^{n} = \frac{1}{4}\Big[E_y\big|_{i,\,j+1/2,\,k}^{n} + E_y\big|_{i,\,j-1/2,\,k}^{n} + E_y\big|_{i+1,\,j+1/2,\,k}^{n} + E_y\big|_{i+1,\,j-1/2,\,k}^{n} \Big]
\tag{5.23}
$$

$$
J_y\big|_{i+1/2,\,j,\,k}^{n} = \frac{1}{4}\Big[J_y\big|_{i,\,j+1/2,\,k}^{n} + J_y\big|_{i,\,j-1/2,\,k}^{n} + J_y\big|_{i+1,\,j+1/2,\,k}^{n} + J_y\big|_{i+1,\,j-1/2,\,k}^{n} \Big]
\tag{5.24}
$$

将式(5.21)和式(5.22)代入式(5.20)中可以得到

$$
J_x \big|_{i+1/2,\,j,\,k}^{n+1/2} = \frac{(4 - \omega_{ce}^2 \Delta t^2)\,\mathrm{e}^{-\nu_{en}\Delta t}}{4C_0} J_x \big|_{i+1/2,\,j,\,k}^{n} + \frac{\varepsilon_0 \omega_p^2 \big|_{i+1/2,\,j,\,k}^{n} \Delta t \mathrm{e}^{-\nu_{en}\Delta t/2}}{C_0} E_x \big|_{i+1/2,\,j,\,k}^{n}
$$

$$
- \frac{\omega_{ce}\Delta t \mathrm{e}^{-\nu_{en}\Delta t/2}}{8C_0}(1 + \mathrm{e}^{-\nu_{en}\Delta t})(J_y \big|_{i,\,j+1/2,\,k}^{n} + J_y \big|_{i,\,j-1/2,\,k}^{n}
$$

$$
+ J_y \big|_{i+1,\,j+1/2,\,k}^{n} + J_y \big|_{i+1,\,j-1/2,\,k}^{n})
$$

$$
- \frac{\varepsilon_0 \omega_p^2 \big|_{i+1/2,\,j,\,k}^{n} \Delta t^2 \mathrm{e}^{-\nu_{en}\Delta t}}{8C_0}(E_y \big|_{i,\,j+1/2,\,k}^{n} + E_y \big|_{i,\,j-1/2,\,k}^{n}
$$

$$
+ E_y \big|_{i+1,\,j+1/2,\,k}^{n} + E_y \big|_{i+1,\,j-1/2,\,k}^{n}) \tag{5.25}
$$

用相同的方法可得 J_y 的 FDTD 迭代式为

$$
J_y \big|_{i+1/2,\,j,\,k}^{n+1/2} = \frac{(4 - \omega_{ce}^2 \Delta t^2)\,\mathrm{e}^{-\nu_{en}\Delta t}}{4C_0} J_y \big|_{i+1/2,\,j,\,k}^{n-1/2} + \frac{\varepsilon_0 \omega_p^2 \big|_{i+1/2,\,j,\,k}^{n} \Delta t \mathrm{e}^{-\nu_{en}\Delta t/2}}{C_0} E_y \big|_{i+1/2,\,j,\,k}^{n}
$$

$$
- \frac{\omega_{ce}\Delta t \mathrm{e}^{-\nu_{en}\Delta t/2}}{8C_0}(1 + \mathrm{e}^{-\nu_{en}\Delta t})(J_x \big|_{i,\,j+1/2,\,k}^{n} + J_x \big|_{i,\,j-1/2,\,k}^{n}
$$

$$
+ J_x \big|_{i+1,\,j+1/2,\,k}^{n} + J_x \big|_{i+1,\,j-1/2,\,k}^{n})
$$

$$
- \frac{\varepsilon_0 \omega_p^2 \big|_{i+1/2,\,j,\,k}^{n} \Delta t^2 \mathrm{e}^{-\nu_{en}\Delta t}}{8C_0}(E_x \big|_{i,\,j+1/2,\,k}^{n} + E_x \big|_{i,\,j-1/2,\,k}^{n}
$$

$$
+ E_x \big|_{i+1,\,j+1/2,\,k}^{n} + E_x \big|_{i+1,\,j-1/2,\,k}^{n}) \tag{5.26}
$$

通过 FDTD 的近-远场外推式,可以得到散射场 $E_s(t)$ 的表达式。利用傅里叶变换式可求得频域下的表示形式 $E_s(f)$:

$$
E_s(f) = \int_{-\infty}^{+\infty} E_s(t) \exp(-\mathrm{i}2\pi ft)\,\mathrm{d}t \tag{5.27}
$$

同样,将入射场 $E_i(t)$ 的时域形式进行傅里叶变换后可以得到频域的表示形式 $E_i(f)$, 那么 RCS 的表达式可以写成

$$
\mathrm{RCS}(f) = 10\lg\!\left(4\pi r^2 \left|\frac{E_s(f)}{E_i(f)}\right|^2\right) \tag{5.28}
$$

式中, $E_s(f)$ 是散射场的频域表示形式; $E_i(f)$ 是入射场的频域表示形式。

为了验证该方法的有效性,对等离子体涂覆金属球进行仿真分析。

算例一：均匀非磁化等离子体球的后向 RCS。

等离子体球半径为 3.75 mm，非磁性等离子体的相对介电常数可以表示为 $\varepsilon(\omega) = 1 + \omega_p^2 / [\omega(\mathrm{i}\nu_{en} - \omega)]$，其中 ν_{en} 是等离子体中电子的碰撞频率，ω_p 为等离子体频率，$\nu_{en} = 20\ \mathrm{GHz}$，$\omega_p = 2\pi \times 28.7 \times 10^9\ \mathrm{rad/s}$。计算中，FDTD 网格尺寸为 $\delta = 0.05\ \mathrm{mm}$，高斯脉冲入射，采用 5 层的 UPML(uniaxial perfectly matched layer)吸收边界，计算结果如图 5.1 所示。

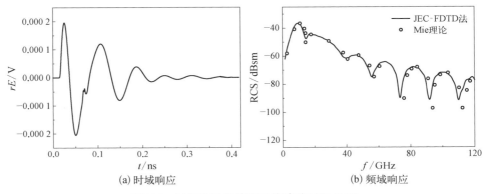

(a) 时域响应　(b) 频域响应

图 5.1　均匀非磁化等离子体球的后向 RCS

从图 5.1(b)中可以看出，采用 JEC-FDTD 法所计算的结果与文献[35]中采用 Mie 理论计算的结果基本吻合，由此证明了该方法的有效性。

算例二：均匀非磁化等离子体涂覆金属椭球的后向 RCS。

金属椭球的半长轴为 1 m，半短轴为 0.5 m，等离子体涂层厚度为 0.5 m，$\omega_p = 2\pi \times 2 \times 10^9\ \mathrm{rad/s}$，$\nu_{en} = 20\ \mathrm{GHz}$。FDTD 网格尺寸 $\delta = 0.05\ \mathrm{m}$，$\Delta t = \delta/(2c)$，其中 c 为真空中的光速，高斯脉冲平面波沿 z 轴方向入射，入射电场为 x 方向线极化，采用 5 层的 UPML 吸收边界。

图 5.2(a)给出了不同厚度下目标远区后向散射场的时域响应，可以发现涂层厚度 L 对电场幅值有很大的影响。由图 5.2(b)可知，在一定涂层厚度范围内，金属椭球的后向 RCS 会随着非磁化等离子体涂层厚度的增加而增大。

算例三：均匀等离子层涂覆金属球的后向 RCS。

金属球半径为 0.1 m，FDTD 网格尺寸 $\delta = 0.003\,3\ \mathrm{m}$，VV 极化入射波为时域高斯脉冲，沿 z 轴入射。均匀等离子体涂层厚度分别取 3δ、5δ、7δ、10δ，计算参数参考文献[36]中的数据。图 5.3 给出了电子密度和碰撞频率一定时，等离子体涂层厚度对金属球后向 RCS 的影响。图 5.3(a)中，等离子体中电子的碰撞频率

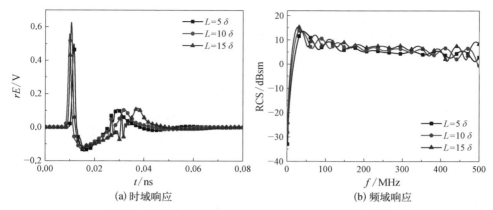

(a) 时域响应　　　　　　　　　　(b) 频域响应

图 5.2　均匀非磁化等离子体涂覆金属椭球的后向 RCS

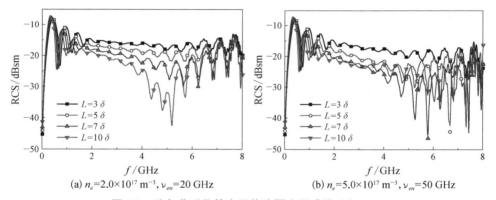

(a) $n_e = 2.0 \times 10^{17}\,\mathrm{m}^{-3}$, $\nu_{en} = 20\,\mathrm{GHz}$　　(b) $n_e = 5.0 \times 10^{17}\,\mathrm{m}^{-3}$, $\nu_{en} = 50\,\mathrm{GHz}$

图 5.3　均匀非磁化等离子体涂覆金属球的后向 RCS

为 $\nu_{en} = 20\,\mathrm{GHz}$，电子密度为 $n_e = 2.0 \times 10^{17}\,\mathrm{m}^{-3}$，图 5.3（b）中等离子体碰撞频率为 $\nu_{en} = 50\,\mathrm{GHz}$，电子密度为 $n_e = 5.0 \times 10^{17}\,\mathrm{m}^{-3}$。图 5.3 中可以看出：① 低频端（$f < 1.5\,\mathrm{GHz}$），等离子体涂层不能减小金属球的后向 RCS，这是由等离子体高通滤波的特性决定的；② 在一定涂层厚度范围内，电子密度和碰撞频率一定时，金属球的后向 RCS 随涂层厚度的增加而减小，但超过某个厚度之后，RCS 随涂层厚度增加而减小的趋势逐渐变缓，甚至会增大。这表明，利用等离子体涂覆实现目标隐身时，等离子体涂层厚度需要进行优化；③ 涂覆目标的 RCS 与等离子体特性（电子密度、碰撞频率等）有关，随着等离子体电子密度和碰撞频率减小，要达到同样的隐身效果，等离子体涂层厚度需增加。

算例四：非均匀非磁化等离子体涂覆金属球的后向 RCS。

金属球半径为 $a = 0.1\,\mathrm{m}$，FDTD 网格尺寸 $\delta = 0.003\,3\,\mathrm{m}$，等离子体厚度为 $L =$

15δ，时间步长 $\Delta t = \delta/(2c)$，入射波采用高斯脉冲波，等离子体电子密度从最外缘的零值沿径向向内呈抛物线递增，至金属球表面达到最大值 n_e，数学表达式为[36,37]

$$n_e(r) = n_e\left[\frac{-(r-a-L)^2 - 2d(r-a-L)}{d^2}\right] \quad (5.29)$$

式中，a 为金属球半径；L 为等离子体涂层厚度；r 为径向变量。

图 5.4 给出了不同电子密度和碰撞频率下，均匀与非均匀非磁化等离子体涂覆金属球的后向 RCS 结果。图 5.4(a) 中，等离子体碰撞频率为 $\nu_{en} = 20\ \mathrm{GHz}$，电子密度为 $n_e = 2.0 \times 10^{17}\ \mathrm{m}^{-3}$。图 5.4(b) 中，等离子体碰撞频率为 $\nu_{en} = 50\ \mathrm{GHz}$，电子密度为 $n_e = 5.0 \times 10^{17}\ \mathrm{m}^{-3}$。从图 5.4 中可以发现，在同样的涂层厚度和等离子体碰撞频率下，非均匀等离子体涂层有更好的隐身效果。因为非均匀等离子体涂层呈渐变不连续性分布，电磁波能量进入等离子体内部后，将被不断地折射、吸收与衰减，使得目标回波减小，从而达到较好的隐身效果。

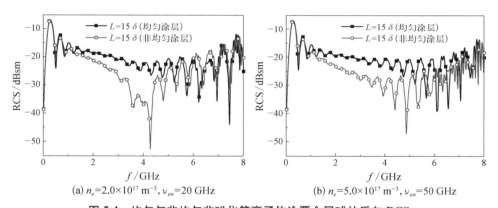

(a) $n_e = 2.0 \times 10^{17}\ \mathrm{m}^{-3}$，$\nu_{en} = 20\ \mathrm{GHz}$　　(b) $n_e = 5.0 \times 10^{17}\ \mathrm{m}^{-3}$，$\nu_{en} = 50\ \mathrm{GHz}$

图 5.4　均匀与非均匀非磁化等离子体涂覆金属球的后向 RCS

5.2　时变等离子体鞘套包覆目标的电磁散射特性

本节采用 5.1 节中介绍的 FDTD 方法，针对高超声速等离子体鞘套中的动态时变特性，进行高超声速等离子体鞘套包覆目标的电磁散射计算。

5.2.1　三维等离子体鞘套的时变模型

以金属钝锥为例，图 5.5 给出了三维金属钝锥包覆时变等离子体的模型示意图。金属钝锥的长度为 1 m,底面半径为 0.25 m,等离子体层厚度为 0.1 m。入射的电磁波迎着钝锥方向,θ 为电磁波的入射角。

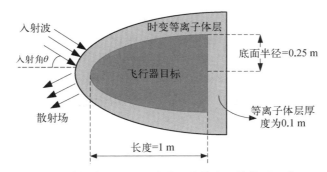

图 5.5　高超声速飞行器及其时变等离子体模型示意图

计算中,等离子体频率、温度和压强均取为随时间变化的函数,即

$$\omega_p(t) = \omega_{p\max}(1 - e^{t/k}), \quad 0 \leqslant t \leqslant t_0 \tag{5.30}$$

$$T(t) = T_{\max}(1 - e^{t/k}), \quad 0 \leqslant t \leqslant t_0 \tag{5.31}$$

$$P(t) = P_{\max}(1 - e^{t/k}), \quad 0 \leqslant t \leqslant t_0 \tag{5.32}$$

式中,$\omega_{p\max}$ 是等离子体最高频率;$T_{\max}$ 和 $P_{\max}$ 分别是等离子体鞘套中温度和压强的峰值;t 为时间,在这里模拟的是 $0 \sim 500$ ms($t_0 = 500$ ms)的变化过程;k 是一个控制等离子体参数随时间变化快慢的参量。

ω_p、T 和 P 随时间的变化如图 5.6 所示。等离子体参数设置如下:等离子体最高频率 $\omega_{p\max} = 20$ GHz,等离子体最高温度为 $T_{\max} = 3\ 000$ K,最大压强 $P_{\max} = 1$ atm,碰撞频率 ν_{en} 由经验公式可得[38]:$\nu_{en} = 5.8 \times 10^{12} T^{-1/2} P$,外加磁场 $B_0 = 0.114$ T。

5.2.2　时变参数对等离子体鞘套电磁散射特性的影响

建立三维时变等离子体鞘套模型,并采用 JEC-FDTD 法,利用式(5.28)计算 5.2.1 节目标的后向 RCS。其中,FDTD 计算条件如下:网格长度 $\Delta x = \Delta y = \Delta z = \delta = 0.008\ 3$ m,时间步长 $\Delta t = \delta/(2c)$,其中 $c = 3 \times 10^8$ m/s,表示真空中的光速。入射波为微分高斯脉冲,分别分析 0°、30° 和 60° 入射角情况下时变等离子体的电磁散射特性,并总结了 L 波段和 S 波段随时间的变化规律。

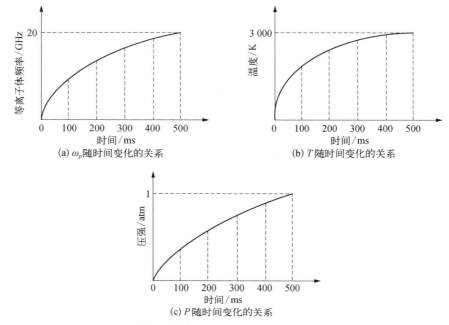

图 5.6 等离子体频率、温度和压强随时间的变化规律

1. 0°入射时变等离子体的电磁散射特性分析

以下分别计算 5 个不同时刻(0 ms、50 ms、100 ms、150 ms 和 200 ms)的后向 RCS,其结果如图 5.7 所示。

图 5.7 为时变等离子体在 5 个不同时刻的后向 RCS,其中,图 5.7(a)(情形 1):只考虑等离子体频率随时间变化的 RCS;图 5.7(b)(情形 2):考虑等离子体频率和温度同时随时间变化的 RCS;图 5.7(c)(情形 3):等离子体频率、温度和压强都随时间变化的 RCS。从图中可以看出,RCS 呈现出周期振荡的趋势,这是由于电子和离子的周期振荡引起共振,等离子体频率受到电子密度的影响而产生周期振荡,散射场 $E_s(t)$ 也出现多次振荡,导致多个峰值出现。另外,图 5.7 中 RCS 的趋势大体都是随着时间的增加而减小,由式(5.30)~式(5.32)可知,$\omega_{p\max}$、$T_{\max}$ 和 $P_{\max}$ 都随时间逐渐增大,在 200 ms 时刻,这些参数都取得最大值。等离子体频率和碰撞频率的增大都会加强整个等离子体层对电磁波能量的吸收,这样就导致 RCS 的值随着时间逐渐减小。

图 5.8 分别给出了 L 波段和 S 波段下三种不同情形的后向 RCS 结果。表 5.1 给出的是 0°入射时,L 波段和 S 波段 RCS 的最大值、最小值和稳定后的值。对于 L 波段,情形 1~情形 3 所得的 RCS 的最大值和最小值分别相差

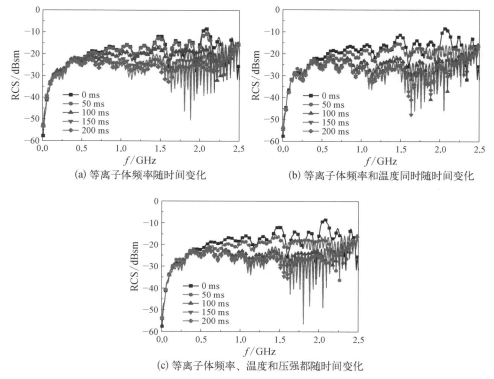

(a) 等离子体频率随时间变化　　　　(b) 等离子体频率和温度同时随时间变化

(c) 等离子体频率、温度和压强都随时间变化

图 5.7　入射角为 0° 时 5 个时刻的后向 RCS

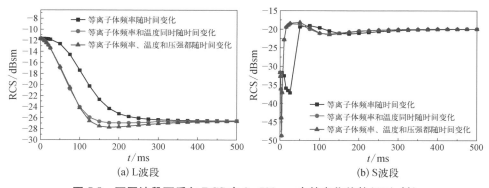

(a) L 波段　　　　　　　　(b) S 波段

图 5.8　不同波段下后向 RCS 在 0~500 ms 内的变化趋势(0°入射)

−14.86 dBsm、−15.28 dBsm 和−16.04 dBsm。随着时间的增长,情形 1~情形 3 的 RCS 值最终会收敛于−26.6 dBsm 附近。对于 S 波段,三种情形下的 RCS 最大值和最小值的差值分别为−18.12 dBsm、−30.22 dBsm 和−30.60 dBsm,并且这三种情形下,RCS 值都会随时间收敛于−19.96 dBsm 附近。从稳定后的 RCS 值来看,

S 波段对电磁散射特性的影响要明显大于 L 波段。

表 5.1　0° 入射情况下 L 波段和 S 波段的后向 RCS

图　号	波段	入射角/(°)		RCS 的最小值/最大值/dBsm	稳定后的 RCS/dBsm
图 5.8(a)	L	0	情形 1	−26.55/−11.69	−26.55
			情形 2	−26.97/−11.69	−26.59
			情形 3	−27.73/−11.69	−26.61
图 5.8(b)	S	0	情形 1	−37.15/−19.03	−19.96
			情形 2	−48.75/−18.53	−19.96
			情形 3	−48.73/−18.13	−19.94

2. 30° 入射时变等离子体的电磁散射特性分析

电磁波入射角为 30° 时，分别计算了 5 个不同时刻(0 ms、50 ms、100 ms、150 ms 和 200 ms)的后向 RCS。图 5.9 总结了 0~200 ms 过程中后向 RCS 随时间的变化趋势。

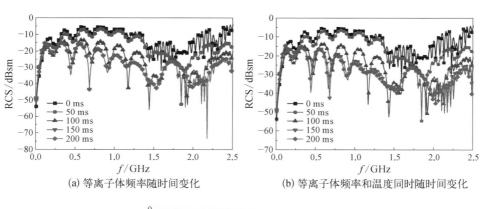

(a) 等离子体频率随时间变化　　　　(b) 等离子体频率和温度同时随时间变化

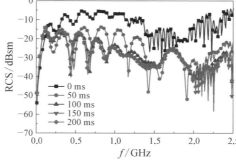

(c) 等离子体频率、温度和压强都随时间变化

图 5.9　入射角为 30° 时 5 个时刻的后向 RCS

图 5.9 和图 5.10 给出了电磁波以 30° 入射到时变等离子体时的散射特性曲线。在计算中，分别考虑了等离子体 $\omega_{p\max}$、$T_{\max}$ 和 $P_{\max}$ 在三种情形下的时变因素。从图 5.9 可以看出，5 个时刻的后向 RCS 值的变化趋势与图 5.7 所得的结果基本一致。但是，当电磁波以 30° 角入射时，5 个时刻的后向 RCS 值会比 0° 角入射时略大。此外，RCS 的周期振荡幅值也变得更加明显，这表明入射角的改变会影响 RCS 的振荡幅值。

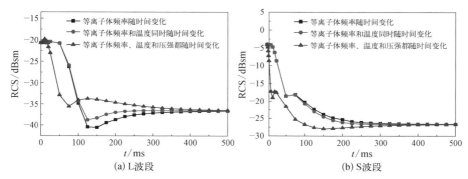

图 5.10　不同波段下后向 RCS 在 0～500 ms 内的变化趋势（30° 入射）

表 5.2 列出的是 30° 入射时，L 波段和 S 波段下后向 RCS 的最大值、最小值和稳定后的值。情形 1：只考虑等离子体频率随时间变化的 RCS；情形 2：考虑等离子体频率和温度同时随时间变化的 RCS；情形 3：等离子体频率、温度和压强都随时间变化的 RCS。对于 L 波段，情形 1～情形 3 所得 RCS 的最大值和最小值分别相差 −20.18 dBsm、−18.42 dBsm 和 −16.72 dBsm。而随着时间的增长，情形 1～情形 3 中的 RCS 值最终会收敛于 −36.60 dBsm 附近。对于 S 波段，三种情形下，RCS 最大值和最小值的差分别为 −22.65 dBsm、−22.69 dBsm 和 −23.93 dBsm，并且这三种情形的 RCS 都会随时间收敛于 −26.69 dBsm 附近。从图 5.10 可知，L 波段的收敛时间大约为 420 ms，而 S 波段的收敛时间大约为 350 ms，因此高频段时 RCS 更容易达到收敛值。

表 5.2　30° 入射情况下 L 波段和 S 波段的后向 RCS 值

图　号	波段	入射角/(°)	RCS 的最小值/最大值 /dBsm	稳定后的 RCS /dBsm
			情形 1　　−40.56/−20.38	−36.69
图 5.10(a)	L	30	情形 2　　−38.80/−20.38	−36.63
			情形 3　　−36.50/−19.78	−36.50

（续表）

图　号	波段	入射角/(°)		RCS 的最小值/最大值 /dBsm	稳定后的 RCS /dBsm
图 5.10(b)	S	30	情形 1	−26.66/−4.01	−26.66
			情形 2	−26.70/−4.01	−26.69
			情形 3	−27.94/−4.01	−26.74

3. 60°入射时变等离子体的电磁散射特性分析

图 5.11 给出了入射波在 60°角情况下（0 ms、50 ms、100 ms、150 ms 和 200 ms）5 个时刻的后向 RCS 结果。而图 5.12 分别给出了 60°入射情形下，后向 RCS 在 0~500 ms 范围内的变化趋势。

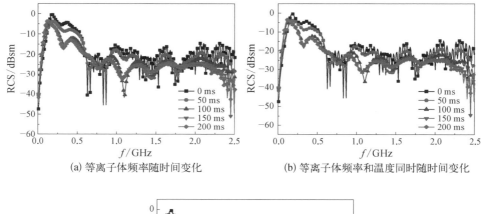

(a) 等离子体频率随时间变化　　　　　(b) 等离子体频率和温度同时随时间变化

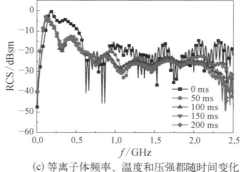

(c) 等离子体频率、温度和压强都随时间变化

图 5.11　入射角为 60°时 5 个时刻的后向 RCS

当等离子体参数随时间逐渐增大时，RCS 会降低。对比图 5.8、图 5.10 和图 5.12 可以看出，考虑等离子体中温度和压强的时变因素所得的 RCS 小于只考虑等离子体时变的 RCS。由图 5.12 可知，等离子体中考虑温度和压强的变化时会

对 RCS 产生很大的影响。且随着入射角逐渐增大,RCS 的振荡幅值会明显增大。

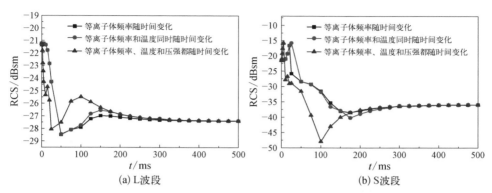

图 5.12　不同波段下后向 RCS 在 0~500 ms 内的变化趋势(60°入射)

表 5.3 给出了入射角为 60°情况下,RCS 的最小值、最大值和稳定值。情形 1:只考虑等离子体频率随时间变化的 RCS;情形 2:考虑等离子体频率和温度同时随时间变化的 RCS;情形 3:等离子体频率、温度和压强都随时间变化的 RCS。在 L 波段,情形 1~情形 3 中最大值和最小值之间分别相差为−7.26 dBsm、−7.23 dBsm 和 − 6.83 dBsm。随着时间增加,三种情形下的稳定值会达到 −27.40 dBsm。对比并分析 0°、30°和 60°的数据表明,在时变等离子体中的传播过程中,电磁波的波段越高,受到等离子体的影响也就会越大。从散射强度来看,当电磁波的入射角为 0°时,S 波段的散射强度高于 L 波段,而当电磁波的入射角为 30°和 60°时则出现了相反的情况。这表明在时变等离子体中,电磁波的散射强度与入射角度有关。

表 5.3　60°入射情况下 L 波段和 S 波段后向 RCS 值

图　号	波段	入射角/(°)		RCS 的最小值/最大值/dBsm	稳定后的 RCS/dBsm
图 5.12(a)	L	60	情形 1	−28.49/−21.23	−27.40
			情形 2	−28.46/−21.23	−27.40
			情形 3	−28.06/−21.23	−27.40
图 5.12(b)	S	60	情形 1	−38.44/−21.50	−35.91
			情形 2	−40.17/−21.50	−35.94
			情形 3	−47.91/−21.50	−35.92

5.2.3 外加磁场对时变等离子体鞘套电磁散射特性的影响

为了研究在外加磁场作用下时变等离子体鞘套对电磁波散射特性的影响。以下分别计算了 0°、30° 和 60° 三种入射角情况下,时变等离子体中回旋频率 ω_{ce} 分别为 0 GHz、5 GHz 和 10 GHz 时的后向 RCS。在计算中,最高等离子体温度为 3 000 K,最大压强为 1 atm。物理计算模型如图 5.5 所示,计算结果如图 5.13~图 5.15 所示。

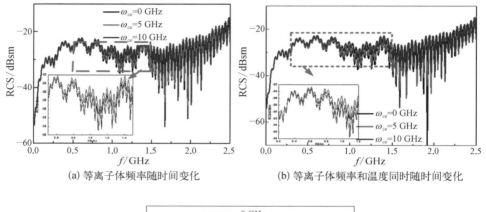

(a) 等离子体频率随时间变化　　　　　(b) 等离子体频率和温度同时随时间变化

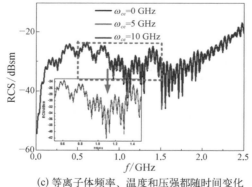

(c) 等离子体频率、温度和压强都随时间变化

图 5.13　入射角为 0°情况下不同外加磁场对 RCS 的影响

图 5.13 给出了不同外加磁场 ω_{ce} 下等离子体各个参数随时间变化的 RCS 特性。图 5.13(a) 为只考虑等离子体频率随时间变化的 RCS;图 5.13(b) 是考虑等离子体频率和温度同时随时间变化的 RCS;图 5.13(c) 为等离子体频率、温度和压强都随时间变化的 RCS。从这三幅图中可以看出,RCS 会随着 ω_{ce} 的增大而略微增大。这是因为随着外加磁场作用的增强,磁场的洛伦兹力会减小等离子体中自由电子和离子的运动半径,这样就减小了等离子体中各个粒子之间的碰撞

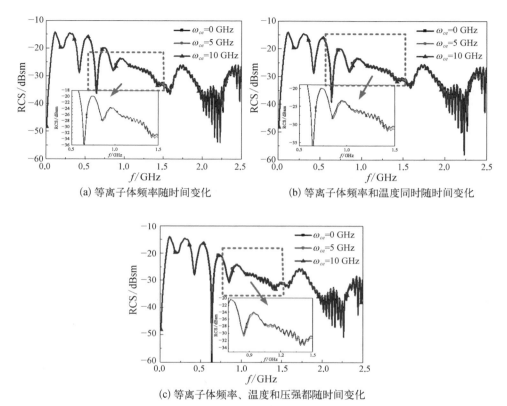

(a) 等离子体频率随时间变化　　　　(b) 等离子体频率和温度同时随时间变化

(c) 等离子体频率、温度和压强都随时间变化

图 5.14　入射角为 30°情况下不同外加磁场对 RCS 的影响

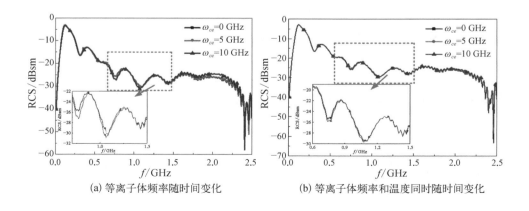

(a) 等离子体频率随时间变化　　　　(b) 等离子体频率和温度同时随时间变化

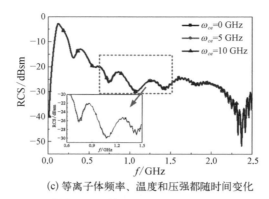

(c) 等离子体频率、温度和压强都随时间变化

图 5.15　入射角为 60°情况下不同外加磁场对 RCS 的影响

频率,从而减小了等离子体对电磁波能量的吸收,因此散射场的能量得到了提高,RCS 也会随之变大。当 ω_{ce} 无限增大后,增强的洛伦兹力会使自由电子和离子的运动半径变得更小,最终会被束缚在一个很小的运动空间区域,并被看成静止的,这样电磁波就能基本无损地穿透等离子体鞘套。另外,不同的 ω_{ce} 只对 RCS 的值有影响,对 RCS 分布曲线的趋势并没有影响。

图 5.14 和图 5.15 分别给出了入射角为 30°和 60°情况下,ω_{ce} 不同时对 RCS 的影响。对比图 5.13~图 5.15 可以看出,随着入射角的增大,RCS 整体幅值也会增大。当入射角为 0°时,三种情形对应的 RCS 最大值分别为 -15.78 dBsm、-16.10 dBsm 和 -16.80 dBsm。当入射角为 30°时,三种情形对应的 RCS 最大值分别为 -14.14 dBsm、-14.03 dBsm 和 -13.91 dBsm。当入射角为 60°时,三种情形对应的 RCS 最大值分别为 -2.92 dBsm、-2.84 dBsm 和 -2.75 dBsm。由此可见,随着入射角的增加,RCS 的值也会提高。但是无论入射角是 0°、30°还是 60°,外加磁场均没有改变 RCS 随频率的变化趋势。因此,在斜入射情况下,ω_{ce} 仍然只能影响 RCS 的幅值,不能改变 RCS 的变化趋势。

5.3　时空非均匀等离子体鞘套包覆目标的电磁散射特性

在研究等离子体鞘套的电磁散射特性问题时,飞行器自身具有高机动性,必然会导致其周围等离子体流场呈空间非均匀分布且随时间快速变化,这会给研究时空非均匀等离子体鞘套与电磁波的相互作用机理带来新的难题和挑战。实验表明,在高超声速飞行器的径向方向,等离子体鞘套具有明显的非均匀分布特征,且呈现出很大的梯度变化。例如,在 10 cm 的梯度范围内,其电子密度的变化可达 3 个数量级。因此,本节在 5.2 节的基础上,耦合等离子体鞘套的时域动态性及空域非均匀性,将三维时变等离子体鞘套拓展到三维时空非均匀等离子体,主要针对时空非均匀等离子体的电磁波散射特性开展分析和研究,利用 JEC-FDTD 法计算时空非均匀等离子体的后向 RCS,结合数值结果,总结和揭示时空非均匀等离子体对电磁散射的新特性和新规律。

5.3.1　三维时空非均匀等离子体鞘套的物理模型

本节利用 JEC-FDTD 法计算时空非均匀等离子体鞘套的后向 RCS,目标模型为三维金属钝锥、尖头锥模型,时空非均匀模型采用时间和空间的非耦合准静态模型来实现。对于空间非均匀问题,采用将等离子体流场模型进行分层处理的方式。对于时变问题,采用时变因子的方法来处理,即首先设一个等离子体电子密度 $n_e(t)$ 随时间变化的规律,然后将空间分层后的等离子体层乘以这个时变因子,即可得到等离子体分层后的时变规律。这里假设三种电子密度随时间的变化规律:电子密度随时间以高斯脉冲的形式变化,电子密度随时间以指数的形式变化(缓慢上升变化和缓慢下降变化)。

电子密度随时间以高斯脉冲的形式变化的函数表达式为

$$n_e(t) = n_{e\_\text{layer}(n)\_\max} A e^{-4\pi \frac{(t-t_0)^2}{\tau^2}}, \quad t_1 \leqslant t \leqslant t_2 \tag{5.33}$$

式中,t 表示时间;$t_0 = \tau/2$,τ 表示高斯脉冲的有效宽度,τ 越大,表示 $n_e(t)$ 随时间变化的速度越慢;A 表示高斯脉冲的峰值;$n_{e\_\text{layer}(n)\_\max}$ 表示每一层的最大电子密度。

缓慢变化指的是电子密度随时间以指数形式变化,包括缓慢上升和缓慢下降两种情况,其中缓慢上升的 $n_e(t)$ 函数表达式为

$$n_e(t) = n_{e\_\text{layer}(n)\_\max}(1 - e^{-t/k}), \quad 0 \leqslant t \leqslant t_0 \tag{5.34}$$

缓慢下降的 $n_e(t)$ 函数表达式为

$$n_e(t) = n_{e\_\text{layer}(n)\_\max} e^{-t/k}, \quad 0 \leqslant t \leqslant t_0 \tag{5.35}$$

式中,t 表示时间;k 表示控制电子密度随时间变化率的一个值,k 越大,表示

$n_e(t)$ 随时间变化得越慢。

三种时变因子 $[n_e(t)/n_{e\_layer(n)\_max}]$ 的示意图如图 5.16 所示。

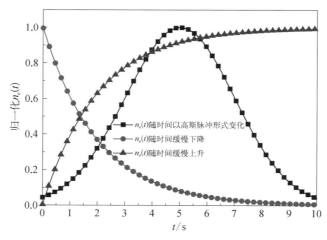

图 5.16 电子密度随时间以高斯脉冲形式变化、缓慢上升变化和缓慢下降变化

5.3.2 钝锥包覆时空非均匀等离子体鞘套的电磁散射特性

1. 钝锥及其等离子体鞘套模型的建立

钝锥三维模型的长度为 1 m，底面半径为 0.25 m，如图 5.17(a) 所示。图 5.17(b) 展现的是金属钝锥的 XOY 面投影图。利用 Fluent 软件对图 5.17 中的目标体模型进行流场仿真，其电子密度空间分布结果如图 5.18 所示。计算中等离子体鞘套的厚度为 10 cm，并且一共分为 20 层，入射波迎着钝锥头部入射，入射角为 θ。

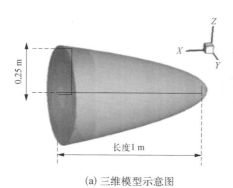

(a) 三维模型示意图　　　　　　　　　(b) XOY 面流场模型

图 5.17 钝锥三维模型及其 XOY 面投影图

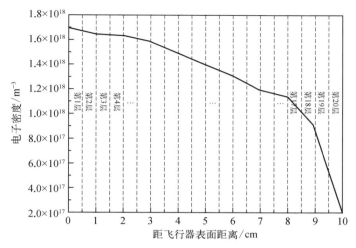

图 5.18　电子密度的空间分布及分层情况

2. 电子密度随时间呈指数变化的电磁散射特性分析

FDTD 计算中,网格长度 $\delta = 0.008\,3$ m。时间步长设为 $\Delta t = \delta/(2c)$,其中 c 为真空中的光速。在分析电子密度随时间的指数变化情况时,k 的取值分别为 1、2 和 3。图 5.19 和图 5.20 分别展示了归一化电子密度随时间缓慢上升和缓慢下降的过程,计算结果如图 5.21 和图 5.22 所示。

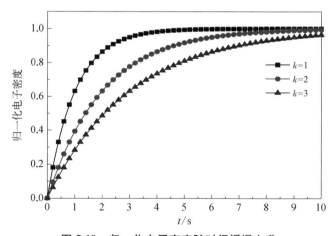

图 5.19　归一化电子密度随时间缓慢上升

图 5.21 和图 5.22 给出的是电子密度随时间呈指数变化的后向 RCS。从图中的结果可知,当 $k = 1$ 时得到的 RCS 最大,而 $k = 3$ 时得到的 RCS 最小。对比图

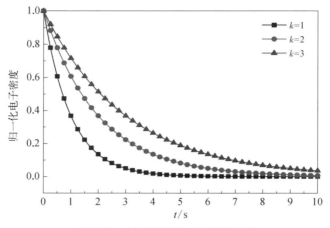

图 5.20　电子密度随时间缓慢下降

5.21 和图 5.22 可知,当电子密度的初始值相同时,电子密度的变化率越大,RCS 的结果就越大,因此 RCS 与电子密度的变化率有关。从整体上看,电子密度随时间缓慢上升时,RCS 值要比电子密度随时间缓慢下降时大,这与等离子体电子密度的初始值有关。当电子密度随时间缓慢上升时,等离子体鞘套中电子密度随时间从 0 逐渐增大到最大值;而电子密度随时间缓慢下降时,电子密度从最大值逐渐减小到 0,在一定时间内,电子密度随时间缓慢下降时对应的电子密度始终大于缓慢上升的情况。当电磁波穿透等离子体鞘套时,电子密度随时间缓慢下降时对应的时变等离子体会对电磁波吸收更多的能量,因此电子密度随时间缓慢上升时对应的 RCS 相对较小。

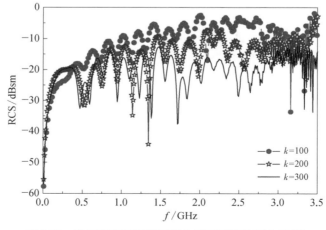

图 5.21　电子密度随时间缓慢上升时对应的后向 RCS

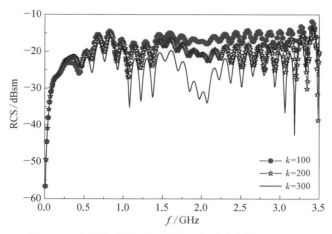

图 5.22　电子密度随时间缓慢下降时对应的后向 RCS

3. 电子密度随时间以高斯脉冲形式变化的电磁散射特性分析

当电子密度随时间以高斯脉冲形式变化时,分别计算不同峰值的高斯脉冲: $A = 1$、0.75、0.5 和不同宽度的高斯脉冲: $\tau = 5$、10、15,分别如图 5.23 和图 5.24 所示。在利用 FDTD 方法计算时,其计算条件与电子密度以指数形式变化的情况相同,计算结果如图 5.25 和图 5.26 所示。

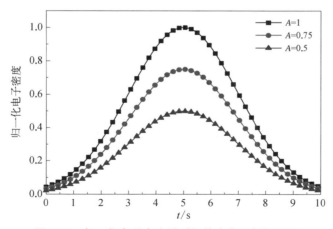

图 5.23　归一化电子密度随时间的变化(峰值不同)

如图 5.25 所示,选取不同峰值高斯脉冲,分析其对后向 RCS 影响。当 $A = 1$ 时, RCS 的值最大的,而 $A = 0.5$ 时得到的 RCS 值最小。当电子密度的初始值相同时,RCS 的变化与电子密度的变化率相关:电子密度的变化率越大,得到的

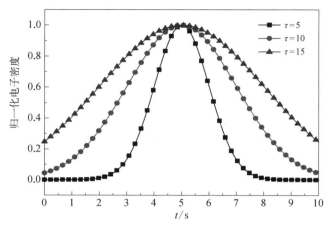

图 5.24　归一化电子密度随时间变化（宽度不同）

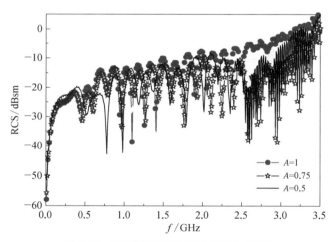

图 5.25　不同峰值高斯脉冲的后向 RCS

RCS 值也就越大，这与电子密度随时间缓慢变化时得到的结论是一致的。

图 5.26 给出的是不同宽度高斯脉冲对后向 RCS 的影响。对比图中三种情形可知，当 $\tau=5$ 时得到的 RCS 值要大于其余两种情形，然而，$\tau=10$ 和 $\tau=15$ 两种情形下的 RCS 值差别却不大。出现这种现象主要与电子密度初始值和变化率有关，分析图 5.26 可以发现，当 $\tau=5$ 时，电子密度的初始值最小但变化率却最大，根据图 5.25 和图 5.26 得到的结论可知，$\tau=5$ 对应的 RCS 值是最大的。另外，$\tau=15$ 对应的 RCS 值比 $\tau=10$ 情形的略大，其原因是两者之间的电子密度变化率十分接近。又由于 $\tau=10$ 情形下电子密度的初始值比 $\tau=15$ 时小，因此 $\tau=$

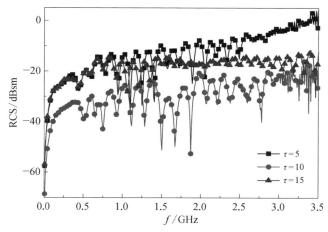

图 5.26　不同宽度高斯脉冲的后向 RCS

15 时的 RCS 值相对略大。

4. RCS 随时间的变化特性分析

在讨论时空非均匀等离子体鞘套的电磁散射特性时，进一步分析 RCS 随时间变化的曲线：① 高斯脉冲变化；② 缓慢上升变化；③ 缓慢下降变化。

图 5.16 所示为电子密度随时间变化。这里，每隔 0.25 s 处选取一个 RCS 值，一共选取了 40 个点来组成变化曲线以观察 RCS 随时间的变化特性，并且对于每一种情形都对应选择了 L 波段和 S 波段的 RCS 值，其结果分别如图 5.27 ~ 图 5.29 所示。

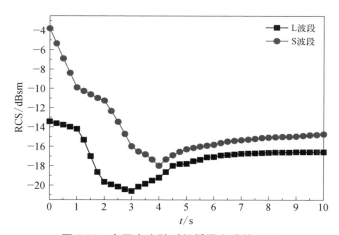

图 5.27　电子密度随时间缓慢上升的 RCS

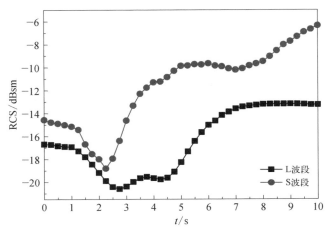

图 5.28　电子密度随时间缓慢下降的 RCS

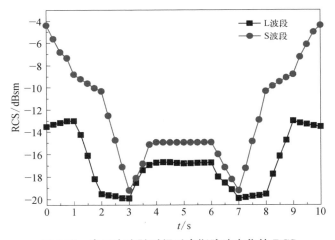

图 5.29　电子密度随时间以高斯脉冲变化的 RCS

　　图 5.27～图 5.29 分别给出了 L 波段和 S 波段下三种时变电子密度对应的 RCS 随时间的变化结果。从图中可知,每个图的 L 波段和 S 波段下对应的 RCS 随时间变化的趋势基本是一致的,但是 S 波段的 RCS 都明显大于 L 波段,这说明在时空非均匀等离子体中,相比高频入射波,低频入射波要被等离子体吸收更多的能量。

　　对比图 5.16 和图 5.27～图 5.29 可知,RCS 随时间的变化规律与电子密度随时间的变化率 $[\,|\,\mathrm{d}n_e(t)/\mathrm{d}t\,|\,]$ 密切相关。图 5.27 给出的是电子密度随时间缓

慢上升的结果,对应图 5.16 中 $n_e(t)$ 随时间缓慢上升曲线,等离子体频率随时间的变化对 RCS 随时间的变化趋势影响很大。电子密度在单位时间内变化越快,RCS 的值变化也越明显,RCS 值首先快速减小,随后逐渐增大,且随着电子密度随时间的变化趋势逐渐平缓,RCS 的变化也逐渐趋于平缓,这说明 RCS 随时间的变化情况与 $|\mathrm{d}n_e(t)/\mathrm{d}t|$ 相关。如果 $|\mathrm{d}n_e(t)/\mathrm{d}t|$ 比较大,那么 RCS 随时间变化也会比较明显。

图 5.28 给出的是电子密度随时间缓慢下降的结果,对应图 5.16 中 $n_e(t)$ 随时间缓慢下降曲线。分析图 5.28 可知,在 $0\sim 5\,\mathrm{s}$ 内,随着 $|\mathrm{d}n_e(t)/\mathrm{d}t|$ 变化,RCS 也明显产生了很大的变化。在 $5\,\mathrm{s}$ 之后,RCS 值的变化随时间增加而逐渐趋于平稳。

图 5.29 给出 RCS 随时间以高斯脉冲变化的结果,对应图 5.16 中 $n_e(t)$ 以脉冲形式变化曲线。从图 5.16 可以看出,$|\mathrm{d}n_e(t)/\mathrm{d}t|$ 被分为 5 个部分:① $0\sim 2\,\mathrm{s}$,电子密度随时间逐渐上升;② $2\sim 3\,\mathrm{s}$,电子密度随时间快速上升;③ $3\sim 7\,\mathrm{s}$,电子密度随时间逐渐上升后逐渐下降;④ $7\sim 8\,\mathrm{s}$,电子密度随时间快速下降;⑤ $8\sim 10\,\mathrm{s}$,电子密度随时间逐渐下降。与之相对应的,图 5.29 中 RCS 随时间的变化也大致出现了 5 个阶段($0\sim 2\,\mathrm{s}$、$2\sim 3\,\mathrm{s}$、$3\sim 7\,\mathrm{s}$、$7\sim 8\,\mathrm{s}$ 和 $8\sim 10\,\mathrm{s}$)的变化,这充分说明了 RCS 的时变规律与 $|\mathrm{d}n_e(t)/\mathrm{d}t|$ 密切相关。

5.3.3　时空非均匀等离子体鞘套参数下的电磁散射特性

时空非均匀等离子体鞘套中除了时变参数对电磁散射有影响外,等离子体自身参数及其他外在因素都会对电磁波的散射产生很大的影响,如等离子体鞘套中的电子密度、温度、压强,以及外加磁场和电磁波的入射角等。因此,为了进一步研究时空非均匀等离子体鞘套的电磁特性,可以利用等离子体鞘套中碰撞频率的经验公式,来分析温度、压强、等离子体回旋频率和电磁波的入射角等对电磁散射特性的影响。对于电子密度的空间分布,采用 NASA RAM-C 再入试验中 $71\,\mathrm{km}$ 处的电子密度分布数据,如图 5.30 所示。对于时变因子,这里采用指数上升的变化形式。

根据再入飞行器等离子体鞘套中碰撞频率的经验公式可以得到碰撞频率与温度和压强的关系,在利用 JEC-FDTD 法计算时空非均匀等离子体中温度、压强、入射角和外加磁场的后向 RCS 时,其 FDTD 计算条件如下:网格长度 $\delta = 0.008\,3\,\mathrm{m}$,时间步长设为 $\Delta t = \delta/(2c)$,其中 c 为真空中的光速,其余计算参数如表 5.4 所示,计算结果分别如图 5.31~图 5.34 所示。

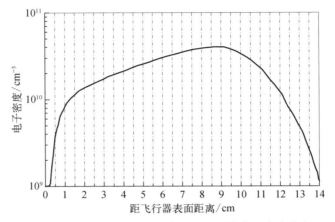

图 5.30　RAM-C 再入试验中 71 km 处的电子密度分布

表 5.4　不同算例的计算参数

图　号	$P\times10^3/\mathrm{Pa}$	$T\times10^3/\mathrm{K}$	$\theta/(°)$	ω_{ce}/GHz
图 5.31	0.3、0.5、1、1.5、3	2	0	25
图 5.32	1	1、1.5、2、2.5、3	0	25
图 5.33	1	2	0、15、30、45、60	25
图 5.34	1	2	0	0、25、50、75、100

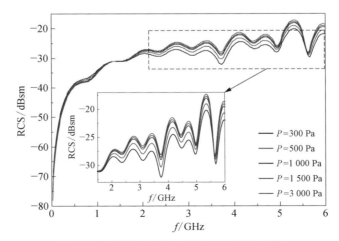

图 5.31　等离子体鞘套压强对 RCS 的影响

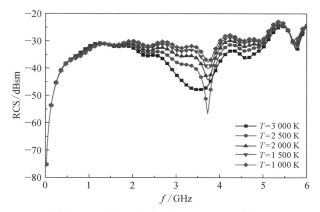

图 5.32　等离子体鞘套温度对 RCS 的影响

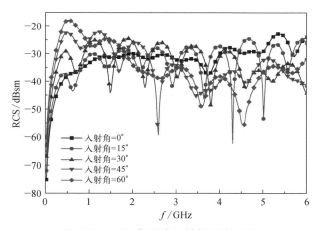

图 5.33　不同电磁波入射角下的 RCS

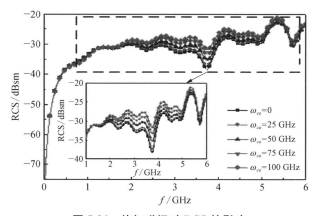

图 5.34　外加磁场对 RCS 的影响

图 5.31 和图 5.32 计算的是不同压强和温度时的 RCS, 取值分别为 $P=$ 300 Pa、500 Pa、1 000 Pa、1 500 Pa 和 3 000 Pa; 温度 $T=1\,000\,K$、1 500 K、2 000 K、2 500 K 和 3 000 K。从图中可以看出, 在低频段(0~1.5 GHz), 温度和压强越大, RCS 的值就越小。这是因为随着等离子体鞘套中温度和压强的增大, 等离子体对电磁波的共振吸收作用和碰撞吸收作用会变得很大, 导致大部分电磁波的能量被吸收, RCS 会减小。当入射波频率在 1.5~6 GHz 时出现了相反的现象: 等离子体鞘套中的温度和压强越大, RCS 也越大。另外, 随着入射波频率的增加, RCS 的值也有增大的趋势。

图 5.33 和图 5.34 计算了不同电磁波入射角和等离子体回旋频率下的 RCS。计算中电磁波入射角分别选取 0°、15°、30°、45° 和 60°; 等离子体回旋频率分别为 0 GHz、25 GHz、50 GHz、75 GHz 和 100 GHz。分析图 5.33 可知, 电磁波入射角的变化会影响 RCS 的振荡幅值。电磁波入射角越大, RCS 的变化范围就越大, 当电磁波入射角为 0° 时, 1~6 GHz 频段内 RCS 值的差别大约为 13 dBsm; 而当入射角为 60° 时, 1~6 GHz 频段内 RCS 值的差别大约为 41 dBsm。另外, 当电磁波入射角为 0° 和 15° 时, RCS 值随着电磁波入射波频率的增大而增大, 这充分说明了电磁波入射角的变化与 RCS 有密切关系。从图 5.34 来看, 随着等离子体回旋频率的增大, RCS 有明显的增大, 这是因为随着外加磁场的增大, 等离子体中自由电子和离子的运动半径会减小, 从而减少了离子和自由电子之间的相互碰撞, 对电磁波能量的吸收也就减弱了, 导致散射场能量增大, 因此 RCS 会增大。

5.4　时空非均匀弱电离尘埃等离子体鞘套包覆目标的电磁散射特性

随着飞行器表面温度的快速上升, 飞行器表面烧蚀后产生的尘埃颗粒会与等离子体流场中的自由电子和离子混合在一起, 组成具有新电磁特性的等离子体, 即尘埃等离子体。尘埃颗粒的自身半径大小一般为 $10^{-9}\sim10^{-5}$ m, 带电量一般为 $10^{3}\sim10^{5}$ C[39]。尘埃等离子体受到其自身"充电效应"[40]的影响, 形成比一般等离子体更加复杂的等离子体系统。对弱电离尘埃等离子体的研究兴起于 20 世纪 80 年代, 在我国起步于 90 年代, 相关人员针对尘埃等离子体与电磁波相互作用、空间尘埃等离子体和尘埃等离子体中的电磁波相变、尘埃结构及涡旋尘埃等一系列问题开展了研究。本节主要从弱电离弱碰撞尘埃等离子体与电磁波的相互作用机理出发,研究时空非均匀尘埃等离子体鞘套对电磁波散射特性的影响,通过引入弱电离弱碰撞尘埃等离子体的理论模型,结合修正后的 ADE-FDTD 法计算三维钝锥包覆时空非均匀尘埃等离子体鞘套的后向 RCS 值。

5.4.1　时空非均匀尘埃等离子体的理论模型

"冷"等离子体鞘套的温度一般在 3 000~10 000 K,因此由于飞行器表面烧蚀而产生的尘埃密度一般都远小于等离子体中的电子和离子。通过对 Boltzmann 方程和 Shukla 方程进行求解,可以得到弱电离弱碰撞情况下尘埃等离子体的介电常数表达形式[41]:

$$\varepsilon_r(\omega) = 1 - \frac{\omega_p^2}{\omega^2 + \nu^2} + \frac{c\eta_{ed}(\nu_{ch} + \nu)}{\varepsilon_0(\omega^2 + \nu^2)(\omega^2 + \nu_{ch}^2)}$$
$$+ i\frac{1}{\varepsilon_0\omega}\left[\frac{\varepsilon_0\omega_p^2\nu}{(\omega^2 + \nu^2)} + \frac{c\eta_{ed}(\omega^2 - \nu_{ch}\nu)}{(\omega^2 + \nu^2)(\omega^2 + \nu_{ch}^2)}\right] \tag{5.36}$$

式中, $\omega_p = \sqrt{n_e(r,t)e^2/m_e\varepsilon_0}$,表示等离子体频率,电子的电量 $e = 1.6 \times 10^{-19}$ C,电子的质量 $m_e = 9.1 \times 10^{-31}$ kg; ν 表示有效碰撞频率; ν_{ch} 表示尘埃电荷弛豫速率; η_{ed} 表示尘埃等离子体的充电因子。

$$\eta_{ed} = e^2\pi r_d^2 n_e(r,t)n_d/m_e \tag{5.37}$$

这里,只针对电子密度的时间和空间非均匀性进行研究(尘埃密度远小于电子密度,因此将尘埃密度看作均匀状态)。

当使用 ADE-FDTD 法处理各向异性介质时,等离子体的本构关系可以表示为

$$\boldsymbol{D}(\omega) = \varepsilon(\omega)\boldsymbol{E}(\omega) \tag{5.38}$$

式(5.38)可以写为

$$\boldsymbol{D}(\omega) = \varepsilon_0[\varepsilon_\infty + \chi(\omega)]\boldsymbol{E}(\omega) \tag{5.39}$$

式中, $\varepsilon_\infty = 1$; $\chi(\omega)$ 为极化函数。

在 Drude 模型下,各向异性的介电常数可以表示为

$$\varepsilon(\omega) = \varepsilon_0[\varepsilon_\infty + \chi(\omega)] \tag{5.40}$$

$\chi(\omega)$ 可以写为

$$\chi(\omega) = [p_1(i\omega) + p_0] / [q_3(i\omega)^3 + q_2(i\omega)^2 + q_1(i\omega)] \tag{5.41}$$

其中,

$$p_0 = \omega_p^2(r, t) \nu_{ch} - c\eta_{ed}/\varepsilon_0, \quad p_1 = \omega_p^2(r, t) \tag{5.42}$$
$$q_1 = \nu\nu_{ch}, \quad q_2 = \nu + \nu_{ch}, \quad q_3 = 1$$

电流密度可以定义为

$$q_3 \frac{\partial^2 \boldsymbol{J}}{\partial t^2} + q_2 \frac{\partial \boldsymbol{J}}{\partial t} + q_1 \boldsymbol{J} = \varepsilon_0 p_1 \frac{\partial \boldsymbol{E}}{\partial t} + \varepsilon_0 p_0 \boldsymbol{E} \tag{5.43}$$

结合麦克斯韦方程组(5.1)和(5.2),可得一维情况下弱电离尘埃等离子体的电场和磁场的 FDTD 迭代公式[42]:

$$E_x^{n+1}(i) = E_x^n(i) - \frac{\Delta t}{\varepsilon_0 \Delta z} \left\{ \left[H_y^{n+1/2}\left(i + \frac{1}{2}\right) - H_y^{n+1/2}\left(i - \frac{1}{2}\right) \right] + J_x^{n+1/2}\left(i + \frac{1}{2}\right) \Delta z \right\} \tag{5.44}$$

$$H_y^{n+1/2}\left(i + \frac{1}{2}\right) = H_y^{n-1/2}\left(i + \frac{1}{2}\right) - \frac{\Delta t}{\mu_0 \Delta z} [E_x^n(i + 1) - E_x^n(i)] \tag{5.45}$$

$$J_x^{n+3/2}\left(i + \frac{1}{2}\right) = \frac{\begin{bmatrix} (2q_3 + \Delta t q_2) J_x^{n+1/2}(i + 1/2) - q_3 J_x^{n-1/2}(i + 1/2) \\ + \Delta t(\varepsilon_0 p_1 + \Delta t \varepsilon_0 p_0) E_x^{n+1}(i) - \Delta t \varepsilon_0 p_1 E_x^n(i) \end{bmatrix}}{q_3 + \Delta t q_2 + \Delta t^2 q_1} \tag{5.46}$$

将式(5.44)~式(5.46)拓展到三维可得

$$E_x^{n+1}\left(i + \frac{1}{2}, j, k\right) = E_x^n\left(i + \frac{1}{2}, j, k\right)$$
$$- \frac{\Delta t}{\varepsilon_0 \delta} \left\{ \begin{bmatrix} H_z^{n+1/2}\left(i + \frac{1}{2}, j + \frac{1}{2}, k\right) - H_z^{n+1/2}\left(i + \frac{1}{2}, j - \frac{1}{2}, k\right) \\ - H_y^{n+1/2}\left(i + \frac{1}{2}, j, k + \frac{1}{2}\right) + H_z^{n+1/2}\left(i + \frac{1}{2}, j, k - \frac{1}{2}\right) \end{bmatrix} \\ + J_y^{n+1/2}\left(i + \frac{1}{2}, j, k\right) \delta \right\} \tag{5.47}$$

$$H_x^{n+1/2}\left(i,\, j+\frac{1}{2},\, k+\frac{1}{2}\right) = H_x^{n-1/2}\left(i,\, j+\frac{1}{2},\, k+\frac{1}{2}\right)$$

$$+\frac{\Delta t}{\mu_0 \Delta z}\left[\begin{array}{l} E_y^n\left(i,\, j+\frac{1}{2},\, k+1\right) - E_y^n\left(i,\, j+\frac{1}{2},\, k\right) \\ - E_z^n\left(i,\, j+1,\, k+\frac{1}{2}\right) + E_z^n\left(i,\, j,\, k+\frac{1}{2}\right) \end{array}\right]$$

$$(5.48)$$

$$J_x^{n+1/2}\left(i+\frac{1}{2},\, j,\, k\right) = \frac{\left[\begin{array}{l} (2q_3 + \Delta t q_2)J_z^{n+1/2}\left(i+\frac{1}{2},\, j,\, k\right) - q_3 J_y^{n-1/2}\left(i+\frac{1}{2},\, j,\, k\right) \\ + \Delta t(\varepsilon_0 p_1 + \Delta t \varepsilon_0 p_0)E_x^{n+1}(i) - \Delta t \varepsilon_0 p_1 E_x^n(i) \end{array}\right]}{q_3 + \Delta t q_2 + \Delta t^2 q_1}$$

$$(5.49)$$

$$E_y^{n+1}\left(i,\, j+\frac{1}{2},\, k\right) = E_x^n\left(i,\, j+\frac{1}{2},\, k\right)$$

$$-\frac{\Delta t}{\varepsilon_0 \delta}\left\{\left[\begin{array}{l} H_x^{n+1/2}\left(i,\, j+\frac{1}{2},\, k+\frac{1}{2}\right) \\ - H_x^{n+1/2}\left(i,\, j+\frac{1}{2},\, k-\frac{1}{2}\right) \\ - H_z^{n+1/2}\left(i+\frac{1}{2},\, j+\frac{1}{2},\, k\right) \\ + H_z^{n+1/2}\left(i-\frac{1}{2},\, j+\frac{1}{2},\, k\right) \end{array}\right] + J_y^{n+1/2}\left(i,\, j+\frac{1}{2},\, k\right)\delta\right\}$$

$$(5.50)$$

$$H_y^{n+1/2}\left(i+\frac{1}{2},\, j,\, k+\frac{1}{2}\right) = H_y^{n-1/2}\left(i+\frac{1}{2},\, j,\, k+\frac{1}{2}\right)$$

$$+\frac{\Delta t}{\mu_0 \Delta z}\left[\begin{array}{l} E_z^n\left(i+1,\, j,\, k+\frac{1}{2}\right) - E_z^n\left(i,\, j,\, k+\frac{1}{2}\right) \\ - E_x^n\left(i+\frac{1}{2},\, j,\, k+1\right) + E_x^n\left(i+\frac{1}{2},\, j,\, k\right) \end{array}\right]$$

$$(5.51)$$

$$J_y^{n+1/2}\left(i+\frac{1}{2},j,k\right)=\frac{\left[\begin{array}{l}(2q_3+\Delta tq_2)J_x^{n+1/2}\left(i+\frac{1}{2},j,k\right)-q_3J_z^{n-1/2}\left(i+\frac{1}{2},j,k\right)\\ +\Delta t(\varepsilon_0p_1+\Delta t\varepsilon_0p_0)E_y^{n+1}(i)-\Delta t\varepsilon_0p_1E_y^n(i)\end{array}\right]}{q_3+\Delta tq_2+\Delta t^2q_1}$$

$$(5.52)$$

$$E_z^{n+1}\left(i,j,k+\frac{1}{2}\right)=E_x^n\left(i,j,k+\frac{1}{2}\right)$$

$$-\frac{\Delta t}{\varepsilon_0\delta}\left\{\begin{array}{l}\left[\begin{array}{l}H_y^{n+1/2}\left(i+\frac{1}{2},j,k+\frac{1}{2}\right)\\ -H_y^{n+1/2}\left(i-\frac{1}{2},j,k+\frac{1}{2}\right)\\ -H_x^{n+1/2}\left(i,j+\frac{1}{2},k+\frac{1}{2}\right)\\ +H_x^{n+1/2}\left(i,j-\frac{1}{2},k+\frac{1}{2}\right)\end{array}\right]\\ +J_z^{n+1/2}\left(i,j,k+\frac{1}{2}\right)\delta\end{array}\right\}$$

$$(5.53)$$

$$H_z^{n+1/2}\left(i+\frac{1}{2},j+\frac{1}{2},k\right)=H_z^{n-1/2}\left(i+\frac{1}{2},j+\frac{1}{2},k\right)$$

$$+\frac{\Delta t}{\mu_0\Delta z}\left[\begin{array}{l}E_x^n\left(i+\frac{1}{2},j+1,k\right)-E_x^n\left(i+\frac{1}{2},j,k\right)\\ -E_y^n\left(i+1,j+\frac{1}{2},k\right)+E_y^n\left(i,j+\frac{1}{2},k\right)\end{array}\right]$$

$$(5.54)$$

$$J_z^{n+1/2}\left(i+\frac{1}{2},j,k\right)=\frac{\left[\begin{array}{l}(2q_3+\Delta tq_2)J_y^{n+1/2}\left(i+\frac{1}{2},j,k\right)-q_3J_x^{n-1/2}\left(i+\frac{1}{2},j,k\right)\\ +\Delta t(\varepsilon_0p_1+\Delta t\varepsilon_0p_0)E_z^{n+1}(i)-\Delta t\varepsilon_0p_1E_z^n(i)\end{array}\right]}{q_3+\Delta tq_2+\Delta t^2q_1}$$

$$(5.55)$$

同样,通过 FDTD 的近-远场外推公式可以得到弱电离尘埃等离子体的 RCS

表达式：

$$\text{RCS}(f) = 10\lg\left(4\pi r^2 \left|\frac{E_s(f)}{E_i(f)}\right|^2\right) \tag{5.56}$$

5.4.2 时空非均匀尘埃等离子体物理模型

建立基于金属钝锥的时空非均匀尘埃等离子体鞘套三维模型，电子密度随时间变化，在空间上进行分层处理。三维金属钝锥及其尘埃等离子体鞘套模型如图 5.35(a) 所示，图 5.35(b) 为三维模型的 XOY 投影面，锥长为 0.3 m，底面半径为 0.1 m。电磁波迎着锥的头部入射，入射角为 θ。

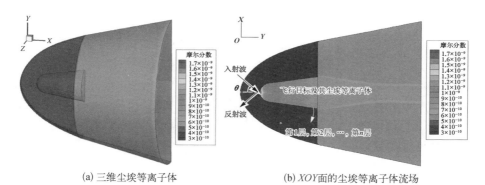

(a) 三维尘埃等离子体　　　　　　(b) XOY 面的尘埃等离子体流场

图 5.35　金属钝锥三维模型和 XOY 投影面示意图

$n_e(t)$ 的函数表达形式为

$$n_e(t) = n_{e\_\text{layer}(n)\_\max}(\Delta t/T_r), \quad 0 \leqslant \Delta t \leqslant T_r \tag{5.57}$$

式中，Δt 表示时间步长；$T_r = 3\,000\Delta t$；$n_{e\_\text{layer}(n)\_\max}$ 表示电子密度每层的最大值。

图 5.36 给出的是一个 22 cm 厚的等离子体层，一共分为 44 层，每一层对应一个最大的电子密度。根据式 (5.57) 可知，每一层电子密度随时间（0 ～ 3 000Δt）从 0 逐渐增加到最大。

5.4.3 弱电离尘埃等离子体参数对电磁散射特性的影响

针对尘埃参数和等离子体参数研究弱电离尘埃等离子体的电磁散射特性，主要计算尘埃半径 r_d、电荷弛豫速率 ν_{ch}、尘埃密度 n_d、等离子体的有效碰撞频率 ν、时变速率 T_r 和入射角 θ 对后向 RCS 的影响。取入射波的表达形式为

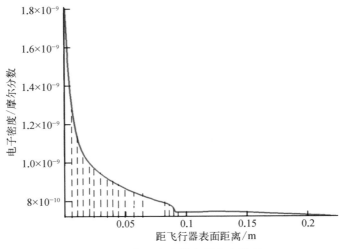

图 5.36 电子密度的空间分布情况

$$E_i(t) = \frac{t - t_0}{\tau} \exp\left[-\frac{4\pi (t - t_0)^2}{\tau^2}\right] \qquad (5.58)$$

具体计算参数如表 5.5 所示,计算结果分别如图 5.37~图 5.42 所示。另外,图 5.37~图 5.41 中的入射角为 0°,图 5.42 中的入射角分别为 0°、15°、30° 和 45°。

表 5.5 各个算例的计算参数

图 号	$r_d/\mu m$	$\nu_{ch}/(10^9 \text{ rad/s})$	$n_d/(10^{12} \text{ m}^{-3})$	ν/GHz	T_r
图 5.37	5、10、15、20	10	8	20	$400\Delta t$
图 5.38	5	5、10、15、20	8	20	$400\Delta t$
图 5.39	5	10	4、6、8、10	20	$400\Delta t$
图 5.40	5	10	8	10、20、30、40	$400\Delta t$
图 5.41	5	10	8	20	$400\Delta t$、$500\Delta t$、$600\Delta t$、$700\Delta t$
图 5.42	5	10	8	20	$400\Delta t$

图 5.37~图 5.40 分别给出了时空非均匀尘埃等离子体中不同尘埃半径 r_d、电荷弛豫速率 ν_{ch}、尘埃密度 n_d 和有效碰撞频率 ν 对应的后向 RCS 结果。

图 5.37 给出的是尘埃半径为 5 μm、10 μm、15 μm 和 20 μm 时对应的 RCS。从图中可知,RCS 的值随着尘埃半径的增大而逐渐减小。这是因为随着尘埃半径的增大,会增加尘埃与电子和离子间的碰撞面积,使有效碰撞频率变大,从而

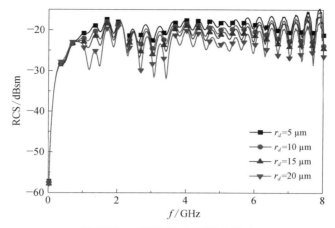

图 5.37　尘埃半径对 RCS 的影响

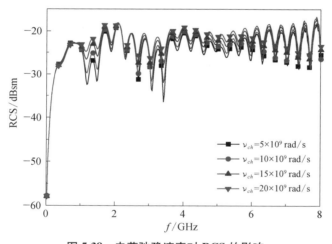

图 5.38　电荷弛豫速率对 RCS 的影响

增强等离子体对电磁波的碰撞吸收作用,导致 RCS 减小。图 5.38 分别呈现了尘埃等离子体的电荷弛豫速率为 5×10^{9} rad/s、10×10^{9} rad/s、15×10^{9} rad/s、20×10^{9} rad/s 时的后向 RCS 结果。从图中曲线来看,尘埃等离子体的电荷弛豫速率 ν_{ch} 越大,RCS 的值也会越大。对比图 5.37 可以发现,ν_{ch} 和 r_{d} 对应的 RCS 曲线具有相似性,但从量值上看,ν_{ch} 对应的 RCS 值要比 r_{d} 对应的 RCS 值约小 0.2 dBsm。尘埃密度作为尘埃等离子体中的一个重要参数,在尘埃等离子体中有十分重要的作用。如图 5.39 所示,图中给出的尘埃密度分别为 4×10^{12} m^{-3}、6×10^{12} m^{-3}、8×10^{12} m^{-3}、10×10^{12} m^{-3}。对比图中四条曲线可知,尘埃密度与 RCS 的值成反比关

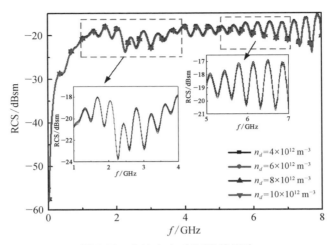

图 5.39　尘埃密度对 RCS 的影响

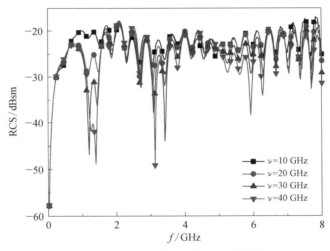

图 5.40　有效碰撞频率对 RCS 的影响

系,这是因为尘埃密度越大,对电磁波能量的吸收也会相应地增强,从而导致散射场能量减小,RCS 减小。另外,随着入射波频率的提高,RCS 的差别也更加明显。这说明在高频段,尘埃密度对电磁波散射特性的影响更大。从图 5.40 可以看出,在特定频段(1~3.5 GHz),有效碰撞频率 ν 对 RCS 的影响最大。有效碰撞频率越大,RCS 就越小,这是等离子体对电磁波的碰撞吸收作用导致的。在尘埃等离子体中,随着电子、粒子、尘埃颗粒之间的有效碰撞频率增大,整个等离子体层的碰撞吸收作用就会变得越明显。

在时空非均匀尘埃等离子体中,电子密度随时间的变化率也会对电磁波的传播和散射造成影响。根据式(5.57)可知,电子密度随时间的变化率与 T_r 密切相关,T_r 越大,等离子体电子密度达到最大值所需的时间就越长。分别取 $T_r =$ $400\Delta t$、$500\Delta t$、$600\Delta t$ 和 $700\Delta t$,从图 5.41 中曲线的变化趋势来看,RCS 的大小与 T_r 的变化呈现一定的规律,$T_r = 700\Delta t$ 时得到的 RCS 最大,而 $T_r = 400\Delta t$ 时得到的 RCS 最小。从式(5.57)可知,电子密度随时间变化达到最大值所需的时间依次是 $400\Delta t < 500\Delta t < 600\Delta t < 700\Delta t$。电磁波在尘埃等离子体中传播时,相同时刻下 $T_r = 400\Delta t$ 时的电子密度最大,因此对电磁波的吸收也最大,RCS 值最小。

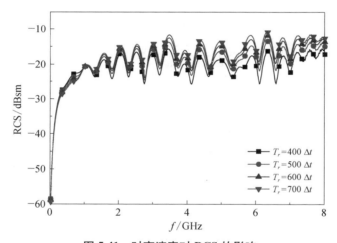

图 5.41　时变速率对 RCS 的影响

图 5.42 所示为电磁波入射角对电磁散射特性的影响,从 RCS 振荡幅值的角度来看,当入射波的角度为 0° 时,RCS 的峰值为 −23.9 dBsm,而最小值为 −58.1 dBsm,振荡幅值为 34.2 dBsm;当入射波的角度为 15° 时,RCS 的峰值为 −22.8 dBsm,而最小值为 −53.1 dBsm,振荡幅值为 30.3 dBsm;当入射波的角度为 30° 时,RCS 的峰值为 −12.7 dBsm,而最小值为 −46.8 dBsm,振荡幅值为 34.1 dBsm;当入射波的角度为 45° 时,RCS 的峰值为 −5.4 dBsm,而最小值为 −42.2 dBsm,振荡幅值为 36.8 dBsm。由此可见,不同的入射角对 RCS 幅值的影响很大,一般情况下,入射角越大,RCS 的振荡幅值就越高。另外,从 RCS 值的角度来看,随着入射频率的增大,RCS 并没有呈现一定的变化规律。而随着入射

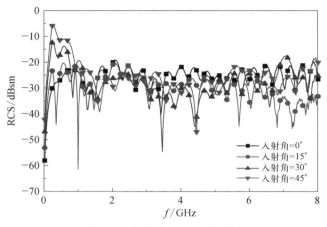

图 5.42 入射角对 RCS 的影响

角的增大，RCS 的变化也并不是很明显。

5.5 不同飞行器气动外形的电磁散射特性

等离子体鞘套的形成过程中，再入高度、飞行器的马赫数、攻角和飞行器外形等因素都会影响等离子体流场的空间分布。为了更进一步研究等离子体鞘套的形成原因对等离子体包覆高超声速飞行器目标电磁散射特性的影响，本节采用 Fluent 软件分别对不同气动外形（钝锥、尖头锥和类 HTV）的飞行器进行三维建模，并利用 5.1 节中介绍的 FDTD 法对不同气动外形飞行器目标电磁散射特性进行计算和对比分析。

5.5.1 物理模型及其等离子体鞘套模型的建立

采用 Fluent 软件分别建立三维情况下钝锥、尖头锥和类 HTV 的物理模型，如图 5.43 所示。

如图 5.43(a)所示，钝锥的长度为 1 m，底面半径为 0.25 m；图 5.43(b)给出的是尖头锥的三维模型示意图，尖头锥长度为 1 m，底面半径为 0.25 m；图 5.43(c)给出的是类 HTV 三维模型示意图，飞行器长度为 1 m，底面半径为 0.25 m，翼长为 0.3 m。

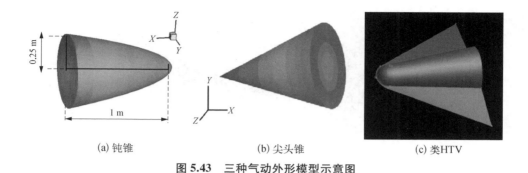

(a) 钝锥　　　　　　　　　(b) 尖头锥　　　　　　　　　(c) 类HTV

图 5.43　三种气动外形模型示意图

5.5.2　不同飞行器气动外形对电磁散射特性的影响

采用 JEC-FDTD 法分析电子密度呈高斯脉冲变化和指数变化时,三种不同气动外形飞行器的 RCS,设三种情形下电磁波均迎着飞行器头部入射,入射波为微分高斯脉冲,采用 5 层 UPML 吸收边界,整个计算时间步长为 $5\ 000\Delta t$,计算结果如图 5.44~图 5.47 所示。

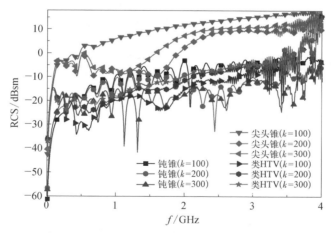

图 5.44　电子密度随时间缓慢下降时三种飞行器的 RCS 对比结果

图 5.44~图 5.47 分别为钝锥、尖头锥和类 HTV 及其等离子体鞘套在不同时变规律下的后向 RCS。图 5.44 计算的是电子密度以指数形式随时间缓慢下降的 RCS。从图中来看,尖头锥的 RCS 最大,钝锥的 RCS 最小,并且尖头锥和钝锥在入射波频段 0~4 GHz 的最大差值近 20 dBsm。从"反隐"的角度上来看,这种尖头锥气动外形不利于隐身。从频域角度来看,随着入射波频率的增大,RCS 也

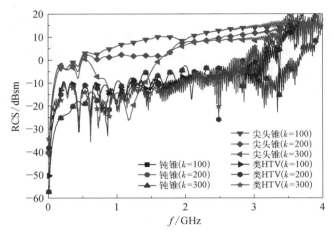

图 5.45　电子密度随时间缓慢上升时三种飞行器的 RCS 对比结果

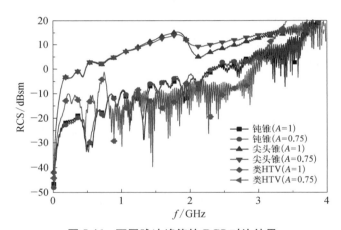

图 5.46　不同脉冲峰值的 RCS 对比结果

在增大,这也间接说明了提高入射波频率能从一定程度上减少"黑障"现象。图 5.45 计算的是电子密度以指数形式随时间缓慢上升的 RCS,从图中可以看出,三种气动外形的 RCS 与图 5.44 中的变化规律基本一致,但是整体的 RCS 有所增大,这是由于电子密度的初始值不同。图 5.46 和图 5.47 展示的是电子密度随时间以高斯脉冲形式变化的 RCS。从图中分析可知,随着入射波频率的增大,RCS 也增大,这种现象与图 5.44 和图 5.45 得到的结果是一致的。此外,类 HTV 的 RCS 在 3 GHz 之后会呈现快速增大的趋势,这充分说明不同气动外形对电磁散射特性的影响是非常明显的。

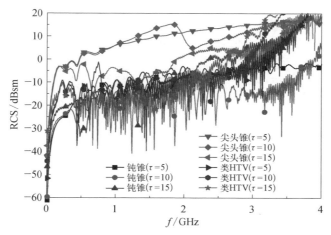

图 5.47　不同脉冲宽度的 RCS 对比结果

5.6　本章小结

（1）从临近空间高超声速飞行器的模型出发，建立了三维时变等离子体鞘套物理模型，并根据等离子体中碰撞频率的经验公式，分析了等离子体鞘套中温度、压强对电磁波散射特性的影响。利用 JEC-FDTD 法，推导了三维时变等离子体鞘套的电场、磁场和电流密度的 FDTD 迭代计算公式，通过计算不同电磁波入射角的后向 RCS，分析了三维时变等离子体鞘套中温度、压强和外加磁场对电磁散射特性的相关影响，讨论了后向 RCS 随时间的变化特性。

（2）对时空非均匀等离子体和弱电离弱碰撞尘埃等离子体的电磁波散射特性进行了分析和研究。利用 JEC-FDTD 法和改进后的 ADE-FDTD 法计算了时空非均匀等离子体和尘埃等离子体包覆钝锥体的后向 RCS，讨论了时空非均匀等离子体鞘套参数及弱电离尘埃等离子体参数对电磁散射特性的影响，类比了钝锥、尖头锥和类 HTV 三种飞行器目标包覆时空非均匀等离子体的 RCS 特性，为雷达探测和目标隐身等方面提供了模型和数据上的参考。

参考文献

[1] Li J T, Yang S F, Guo L X, et al. Anisotropic power spectrum of refractive-index fluctuation in hypersonic turbulence[J]. Applied Optics, 2016, 55(32): 9137–9144.

［ 2 ］ Cowperthwaite R L, Myers H, Bialecke E P. Studies of electron attachment for the alleviation of radio communications blackout［R］. Washington：NASA, 1970.

［ 3 ］ Morabito D D. The spacecraft communications blackout problem encountered during passage or entry of planetary atmospheres［R］. Interplanetary Network Progress Report, 2002.

［ 4 ］ Dunn M G, Kang S W. Theoretical and experimental studies of reentry plasmas［R］. Washington：NASA, 1973.

［ 5 ］ Dirsa E F. The telemetry and communication problem of re-entrant space vehicles［R］. Washington：NASA, 1963.

［ 6 ］ Scalabrin L C. Numerical simulation of weakly ionized hypersonic flow over reentry capsules［D］. Michigan：The University of Michigan, 2007.

［ 7 ］ Kim M, Boyd I D. Numerical modeling of plasma manipulation using an ExB layer in a hypersonic boundary layer［C］. 40th AIAA Plasma Dynamics and Lasers Conference, San Antonio, 2009.

［ 8 ］ Chown J B. Antenna performance in the presence of a turbulent plasma［R］. Washington：NASA, 1970.

［ 9 ］ Swift C T, Beck J T, Thomson J, et al. RAM C-III S-band diagnostic experiment［R］. Washington：NASA, 1970.

［10］ Koretzky E, Kuo S P. Characterization of an atmospheric pressure plasma generated by a plasma torch array［J］. Physics of Plasmas, 1998, 5(10)：3774-3780.

［11］ Kuo S P, Koretzky E, Vidmar R J. Temperature measurement of an atmospheric-pressure plasma torch［J］. Review of Scientific Instruments, 1999, 70(7)：3032.

［12］ Weston V H. Oblique incident of an electromagnetic wave on plasma half-space［J］. Physics of Fluids, 1967, 10(3)：632-640.

［13］ Wait J R. Oblique reflection of a plane impulsive electromagnetic wave from a plasma half-space［J］. Physics of Fluids, 1969, 12(7)：1521-1522.

［14］ Harrison C. On the bistatic scattering cross section of a reentry capsule with ionized wake［J］. IEEE Transactions on Antennas Propagation, 1969, 17(3)：374-376.

［15］ Karin S, Denis B, Werner W. Extraction of virtual scattering centers of vehicles by ray-tracing simulations［J］. IEEE Transactions on Antennas and Propagation, 2008, 56(11)：3543-3551.

［16］ Walter M, Shutin D, Fiebig U C. Delay-dependent doppler probability density functions for vehicle-to-vehicle scatter channels［J］. IEEE Transactions on Antennas and Propagation, 2014, 62(4)：2238-2249.

［17］ Bhaskar C, Shashank C. Three-dimensional computation of reduction in radar cross section using plasma shielding［J］. IEEE Transactions on Plasma Science, 2005, 33(6)：2027-2034.

［18］ Rahman M T, Dewan M N A, Ahmed A, et al. A time-dependent collisional sheath model for dual-frequency capacitively coupled RF plasma［J］. IEEE Transactions on Plasma Science, 2013, 41(1)：17-23.

［19］ Kim H C, Lee J K, Shon J W. Analytic model for a dual frequency capacitive discharge［J］.

Physics of Plasmas, 2003, 10(11)：4545-4551.

[20] Hass F A. A simple model of an asymmetric capacitive plasma with dual frequency[J]. Journal of Physics D, 2004, 37(22)：3117-3120.

[21] Lee J K, Babaeva N Y, Kim H C, et al. Simulation of capacitively coupled single-and dual-frequency RF discharges[J]. IEEE Transactions on Plasma Science, 2004, 32(1)：47-53.

[22] Eslami E, Baraz R. Rarefactive and compressive soliton waves in unmagnetized dusty plasma with non-thermal electron and ion distribution[J]. AIP Advances, 2014, 4(2)：1296-1303.

[23] 于哲峰,刘佳琪,刘连元,等.临近空间高超声速飞行器 RCS 特性研究[J].宇航学报, 2014,35(6)：713-719.

[24] 聂亮,陈伟芳,夏陈超,等.高超声速飞行器绕流流场电磁散射特性分析[J].电波科学学报,2014, 29(5)：874-879.

[25] 常雨,陈伟芳,曾学军,等.再入钝锥体绕流流场电磁散射特性分析[J].宇航学报,2008, 29(3)：962-965.

[26] 莫锦军,刘少斌,袁乃昌,等.非均匀等离子体覆盖目标隐身研究[J].电波科学学报, 2002,17(1)：69-73.

[27] 周超,张小宽,张晨新,等.再入段等离子体对弹头 RCS 的影响研究[J].现代雷达,2014, 36(3)：83-86.

[28] Zhang Y, Xu G, Zheng Z. Propagation of terahertz waves in a magnetized, collisional, and inhomogeneous plasma with the scattering matrix method[J]. Optik, 2019, 182：618-624.

[29] Chen X Y, Shen F F, Liu Y M, et al. Improved scattering-matrix method and its application to analysis of electromagnetic wave reflected by reentry plasma sheath[J]. IEEE Transactions on Plasma Science, 2018, 46(5)：1755-1767.

[30] Liu S H, Guo L X. Analyzing the electromagnetic scattering characteristics for 3-D inhomogeneous plasma sheath based on PO method[J]. IEEE Transactions on Plasma Science, 2016, 44(11)：2838-2843.

[31] Zheng B, Li J T, Guo L X, et al. Range profile analysis of hypersonic vehicles covered by inhomogeneous plasma sheath using physical optics[J]. IEEE Transactions on Plasma Science, 2019, 47(11)：4961-4970.

[32] Xiong L L, Wang X M, Liu S, et al. The electromagnetic waves propagation in unmagnetized plasma media using parallelized finite-difference time-domain method[J]. Journal of Light and Electronoptic, 2018, 166：8-14.

[33] Liu J X, Yang Z K, Ju L, et al. Boltzmann finite-difference time-domain method research electromagnetic wave oblique incidence into plasma[J]. Plasmonics, 2018, 13(5)：1699-1704.

[34] Chen W, Guo L, Li J, et al. Research on the FDTD method of electromagnetic wave scattering characteristics in time-varying and spatially nonuniform plasma sheath[J]. IEEE Transactions on Plasma Science, 2016, 44(12)：3235-3242.

[35] 张玉强,葛德彪.基于半解析递归卷积的通用色散介质 FDTD 方法[J].物理学报,2009, 58(7)：4573-4578.

[36] 闫玉波,董慧,李清亮.等离子体涂覆三维目标散射特性的 PLRC-FDTD 分析[J].电波科

学学报,2007(4):563-566.

[37] 刘少斌,刘崧,洪伟.色散介质时域有限差分方法[M].北京:科学出版社,2010.

[38] 刘智惟,包为民,李小平,等.一种考虑电磁波驱动效应的等离子碰撞频率分段计算方法[J].物理学报,2014,63(23):205-213.

[39] 贾洁姝.电磁波在尘埃等离子体中的传输特性研究[D].哈尔滨:哈尔滨工业大学,2017.

[40] 石雁祥,葛德彪,吴健.尘埃粒子充放电过程对尘埃电导率的影响[J].物理学报,2006,55(10):5318-5324.

[41] 石雁祥,吴健,葛德彪.弱电离尘埃等离子体的介电张量研究[J].物理学报,2009,58(8):5507-5512.

[42] Wang M Y, Yu M X, Xu Z T, et al. Propagation properties of terahertz waves in a time-varying dusty plasmas slab using FDTD[J]. IEEE Transactions on Plasma Science, 2015, 43(12):4182-4186.

第6章

基于 PO 法的高超声速等离子体
鞘套包覆目标电磁散射

近年来,等离子体隐身[1,2]、再入目标与地面站间的通信黑障问题[3,4]等引起了人们的广泛重视。等离子体鞘套对入射波进行反射、透射和吸收,极大地影响了目标的散射特性[5],因此,研究高超声速目标的电磁散射特性具有重要的军事意义。一方面,由于高超声速飞行的动态性,等离子体对电磁波的影响也具有动态性。等离子体鞘套增大了导体目标自身的体积,因此其 RCS 可能减小,也可能增大。通过在金属目标表面人工涂覆雷达吸波材料(radar absorbing materials,RAM)[6-11],穿透等离子体的电磁波能量将进一步被 RAM 吸收,从而有望实现等离子体包覆系统的 RCS 减缩。另一方面,太赫兹技术在物体检测、成像和目标探测等领域具有广阔的应用前景[12],在 THz 频段,随着入射波频率的提高,其穿透等离子体鞘套的能力显著增强,反隐身能力好,是减弱"黑障"效应的一种最直接有效的方法。然而,THz 波段目标散射特性方面的研究工作相比目标透射、反射特性的研究还比较少。本章首先研究含非均匀等离子体的多层有耗介质覆盖导体目标电磁散射的物理光学(physical optics,PO)法,以此为基础,根据无线电衰减测量(radio attenuation measurement,RAM)飞行试验数据,建立钝锥目标及不同再入高度下的分层非均匀等离子体鞘套模型,分析包覆非均匀等离子体鞘套的电大尺寸飞行器在 S~Ku 频段的散射特性。为提高等离子体鞘套模型精确性,在基于物理光学法的非均匀分区介质模型基础上计算等离子体包覆目标的电磁散射特性,讨论再入飞行过程中高超声速飞行器的一维距离像。其次,研究 BGK 模型下尘埃颗粒、热致非线性效应及雷达吸附材料对等离子体鞘套包覆目标电磁散射特性的影响。最后,以钝锥和 HTV-2 飞行器模型为例,采用分层非均匀等离子体模拟鞘套,计算特定飞行条件下等离子体鞘套包覆目标在 THz 波段下的散射特性,分析不同入射角下两种典型的飞行器组合体目标不同频段的 RCS 变化规律。

6.1 高超声速目标 RCS 的物理光学表达式

近年来,关于等离子体的电磁特性已经进行了很多研究工作[13-22]。然而以往关于等离子体包覆目标散射的研究大多采用体表积分方程(volume surface integral equation, VSIE)法、时域有限差分法及其改进方法等数值方法。随着雷达波频带的增长,内存需求高、计算速度慢成为主要问题。另外,物理光学法已经广泛用于求解电大目标的电磁散射,但是将其应用于等离子体目标的散射分析还没有引起足够的重视[23-27]。本节介绍高超声速目标散射的物理光学法,入射场和散射场构成自由空间中的总电场和总磁场。如图 6.1 所示,选取时间因子为 $e^{i\omega t}$,空间中的散射场可以根据 Stratton-Chu 方程由散射体表面上的等效源给出[28-30]:

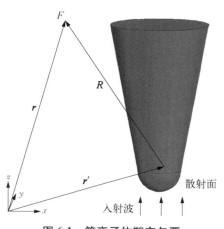

图 6.1 等离子体鞘套包覆目标的散射示意图

$$E^{s}(r) = - \iint\limits_{s'} [i\omega\mu(\hat{n} \times H)G + (\hat{n} \times E) \times \nabla G + (\hat{n} \cdot E) \nabla G] \mathrm{d}s' \quad (6.1)$$

$$H^{s}(r) = \iint\limits_{s'} [i\omega\varepsilon(\hat{n} \times E)G - (\hat{n} \times H) \times \nabla G - (\hat{n} \cdot H) \nabla G] \mathrm{d}s' \quad (6.2)$$

式中,G 为自由空间格林函数;$\hat{n}$ 为表面的外法向单位矢量。

G 可写为

$$G = \frac{e^{-ikR}}{4\pi R} \quad (6.3)$$

在远场情况下,格林函数及其梯度可以近似为

$$G \approx \frac{\mathrm{e}^{-\mathrm{i}kr}}{4\pi r}\mathrm{e}^{\mathrm{i}k\hat{\boldsymbol{R}}\cdot r'}, \quad \nabla G \approx -\mathrm{i}kG\hat{\boldsymbol{R}} \tag{6.4}$$

将式(6.4)代入式(6.1)和式(6.2),化简后整理得

$$\boldsymbol{E}^s(\boldsymbol{r}) = -\frac{\mathrm{i}\omega\sqrt{\mu\varepsilon}\,\mathrm{e}^{-\mathrm{i}kr}}{4\pi r}\iint_{s_l}\left[\sqrt{\frac{\mu}{\varepsilon}}(\hat{\boldsymbol{n}}\times\boldsymbol{H}) - \sqrt{\frac{\mu}{\varepsilon}}\hat{R}(\hat{\boldsymbol{n}}\times\boldsymbol{H})\hat{R} - (\hat{\boldsymbol{n}}\times\boldsymbol{E})\times\hat{R}\right]\mathrm{e}^{\mathrm{i}k(\hat{\boldsymbol{R}}\cdot r')}\,\mathrm{d}s'$$

$$\tag{6.5}$$

$$\boldsymbol{H}^s(\boldsymbol{r}) = \frac{\mathrm{i}\omega\sqrt{\mu\varepsilon}\,\mathrm{e}^{-\mathrm{i}kr}}{4\pi r}\iint_{s_l}\left[\sqrt{\frac{\varepsilon}{\mu}}(\hat{\boldsymbol{n}}\times\boldsymbol{E}) - \sqrt{\frac{\varepsilon}{\mu}}\hat{R}(\hat{\boldsymbol{n}}\times\boldsymbol{E})\hat{R} + (\hat{\boldsymbol{n}}\times\boldsymbol{H})\times\hat{R}\right]\mathrm{e}^{\mathrm{i}k(\hat{\boldsymbol{R}}\cdot r')}\,\mathrm{d}s'$$

$$\tag{6.6}$$

式中,s_l 为散射体表面的照亮部分。

根据矢量运算法则,将式(6.5)和式(6.6)中积分项的三项合并,物理光学远区散射场可由如下积分方程确定:

$$\boldsymbol{E}^s(\boldsymbol{r}) = -\frac{\mathrm{i}k\mathrm{e}^{-\mathrm{i}kr}}{4\pi r}\iint_{s_l}\hat{\boldsymbol{R}}\times\left[(\hat{\boldsymbol{n}}\times\boldsymbol{E}) - \eta\hat{\boldsymbol{R}}\times(\hat{\boldsymbol{n}}\times\boldsymbol{H})\right]\mathrm{e}^{\mathrm{i}k(\hat{\boldsymbol{R}}\cdot r')}\,\mathrm{d}s' \tag{6.7}$$

$$\boldsymbol{H}^s(\boldsymbol{r}) = -\frac{\mathrm{i}k\mathrm{e}^{-\mathrm{i}kr}}{4\pi r}\iint_{s_l}\hat{\boldsymbol{R}}\times\left[(\hat{\boldsymbol{n}}\times\boldsymbol{H}) + \frac{1}{\eta}\hat{\boldsymbol{R}}\times(\hat{\boldsymbol{n}}\times\boldsymbol{E})\right]\mathrm{e}^{\mathrm{i}k(\hat{\boldsymbol{R}}\cdot r')}\,\mathrm{d}s' \tag{6.8}$$

式中,k 和 η 分别表示自由空间的波数和波阻抗;$\boldsymbol{E}$、$\boldsymbol{H}$ 为包围了飞行器的等离子体鞘套外表面的总场;$\boldsymbol{r}$ 为场点位置矢量;$\boldsymbol{r}'$ 为源点位置矢量;$\hat{\boldsymbol{R}} = (\boldsymbol{r} - \boldsymbol{r}')/|\boldsymbol{r} - \boldsymbol{r}'|$,代表散射方向单位矢量。

为了求出散射体表面上的电磁场分布,可将表面总场 $\boldsymbol{E}$、$\boldsymbol{H}$ 表示为入射场和反射场之和,并建立局部坐标系,如图 6.2 所示。入射波采用平面波近似,θ_i 为入射角。矢量 $\hat{\boldsymbol{e}}_\perp$ 为入射和反射电场垂直于入射面的极化方向,矢量 $\hat{\boldsymbol{e}}_{//}^i$ 和 $\hat{\boldsymbol{e}}_{//}^r$ 分别为平行于入射面的极化方向。这些单位矢量间的关系为

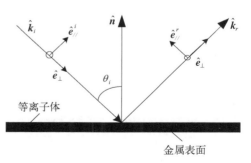

图 6.2　等离子体鞘套表面散射示意图

$$\hat{\boldsymbol{e}}_\perp = \frac{\hat{\boldsymbol{k}}_i\times\hat{\boldsymbol{n}}}{|\hat{\boldsymbol{k}}_i\times\hat{\boldsymbol{n}}|}, \quad \hat{\boldsymbol{e}}_{//}^i = \hat{\boldsymbol{e}}_\perp\times\hat{\boldsymbol{k}}_i, \quad \hat{\boldsymbol{e}}_{//}^r = \hat{\boldsymbol{e}}_\perp\times\hat{\boldsymbol{k}}_r \tag{6.9}$$

由于任意极化方向的平面波总可以分解为垂直和平行极化平面波,则入射电场和反射电场可以表示为

$$E^i = E_v \hat{e}_\perp + E_h \hat{e}^i_{//} \tag{6.10}$$

$$E^r = R_v E_v \hat{e}_\perp + R_h E_h \hat{e}^r_{//} \tag{6.11}$$

式中,R_v 和 R_h 分别为垂直和平行极化波在等离子体表面的反射系数;E_v 和 E_h 分别为入射波垂直和平行于入射面的电场分量。

根据方程 $\mathbf{k} \times \mathbf{E} = \omega\mu\mathbf{H}$,可得

$$\hat{n} \times E = (1 + R_v)E_v(\hat{n} \times \hat{e}_\perp) - (1 - R_h)E_h \cos\theta_i \hat{e}_\perp \tag{6.12}$$

$$\hat{n} \times H = \frac{1}{\eta}\left[(1 - R_v)E_v \cos\theta_i \hat{e}_\perp + (1 + R_h)E_h(\hat{n} \times \hat{e}_\perp)\right] \tag{6.13}$$

将式(6.12)和式(6.13)代入式(6.7),可得

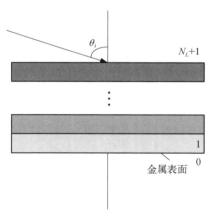

$$\begin{aligned}
E^s(\mathbf{r}) = -\frac{ik e^{-ikr}}{4\pi r}\iint_{s_l} \hat{r} \times \Big\{ & (1 + R_v)E_v(\hat{n}(\mathbf{r}') \\
& \times \hat{e}_\perp) - (1 - R_h)E_h \cos\theta_i \hat{e}_\perp \\
& - \hat{r} \times \big[(1 - R_v)E_v \cos\theta_i \hat{e}_\perp \\
& + (1 + R_h)E_h(\hat{n}(\mathbf{r}') \\
& \times \hat{e}_\perp)\big]\Big\} e^{ik(\hat{r}\mathbf{r}')}\,ds'
\end{aligned} \tag{6.14}$$

非均匀等离子体包覆层可以近似看作分层等离子体。对于总层数为 N_L 的各向同性有耗材料,如图 6.3 所示,垂直和水平反射系数 R_v 和 R_h 可以采用步进方法来计算[31,32]。对于垂直极化波,在每个均匀有耗层存在多次反射和透射。通过给出场矢表达式及匹配边界条件,当 $n = 2$,3,$\cdots$,$N_L + 1$ 时,$R(n)$ 可由式(6.15)给出:

图 6.3　多层有耗介质表面散射示意图

$$R(n) = \frac{A_1 + B_1 R(n-1)\exp\left[-i2k\beta(n-1)D(n-1)R_Y(n-1)\right]}{B_1 + A_1 R(n-1)\exp\left[-i2k\beta(n-1)D(n-1)R_Y(n-1)\right]} \tag{6.15}$$

其中,

$$A_1 = Z(n-1)R_Y(n) - Z(n)R_Y(n-1) \tag{6.16}$$

$$B_1 = Z(n-1)R_Y(n) + Z(n)R_Y(n-1) \tag{6.17}$$

$$\beta(n) = \sqrt{\varepsilon_r(n)\mu_r(n)} \tag{6.18}$$

$$R_Y(n) = \sqrt{1 - \frac{\sin^2\theta_i}{\varepsilon_r(n)\mu_r(n)}}, \quad Z(n) = \sqrt{\frac{\mu_r(n)}{\varepsilon_r(n)}} \tag{6.19}$$

式中，$D(n)$ 为第 n 层均匀层的厚度；$\varepsilon_r(n)$、$\mu_r(n)$ 分别为第 n 层有耗材料的相对介电常数和相对磁导率；$n = N_L + 1$，为自由空间；$R(N_L + 1)$ 为等离子体鞘套表面总的垂直反射系数 R_v。

因此，容易得到 $R_Y(N_L + 1) = \cos\theta_i$，$Z(N_L + 1) = 1$。

当 $n = 1$ 时，$R(n)$ 可写为[32,33]

$$R(1) = \frac{Z_0 R_Y(1) - Z(1)\cos\theta_0}{Z_0 R_Y(1) + Z(1)\cos\theta_0} \tag{6.20}$$

式(6.20)中，对于覆盖有等离子体的导体目标，衬底为金属且 $Z_0 = 0$，θ_0 为第 0 层的折射角。

对于水平极化波，当 $n = 2, 3, \cdots, N_L + 1$ 时，$R(n)$ 可由式(6.21)给出：

$$R(n) = \frac{A_2 - B_2 R(n-1)\exp[-\mathrm{i}2k\beta(n-1)D(n-1)R_Y(n-1)]}{B_2 - A_2 R(n-1)\exp[-\mathrm{i}2k\beta(n-1)D(n-1)R_Y(n-1)]} \tag{6.21}$$

其中，

$$A_2 = Z(n-1)R_Y(n-1) - Z(n)R_Y(n) \tag{6.22}$$

$$B_2 = Z(n-1)R_Y(n-1) + Z(n)R_Y(n) \tag{6.23}$$

上述关系式中，$\beta(n)$、$R_Y(n)$ 及 $Z(n)$ 的具体表达式见式(6.18)和式(6.19)，$R(N_L + 1)$ 为等离子体鞘套表面总的水平反射系数 R_h。

当 $n = 1$ 时，表达式 $R(n)$ 可写为

$$R(1) = \frac{Z(1)R_Y(1) - Z_0\cos\theta_0}{Z(1)R_Y(1) + Z_0\cos\theta_0} \tag{6.24}$$

最终,可以得到

$$RCS = \lim_{R\to\infty} 4\pi R^2 \frac{|\boldsymbol{E}^s|^2}{|\boldsymbol{E}^i|^2} \qquad (6.25)$$

6.2 非均匀等离子体鞘套包覆目标的电磁散射特性

6.2.1 PO 法的正确性验证

为了验证 PO 法的正确性,将有、无单层均匀等离子体鞘套包覆钝锥目标 RCS 随散射角 θ 的变化数据与 FEKO 软件中采用多层快速多极子法计算的结果进行对比。首先,图 6.4 中给出了入射波频率为 5 GHz 时无等离子体鞘套包覆的钝锥在 XOZ 面和 YOZ 面的双站 RCS。从图中可以看出,虽然钝锥是对称结构,但是由于入射电场的极化方向为 X,图 6.4(a)和(b)中的 RCS 计算结果有很大不同。在用 FDTD 法计算尖锥的 RCS时,也发现了这一现象[14]。

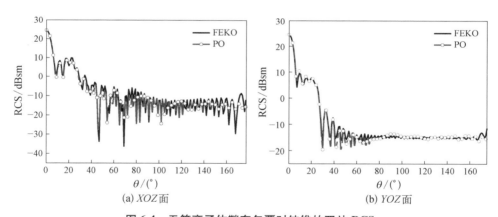

(a) XOZ 面   (b) YOZ 面

图 6.4　无等离子体鞘套包覆时钝锥的双站 RCS

研究包覆单层均匀等离子体鞘套的钝锥在 XOZ 面的双站 RCS,覆层厚度分别为 $L = 0.1$ m 和 $L = 0.14$ m,电子密度为 $n_e = 1.45 \times 10^{17}$ m^{-3},入射波频率为 3 GHz,入射波矢量与正 Z 轴的夹角分别为 $\theta_i = 0°$ 和 $\theta_i = 30°$。在斜入射情况下,散射角 $\theta = -150°$ 为后向散射方向,$\theta = 30°$ 为前向散射方向。从图 6.4 和图 6.5 可以看出,上述数值算例中,PO 法和多层快速多极子法的计算结果基本一致。

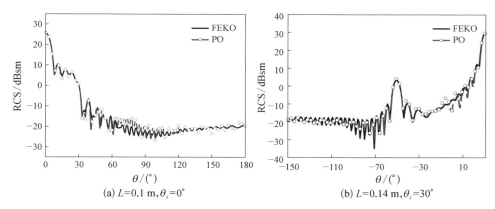

图 6.5　包覆单层均匀等离子体鞘套的钝锥在 *XOZ* 面的双站 RCS

6.2.2　分层非均匀等离子体鞘套包覆目标的电磁散射特性

1. 非均匀等离子体鞘套模型的建立

在再入飞行隐身与探测中,包覆再入飞行器的等离子体鞘套的参数越真实,计算结果就更具工程参考价值。因此,基于 NASA 报告中的无线电衰减测量飞行试验数据,从中获取了电子密度的分布,不同飞行高度下的最大电子密度如表 6.1 所示[34]。

表 6.1　再入过程中的最大电子密度

飞行高度/km	最大电子密度/m^{-3}
76	3.92×10^{16}
71	1.45×10^{17}
61	4.26×10^{17}
53	6.59×10^{17}
30	8.81×10^{18}
21	4.8×10^{16}

针对试验数据,选择正弦密度分布,等离子体频率可写为

$$\omega_p(d) = \omega_{p0} \sin[(d/L)\pi] \tag{6.26}$$

式中, ω_{p0} 为最大等离子体频率; L 为等离子体鞘套的厚度; d 为等离子体包覆体中的位置到导体飞行器表面的垂直距离。

以 71 km 的飞行高度为例,根据表 6.1 选取最大电子密度 $n_{e0} = 1.45 \times 10^{17}\ \mathrm{m}^{-3}$。因此,可以从公式 $\omega_p \approx 8.97\sqrt{n_e} \cdot 2\pi$ 中获取相应的 ω_{p0}。设置碰撞频率具有与等离子体频率类似的正弦分布[35],并指定其最大值 $\nu_0 = 2.8 \times 10^9\ \mathrm{Hz}$。另外,德拜模型可以很好地近似稳态非磁化等离子体[36, 37],因此通过该模型可以确定等离子体的复介电常数为

$$\varepsilon_r(\omega,\ d) = 1 - \frac{\omega_p^2(d)}{\omega^2 + \nu_{en}^2(d)} - \mathrm{i}\,\frac{\nu_{en}(d)}{\omega}\,\frac{\omega_p^2(d)}{\omega^2 + \nu_{en}^2(d)} \tag{6.27}$$

式中, ω 为入射波频率。

由于结构简单并且与飞行试验中的飞行器外形相似,我们选用了钝锥模型(图 6.1),其底部直径为 0.6 m,高度为 1.3 m。入射电场的极化方向沿 X 轴,入射波的传播方向为正 Z 轴。入射波的频段到 20 GHz,覆盖了雷达中最常用的 S 频段、C 频段、X 频段和 Ku 频段。

2. 数值结果分析

以下分析不同等离子体参数条件下非均匀等离子体鞘套包覆钝锥的散射特性。根据飞行试验数据,等离子体鞘套厚度为 $L = 0.14$ m。在数值计算中,选取正弦分布等离子体覆层的总层数为 $N = 28$。

等离子体频率和碰撞频率非均匀性不同,按照仅碰撞频率呈正弦分布、仅等离子体频率呈正弦分布及二者都呈正弦分布,将等离子体覆层分为三类。其中,最后一种情况最符合实际。此外,还考虑了均匀等离子体覆层,为了研究不同的等离子体非均匀性对电磁波散射的影响,计算等离子体鞘套的后向 RCS 随入射波频率的变化情况,如图 6.6(a)所示。

计算结果表明,等离子体参数的非均匀性对整个 S~Ku 频段等离子体目标的后向 RCS 影响很大。非常有趣的是,在仅等离子体频率为非均匀的情况下,在高频区,其后向 RCS 与最后一种更接近实际的非均匀等离子体鞘套包覆钝锥的后向 RCS 结果几乎完全一致,仅在一些特定频率上,RCS 数值有细微的差别。从中可以看出,在入射波频率较高时,等离子体频率比碰撞频率更重要。数值结果进一步表明,等离子体频率的正弦分布较碰撞频率更具有决定性的作用,即以前大多数研究中使用的这种仅等离子体频率具有非均匀性的等离子体鞘套模型用于具有电大尺寸再入钝锥的散射计算是合理的。此外,对于仅碰撞频率非均匀的模型[17],其后向 RCS 与均匀等离子体系统的计算结果相比更加真实,但较实际情况仍有很大差别。

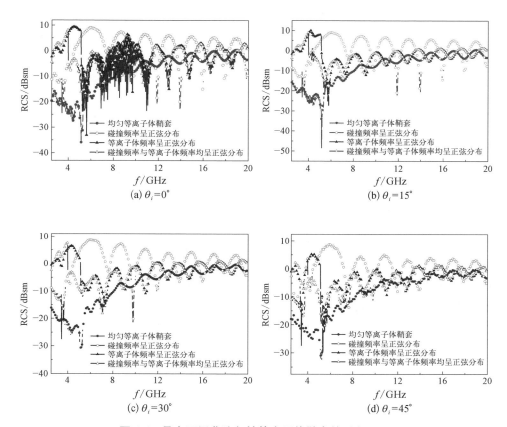

图 6.6　具有不同非均匀性等离子体鞘套的后向 RCS

进一步考虑了斜入射的情况,当 θ_i = 15°, θ_i = 30°, θ_i = 45° 时,后向 RCS 随入射频率的变化如图 6.6(b)~(d)所示。可以看出,在不同入射角情况下,对于后两种非均匀等离子体鞘套模型,即仅等离子体频率呈正弦分布及碰撞频率与等离子体频率均呈正弦分布时,其后向散射特性在高频区域几乎一致。

此外,为了验证仅等离子体频率非均匀模型的合理性,图 6.7 给出了 θ_i = 0° 时等离子体鞘套的双站 RCS 随散射角的变化曲线。对于最后一种情况,计算了其在 XOZ 面和 YOZ 面的散射结果作为比较。在高频区域,入射电磁波的频率为 17.5 GHz。值得注意的是,对于之前讨论的两种非均匀等离子体鞘套模型,在所有散射方向,RCS 几乎一致。

作为决定电磁波散射的重要因素,分别考虑了等离子体频率和碰撞频率数

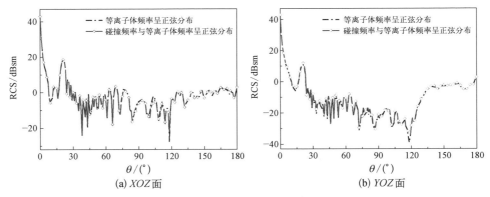

(a) XOZ面   (b) YOZ面

图 6.7 后两种非均匀情况下等离子体鞘套的双站 RCS

值的影响。图 6.8 给出了最大等离子体频率不同时非均匀等离子体鞘套的后向 RCS。随着最大等离子体频率增加,RCS 变化复杂且与入射雷达波的频段有关。在低频段,当等离子体频率足够大时,电磁波无法穿透等离子体。因此,RCS 随等离子体频率的增加而增大。当入射波频率增大到高频段时,电磁波进入等离子体并与其发生相互作用,在这种情况下,出现了 RCS 随入射波频率剧烈变化的现象。随着等离子体频率进一步增加,在高频段的大部分区域,RCS 呈现出减小的趋势。

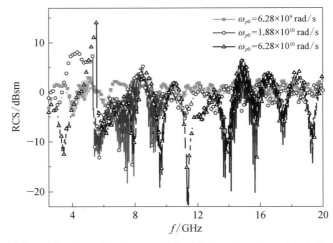

图 6.8 最大等离子体频率不同时非均匀等离子体鞘套的后向 RCS

当 $\omega_{p0} = 1.88 \times 10^{10}$ rad/s 时,进一步考虑了入射角对后向 RCS 的影响,如图 6.9 所示。根据图 6.9,在斜入射情况下,后向 RCS 随入射角增加产生的变化量

很小。与垂直入射情况相比,RCS 随入射频率呈现剧烈变化的现象消失,这与图
6.6(b)~(d)中的后向散射特性类似。

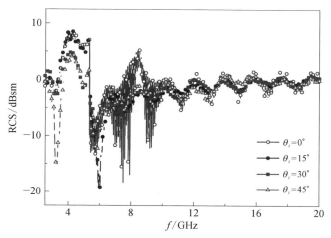

图 6.9　不同入射角下非均匀等离子体鞘套的后向 RCS

图 6.10 给出了 $\theta_i = 0°$ 时在不同最大碰撞频率下非均匀等离子体鞘套的后
向 RCS。随着碰撞频率的增长,整个频带内 RCS 变小。当电磁波频率较低时,
随着碰撞频率的增加,电磁波在等离子体中的传播距离变长,RCS 变小。在高频
区域,随着碰撞频率的增长,电磁波的衰减和吸收增加。因此,RCS 在高频区域
也会降低。

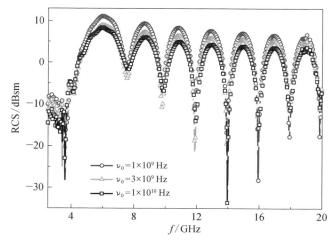

图 6.10　不同最大碰撞频率下非均匀等离子体鞘套的后向 RCS

6.2.3 不同再入高度下 RAM C 飞行器的电磁散射特性

1. 等离子体鞘套物理模型

为了研究和计算包覆等离子体鞘套高超声速飞行器的散射特性,建立如图 6.11 所示的包覆等离子体鞘套流场的一维目标飞行器物理模型,其中入射电场沿 X 轴方向极化,平行于计算平面 XOZ 面,即垂直极化。钝锥体头部半径 $R = 0.1524$ m,RAM C-II 飞行器的总长度 $L = 1.295$ m,$M = 0.66674$ m,半锥角 $\alpha = 9°$,雷达照射的电磁波入射角为 θ_i。

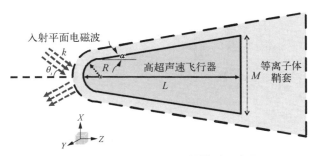

图 6.11　RAM C-II 飞行器模型示意图

在研究临近空间包覆等离子体鞘套目标飞行器的电磁散射特性及其物理规律的过程中,等离子体频率和碰撞频率的选取和计算至关重要。本节基于 NASA 公布的实测高超声速 RAM C-II 飞行器电子密度数据,并考虑到垂直于飞行器表面的等离子体电子密度梯度远大于平行于飞行器表面的等离子体,在垂直于飞行器外表面方向将等离子体鞘套分成 N 层不同的均匀介质层,其中第 1 层为飞行器理想导体表面,第 N 层为自由空间。针对不同再入高度的 RAM C-II 飞行器,在保证计算精度的同时,防止由于分层数过多所造成的计算时长不受控制,本节按照相邻两层均匀等离子体电子密度差值不超过等离子体电子密度最大值 10%的原则来划分层数,并将各再入高度下非均匀等离子体鞘套的层数和每一层的厚度数据汇总,如表 6.2 所示。

表 6.2　等离子体鞘套在不同再入高度下的分层数据

高　度	层　数	各层厚度/m
21 km	53	0.001
25 km	72	0.001
30 km	71	0.001
47 km	61	0.001

（续表）

高 度	层 数	各层厚度/m
53 km	71	0.001
61 km	78	0.001
71 km	60	0.002
76 km	70	0.002

通过 NASA 公布的再入电子密度数据，求解出离散的每一层的等离子体频率。设置碰撞频率具有与等离子体频率类似的正弦分布[35]，并指定其最大值 $\nu_0 = 2.8 \times 10^9$ Hz，每一层的复介电常数可由式(6.27)求出。

2. RAM C-II 飞行器后向 RCS 随雷达照射角度变化的特性分析

图 6.12 为在两种频率时，NASA 实测的 8 种再入高度下的后向 RCS，并将结果与纯金属钝锥的后向 RCS 进行比较，其中 HH 极化表示电场沿 y 方向（垂直

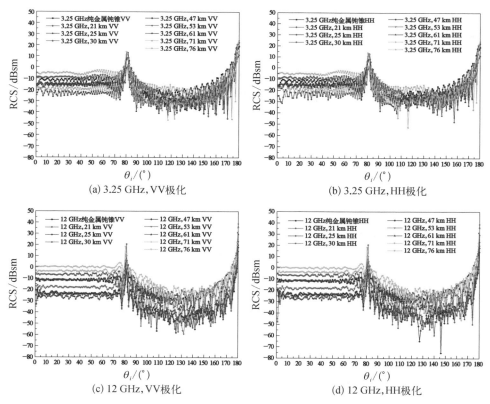

图 6.12　包覆等离子体鞘套的 RAM C-II 飞行器在不同再入高度下的后向 RCS

于页面平面,垂直于入射方向),VV 极化表示电场沿 x 方向(平行于页面平面,垂直于入射方向)。

从图 6.12(a)可以看出,由于等离子体鞘套的存在,在很大的雷达照射角范围内,RAM C-II 飞行器后向 RCS 产生较大的波动和起伏变化。当雷达照射频率为 3.25 GHz 时,VV 极化状态下,在 120°~175°入射方向上与纯金属钝锥的差值可达 32 dBsm。特别要注意的是等离子体鞘套在飞行器前侧头部($\theta_i = 0°$)、照射方向投影最大面($\theta_i = 81°$)和后侧尾部($\theta_i = 135°$)的影响。从图中可以观察到,当电磁波从目标后侧入射时,在 HH 极化和 VV 极化状态,等离子体鞘套对高超声速目标单站 RCS 的减缩作用明显增强。同时,在大部分再入高度下,前侧头部入射可使后向 RCS 降低 5~30 dBsm,而在目标投影最大面入射可使单站 RCS 有所提高。当雷达照射频率为 12 GHz 时,等离子体鞘套对目标单站 RCS 的影响似乎比 3.25 GHz 时更明显,在两种极化状态下均观察到 10~20 dBsm 的明显减缩。总而言之,等离子体鞘套对后向雷达散射特性的影响是非常显著和复杂的,与电磁波频率、入射方向、极化和再入高度等都有关,这给雷达探测和识别高超声速飞行器带来了很大的挑战。

探测雷达电磁波从钝锥头部入射,雷达的接收方向与模型 Z 轴的夹角决定了双站散射角 θ 值的大小,散射的雷达电磁波方向与 Z 轴正方向平行时,规定 $\theta = 0°$,顺时针旋转的夹角方向规定 θ 值为负,逆时针旋转的夹角方向规定 θ 值为正,相互对称,所以双站散射角 θ 变化区间为(−180°, 180°),双站散射计算结果取自 XOZ 面(E 面)。

图 6.13 为取入射波频率为 3.25 GHz,从钝锥头部入射时飞行器的双站 RCS,由图中曲线对比可知,随着再入高度从 76 km 逐渐下降为 25 km,RCS 值也逐渐减小。再入高度为 76 km 处,由于等离子体鞘套厚度大、电子密度小,对电磁波的吸收衰减较小,包覆鞘套流场目标飞行器的 RCS 大于本体 RCS,等离子体鞘套对电磁波的作用主要表现为反射,当把目标和等离子体鞘套当作一个整体时,总反射面积增大,所以在 76 km 处,角度为(−180°, −160°)和(160°, 180°)时的 RCS 值明显大于其他高度。

3. RAM C-II 飞行器后向 RCS 随电磁波频率变化的特性分析

基于包覆等离子体鞘套飞行器的多层损耗介质模型,平面电磁波分别从飞行器头部入射($\theta_i = 0°$)、前中部入射($\theta_i = 30°$)和照射方向投影最大面($\theta_i = 81°$)入射,入射电磁波垂直极化,计算并讨论电磁波为 L~X 波段时,目标飞行器的后向散射总场随频率变化的分布规律,其结果如图 6.14 所示。

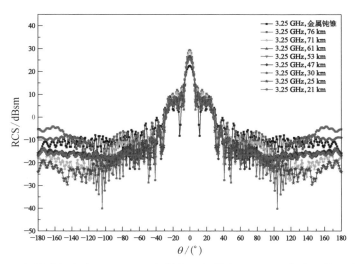

图 6.13　入射波频率为 3.25 GHz 时，钝锥飞行器在不同再入高度下的双站 RCS

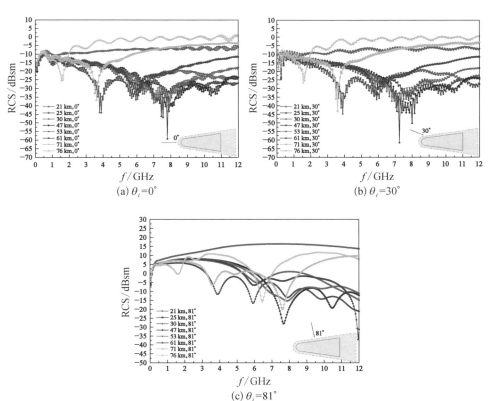

(a) $\theta_i = 0°$

(b) $\theta_i = 30°$

(c) $\theta_i = 81°$

图 6.14　RAM C-II 飞行器在不同飞行高度下随入射波频率变化的后向 RCS

图 6.14 为入射波的频段从 L 波段到 X 波段变化,入射角 θ_i 分别为 0°、30° 和 81° 时,RAM C-II 飞行器的后向 RCS 结果对比。计算结果表明,等离子体鞘套电磁参数的不均匀性及入射角度的改变可以极大地影响电磁波对等离子体鞘套包覆目标的后向散射特性。后向 RCS 随频率的变化趋势存在不规则振荡周期,这与等离子体鞘套中电子的周期运动息息相关。当入射波频率与不同再入高度下的等离子体鞘套截止频率相近时,目标飞行器的后向电磁散射衰减最大,后向 RCS 曲线出现尖锐的吸收峰,这是等离子体鞘套内电子的碰撞吸收及类似波导结构的等离子鞘层产生共振吸收的共同作用的结果。另外,当电磁波以 30° 角入射时,不同再入高度条件下得到的后向 RCS 与 0° 角入射时所得到的结果基本一致,但当电磁波以 81° 角入射时,后向 RCS 值明显更大,并且周期振荡现象变得不再明显,这表明电磁波入射角的改变会对目标后向 RCS 的振荡现象及 RCS 值都产生一定的影响。在 X 波段,由于电磁波频率足够大,可以部分或者绝大部分进入等离子体鞘套,并与之发生作用。在这种情况下,各个不同再入高度下的 RCS 值振荡上升,交互变化。

此外,目标飞行器在不同再入高度下的后向 RCS 的吸收峰值在不同的电磁波频率点附近。这可以解释为,高空空气比较稀薄,空气电离较少,所以等离子体电子密度较低。随着目标飞行器再入高度从 76 km 下降到 30 km,空气密度变得越来越大,空气电离越来越多,等离子体电子密度峰值逐渐增大,导致等离子体鞘套的最大等离子体频率增大,当 RAM C-II 的再入高度为 30 km 时,等离子体电子密度峰值和最大等离子体频率达到最大。但是当目标飞行器的再入高度从 30 km 继续下降到 21 km 时,飞行器到达低空,低空空气密度很大,因而等离子体碰撞频率也很大,导致电子和离子的复合率明显增加,等离子体电子密度降低,等离子体频率减小。这样,随着再入高度的不断降低,等离子体特征频率呈先增大后减小的趋势。当入射电磁波频率和不同再入高度的等离子体鞘套最大等离子体频率相匹配时,RCS 曲线的尖锐的吸收峰值对应出现在不同的电磁波频率点附近。

6.3　基于 PO-IZMM 的高超声速飞行器电磁散射计算

高超声速飞行器在临近空间飞行时,其外表面包覆的等离子体鞘套流场往往是三维非均匀分布的。为了建立可以精确拟合 RAM C 类目标流场外形的物理模型,并且能更加准确、快速地求解包覆等离子体鞘套高超声速飞行器的电磁散射问题,本节在原有的多层损耗介质模型基础上进行改进,提出了一种新的电磁散射计算模型——非均匀分区介质模型(inhomogeneous zonal medium model, IZMM),基于该模型采用 PO 法计算和分析了包覆等离子体鞘套高超声速飞行器的电磁散射问题。

6.3.1　高超声速飞行器的 PO-IZMM

1. 物理模型

本节研究的高超声速飞行器以 NASA 的 RAM C-II 三维飞行器为原型,进行物理建模与仿真计算。钝锥具有旋转对称结构,图 6.15 为包覆等离子体鞘套的高超声速钝锥飞行器模型示意图,球头半径 $R = 0.152\,4\,\text{m}$,总长度 L 为 $1.447\,4\,\text{m}$,半锥角 α 为 $9°$,底部直径 $M = 0.72\,\text{m}$。入射波电场沿 X 轴极化,即垂直极化,电场方向平行于 XOZ 平面(页平面),且垂直于入射方向,平面电磁波沿垂直球头方向入射,且与 Z 轴正方向相同。

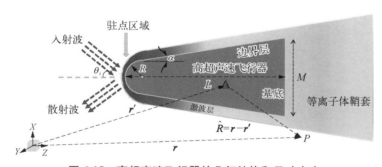

图 6.15　高超声速飞行器的几何结构和尺寸大小

本节基于高超声速飞行器的电大尺寸模型,以及考虑到星载探测雷达的主要频段范围(L~X 波段),采用基于面片剖分的高频并行物理光学法,对包覆等离子体鞘套的高超声速飞行器进行数值分析与理论计算。

2. 等离子体鞘套流场电磁参数的计算

在研究包覆等离子体鞘套高超声速飞行器电磁散射特性的过程中,等离子体鞘套的相关电磁参数的选取和计算至关重要。另外,在等离子体鞘套中,离子质量远大于电子的质量,此时等离子体频率 ω_p 可以近似表达为电子的振荡角频率,即

$$\omega_p = \sqrt{\frac{n_e e^2}{m_e \varepsilon_0}} = 2\pi f_p \tag{6.28}$$

式中, f_p 为等离子体特征频率; n_e、m_e 和 ε_0 分别为电子密度、电子质量及真空介电常数。

此外,本章所计算的等离子体鞘套流场的磁导率 $\mu_r = 1$,而鞘套的介电系数可表示为

$$\varepsilon_r = 1 - \frac{\omega_p^2}{\omega(\omega - \mathrm{j}\,\nu_{\mathrm{eff}})} = \left(1 - \frac{\omega_p^2}{\omega^2 + \nu_{\mathrm{eff}}^2}\right) - \mathrm{i}\left(\frac{\nu_{\mathrm{eff}}}{\omega}\frac{\omega_p^2}{\omega^2 + \nu_{\mathrm{eff}}^2}\right) \tag{6.29}$$

$$\omega = 2\pi f \tag{6.30}$$

$$\nu_{\mathrm{eff}} = 2\pi\,\nu_{en} \tag{6.31}$$

式中, ω_p 为等离子体频率; ω 为入射电磁波角频率; ν_{en} 为等离子体鞘套的碰撞频率。

在这里采用分段计算方法求解 ν_{en}:

$$\begin{cases} \nu_{en} = 2.71 \times 10^7 \times PT^{-1/2}, & G \leqslant 5 \\ \nu_{en} = [2.71 \times 10^7 + 1.09 \times 10^{G+1}(\delta - \theta)] \times PT^{-1/2}, & 5 < G \leqslant 7 \\ \nu_{en} = 1.09 \times 10^{G+1}(\delta - \theta) \times PT^{-1/2}, & G > 7 \end{cases} \tag{6.32}$$

其中,

$$G = \lg(n_e/PT) \tag{6.33}$$

$$\delta = \ln(0.37kT/e^2) \tag{6.34}$$

$$\theta = \ln n_e^{1/3} \tag{6.35}$$

式中, n_e 为等离子体中离散的每一层的电子密度; T 和 P 分别为等离子体鞘层中每一层的温度和压强; k 为玻尔兹曼常数; e 为电子电量。

3. 非均匀分区等离子体介质模型

运用上述等离子体鞘套的电磁参数计算方法,并采用 PO 法进行鞘套的电磁散射特性分析,建立 6.2.3 小节所介绍的单一的多层损耗介质模型来模拟包覆飞行器外表面的鞘套流场分布,但这往往是不够精确的。图 6.16 为飞行器飞行高度为 60 km,速度分别为 15Ma、20Ma 和 25Ma 时,采用 Tecplot 软件计算的流场数据分布图[38],对不同位置点进行鞘套电子密度的离散采样取值,可以发现水平方向上不同位置点的电子密度峰值是不同的,基本呈指数下降趋势分布。因此,在进行等离子体鞘套流场的电磁建模和仿真计算时,无法用某一竖直方向

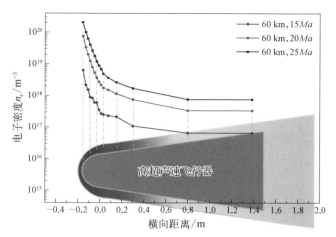

图 6.16　沿高超声速飞行器水平方向的等离子体鞘套电子密度分布图

的电子密度来代替整个鞘套电子密度的分布。

　　考虑到包覆等离子体鞘套的高超声速飞行器周围流场的分布特点,本节在这里提出了一种新的包覆等离子体鞘套高超声速钝锥飞行器的计算模型,即非均匀分区介质模型,具体模型建立细节如图 6.17 所示。

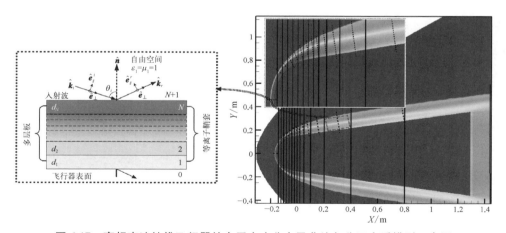

图 6.17　高超声速钝锥飞行器的电子密度分布及非均匀分区介质模型示意图

　　图 6.17 所示的非均匀分区介质模型是将高超声速钝锥飞行器包覆的鞘套流场划分为数个非均匀分布、间距大小不等的子区域。从图 6.16 和图 6.17 可以明显看出,头部区域的电子密度远大于尾部。此外,沿着高超声速钝锥飞行器水平轴线方向上,头部电子密度分布的变化率明显大于尾部。因此,采用非均匀分

区的处理方式,在保证计算精度和控制计算时长的情况下,本节将钝锥飞行器鞘套流场划分为 14 个数据采集和计算的子区域。头部分区相对较密集,尾部分区较稀疏,黑实线则为分区划线。在每个数据采集的子区域又对等离子体鞘套近似均匀分层(图 6.17 中虚线框所示),这种联合分区-分层的计算方式可以看作对鞘套流场介质模型的一种非均匀网格剖分。短黑虚线则被等间距划分,在每一个子区域中采集相对应点上的电子密度、温度和压强,以此来近似代表并计算每个子区域的电磁参数。

此模型是基于钝锥飞行器的鞘套流场外形特点、旋转对称的物理结构及非均匀分布的电子密度来建立的,因此非均匀分区介质模型在每一个子区域内采集相应短黑虚线处的电子密度来近似此子区域处所有的电子密度分布是合理的。表 6.3 给出了图 6.17 所示的高超声速钝锥飞行器的飞行高度为 60 km、飞行速度为 $20Ma$ 时,流场分区模型的电子密度峰值数据采集情况。

表 6.3　60 km、$20Ma$ 下流场分区模型的电子密度峰值数据

子区域编号	间隔/m	层数	每层厚度/m	电子密度峰值/m^{-3}
1	$(-\infty, -0.14)$	74	2.0×10^{-4}	$7.443\,140\,00\times10^{19}$
2	$(-0.14, -0.12)$	92	$2.167\,786\,89\times10^{-4}$	$3.305\,681\,05\times10^{19}$
3	$(-0.12, -0.1)$	123	$2.042\,749\,388\times10^{-4}$	$1.979\,559\,42\times10^{19}$
4	$(-0.1, -0.08)$	120	$2.570\,249\,793\times10^{-4}$	$1.227\,846\,73\times10^{19}$
5	$(-0.08, -0.06)$	142	$2.733\,029\,272\times10^{-4}$	$7.845\,902\,77\times10^{18}$
6	$(-0.06, -0.04)$	144	$3.243\,900\,276\times10^{-4}$	$5.313\,082\,08\times10^{18}$
7	$(-0.04, -0.02)$	151	$4.048\,083\,003\times10^{-4}$	$3.621\,890\,53\times10^{18}$
8	$(-0.02, 0)$	165	$4.112\,663\,184\times10^{-4}$	$2.708\,037\,49\times10^{18}$
9	$(0, 0.02)$	173	$4.329\,029\,914\times10^{-4}$	$2.128\,829\,47\times10^{18}$
10	$(0.02, 0.05)$	163	$5.160\,474\,784\times10^{-4}$	$1.750\,776\,42\times10^{18}$
11	$(0.05, 0.1)$	145	$6.586\,133\,995\times10^{-4}$	$1.500\,024\,27\times10^{18}$
12	$(0.1, 0.2)$	140	$7.724\,467\,619\times10^{-4}$	$1.139\,415\,38\times10^{18}$
13	$(0.2, 0.4)$	139	$9.195\,237\,898\times10^{-4}$	$7.420\,740\,73\times10^{17}$
14	$(0.4, +\infty)$	126	$1.113\,593\,283\times10^{-3}$	$3.328\,345\,74\times10^{17}$

4. 高超声速飞行器的几何结构建模

物理光学法是基于对所建立模型进行表面面片剖分的计算方法,因此在建模时,包覆等离子体鞘套的物理模型表面的面片数量和几何形状对目标最终的电磁散射特性会产生较大影响。为了使最后的计算目标——最终的电磁散射特

性更加精确,本节通过采集等离子体鞘套流场中电子密度最外围的相应几何坐标点进行目标几何建模,从而使模型最大程度接近飞行器外围包覆等离子体流场的形状。

在 FEKO 软件中设置模型的几何尺寸,由抛物线 $y^2 = 2px$ 旋转 360° 拟合模型顶部的抛物面,且在 FEKO 软件的几何参数设置中 $x = -0.14 - N$, $y = R$。往下依次由不同底面半径的圆台离散拟合包覆等离子体鞘套的钝锥模型,几何模型构成的细节如图 6.18 所示。本节以高超声速飞行器在飞行高度为 60 km、速度为 20Ma 时的流场数据为例进行几何建模,具体几何参数设置如表 6.4 和表 6.5 所示。

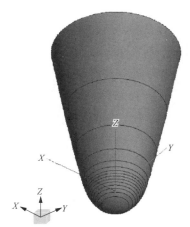

图 6.18　包覆等离子体鞘套流场的钝锥飞行器几何模型细节示意图

表 6.4　FEKO 几何参数设置(抛物面)

FEKO 几何参数设置	中心/m	半径/m	焦点深度/m
子区域 1	−0.167	0.099 2	0.091 117 04

表 6.5　FEKO 几何参数设置(圆台)

FEKO 几何参数设置(圆台)	中心/m	半径/m	高度/m	上半径/m
子区域 2	−0.14	0.099 2	0.02	0.129
子区域 3	−0.12	0.129	0.02	0.151 7
子区域 4	−0.10	0.151 7	0.02	0.171
子区域 5	−0.08	0.171	0.02	0.186
子区域 6	−0.06	0.186	0.02	0.199
子区域 7	−0.04	0.199	0.02	0.213 5
子区域 8	−0.02	0.213 5	0.02	0.227
子区域 9	0	0.227	0.02	0.235 2
子区域 10	0.02	0.235 2	0.03	0.249
子区域 11	0.05	0.249	0.05	0.271
子区域 12	0.1	0.271	0.1	0.305
子区域 13	0.2	0.305	0.2	0.351
子区域 14	0.4	0.351	0.4	0.423
子区域 15	0.8	0.423	0.495+0.152 64	0.514 5

其中,表 6.5 中的数值 0.152 64 表示在流场模型尾部,垂直于目标飞行器表面的等离子体鞘层厚度。

紧接着,在 FEKO 软件中进行物理建模及面片剖分,并采用 PO 法进行计算。图 6.19 为当高超声速目标飞行器在 60 km 飞行高度和不同的飞行速度时,在 FEKO 中采用非均匀分区介质模型对钝锥飞行器建模的纵向剖面示意图。

在 60 km 飞行高度下,三种不同飞行速度下的包覆鞘套流场的高超声速飞行器纵向剖面图如图 6.19 所示,可以发现随着飞行速度的增加,飞行器外表面包覆的鞘套流场厚度也增加,很好地模拟并重现了包覆等离子体鞘套高超声速飞行器的实际飞行状态。鞘套流场的分布形式为头部区域鞘层较薄,朝着目标飞行器基底方向并沿着外表面侧壁的鞘层越来越厚,这种建模方式能很好地适

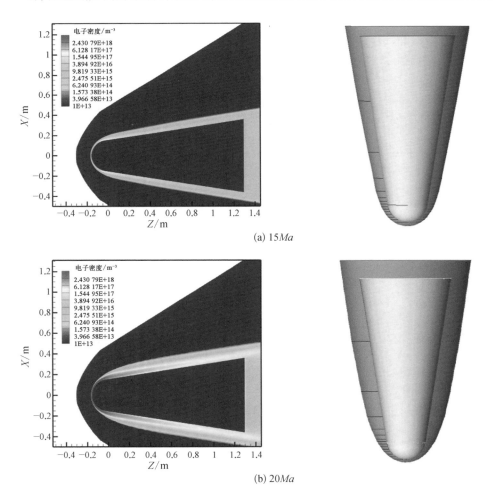

(a) 15*Ma*

(b) 20*Ma*

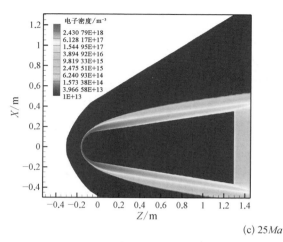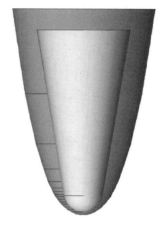

(c) 25Ma

图 6.19　等离子体鞘套流场的电子密度分布图和纵向剖面建模示意图

应及满足基于面片剖分的 PO 法的精度和可靠性,相较于之前基于单一的多层损耗介质方案所建立的几何模型,其计算精度和准确性进一步提升,解决了单一分层介质模型中存在的冗余面片造成的目标散射特性精度差及不准确等问题。

综上所述,本节的技术路线主要概括如下:采用基于面片剖分的 PO 法在商业软件 FEKO 中进行物理建模及面片剖分,生成模型文件,导入并行 PO 法中,计算目标飞行器的电磁散射特性。基于等离子体鞘套流场分布特点和目标飞行器几何结构的旋转对称性,求解包覆等离子体鞘套高超声速飞行器模型外表面上每一个小三角面元沿飞行器纵向轴线的重心坐标 Z_p,并判断 Z_p 属于哪一个介质子区域,则此面元属于相应的介质子区域,并将其代入对应的分层介质模型中进行面元散射计算。最后,将非均匀分区介质模型中的每一个子区域面元的散射特性进行累加,获得目标总体散射特性。

6.3.2　高超声速飞行器的电磁散射特性分析

本节计算在不同的飞行状态下,雷达入射角 θ_i 计算区间为($0.5°$, $179.5°$)时,包覆等离子体鞘套高超声速飞行器的单站 RCS。探测雷达的电磁波从钝锥头部开始入射,初始角度为 $\theta_i = 0°$,电磁波的发射雷达与接收雷达处在同一位置,并与目标飞行器轴线始终保持同一夹角。在入射角为 $\theta_i = 81°$ 时,钝锥飞行器主体部分的法线与雷达入射波重合,即此时钝锥飞行器沿着雷达照射方向上的投影面积最大,此时的单站 RCS 会存在极大的峰值点,同样,在钝锥尾部也会出现 RCS 极大值。

在入射电磁波频率为 3.25 GHz, 飞行速度为 20*Ma* 的情况下, 包覆等离子体鞘套的飞行器在距离地面不同飞行高度处的单站 RCS 对比如图 6.20(a) 所示, 从图中可以看出, 由于等离子体鞘套的存在, RCS 值在大部分入射角方向上都出现了明显的波动和衰减, 尤其在头部区域的角度范围内, 目标飞行器在 4 种不同飞行高度处的后向 RCS 均有明显的振荡和衰减。这主要是由于等离子体鞘套在目标飞行器头部区域较薄, 但电子密度较大, 可以最大限度地对入射电磁波产生吸收和衰减, 但不增大目标整体反射面积。雷达入射角为 40°~90° 时, 除了目标飞行器距离地面 30 km 高度外, 在其余飞行高度处, 包覆等离子体鞘套目标飞行器的后向 RCS 明显大于无鞘套包覆的纯金属钝锥飞行器。因为在这一部分区域, 等离子体鞘层由薄变厚, 但电子密度沿壁面流场逐渐减小, 由于等离子体鞘套流场的存在, 在一定程度上增大了目标本体的散射面积, 但等离子体鞘套对入射电磁波的碰撞吸收减弱, 对入射电磁波的作用主要是反射, 最终使得目标后向 RCS 增大。

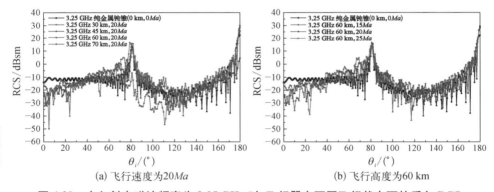

(a) 飞行速度为20*Ma*   (b) 飞行高度为60 km

图 6.20   在入射电磁波频率为 3.25 GHz 时, 飞行器在不同飞行状态下的后向 RCS

此外还可以发现, 随着飞行器飞行高度的降低, 后向 RCS 在各个角度都出现逐渐减小的现象, 在入射角为 81° 处尤为明显, 目标飞行器飞行高度在距地面 70 km 处的 RCS 峰值是最大的。以此类推, 在飞行高度为 30 km 处, 包覆等离子体鞘套飞行器的后向 RCS 在各个角度方向上均减小了。这可以解释为, 高空空气比较稀薄, 空气电离较少, 当目标飞行器在高空飞行时, 周围包覆的等离子体密度较低, 对电磁波的吸收衰减效应较弱, 入射电磁波极少部分穿透或者大概率无法穿透等离子体鞘套, 此时的 RCS 较大。随着目标飞行器的飞行高度从 70 km 逐渐下降到 30 km, 空气密度越来越大, 目标飞行器表面的空气电离越来越多, 等离子体电子密度峰值逐渐增加, 继而导致等离子体鞘套最大等离子体频率也逐渐增大。此时, 等离子体鞘套对入射电磁波产生大量的吸收和极少的反射,从而使得 RCS 在各个入射角度上均减小。

接下来,计算和对比目标飞行器距离地面 60 km,雷达电磁波入射频率为 3.25 GHz,飞行速度分别为 15Ma、20Ma 和 25Ma 时的后向 RCS 分布情况,如图 6.20(b)所示。随着目标飞行器的飞行速度逐渐增大,飞行器外表面包覆的等离子体鞘套电子密度和鞘套厚度依次增大,与图 6.20(a)中的后向 RCS 分布类似,具有相同的规律特性。但不同的是,目标飞行器在飞行速度为 25Ma 时,相比于其他情况,具有最大的电子密度。在头部区域,电磁波入射角为 0.5° 时,其后向 RCS 具有最小值,约为 −26 dBsm。相似地,在雷达大角度照射范围内,随着飞行器飞行速度增加,等离子体鞘套电子密度的增大对 RCS 的影响远小于外表面包覆等离子体鞘套变厚的影响。基于鞘套变厚会造成目标飞行器整体后向雷达截面积更大的事实,在入射角为 40°~80° 时,目标飞行器飞行速度为 25Ma 时的后向 RCS 明显大于 20Ma 和 15Ma 这两种情况。

6.3.3　高超声速飞行器动态电磁散射特性仿真及特征提取

本小节以星载雷达的探测平台为基础,采用并行物理光学法和非均匀分区介质模型计算和分析包覆等离子体鞘套的高超声速飞行器动态电磁散射特性。运用角度-时间转换算法,在星载雷达探测的常用波段(L~X 波段)范围内求解目标飞行器在水平飞行轨迹、不同飞行状态下的动态 RCS,并在基于连续小波变换(continuous wavelet transform, CWT)建立的动态 RCS 时间-尺度矩阵中提取相关的有效统计特征。

1. 高超声速飞行器飞行轨迹的建立

动态 RCS 不仅能够表现出目标飞行器对雷达照射电磁波的散射能力,而且还能体现出目标飞行器的飞行高度、飞行速度及雷达视线角等变化特征,本小节设定高超声速飞行器为侧站平飞的机动模式(要求飞行器升力等于重力,推力等于阻力),在侧站平飞的过程中,雷达视线对目标的方位角保持不变(计算时默认夹角为 0°),横滚角也是 0°,只有俯仰角 θ 在改变。在获取目标飞行器后向 RCS 的基础上采用准静态法获取目标飞行器动态 RCS 序列,以高超声速飞行器 RAM C-II 为研究对象,研究目标飞行器沿水平航路轨迹以不同的高度和速度飞行时,其动态 RCS 随时间的变化特性和频率的响应特性,为星载雷达探测和识别高超声速目标提供样本参考。特别地,本书所计算的动态 RCS 结果均设计为星载雷达与高超声速目标相向飞行模式,且星载雷达环绕地球的飞行速度 v_0 采用万有引力定律和圆周运动公式求解,本小节不再赘述。

为了求解目标飞行器的动态 RCS 序列,这里运用角度−时间转换算法。目标飞行器匀速飞行,在距离星载雷达由远及近的过程中,飞行时间随着单位角度的变化是非均匀的。如图 6.21 所示,其中 $H = 200\ 000$ m,为安装在非同步卫星上星载雷达距离地面的高度,H_1 和 H_2 分别为高超声速飞行器不同的飞行高度,H_0 为飞行器与星载雷达之间最短的垂直距离。

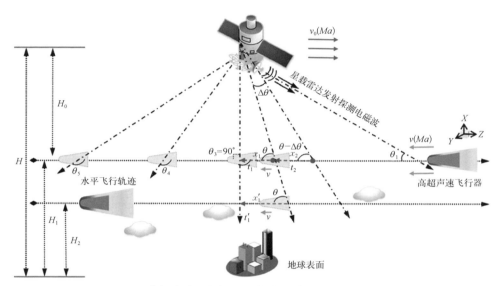

图 6.21 高超声速飞行器飞行轨迹及动态 RCS 观测示意图

利用该模型计算当飞行器轴线与雷达照射方向之间的俯仰角变化范围为 $2.5° \leqslant \theta \leqslant 177.5°$ 时,高超声速目标飞行器在不同位置处所用的累加时间,即当星载雷达电磁波照射方向与目标飞行器轴线的夹角为 2.5° 时,记此时的初始时间为 0 s。此处先以飞行器飞行轨迹的前半程为计算区间,设初始值 $\theta = 89.5°$,单位角度的变化量 $\Delta\theta = 1°$,前半程角度的变化次数为 $0 \leqslant n \leqslant 87$,则高超声速飞行器飞行的前半程角度变化区间为

$$2.5° \leqslant \theta - n\Delta\theta \leqslant 89.5° \tag{6.36}$$

v 为飞行器在水平飞行轨迹上的平均速度,则有

$$x_1 = \frac{H_0}{\tan\theta}, \quad t_1 = \frac{x_1}{v} \tag{6.37}$$

$$x_2 = \frac{H_0}{\tan(\theta - \Delta\theta)} - x_1, \quad t_2 = \frac{x_2}{v} \tag{6.38}$$

$$x_3 = \frac{H_0}{\tan(\theta - 2\Delta\theta)} - x_2, \quad t_3 = \frac{x_3}{v} \cdots \tag{6.39}$$

$$x_{n+1} = \frac{H_0}{\tan(\theta - n\Delta\theta)} - x_n, \quad t_{n+1} = \frac{x_{n+1}}{v} \tag{6.40}$$

对于飞行轨迹的前半程,飞行器由无限远飞行到每一个固定角度处所累加的时间为

$$T_{n_{\max}+1} = \sum_{n=0}^{n_{\max}} t_{88-n}, \quad 0 \leqslant n_{\max} \leqslant 87 \tag{6.41}$$

相似地,在飞行轨迹的后半程,飞行器飞行到每一个固定角度所用时间与前半程相对称,则飞行器由距离星载雷达垂直最短距离点($\theta = 90°$)飞行到无限远处,在每一个固定角度处所累加的时间为

$$T_{m_{\max}} = \sum_{m=89}^{m_{\max}} (T_{m-1} + t_{m-88}), \quad 89 \leqslant m_{\max} \leqslant 176 \tag{6.42}$$

式中,m 为后半程角度的变化次数,综合前后半程所累加的时间数,即为高超声速飞行器在某一固定高度沿着水平飞行轨迹所用的总时间,因此可以求出飞行器在水平飞行轨迹上到达每一个雷达照射角度处所用的累加时间。

另外,当高超声速目标飞行器沿着飞行轨迹飞行到某一固定位置时,换句话说,目标飞行方向与星载雷达照射方向成某一夹角 θ 时,在不同的飞行高度的飞行器以同一飞行速度 v 到达同一位置所花费的时间是不同的。当飞行器飞行高度 $H_2 < H_1$,目标飞行器飞行方向与星载雷达照射方向成同一夹角 θ 时,水平路程 $x_1' > x_1$,即 $t_1' > t_1$。也就是说,高超声速飞行器在不同高度航线上飞行,当目标飞行器与雷达照射方向成某一夹角时,所累积的飞行时间是不同的,飞行高度越低,所需飞行时间越长。

2. 类 RAM-C 高超声速目标的动态 RCS 数值仿真结果及分析

首先,本研究小节设置星载雷达位于 $200 \sim 300$ km 的非同步卫星上,探测雷达照射的电磁波为 L~X 波段。当目标飞行器与雷达照射方向的夹角变化范围为 $2.5° \leqslant \theta \leqslant 177.5°$ 时,分别研究入射电磁波频率、星载雷达探测高度、目标飞行器飞行高度及飞行速度等因素对包覆等离子体鞘套高超声速飞行器的动态 RCS 时间序列的影响。建立一个较为完善的低分辨雷达高超声速飞行器动态 RCS 目标识别数据库,仿真结果如图 6.22 所示。

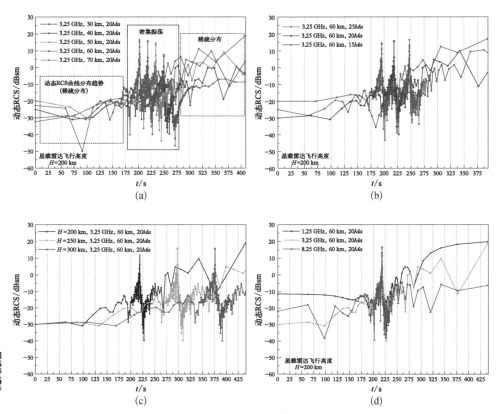

图 6.22　类 RAM-C 目标高超声速飞行器的动态 RCS 时间序列对比

图 6.22(a)为当星载雷达飞行高度为 200 km,入射电磁波频率为 3.25 GHz,目标飞行器飞行速度为 20Ma 时,对比飞行高度为 70 km、60 km、50 km、40 km、30 km 时的动态 RCS 时间序列;(b)为当星载雷达飞行高度为 200 km,入射电磁波频率为 3.25 GHz,目标飞行器飞行高度为 60 km 时,对比飞行速度为 15Ma、20Ma、25Ma 时的动态 RCS 时间序列;(c)为当入射电磁波频率为 3.25 GHz,目标飞行器在飞行高度为 60 km,飞行速度为 20Ma 时,对比星载雷达飞行高度为 200 km、250 km、300 km 时的动态 RCS 时间序列;(d)为当星载雷达飞行高度为 200 km,目标飞行器在飞行高度为 60 km,飞行速度为 20Ma 时,对比入射电磁波频率为 1.25 GHz、3.25 GHz、8.25 GHz 时的动态 RCS 时间序列。

本小节是将目标飞行器随雷达照射角度变化的后向 RCS 转化为随时间变化的动态 RCS 时间序列。从图 6.22(a)的动态 RCS 曲线中可以很明显地看出,随着时间的推移,目标飞行器在沿水平轨迹上匀速飞行,星载雷达和目标飞行器两者之间的距离由远及近再到远时,动态 RCS 曲线的波动变化由平缓到剧烈再到平缓,飞行器散射数据点的分布由稀疏到密集再到稀疏(如图中三个虚线框内曲线变化的规律所示)。当目标飞行器远离星载雷达时,其动态 RCS 曲线波动平缓,曲线上散射数据点之间的分布较为稀疏,而当目标飞行器逐渐靠近探测雷达,直至飞行器飞行到星载雷达的正下方时(即两者中心连线垂直于水平飞行轨迹,$\theta = 90°$),动态 RCS 曲线随时间变化最为密集,振荡和抖动最为剧烈。这是由于目标飞行器匀速飞行,并且在距离星载雷达由远及近的过程中,飞行时间随着单位角度的变化是非均匀的。换言之,随着飞行器与探测雷达之间的距离逐渐缩短,在探测雷达照射目标飞行器扫过单位角度时,飞行器飞行时间逐渐由长变短。类似地,匀速飞行的目标飞行器在距离星载雷达由近及远的过程中,探测雷达照射目标飞行器扫过单位角度时,飞行器飞行时间逐渐由短变长,动态 RCS 曲线的波动变化逐渐趋于平缓。

首先,动态 RCS 数值分布与飞行高度和飞行速度都有关系,根据飞行轨迹及星载雷达与高超声速飞行器的相对位置可以得出:如图 6.22(a)所示,飞行高度越高($H_x = 30\,\text{km}$、$40\,\text{km}$、$50\,\text{km}$、$60\,\text{km}$ 和 $70\,\text{km}$),即高超声速飞行器与星载雷达之间的距离更近时,在相同飞行马赫数($20Ma$)情况下,探测雷达扫过机身单位角度所需的时间越短,换句话说,目标飞行器在相同时间范围内的动态 RCS 波动变化越快,曲线由稀疏变得密集再变得稀疏所用的时间越短。

类似地,如图 6.22(b)所示,在相同飞行高度下($H_x = 60\,\text{km}$),高超声速飞行器飞行速度越快($15Ma$、$20Ma$、$25Ma$),雷达扫过机身单位角度所需时间越短,即目标动态 RCS 曲线在较短时间内发生振荡,可以到达最高峰值点。例如,目标飞行器的飞行高度为 $60\,\text{km}$,飞行速度为 $25Ma$[图 6.2(b)中的三角形曲线]时,当目标飞行器动态 RCS 曲线到达最密的中心点位置处,即飞行器与星载雷达中心连线垂直于水平飞行轨迹时,飞行高度同为 $60\,\text{km}$,但飞行速度为 $15Ma$ 的钝锥飞行器的动态 RCS 曲线[图 6.22(b)中的圆形曲线]依旧在平缓稀疏区。

然后,计算当星载雷达在不同的飞行高度时($H = 200\,\text{km}$、$250\,\text{km}$、$300\,\text{km}$),目标飞行器的动态 RCS 变化规律。简而言之,其动态 RCS 的变化规律与目标飞行器飞行高度的改变是类似的,都是改变目标飞行器与探测雷达之间的距离。距离越远,在相同飞行速度情况下($20Ma$),雷达扫过机身单位角度所需时间越长,目标飞行器在相同时间范围内的动态 RCS 波动变化越慢,如图 6.22(c)中的三角形曲线所示。

紧接着,本小节研究入射电磁波范围为 L~X 波段,飞行状态为 $60\,\text{km}$、$20Ma$ 的目标飞行器动态 RCS 时间序列随入射电磁波频率变化的规律特性,如图 6.22(d)所示。入射电磁波频率不断增大,可以更加明显地突显出目标飞行器物理结构的细节特征,相比在较低频率 1.25 GHz 下目标的动态 RCS 时间序列,当入射电磁波频率提高到 8.25 GHz 时,目标的动态 RCS 时间序列曲线产生的波动和振荡更加剧烈,在 $\theta = 81°$ 时,曲线的峰值点更加尖锐。此外,更高频率的电磁波可以部分或者完全穿透目标飞行器外表面包覆的等离子体鞘套,在等离子体内部传播的轨迹更长,因此其能量衰减更多。而使用较低频段的电磁波照射包覆等离子体鞘套的目标飞行器时,电磁波难以穿透等离子体鞘层,大部分电磁波在鞘层表面就会发生反射,导致目标飞行器动态 RCS 曲线数值在较大时间范围内普遍偏高。因此,有效降低星载雷达发射电磁波的频率,将更有助于探测和跟踪包覆等离子体鞘套的高超声速目标飞行器。

最后,计算入射电磁波频率 $f = 8.25$ GHz,入射电场和散射电场为同极化模式(VV/HH),保持飞行高度(60 km)一致时,在不同的飞行速度下高超声速飞行器的动态 RCS 时间序列,结果如图 6.23 所示(星载雷达探测高度保持不变,$H = 200$ km)。

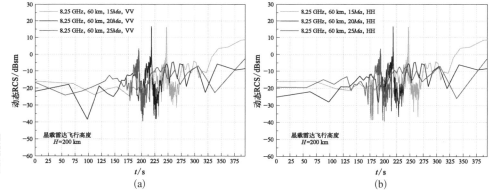

图 6.23　在三种不同飞行速度下包覆等离子体鞘套高超声速目标的动态 RCS 时间序列

通过观察图 6.23(a)和(b)可以发现,雷达天线发射和接收电磁波的极化方式会对目标飞行器的动态 RCS 时间序列产生影响,主要体现在动态 RCS 曲线波形走势和振荡方式的微小差异上,虽然这些变化都是不规则和模糊的,但确实会给高超声速目标的识别带来一定的影响。此外,针对两种极化方式(VV/HH),动态 RCS 时间序列在 $\theta = 81°$ 和 $\theta = 180°$ 处的峰值大小基本无变化。

3. 类 RAM-C 目标动态 RCS 的数学敏感度函数

由于等离子体鞘套的存在,且高超声速目标在空间和时间上具有机动性,在不同的飞行状态下,目标飞行器的动态 RCS 往往具有很大的差异性,从而导致动态 RCS 的变化是敏感的,这给有效探测和识别高超声速飞行器提供了可能。基于高超声速目标动态 RCS 本身的数学特征及分布形式,利用概率密度函数(probability density function,PDF)和累积分布函数(cumulative distribution function,CDF),在不同的飞行高度、相同的飞行速度($20Ma$),以及相同的飞行高度(60 km)、不同的飞行速度下,求解高超声速目标动态 RCS 的概率分布形式,其中入射波频率 $f = 3.25$ GHz,结果如图 6.24 所示。对于图 6.24(a)和(b)的计算结果,高超声速目标动态 RCS 时间序列统一截取的飞行时间段为[0 s,3 916 s]。同理,对于图 6.24(c)和(d),计算结果统一截取飞行时间段为[0 s,3 372 s][参考图 6.24(a)和(b)在相应飞行状态下的目标动态 RCS 分布图]。

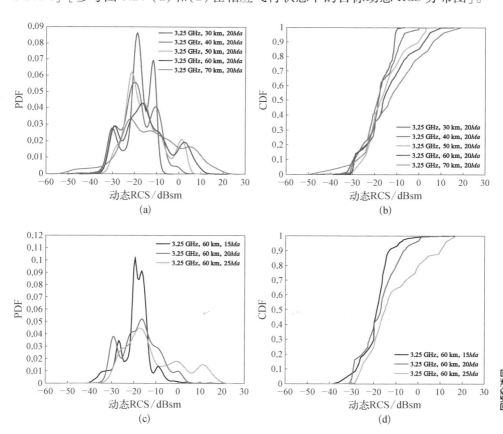

图 6.24　在不同飞行状态下高超声速飞行器动态 RCS 时间序列的 PDF 和 CDF 分布

通过观察图 6.24 可以发现，高超声速飞行器动态 RCS 时间序列的 PDF 和 CDF 曲线分布变化随目标飞行高度和飞行速度的改变都极为敏感。其中，最主要的是 PDF 曲线的展宽和概率峰值的变化[参考图 6.24（a）和（c）]。一般情况下，在相同的星载雷达探测时间段，飞行速度保持不变（20Ma）时，高超声速飞行器的飞行高度越高，其动态 RCS 的 PDF 曲线将会发生明显展宽，概率密度的峰值高度则更低。这是因为飞行高度越高意味着目标飞行器与星载雷达之间的相对距离就越短，在相同的雷达探测时间范围内，雷达扫过高超声速目标的照射角度范围更大，动态 RCS 系数在[−60 dBsm，30 dBsm]区间内的分布范围变得更广泛，相应地，动态 RCS 系数分布概率的峰值就越低。同理，高超声速目标在相同的飞行高度（60 km）下，飞行速度越高，PDF 曲线展宽程度越大，概率密度峰值越低，其原理也是如此。

此外，高超声速目标的飞行状态也会严重影响 CDF 曲线斜率的变化及涵盖动态 RCS 系数在[−60 dBsm，30 dBsm]范围的大小[参考图 6.24(b)和(d)]。保持一定的飞行速度（20Ma），飞行高度越高，CDF 曲线斜率越小，分布相对更平缓。同理，在相同的飞行高度下，飞行速度越高，CDF 曲线涵盖的动态 RCS 系数范围越广，曲线变化趋势愈加平缓。

4. 基于小波变换对类 RAM-C 高超声速目标动态 RCS 时间序列进行特征提取

本小节联合时间和尺度平面描述信号的连续小波变换来对目标飞行器动态 RCS 时间序列进行特征提取，尺度与频率相对应。按照频率信息的不同低分辨星载雷达动态 RCS 观测序列进行处理，可以在时域和频域上将 RCS 观测序列的细节清晰地表现出来，更有利于提取出反映目标飞行器特性的特征序列。

为了实现连续小波变换，对尺度因子 a 和时间因子 b 进行离散化，设星载雷达动态 RCS 观测序列为 DRCS(t)，$t = 1, 2, \cdots, T_b$，其中 T_b 为动态 RCS 观测数据的总长度，则 DRCS(t)的连续小波变换为

$$W_{\text{DRCS}}(a, b) = \sum_{t=1}^{T} \text{DRCS}(t) \, \Psi^* \left(\frac{t-b}{a} \right) \tag{6.43}$$

式中，$b = 1, 2, \cdots, T_b$；$a = 1, 2, \cdots, S_a$。

为了使最后的实验结果具有对比性，对于飞行状态不同的目标飞行器，在飞

行过程中,保持星载雷达照射目标飞行器的夹角变化范围始终为 $2.5° \leqslant \theta \leqslant 177.5°$, 则对于不同飞行状态下的目标飞行器, DRCS(t) 中的总时间 T_b 是各不相同的。仿真参数如下:时间间隔 $T_s = 1$ s, 尺度因子的最大值 $S_a = 600$, 采用 Symlet(sym$N$)小波(近似对称的紧支集正交小波)作为母小波,这里计算取值 $N=4$。星载雷达飞行高度 $H = 200$ km, 高超声速目标飞行器动态 RCS 时间序列在四种不同飞行状态及入射电磁波条件下经连续小波变换后得到的时间-尺度域等高线图如图 6.25 所示。

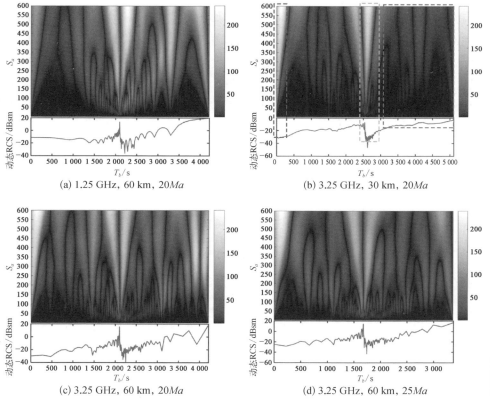

(a) 1.25 GHz, 60 km, 20*Ma* 　　　　　　 (b) 3.25 GHz, 30 km, 20*Ma*

(c) 3.25 GHz, 60 km, 20*Ma* 　　　　　　 (d) 3.25 GHz, 60 km, 25*Ma*

图 6.25　包覆等离子体鞘套高超声速目标飞行器动态 RCS 经连续小波变换后得到的时间-尺度域等高线图

图 6.25(a)为目标飞行器在飞行高度为 60 km, 飞行速度为 20*Ma* 下的时间-尺度域等高线图。横坐标为时间因子,表示目标飞行器飞行总时长;纵坐标为尺度因子,代表连续小波变换的尺度范围。其中,尺度因子对应于频率,尺度因子越小则频率越大,反之亦然。换句话说,尺度因子 a 越小,在这一拟合时间

段上的目标动态 RCS 时间序列需要更多数量的小波函数,更能反映出目标动态 RCS 时间序列随时间变化的波动细节。图中颜色的深浅代表小波系数绝对值的大小,颜色越明亮,表示小波系数的绝对值越大。在目标飞行器动态 RCS 时间序列上,当曲线波动剧烈并存在抖动突变时,动态 RCS 函数与 sym4 小波函数做内积,其结果数值最大,也就是说小波系数的值最大,即目标动态 RCS 时间序列在这一时间段上与相同时长大小的 sym4 小波相似度越高,在时间-尺度域等高线图中表示较为明亮的部分。

由于小波函数对目标函数的波动变化在最开始的初始位置默认为 0,而目标动态 RCS 曲线的初始数值均小于 0。例如,在图 6.25(b) 中,目标动态 RCS 曲线在初始位置的数值为 −32 dBm,所以在小波变换中默认判定目标动态 RCS 序列在初始位置有一个突变,即在时间-尺度域等高线图中表现为在初始时间段会出现较为明亮的纵向条纹,如图 6.25(b) 中最左侧虚线框所示。此外,在 2 000 ~ 3 000 s 时间段,即目标飞行器飞行到星载雷达的正下方附近范围内时,目标动态 RCS 曲线出现剧烈的密集抖动,对应的时间-尺度域等高线图中出现明亮的纵向条纹,如图 6.25(b) 中中间的虚线框所示。在 3 000 ~ 5 000 s 时间段,动态 RCS 曲线波动平缓,在小尺度范围内,小波系数几乎为 0,时间-尺度域的图像较暗。对比于采用较大尺度范围,此时的动态 RCS 曲线有微弱波动,小波系数数值较小,时间-尺度域的图像有微弱亮度,如图 6.25(b) 中最右侧的虚线框所示。对于图 6.25(c) 和 (d),在这两种计算条件下的目标飞行器动态 RCS 曲线波动剧烈。因此,经过连续小波变换后的时间-尺度域图像有较为密集的纵向亮条纹,通过这种现象可以较为明显地区分不同情况下的目标动态 RCS 曲线特性。

在这里,令 $A = |W_{DRCS}(a, b)|$,经过小波变换后的矩阵 A 的数据量非常大,而且有很大的信息冗余,直接将它作为特征显然是不现实的,因此需要从矩阵 A 中提取稳定的维数较少的特征。目标的动态 RCS 观测序列具有随机稳定性,因此可以考虑从矩阵 A 中提取数学统计特征。经过大量的仿真实验,提取了 10 个有效的统计特征 $f_1, f_2, \cdots, f_{10}$,分别为最大奇异值特征、均值特征、最大值特征、方差特征、尺度重心特征、中心矩特征和不变矩特征。可以将这 10 个有效统计特征值进行组合,作为目标识别特征的模板,为将来高超声速目标飞行器的识别奠定坚实的基础。

从矩阵 A 中提取用于高超声速目标识别的有效统计特征 $f_1, f_2, \cdots, f_{10}$ 如下。

1）矩阵最大奇异值特征

将 A 看作 $M×N$ 维矩阵，则分别存在一个 $M×M$ 维和 $N×N$ 维矩阵 U 和 V，使得 $A = U\Sigma V^H$，其中上标 H 表示矩阵的共轭转置，Σ 是一个 $M×N$ 维对角矩阵，其主对角线上的元素是非负的，并按下列顺序排列：

$$\sigma_{11} \geqslant \sigma_{22} \geqslant \cdots \geqslant \sigma_{hh} \geqslant 0 \tag{6.44}$$

式中，$h = \min(M, N)$。

则最大奇异值特征为

$$f_1 = \sigma_{11} \tag{6.45}$$

2）矩阵均值特征

均值特征为

$$f_2 = \frac{1}{M \times N} \sum_{i=1}^{M} \sum_{j=1}^{N} A(i, j) \tag{6.46}$$

3）矩阵最大值特征

提取 A 中元素的最大值作为一个有效统计特征 f_3。

4）矩阵方差特征

方差特征为

$$f_4 = \frac{1}{M \times N} \sum_{i=1}^{M} \sum_{j=1}^{N} \left[A(i, j) - f_2 \right]^2 \tag{6.47}$$

5）图像尺度中心特征

把 A 看作 $M×N$ 维离散二维数字图像，该图像就是尺度-时间二维数字图像，尺度重心特征为

$$f_5 = \frac{\displaystyle\sum_{i=1}^{M} \sum_{j=1}^{N} \left[iA(i, j) \right]}{\displaystyle\sum_{i=1}^{M} \sum_{j=1}^{N} A(i, j)} \tag{6.48}$$

6）图像中心矩特征

令 $c = \dfrac{\displaystyle\sum_{i=1}^{M} \sum_{j=1}^{N} \left[jA(i, j) \right]}{\displaystyle\sum_{i=1}^{M} \sum_{j=1}^{N} A(i, j)}$，离散二维数字图像的中心矩定义为

$$u_{pq} = \sum_{i=1}^{M} \sum_{j=1}^{N} [(i - f_5)^p (j - c)^q \mathbf{A}(i, j)] \tag{6.49}$$

分别令

$$(p, q) = (2, 2), (2, 4), (4, 2), (4, 4)$$

则最后可以得到中心矩特征：

$$f_6 = u_{22}, \quad f_7 = u_{24}, \quad f_8 = u_{42}, \quad f_9 = u_{44} \tag{6.50}$$

7）图像的不变矩特征

通过中心矩可推出对旋转、缩放、平移不变性的 7 个二维不变矩的集合，这些不变矩能够很好地表征尺度-时间二维数字图像的特征。

归一化 (p, q) 阶中心矩为

$$\eta_{pq} = u_{pq}/u_{00}^{\gamma}$$

式中，$p, q = 0, 1, 2, \cdots;$ $\gamma = (p + q)/2 + 1$。

七个不变矩为

$$M_1 = \eta_{20} + \eta_{02}$$

$$M_2 = (\eta_{20} - \eta_{02})^2 + 4\eta_{11}^2$$

$$M_3 = (\eta_{30} - 3\eta_{12})^2 + (3\eta_{21} - \eta_{03})^2$$

$$M_4 = (\eta_{30} + \eta_{12})^2 + (\eta_{21} + \eta_{03})^2$$

$$M_5 = (\eta_{30} - 3\eta_{12})(\eta_{30} + \eta_{12})[(\eta_{30} + \eta_{12})^2 - 3(\eta_{21} + \eta_{03})^2]$$
$$+ (3\eta_{21} - \eta_{03})(\eta_{21} + \eta_{03})[3(\eta_{30} + \eta_{12})^2 - (\eta_{21} + \eta_{03})^2]$$

$$M_6 = (\eta_{20} - \eta_{02})[(\eta_{30} + \eta_{12})^2 - (\eta_{21} + \eta_{03})^2]$$
$$+ 4\eta_{11}(\eta_{30} + \eta_{12})(\eta_{21} + \eta_{03})$$

$$M_7 = (3\eta_{21} - \eta_{03})(\eta_{30} + \eta_{12})[(\eta_{30} + \eta_{12})^2 - 3(\eta_{21} + \eta_{03})^2]$$
$$+ (3\eta_{21} - \eta_{03})(\eta_{21} + \eta_{03})[3(\eta_{30} + \eta_{12})^2 - (\eta_{21} + \eta_{03})^2] \tag{6.51}$$

在对目标飞行器的动态 RCS 时间序列进行数据处理时，M_1 的不变性保持的比较好，并且这 7 个不变量对分类的影响基本相当，所以选取 M_1 作为目标动态 RCS 的特征参数，即 $f_{10} = M_1$。

表 6.6 给出了不同飞行状态及计算条件下，在时间-尺度平面上提取出的比较稳定的 10 个有效统计特征值。

表 6.6　目标飞行器在时间-尺度平面上提取出的 10 个有效统计特征值

参　数	f_1	f_2	f_3	f_4	f_5	f_6	f_7	f_8	f_9	f_{10}
1.25 GHz 60 km,15Ma $H = 200$ km	6.26×10^4	23.256	139.11	795.23	389.24	2.89×10^{18}	1.65×10^{25}	1.09×10^{23}	6.23×10^{29}	0.026 768
1.25 GHz 60 km,20Ma $H = 200$ km	6.60×10^4	29.035	178.56	1 106.0	401.14	1.49×10^{18}	4.59×10^{24}	5.96×10^{22}	1.87×10^{29}	0.016 110
1.25 GHz 60 km,25Ma $H = 200$ km	5.87×10^4	30.280	177.91	1 090.7	390.34	1.00×10^{18}	1.99×10^{24}	3.87×10^{22}	7.73×10^{28}	0.014 831
3.25 GHz 30 km,20Ma $H = 200$ km	7.55×10^4	22.452	255.19	1 512.9	432.45	2.02×10^{18}	7.87×10^{24}	9.30×10^{22}	3.67×10^{29}	0.026 658
3.25 GHz 45 km,20Ma $H = 200$ km	7.11×10^4	30.637	166.98	1 094.8	391.28	2.99×10^{18}	1.18×10^{25}	1.17×10^{23}	4.56×10^{29}	0.022 453
3.25 GHz 60 km,15Ma $H = 200$ km	8.73×10^4	34.349	160.14	1 366.8	400.58	5.37×10^{18}	2.73×10^{25}	2.08×10^{23}	1.04×10^{30}	0.023 573
3.25 GHz 60 km,20Ma $H = 200$ km	8.29×10^4	37.868	213.21	1 607.4	394.32	3.03×10^{18}	9.61×10^{24}	1.20×10^{23}	3.79×10^{29}	0.018 329

（续表）

参　数	f_1	f_2	f_3	f_4	f_5	f_6	f_7	f_8	f_9	f_{10}
3.25 GHz 60 km,20Ma $H=250$ km	9.22×10^4	33.828	199.77	1 571.3	399.99	6.18×10^{18}	3.72×10^{25}	2.37×10^{23}	1.43×10^{30}	0.027 836
3.25 GHz 60 km,20Ma $H=300$ km	9.78×10^4	30.880	209.04	1 470.3	406.52	1.06×10^{19}	1.04×10^{26}	4.04×10^{23}	3.98×10^{30}	0.037 711
3.25 GHz 60 km,25Ma $H=200$ km	6.66×10^4	33.089	223.35	1 368.9	390.31	1.40×10^{18}	2.81×10^{24}	5.88×10^{22}	1.18×10^{29}	0.016 106
3.25 GHz 70 km,20Ma $H=200$ km	8.69×10^4	42.629	232.21	1 819.1	385.31	2.46×10^{18}	6.55×10^{24}	1.01×10^{23}	2.70×10^{29}	0.012 629
8.25 GHz 60 km,15Ma $H=200$ km	6.78×10^4	26.113	159.44	837.72	395.72	3.11×10^{18}	1.53×10^{25}	1.25×10^{23}	6.11×10^{29}	0.022 921
8.25 GHz 60 km,20Ma $H=200$ km	8.14×10^4	38.136	219.77	1 562.9	387.83	2.29×10^{18}	5.84×10^{24}	9.55×10^{22}	2.41×10^{29}	0.012 630
8.25 GHz 60 km,25Ma $H=200$ km	7.88×10^4	37.939	209.99	1 895.3	418.44	1.18×10^{18}	2.26×10^{24}	5.05×10^{22}	9.52×10^{28}	0.012 256

此外,为了更好地比较和说明等离子体鞘套是否对高超声速目标飞行器动态 RCS 时间序列特征值存在影响,假设沿目标飞行器水平飞行轨迹,在星载雷达每个单位角度照射位置都放置一个纯金属钝锥飞行器模型,雷达照射条件为 $H = 200$ km, $f = 3.25$ GHz,取目标飞行器在 60 km、20Ma 时,时间随角度变化的函数规律作为计算条件,求解金属钝锥飞行器的动态 RCS,在尺度-时间平面上提取前面所述的 10 个有效统计特征值,并与在相同雷达照射条件下,飞行高度为60 km、飞行速度为 20Ma 时包覆等离子体鞘套高超声速目标飞行器的特征值进行对比,如表 6.7 所示。

表 6.7　高超声速目标飞行器在有无鞘套情况下提取出的有效统计特征值对比

参　数	f_1	f_2	f_3	f_4	f_5	f_6	f_7	f_8	f_9	f_{10}
金属钝锥 3.25 GHz 60 km,20Ma $H = 200$ km	1.09×10^5	34.486	362.15	3 895.5	401.67	2.08×10^{18}	1.07×10^{25}	8.64×10^{22}	4.30×10^{29}	0.015 726
3.25 GHz 60 km,20Ma $H = 200$ km	8.29×10^4	37.868	213.21	1 607.4	394.32	3.03×10^{18}	9.61×10^{24}	1.20×10^{23}	3.79×10^{29}	0.018 329

从表 6.6 和表 6.7 提取的特征值数据中可以发现,针对特征值 f_1、f_3 和 f_4,纯金属钝锥目标的特征值相比于其他等离子体鞘套包覆目标的特征值更大,这将在目标飞行器的分类识别中扮演重要角色。同时,这也表明,在目标飞行器动态 RCS 样本中提取的各种原始特征值对分类的贡献不同,并且不同特征值的重要程度也是不同的。此外,对于高超声速目标飞行器,等离子体鞘套的存在可以很大程度上改变 10 个有效统计特征值的大小,使其各不相同,且随着雷达波照射条件及目标飞行器飞行状态的改变而改变,这些特征集合将在临近空间高超声速目标飞行器的分类识别中发挥重要作用。

6.4　等离子体鞘套对高超声速目标一维距离成像特性的影响

本节采用 PO 法对包覆等离子体鞘套的高超声速飞行器进行一维距离成像仿真。不同散射中心的散射回波到达雷达的时间是不同的(体现在回波的相位信息),雷达入射波是步进频率波,散射回波的频率与位置构成傅里叶变换对,对总的散射回波进行傅里叶逆变换就可以得到位于不同位置的散射中心的回波强度,即目标距离像,距离像反映了目标到雷达径向距离上散射中心的分布情况,即反映了目标特征。

6.4.1 高超声速飞行器几何建模

在飞行试验中,钝锥结构简单,与 RAM-C 系列飞行器有相似的结构外形,故考虑采用钝锥作为高超声速目标的研究模型。如图 6.26 所示,钝锥体模型球头半径 $R = 0.15$ m,总长度为 1.3 m、半锥角为 9°,入射电场极化方向与 X 轴正方向相同,平面电磁波沿垂直球头方向入射,与 Z 轴正方向相同。

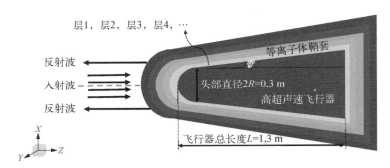

图 6.26 包覆一维非均匀等离子体鞘套的高超声速飞行器模型示意图

由于在垂直于飞行器表面方向的飞行器外围等离子体电子密度梯度远大于平行于表面方向,可以将等离子体层分成 N 层均匀介质层,其中第 1 层为自由空间,第 N 层为飞行器理想导体表面。等离子体层的介电参数可由浙江大学仿真得出的高超声速飞行器鞘套流场数据及 NASA 在 1961~1970 年开展的 RAM-C 飞行试验中公布的外流场实测数据中获得[34]。再入飞行时,本模型不考虑高超声速飞行器尾部形成的电离尾迹。

6.4.2 基于 PO 法的一维距离像求解

本节基于钝锥几何模型,采用等效电磁流法(method of equivalent currents,MEC)进行棱边修正改进的一维非均匀等离子体包覆导电目标的 PO 法对类 RAM 钝锥飞行器模型进行电磁散射计算。

PO 法的出发点是 Stratton-Chu 散射场积分方程,用散射体表面的感应电流作为散射源,然后对其积分求得散射场。在平面波入射情况下,等离子体鞘套包

覆目标的远区散射场可以写为

$$E^{sm} = \frac{-\mathrm{i}k}{4\pi} \frac{\exp(-\mathrm{i}kr)}{r} \int_{s_i} \hat{R} \times [\hat{n} \times E^{\mathrm{T}} - \eta \hat{R} \times (\hat{n} \times H^{\mathrm{T}})] \exp(\mathrm{i}kr' \cdot \hat{R}) \mathrm{d}s'$$

（6.52）

式中，k 和 η 分别为自由空间的传播常数和本征阻抗；$\hat{R}$ 为散射波的单位矢量；r 为目标点的位置矢量，$r = |r|$；$\hat{n}$ 为表面向外单位法向矢量；E 和 H 分别为边界上的总电场和总磁场，并且有 $\begin{cases} E^{\mathrm{T}} = E^i + E^s \\ H^{\mathrm{T}} = H^i + H^s \end{cases}$，其中 E^i 和 H^i 分别为边界上的入射电场和入射磁场，E^s 和 H^s 分别为边界上的散射电场和散射磁场。

MEC 则是对棱边进行绕射计算：对于边缘为 C 的任意劈边，它的远场边缘绕射场可以表示为

$$E^d = \frac{-\mathrm{i}k}{4\pi} \frac{\exp(-\mathrm{i}kr)}{r} \int_C \hat{R} \times [\hat{n} \times E^{\mathrm{T}} - \eta \hat{R} \times (\hat{n} \times H^{\mathrm{T}})] \exp(-\mathrm{i}kr' \cdot k_i) \mathrm{d}l$$

（6.53）

式中，远区近似处理后，$\hat{R} = \hat{r}$，$\hat{r}$ 是观察点的单位矢量；r' 是从原点到边缘某点的径向矢量；$\mathrm{d}l$ 是沿 C 的弧长增量。

在观察点处，场强是散射场和边缘绕射场的叠加，可以得到总场为

$$E^s = \sum_{m=1}^{M} E^{sm} + \sum_{n=1}^{N} E^d$$

（6.54）

式中，M 是散射场的阶数；N 是剖分后目标上棱边的数目。

利用阶跃频率连续波（step-frequency continuous wave，SFCW）雷达探测信号对目标进行照射，是构建目标距离分布的一种常用方法。在 SFCW 装置中，探测雷达发射电场模值线性分布，且不同阶跃频率 f_1，f_2，$\cdots$，f_N 调制的连续信号波，对 N 个非离散频率值，收集相应的散射电场强度 $E^s(f)$。在这里假设目标由 P 个散射点组成，x_i 为每个散射点的位置坐标，远场近似条件下，在不同频率下目标的散射电场可以表示为

$$E^s(f) = \sum_{i=1}^{P} A_i \exp\left[-\mathrm{i}2\pi\left(\frac{2f}{c}\right)x_i\right]$$

（6.55）

式中，A_i 为第 i 个散射点的后向散射强度。

利用 $x = ct$ 的简单关系，可以很容易将时间轴转化为距离轴，得到 $E_s(x)$，如果频率带宽为 B，那么距离分辨率 Δx 可以表示为 $\Delta x = \dfrac{c}{2B}$，每个采集样本的分布范围为 Δx，那么由总的采集样本点得到的范围 X_{max} 可以表示为

$$X_{max} = N\Delta x = \frac{Nc}{2B} \tag{6.56}$$

对式（6.55）进行一维傅里叶逆变换即可得到目标的距离像：

$$E_s(x) = F^{-1}\{E^s(f)\} = \int_{-\infty}^{\infty}\left\{\sum_{i=1}^{P}A_i\exp\left[-i2\pi\left(\frac{2f}{c}\right)x_i\right]\right\}\exp\left[i2\pi\left(\frac{2f}{c}\right)x\right]\mathrm{d}\left(\frac{2f}{c}\right) \tag{6.57}$$

6.4.3 金属钝锥的一维距离像

距离采样中，金属钝锥成像的横轴长度（横向距离的最大值）X_{max} 应大于范围内目标的长度。在本节，取长度为 5 m 的横向距离框成像，可以确保长度为 1.3 m 的钝锥目标能在图中正确成像，避免混叠。

采用并行 PO 法进行编码，在算例中，一维距离像计算参数如下：距离分辨率 $\Delta x = 0.05$ m，一维距离成像的宽度为 5 m，成像带宽 $B = 3$ GHz，采样点数目 $N = 100$，采样频率范围 $f = 2.5 \sim 5.5$ GHz，频率采样间隔 $\Delta f = 0.03$ GHz，中心频率 $f_c = 4$ GHz。分别对不同频率的后向散射电场进行一维 IFFT 处理，从而得到金属钝锥飞行器目标的一维距离像分布，如图 6.27 所示。

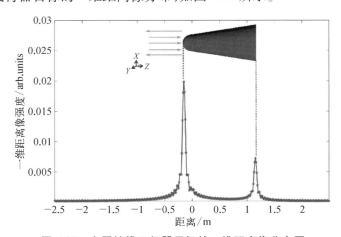

图 6.27 金属钝锥飞行器目标的一维距离像分布图

如图 6.27 所示,大约有 100 个密集波动的成像峰,分别对应为 100 个离散频率采集点,每两个相邻波峰之间的距离为成像的距离分辨率 $\Delta x = 0.05$ m,当频率采样间隔 Δf 不变,成像带宽 B 越宽,也就是 N 越大时,得到的一维距离像分辨率越高。

图 6.27 展示了两个凸出的波峰,一个高峰,另一个相对较矮的峰,分别对应于钝锥目标头部和尾部的两个强散射点。电磁波从钝锥头部入射,高峰为钝锥头部反射回来的峰,矮峰为钝锥尾部圆台面棱边处由于电磁波绕射所形成的峰,两个峰底部对应的横轴之间的距离为 1.3 m,正好为钝锥飞行器模型的长度。

6.4.4　RAM C 飞行器不同再入高度下的一维距离像分布

在本节中,采用 Swift 等公布的 RAM C-III 飞行器在不同飞行高度时的等离子体鞘套电子密度分布数据,对 RAM C-III 飞行器进行一维距离成像研究,讨论 RAM C-III 飞行器在不同再入高度情况下的一维距离成像情况。

以 RAM-C 再入试验中 47 km 高度的电子密度分布规律为例,如图 6.28 所示,对于空间非均匀问题,将电子密度进行分层近似处理,等离子体厚度为 6.7 cm,一共分为 67 层,每层为 0.1 cm。依次得到了钝锥飞行器在再入高度分别为 76 km、71 km、61 km、53 km、47 km、30 km、25 km 和 21 km 时的一维距离成像曲线,并与金属钝锥飞行器的一维距离像做对比,如图 6.29 所示。

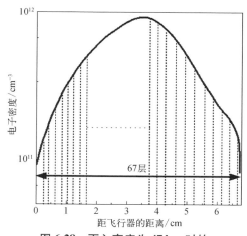

**图 6.28　再入高度为 47 km 时的
电子密度分布**[34]

当再入高度为 76 km 和 21 km 时,目标飞行器包覆的等离子体鞘层较厚,使得计算目标整体更大,目标所成的一维距离像峰值强度较大,但此时鞘套内的电子密度较低,等离子体对电磁波产生的碰撞和吸收效应较弱,使得等离子体鞘套包覆目标飞行器的一维距离像强度大于金属钝锥飞行器。

此外,在大部分再入高度下,等离子体鞘套包覆目标的一维距离像普遍小于金属钝锥飞行器。其中,由于目标飞行器尾部等离子体鞘层较厚,电磁波斜入射进等离子体鞘套内部时的传输距离较长,等离子体的折射效应使电磁波传播轨

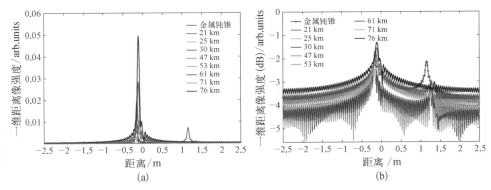

图 6.29　不同再入高度下包覆等离子体鞘套飞行器与金属钝锥飞行器目标一维距离像对比

迹发生弯曲,偏离雷达原来的接收方向,并且电磁波在往返等离子体路径过程中还存在一定程度的衰减和消耗,导致目标后向散射电场强度减弱,使得包覆等离子体鞘套的目标飞行器在尾部棱边绕射所形成的成像峰被削减和吸收。另外,由于等离子体鞘套本身存在一定的厚度,包覆等离子体鞘套的目标飞行器整体长度变长,头部和尾部两个强散射点的距离增大,造成一维距离像尾部峰值后移。

6.5　基于 BGK 碰撞模型的弱电离尘埃等离子体鞘套的电磁散射特性

尘埃等离子体由电子、离子、中性分子和其他带电粒子组成,尘埃颗粒的存在使得尘埃等离子体比普通等离子体更加复杂。当中性分子的含量远大于带电粒子时,称为弱电离尘埃等离子体,其广泛存在于自然空间和航空航天设备中,如电离层、导弹尾焰及高超声速飞行器周围。本书 3.6 节基于修正的介电参数模型计算了弱电离尘埃等离子体的反射系数、透射系数及吸收系数,本节在此基础上研究不同尘埃等离子体参数下,尘埃等离子体鞘套包覆目标的电磁散射特性。

6.5.1　尘埃等离子体物理模型

假设非磁化弱电离等离子体中的电子分布函数是均匀的,在小扰动下,电子分布函数可以分为平衡项与扰动项。通过求解含有 BGK 碰撞项的玻尔兹曼方程,可以得到扰动函数,进一步可求得由扰动函数引起的充电电流。在求解充电电流时,接近尘埃表面的电子速度不为 0 并考虑碰撞截面第二项的贡献,可得修正后的充电电流表达式,进一步可推导出修正后的介电常数表达式为

$$\varepsilon_r(\omega) = 1 - \frac{\omega_p^2}{\omega^2 + \nu_{en}^2} + a \frac{\nu_{en} + \nu_{ch}}{(\omega^2 + \nu_{en}^2)(\omega^2 + \nu_{ch}^2)\varepsilon_0}$$
$$- \frac{\mathrm{i}}{\omega}\left[\frac{\omega_p^2 \nu_{en}}{(\omega^2 + \nu_{en}^2)} + a \frac{\omega^2 - \nu_{ch}\nu_{en}}{\varepsilon_0(\omega^2 + \nu_{en}^2)(\omega^2 + \nu_{ch}^2)} \right] \tag{6.58}$$

式中,$\nu_{en} = V_{Te}\sigma_n N_n$,为电子与中性粒子的碰撞频率。

其中,

$$a = \frac{8}{3\sqrt{\pi}} \frac{n_d n_e \pi r_d^2 e^2}{m_e} \frac{\omega}{k}\left[\Phi_1(u_{\min}) + \frac{e\varphi_{d0}}{k_B T_e}\Phi_2(u_{\min}) \right] \tag{6.59}$$

$$\Phi_1(u_{\min}) = \int_{u_{\min}}^{\infty} u^4 \mathrm{e}^{-u^2}\mathrm{d}u = \frac{1}{2}u^3\mathrm{e}^{-u^2} + \frac{3}{4}u\mathrm{e}^{-u^2} + \frac{3\sqrt{\pi}}{8}\left[1 - \mathrm{erf}(u_{\min}) \right]$$
$$\tag{6.60}$$

$$\Phi_2(u_{\min}) = \int_{u_{\min}}^{\infty} u^2 \mathrm{e}^{-u^2}\mathrm{d}u = \frac{1}{2}u\mathrm{e}^{-u^2} + \frac{\sqrt{\pi}}{4}\left[1 - \mathrm{erf}(u_{\min}) \right] \tag{6.61}$$

$$u_{\min} = \sqrt{-\frac{e\varphi_{d0}}{kT_e}} \tag{6.62}$$

式中,$\varphi_{d0} = -Z_d e/4\pi\varepsilon_0 r_d$,是在无干扰情况下尘埃颗粒表面与背景粒子间的电位差;r_d 为尘埃半径;Z_d 为尘埃颗粒的电荷数,e 为电子电量;$u = \sqrt{m_e/2kT_e}\,v$,v 为电子速度。

Z_d 可由充电电流平衡方程计算得出:

$$1 + \frac{Z_d e^2}{4\pi\varepsilon_0 r_d k T_i} - \sqrt{\frac{T_e m_i}{T_i m_e}}\left(\frac{n_e}{n_e + Z_d n_d} \right)\exp\left(-\frac{Z_d e^2}{4\pi\varepsilon_0 r_d k T_e} \right) = 0 \tag{6.63}$$

式中,T_i 和 m_i 分别为离子温度与离子质量;N_d 为尘埃密度;n_e 为电子密度;k 为玻尔兹曼常数;T_e 为电子温度;m_e 为电子质量。

$\nu_{ch} = (r_d/\sqrt{2\pi})(\omega_{pi}^2/V_{Ti})(1 + T_i/T_e + Z_d e^2/r_d k T_e)$,用于描述尘埃表面电荷恢复到平衡状态的快慢,$V_{Ti}$ 为离子热速度[39];$V_{Te} = \sqrt{kT_e/m_e}$,为电子热速度;

$\sigma_n = 4.4 \times 10^{-20}\,\mathrm{m}^2$，为分子的有效碰撞截面；$N_n = 5 \times 10^{24}\,\mathrm{m}^{-3}$，为中性分子密度。

为了作对比，在传统充电方式下，电子充电电流可写为[40]

$$I_e = -e \int_0^\infty v \pi r_d^2 f_1(v)\,\mathrm{d}v \tag{6.64}$$

经过类似的推导过程，可以得到复介电常数的传统值为

$$\varepsilon_{rt}(\omega) = 1 - \frac{\omega_p^2}{\omega^2 + \nu_{en}^2} + \frac{c\eta_{ed}(\nu_{ch} + \nu_{en})}{\varepsilon_0(\omega^2 + \nu_{ch}^2)(\omega^2 + \nu_{en}^2)}$$
$$+ \frac{1}{\mathrm{i}\omega}\left[\frac{w_p^2\,\nu_{en}}{\omega^2 + \nu_{en}^2} + \frac{c\eta_{ed}(\omega_p^2 - \nu_{ch}\,\nu_{en})}{\varepsilon_0(\omega^2 + \nu_{ch}^2)(\omega^2 + \nu_{en}^2)}\right] \tag{6.65}$$

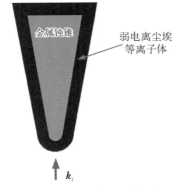

金属钝锥

弱电离尘埃
等离子体

k_i

**图 6.30　尘埃等离子体目标
计算模型剖视图**

其中，

$$\eta_{ed} = \frac{\pi r_d^2 n_e n_d e^2}{m_e} \tag{6.66}$$

为了研究修正 BGK 模型对弱电离尘埃等离子体鞘套散射特性的影响，建立了包覆弱电离尘埃等离子体的钝锥模型，如图 6.30 所示。钝锥头部半径为0.05 m，钝锥底部半径为 0.2 m，钝锥长度为 1 m，尘埃等离子涂层厚度为 0.1 m。平面波迎头入射，计算频率范围为 4～16 GHz，覆盖了雷达探测常用的 C 波段、X 波段、Ku 波段。

将得到的介电常数表达式代入式（6.15）和式（6.21），即可求得尘埃等离子体鞘套的 RCS。

6.5.2　不同尘埃等离子体参数下的 RCS 计算

在本节中，基于修正 BGK 碰撞模型计算了不同尘埃等离子体参数下的 RCS，并与以往文献中传统模型下的 RCS 进行了比较。在 BGK 碰撞模型中，选用式（3.103）和 $v_{\min} = \sqrt{-\dfrac{2e\varphi_{d0}}{m_e}}$ 作为充电条件，称为修正 BGK 碰撞模型；通过式（6.64）得到充电电流，称为传统 BGK 碰撞模型，在结果图中，分别称为修正值和传统值。当尘埃密度相对较小时，电子与尘埃颗粒完全非弹性碰撞的概率较低，充电效应带来的影响和尘埃充电动态过程的变化并不明显。因此，在数值计算

中取较大的尘埃密度值（10^{14} m^{-3}级）。为方便起见，等离子体鞘套中每一层选择相同的尘埃等离子体参数。

1. 不同尘埃密度下尘埃等离子体鞘套的 RCS

不同尘埃密度下弱电离尘埃等离子体鞘套 RCS 的修正值和传统值如图6.31 所示，参数选择为：$n_e = 1 \times 10^{19}$ m^{-3}，$r_d = 5 \times 10^{-6}$ m，$T_e = 3\,000$ K，$n_d = 0$、1×10^{14} m^{-3}、5×10^{14} m^{-3}。从图 6.31（a）可以看出，当鞘套中没有尘埃时，RCS 的修正值与传统值相等。这是因为当模型改变时，改变的是尘埃的充电效应和与之相关的复电导率。如图 6.31（b）所示，在 C ~ Ku 波段范围内，尘埃存在时 RCS 的修正值明显小于传统值，其差值为 3~7 dB。这是由于对尘埃充电过程进行修正后，复介电常数的损耗正切（介电常数的虚部除以实部）较大。也就是说，尘埃等离子体吸收的电磁波能量更多，RCS 就更小。从物理角度看，当入射电磁波的频率小于等离子体频率时，德拜屏蔽效应占主导地位。当我们把 $v_{\min} = 0$ 和 $\sigma_e^d = \pi r_d^2$ 改为 $v_{\min} = \sqrt{-2e\varphi_{d0}/m_e}$ 和 $\sigma_e^d = \pi r_d^2 \left[1 + 2e\varphi_{d0}/(m_e v^2) \right]$ [41] 时，这意

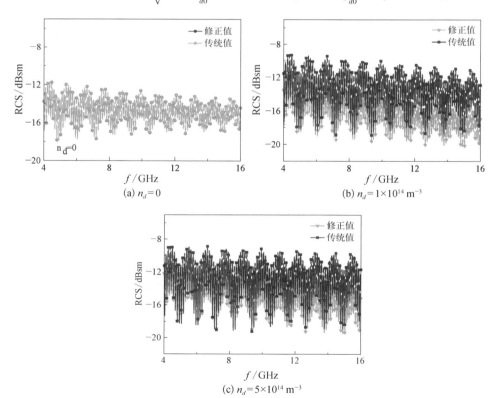

(a) $n_d = 0$　　　　　　　　　　(b) $n_d = 1 \times 10^{14}$ m^{-3}

(c) $n_d = 5 \times 10^{14}$ m^{-3}

图 6.31　不同尘埃密度下尘埃等离子体鞘套的 RCS

味着参与尘埃充电的电子增加,德拜屏蔽效应减弱。因此,尘埃等离子体鞘套吸收的电磁波能量减少,RCS 增大。

此外,图 6.31(a)和(b)对比了有尘埃和无尘埃时弱电离等离子体鞘套 RCS 的修正值,从图中可以发现有尘埃时的 RCS 更大,这与传统模型下 RCS 的变化趋势一致。这是因为尘埃充电效应降低了自由电子的数量,德拜屏蔽效应也就更弱。因此,尘埃等离子体鞘套吸收的电磁波能量更少,RCS 也就更大。需要注意的是,在传统 BGK 模型下,由于考虑了尘埃充电效应的影响,有尘埃和无尘埃时的 RCS 是不同的。

图 6.31(b)和(c)比较了不同尘埃密度下弱电离等离子体鞘套 RCS 的修正值。结果表明,RCS 随着尘埃密度的增加而增大。尘埃密度增加,充电效应增强,使得自由电子减少,德拜屏蔽效应减弱。因此,尘埃等离子体吸收的电磁波能量减少,RCS 增大。此外,尘埃密度不同,RCS 传统值与修正值之间的差值也不同。

2. 不同电子密度下尘埃等离子体鞘套的 RCS

进一步研究电子密度对 RCS 的影响,电子密度设置为 $n_e = 2 \times 10^{19}$ m^{-3} 和 8×10^{18} m^{-3},其他等离子体参数为: $n_d = 1 \times 10^{14}$ m^{-3}, $r_d = 5 \times 10^{-6}$ m 和 $T_e = 3\ 000$ K,计算结果如图 6.32 所示,通过比较不同电子密度下 RCS 的修正值,可以发现 RCS 随电子密度的增加而增大。电子密度的增加使得电子与其他粒子的碰撞更加频繁,导致德拜屏蔽效应减弱,尘埃等离子体吸收的电磁波能量减少,RCS 也就更大。另外,RCS 的传统值总是大于它的修正值,这一点和前面所述一样。但值得注意的是,RCS 传统值与修正值的差值随着电子密度的增加而减小。

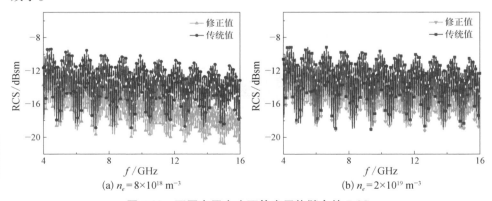

图 6.32　不同电子密度下等离子体鞘套的 RCS

3. 不同尘埃半径下尘埃等离子体鞘套的 RCS

对于尘埃等离子体,尘埃半径是一个重要的参数。在计算中参数选为:$n_e = 1 \times 10^{19}\ \mathrm{m}^{-3}$, $n_d = 3 \times 10^{14}\ \mathrm{m}^{-3}$, $T_e = 3\,000\ \mathrm{K}$, $r_d = 4 \times 10^{-6}\ \mathrm{m}$ 和 $8 \times 10^{-6}\ \mathrm{m}$,计算结果如图 6.33 所示。通过比较不同尘埃半径下 RCS 的修正值,发现 RCS 随尘埃半径的增大而增大。尘埃颗粒的电量随尘埃半径的增加而增加,这使得自由电子减少,德拜屏蔽效应减弱,传统值与修正值之间的差值也随着尘埃半径的变化而变化。此外,在这三种情况下,修正模型和传统模型下不同尘埃等离子体参数下 RCS 的变化趋势是一致的。

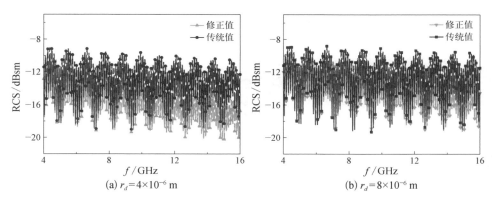

图 6.33　不同尘埃半径下尘埃等离子体鞘套的 RCS

4. 不同电子温度下尘埃等离子体鞘套的 RCS

为了研究电子温度对 RCS 的影响,电子温度设为:$T_e = 2\,000\ \mathrm{K}$ 和 $4\,000\ \mathrm{K}$,其他参数为:$n_e = 1 \times 10^{19}\ \mathrm{m}^{-3}$, $r_d = 5 \times 10^{-6}\ \mathrm{m}$, $n_d = 1 \times 10^{14}\ \mathrm{m}^{-3}$。如图 6.34 所

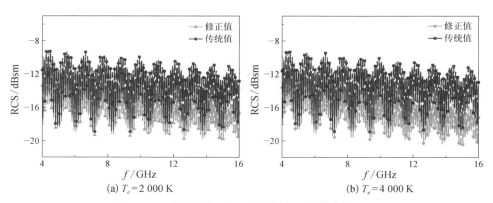

图 6.34　不同电子温度下尘埃等离子体鞘套的 RCS

示,不同电子温度下,RCS 的修正值和传统值几乎保持不变。此外,RCS 传统值与修正值之间的差值几乎不受电子温度的影响。

6.5.3 尘埃等离子体鞘套电磁散射特性比较

在弱电离尘埃等离子体鞘套中,尘埃颗粒是分析鞘套目标电磁散射特性的重要因素,本节分别研究均匀尘埃等离子体、非均匀尘埃等离子体和非均匀无尘埃等离子体鞘套的电磁散射特性。在计算中,电子密度 $n_e = 1 \times 10^{19}$ m^{-3},考虑尘埃时,尘埃密度为 $n_d = 5 \times 10^{14}$ m^{-3},尘埃半径为 $r_d = 5 \times 10^{-6}$ m,电子温度为 $T_e = 3\,000$ K,计算结果如图 6.35 所示。

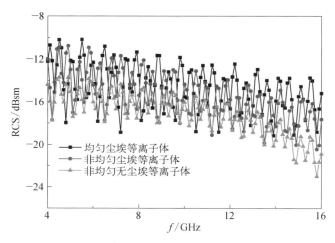

图 6.35 不同情况下等离子体鞘套包覆目标的 RCS

图 6.35 给出了钝锥分别被均匀尘埃等离子体、非均匀尘埃等离子体和非均匀无尘埃等离子体包覆情况下的电磁散射特性计算结果。对比均匀尘埃等离子体鞘套和非均匀尘埃等离子体鞘套的计算结果可以发现,均匀情况下的 RCS 更大。这是因为均匀情况下选取的电子密度为非均匀尘埃等离子体中电子密度的最大值,鞘套中的电子密度越大,电子与其他粒子的碰撞也就更加频繁,导致德拜屏蔽效应减弱,尘埃等离子体吸收的电磁波能量减少,RCS 也就更大。比较非均匀等离子体中有无尘埃时的两种情况,发现有尘埃时目标的 RCS 更大。这是因为尘埃充电效应降低了自由电子的数量,德拜屏蔽效应也就更弱。因此,尘埃等离子体鞘套吸收的电磁波能量更少,RCS 也就更大,这与前述均匀情况下的规律一致。

6.6　热致非线性效应对等离子体鞘套包覆目标电磁散射特性的影响

当考虑热致非线性效应时,等离子体被加热,导致电子温度上升,碰撞频率进而增大,所以线性与非线性的差别主要体现在等离子体鞘套的碰撞频率这一参数上。本节基于等离子体鞘套中的热致非线性效应理论模型[式(3.150)和式(3.151)],分析该效应对等离子体鞘套包覆目标电磁散射特性的影响。

6.6.1　热致非线性效应下钝锥飞行器的 RCS

计算热致非线性效应下不同参数的高超声速钝锥飞行器双站 RCS,并分析各参数和热致非线性效应对 RCS 的影响。钝锥飞行器模型如图 6.36 所示,总长度为 1.295 m,头部半径为 0.154 2 m,半锥角为 9°。钝锥飞行器外包覆的等离子体鞘套参数由第 2 章所得,入射面为 XOZ 面,入射角 θ_i 为入射方向与 Z 轴负方向的夹角,若从 Z 轴负方向逆时针旋转后与传播方向重合,则为负值,否则为正值。

图 6.36　钝锥飞行器模型

图 6.37~图 6.39 给出了入射角和入射波频率不同,是否考虑热致非线性效应时高超声速钝锥飞行器的双站 RCS 对比情况。

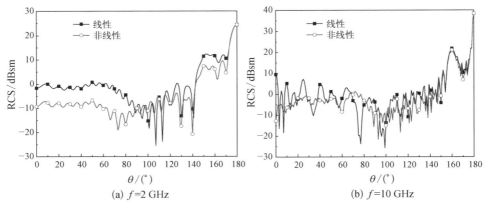

(a) $f=2$ GHz   (b) $f=10$ GHz

图 6.37 $\theta_i=0°$ 时 E 面双站 RCS

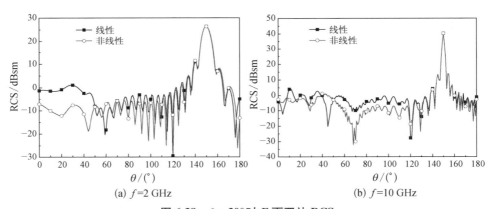

(a) $f=2$ GHz   (b) $f=10$ GHz

图 6.38 $\theta_i=30°$ 时 E 面双站 RCS

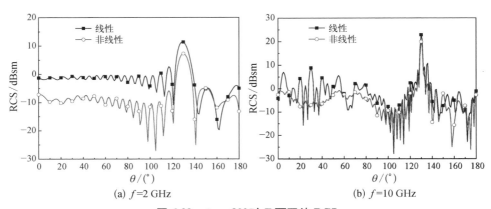

(a) $f=2$ GHz   (b) $f=10$ GHz

图 6.39 $\theta_i=-30°$ 时 E 面双站 RCS

由图 6.37~图 6.39 可知,当考虑热致非线性效应时,RCS 有所减小,并且入射波频率越小,热致非线性效应的影响越明显。这是由于碰撞频率增大时,对低频波的吸收作用更强。

图 6.40~图 6.42 给出了相同入射角时,线性与非线性对比下不同入射波频

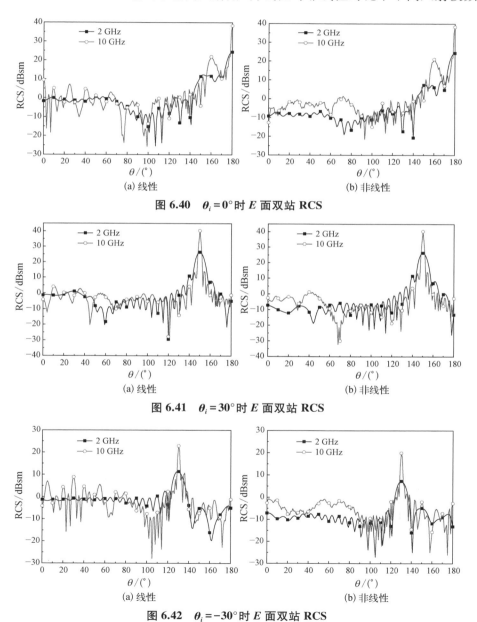

图 6.40　$\theta_i = 0°$ 时 E 面双站 RCS

图 6.41　$\theta_i = 30°$ 时 E 面双站 RCS

图 6.42　$\theta_i = -30°$ 时 E 面双站 RCS

率的双站 RCS。此仿真是为了对比当入射角一定时,线性与非线性两种情形下入射波频率对 RCS 的影响规律是否一致。

从图 6.40~图 6.42 可以看出,当考虑热致非线性效应时,不同入射波频率下 RCS 的尖峰值变化很小,但在 0° ~ 90° 范围内,入射波频率与 RCS 成正相关,这与线性情况的规律不同。线性情况下,入射波频率越大,RCS 起伏越剧烈,且与线性相比,非线性情况下的 RCS 有所减小。这是因为,在线性情况下,入射波频率越高,目标细节特征越明显,所以 RCS 起伏越剧烈。在非线性情况下,加热导致碰撞频率增大,进而加强了等离子体对电磁波的吸收作用,且对低频波的影响更明显,所以呈现出入射波频率越低,RCS 越小的现象。

图 6.43~图 6.44 给出了入射波频率相同时,线性与非线性对比下不同入射角的高超声速钝锥飞行器的双站 RCS。此仿真分析是为了对比当入射波频率一定时,线性与非线性情形下入射角对 RCS 的影响规律是否一致。

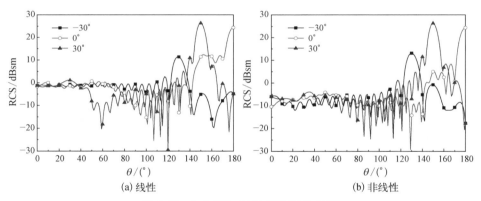

图 6.43　$f = 2$ GHz 时的 E 面双站 RCS

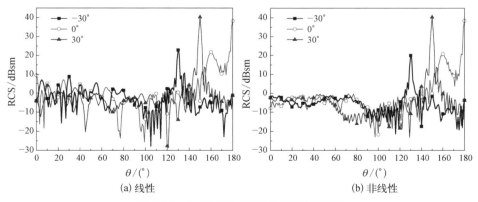

图 6.44　$f = 10$ GHz 时的 E 面双站 RCS

由图 6.43~图 6.44 可知,当考虑热致非线性效应时,不同入射角下 RCS 的尖峰值变化很小,但在除尖峰的其他角度范围内,RCS 较线性情况有所减小,并且不同入射角下 RCS 的差异变小,同时,RCS 的起伏也不如线性情况时剧烈。这是因为加热效应导致碰撞频率增大,入射波频率与碰撞频率的相对量级发生了改变。

6.6.2　热致非线性效应下高超声速类 HTV 飞行器的 RCS

本节计算热致非线性效应下,不同参数下高超声速类 HTV 飞行器的双站 RCS,并分析各参数和热致非线性效应对 RCS 的影响。高超声速类 HTV 飞行器的模型如图 6.45 所示,其几何参数和鞘套参数见第 2 章,入射面为 XOZ 面,入射角为入射方向与 Z 轴负方向的夹角。

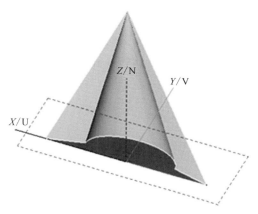

图 6.46~图 6.48 给出了入射角和入射频率一定时,是否考虑热致非线性效应两种情况下高超声速类 HTV 飞行器的双站 RCS 对比。

图 6.45　高超声速类 HTV 飞行器模型

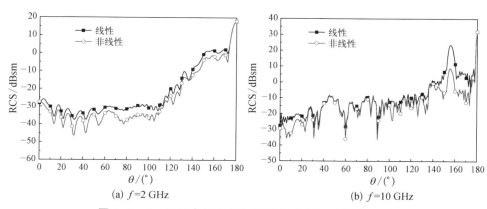

(a) f=2 GHz

(b) f=10 GHz

图 6.46　$\theta_i = 0°$ 时高超声速类 HTV 飞行器 E 面双站 RCS

从图 6.46~图 6.48 可以看出,当考虑热致非线性效应时,RCS 值较线性情形有所减小。相比钝锥飞行器,在除尖锋的其余角度范围内,类 HTV 飞行器的

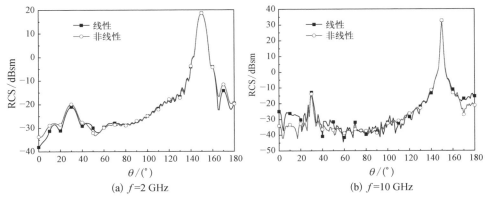

(a) $f=2$ GHz (b) $f=10$ GHz

图 6.47 $\theta_i = 30°$ 时高超声速类 HTV 飞行器 E 面双站 RCS

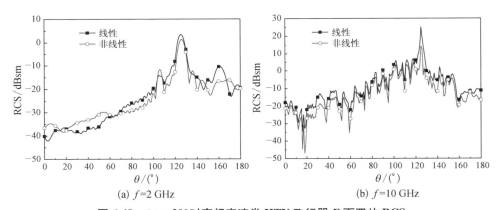

(a) $f=2$ GHz (b) $f=10$ GHz

图 6.48 $\theta_i = -30°$ 时高超声速类 HTV 飞行器 E 面双站 RCS

RCS 均很小,即这种几何结构的飞行器有良好的隐身特性。

图 6.49~图 6.51 给出了相同入射角和不同入射波频率下,线性与非线性时的高超声速类 HTV 飞行器双站 RCS 对比情况。此仿真是为了对比当入射角一定时,线性与非线性两种情形下入射波频率对 RCS 的影响规律是否一致。

从图 6.49~图 6.51 可以看出,不同入射波频率对类 HTV 飞行器 RCS 结果的影响与钝锥飞行器不同,并没有呈现出简单的入射波频率越大,RCS 起伏越剧烈的规律。当入射角为 0°和-30°时,入射波频率与 RCS 呈正相关;当入射角为 30°时,入射波频率与 RCS 呈负相关。相同的是,非线性情形下的 RCS 都比线性情形要小。

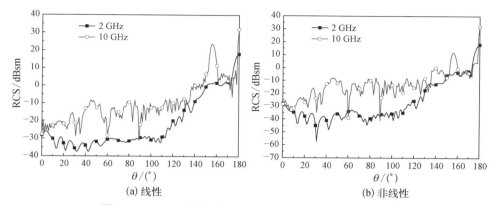

图 6.49　$\theta_i = 0°$ 时高超声速类 HTV 飞行器 E 面双站 RCS

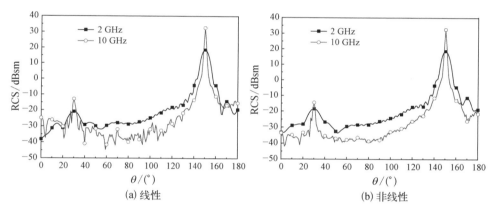

图 6.50　$\theta_i = 30°$ 时高超声速类 HTV 飞行器 E 面双站 RCS

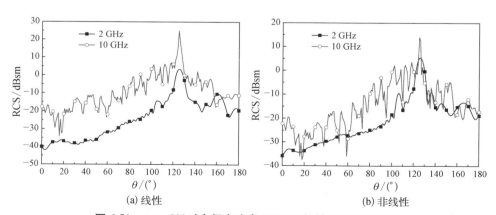

图 6.51　$\theta_i = -30°$ 时高超声速类 HTV 飞行器 E 面双站 RCS

图 6.52 和图 6.53 给出了入射波频率相同时,不同入射角下考虑线性和非线性时高超声速类 HTV 飞行器的双站 RCS 对比。此仿真是为了分析当入射波频率一定时,线性与非线性两种情形下入射角对 RCS 的影响规律是否一致。

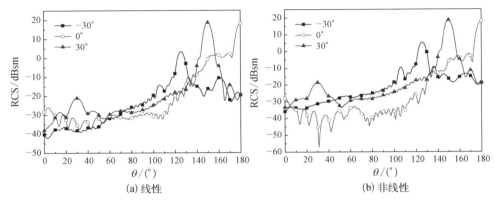

(a) 线性   (b) 非线性

图 6.52 *f* = 2 GHz 时高超声速类 **HTV** 飞行器 *E* 面双站 **RCS**

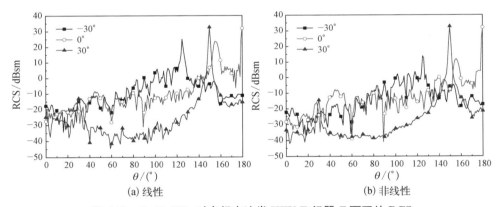

(a) 线性   (b) 非线性

图 6.53 *f* = 10 GHz 时高超声速类 **HTV** 飞行器 *E* 面双站 **RCS**

从图 6.52 和图 6.53 可以看出,热致非线性效应对不同入射角下 RCS 尖峰值的影响很小,但在除尖峰的其他角度范围内,RCS 结果相比于线性情况有所减小。

6.7 涂覆 RAM 高超声速目标的 RCS 减缩特性

6.7.1 不同再入条件下的非均匀等离子体鞘套模型

为了对高超声速飞行器进行 RCS 减缩分析,构造同时包覆非均匀等离子体

鞘套和 RAM 涂层的三维钝锥模型,其剖面视图如图 6.54 所示,钝锥高度为
1.3 m,倾斜角度为 9°。此外,RAM 涂覆于金
属目标的表面,其相对介电常数和相对磁导
率分别为 $\varepsilon_r = 4 - 1.5i$ 和 $\mu_r = 2 - i$。平面波
沿正 Z 轴方向朝飞行器头部入射,其频率范
围覆盖 C 波段和 X 波段。

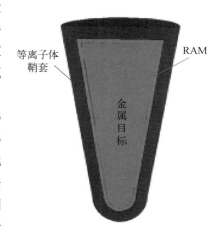

图 6.54　等离子体鞘套和 RAM
包覆钝锥的剖面视图

　　沿着飞行器表面法向的等离子体参数梯
度远大于其平行于飞行器表面方向的梯
度[23],基于这一特性,根据由 NASA 进行的无
线电衰减测量飞行试验中获取的不同再入条
件下的测量数据[34],选取非均匀等离子体鞘
套的电子密度分布及其最大值。假设等离子
体鞘套中的非均匀等离子体频率具有与碰撞
频率类似的正弦分布,这两个参数可分别写为

$$\omega_p = \omega_{p\max}\sin\left[\left(d/L_0\right)\pi\right] \tag{6.67}$$

$$\nu = \nu_{\max}\sin\left[\left(d/L_0\right)\pi\right] \tag{6.68}$$

式中,$\omega_{p\max}$ 和 $\nu_{\max}$ 分别为最大等离子体频率和碰撞频率;L_0 为等离子体层的厚
度;d 为等离子体到 RAM 表面的垂直距离。

　　在从 76 km 到 21 km 的再入飞行过程中,电子密度先增大后减小。因此,在
后面的 RCS 减缩分析中,分别选择了 71 km 和 53 km 两个典型飞行高度,代表飞
行器再入过程的初始和中间阶段。相应的最大等离子体频率由 $\omega_p =$
$\sqrt{\left(n_e e^2\right)/\left(m_e \varepsilon_0\right)}$ 计算,等离子体鞘套的厚度近似选择为 $L_0 = 0.1$ m。不失一般
性,设置最大碰撞频率为 $\nu_{\max} = 2.8 \times 10^9$ Hz。

6.7.2　涂覆 RAM 的高超声速飞行器的 RCS 减缩

　　在距离地面 71 km 和 53 km 的再入条件下,分别分析了 RAM 对等离子体包
覆金属锥后向 RCS 的影响。不同再入高度下对应的最大等离子体频率分别为
3.4 GHz 和 7.3 GHz,涂层的厚度 D_r 设为 0.005 m,对于可以达到 12 GHz 的常用雷
达探测频带是合适的。在数值模拟中,将正弦分布等离子体鞘套分成 20 层均匀
等离子体层,从而包含一层 RAM 在内的多层有耗媒质总层数为 $N = 21$。图 6.55
给出了有、无 RAM 下高超声速飞行器的远场散射随入射波频率的变化曲线,从

图中可以看出,在 RAM 隐身工作频带内,使用 RAM 涂层实现高超声速目标 RCS 减缩的有效性还与等离子体频率有关,这一点与理想导体结构的 RAM 隐身情况不同。当入射波频率 $f < f_{pmax}$ 时,雷达波不能进入等离子体层,后向散射特性不变。随着入射波频率的增加,电磁波可以穿透等离子体鞘套层,因此,其能量将被 RAM 涂层进一步吸收,从而实现 RCS 的减缩,这一点与文献[11]中研究共同隐身效应时得到的结论是一致的。

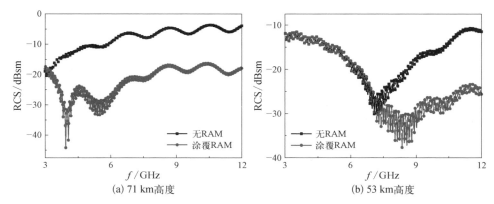

图 6.55　不同飞行高度下有、无 RAM 涂覆时高超声速飞行器的单站 RCS

另外,通过比较图 6.55(a)和(b)可以发现在特定入射波频率点处,RCS 的减少量与等离子体鞘套参数及其非均匀性有关。表 6.8 中列出了不同飞行高度下一些典型入射波频率处的 RCS 减缩数值,以 8 GHz 为例,RAM 涂层分别使不同再入高度飞行器的 RCS 下降 13 dB 和 7 dB,其 RCS 减缩值有较大的差别。

表 6.8　71 km 及 53 km 再入高度下不同入射波频率点的 RCS 减缩（单位：dB）

RCS/dB	71 km			
	7.5 GHz	8 GHz	9 GHz	10 GHz
无 RAM	−7.85	−6.88	−5.09	−5.24
有 RAM	−21.67	−19.76	−17.97	−17.34
RCS 减缩值	14	13	13	12

RCS/dB	53 km			
	7.5 GHz	8 GHz	9 GHz	10 GHz
无 RAM	−28.2	−22.48	−17.57	−16.19
无 RAM	−32.82	−29.76	−30.94	−29
RCS 减缩值	5	7	13	13

考虑到 RCS 减缩与 RAM 涂层厚度之间的关系，选取入射波频率为 4 GHz 和 8 GHz，并计算上述再入高度下 RAM 和等离子体鞘套包覆钝锥的后向散射场随 RAM 涂层厚度的变化曲线，如图 6.56 所示。从图中可以看出，在 71 km 再入高度下，入射波频率 4 GHz 时，高超声速飞行器的 RCS 减缩明显受到 RAM 涂层厚度的影响，其最大降低值为 24.5 dB，对应的最佳涂层厚度为 $D_r = 0.08\lambda$（约 0.006 m）。当再入高度为 53 km 时，尽管 RAM 涂层厚度变化，但人工吸收体不能降低其 RCS 值。当 $f = 8$ GHz 时，在不同的再入高度下，使用 RAM 实现的最佳 RCS 减缩值分别为 18.9 dB 和 11.7 dB，并且对应的最佳涂层厚度也略有不同。对于同一种 RAM，其实现再入目标 RCS 减缩的最佳性能及相应的涂层厚度值仍然与等离子体鞘套参数有关。从图 6.55、图 6.56 和表 6.8 中发现的这一有趣现象可以解释为等离子体层与 RAM 涂层的相互作用，由 RAM 涂层实现的 RCS 减缩值会受到电磁波能量在等离子体中吸收情况的影响。

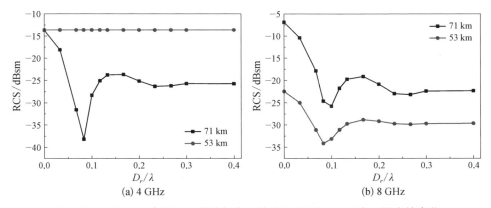

图 6.56　不同再入高度及入射波频率下单站 RCS 随 RAM 涂层厚度的变化

另外，在入射波频率为 8 GHz 及 71 km 再入高度下讨论了斜入射情况，平面电磁波以相对正 Z 轴夹角 θ_i 入射（$D_r/\lambda = 0.03、0.1、0.13$）时，$XOZ$ 面内单站 RCS 随入射角的变化关系曲线如图 6.57 所示。其中，$D_r/\lambda = 0$ 代表没有 RAM 涂层的再入模型。从图中可以看出，入射角对于涂覆 RAM 的再入飞行器的 RCS 减缩性能几乎没有影响。

为了揭示电磁波与同时存在的等离子体层及 RAM 涂层的相互作用，进一步研究了涂层厚度 $D_r = 0.005$ m 时，上述两种再入场景下的后向散射特性，并与无涂覆金属钝锥飞行器进行了对比，如图 6.58 所示。当再入高度从 71 km 下降到

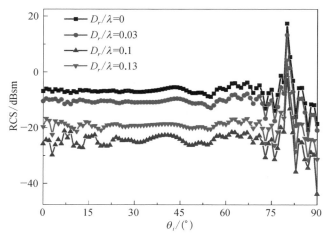

图 6.57　不同 D_r/λ 下再入飞行器的单站 RCS

53 km 时,呈正弦分布的最大等离子体频率呈增长趋势。在入射波的较低频范围内,RAM 的吸收作用失效,因此其 RCS 变大。当入射波频率增加到较高频时,RAM 涂层在两种再入条件下都能减缩再入体的 RCS。随着最大等离子体频率的增大,其 RCS 变小。因此,对于低频段的雷达探测,通过提高再入高度可以显著改善由 RAM 实现的 RCS 减缩有效性。

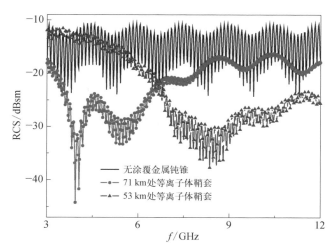

**图 6.58　不同再入高度下 RAM 和等离子体
鞘套包覆钝锥的后向 RCS**

6.8　等离子体包覆目标 THz 散射

6.8.1　包覆等离子体钝锥的散射

飞行器在大气层高速飞行时,高温高压的空气压缩激波造成空气的电离和离解作用,等离子体中各组分间的作用机理非常复杂,涉及热化学、流体力学等方面,并会在飞行器表面产生等离子体鞘套包覆体,影响其各方面的性能。

钝锥可以较好地模拟实际飞行试验中飞行器的形状,是研究高超声速飞行器散射特性的典型模型,其模型示意图如图 6.36 所示,头部半径为 0.152 4 m,底面半径为 0.355 m,总高度为 1.295 m,半锥角为 9°。选取背景温度为 1 200 K、压强为 50 Pa,根据第 2 章中仿真计算的等离子体鞘套流场空间分布,将鞘套看作由多层不同参数的等离子体介质构成,建立等离子体鞘套包覆钝锥组合体目标模型,并对不同入射角下微波段及 THz 波段的散射特性进行计算和分析。雷达照射电磁波频率为 18 GHz、35 GHz、95 GHz、340 GHz、0.67 THz、0.85 THz、1.5 THz、3 THz,入射电场垂直于入射方向,在 XOZ 面内,极化角度为 0°。入射角 θ_i 为电磁波传播方向与 Z 轴负方向的夹角。

图 6.59 和图 6.60 给出了入射波频率不同时,入射角 $\theta_i = \pm 10°$ 的 E 面双站 RCS。当 $\theta_i = -10°$ 时,在 150° 散射角处会有一个明显的峰值,但是 THz 波段的 RCS 变化范围不大。当 $\theta_i = 10°$ 时,RCS 在前向会有明显的峰值,且随着入射波频率的增大而逐渐增大。

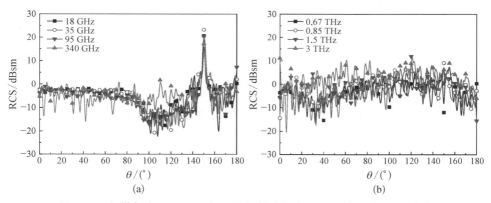

图 6.59　入射角为 $\theta_i = -10°$ 时,不同入射波频率下 E 面的双站 RCS 分布

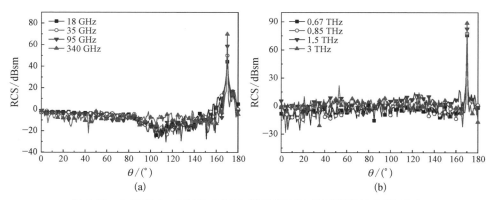

图 6.60　入射角 $\theta_i = 10°$ 时，不同入射波频率下 E 面的双站 RCS 分布

图 6.61 和图 6.62 分别给出了入射波频率 $f=$ 95 GHz、1.5 THz 时，不同入射角下包覆等离子体的钝锥 E 面双站 RCS。由图 6.61 可知，当入射角小于 0° 时，入射角绝对值越大，峰值向左移动的趋势越大；当入射角大于 0° 时，目标会在前向位置处出现一个明显的峰值。由图 6.62 可知，在 THz 波段，当入射角小于 0° 时，RCS 在一定幅值范围内产生振荡，数值变化相对较小；当入射角大于 0° 时，目标会在 $180-|\theta_i|$ 处出现一个明显的峰值；峰值点以外，目标 RCS 基本在 0° 附近产生上下振荡。

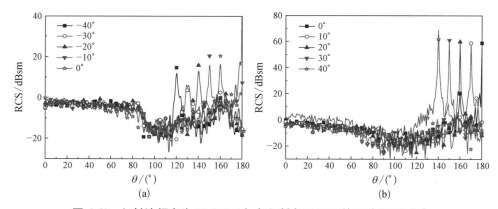

图 6.61　入射波频率为 95 GHz 时，各入射角下 E 面的双站 RCS 分布

6.8.2　包覆等离子体 HTV 飞行器的散射

高超声速飞行器被视为下一代飞行技术，是航空界潜在的前沿领域之一。HTV 飞行器的模型示意图如图 6.45 所示，其模型参数如下：X 轴方向长度为

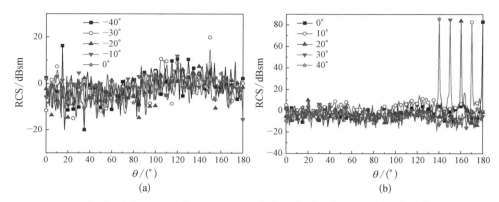

图 6.62　入射波频率为 1.5 THz 时，各入射角下 E 面的双站 RCS 分布

1.8 m，Y 轴方向长度为 0.35 m，Z 轴方向长度为 2.25 m，翼宽 0.4 m。选取背景温度为 1 200 K，压强为 50 Pa，建立了 HTV 等离子体鞘套包覆模型，并对有无等离子体包覆情况下不同入射波频率、不同入射角的 HTV 散射特性进行了详细的分析。雷达照射电磁波频率为 18 GHz、35 GHz、95 GHz、340 GHz、0.67 THz、0.85 THz、1.5 THz、3 THz，入射电场垂直于入射方向，在 XOZ 面内，极化角度为 0°，入射角 θ_i 为电磁波传播方向与 Z 轴负方向的夹角。

图 6.63～图 6.71 给出了等离子体包覆情况下，HTV-II 飞行器的双站 RCS 分布。从图中可以看出，在不同的入射角情况下，随着入射波频率的增大，目标的 RCS 逐渐增大。当入射角大于 0°时，图像具有比较明显的尖峰，其位置在前向处。当入射角小于 0°且处于微波段时，会在 180 $-|\theta_i|$ 散射角左边大约 20°处出现峰值，除去峰值，其余的 RCS 基本小于 0。

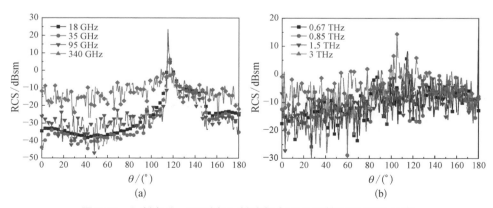

图 6.63　入射角为 −40°时各入射波频率下 E 面的双站 RCS 分布

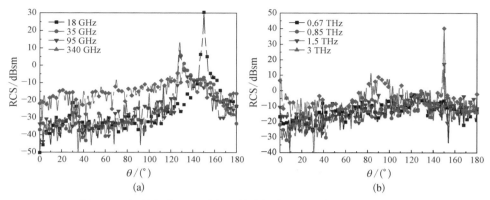

图 6.64　入射角为−30°时各入射波频率下 E 面的双站 RCS 分布

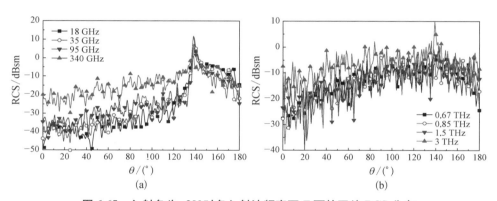

图 6.65　入射角为−20°时各入射波频率下 E 面的双站 RCS 分布

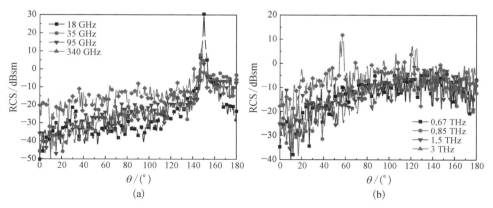

图 6.66　入射角为−10°时各入射波频率下 E 面的双站 RCS 分布

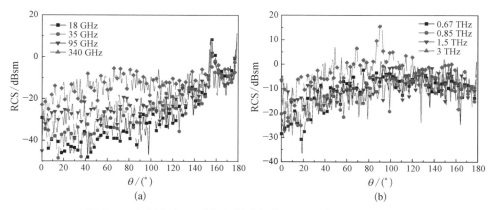

图 6.67　入射角为 0° 时各入射波频率下 E 面的双站 RCS 分布

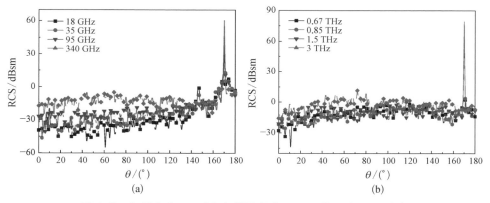

图 6.68　入射角为 10° 时各入射波频率下 E 面的双站 RCS 分布

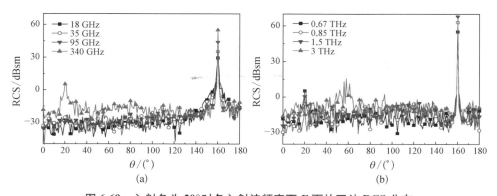

图 6.69　入射角为 20° 时各入射波频率下 E 面的双站 RCS 分布

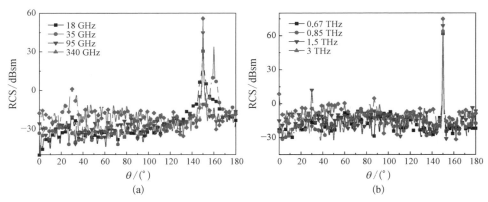

图 6.70 入射角为 30° 时各入射波频率下 E 面的双站 RCS 分布

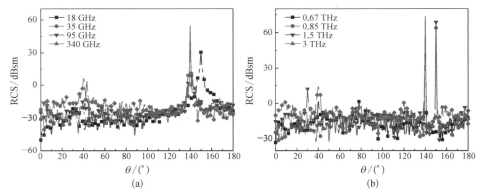

图 6.71 入射角为 40° 时各入射波频率下 E 面的双站 RCS 分布

图 6.72~图 6.73 给出了入射波频率 f=95 GHz、1.5 THz 时，不同入射角下包覆等离子体 HTV 的双站 RCS 分布。从图 6.72 可知，当入射角小于 0° 时，在 $180 - |\theta_i|$ 左方大约 20° 处，会出现峰值；当入射角大于 0° 时，在前向位置处，会有明显的峰值；但无论入射角多大，在峰值以外入射角处的 RCS 均小于 0。从图 6.73 可知，在 THz 波段，当入射角小于 0° 时，目标的 RCS 在一定幅值范围内产生振荡，但数值变化相对较小；当入射角大于 0° 时，会在目标前向处出现一个明显的峰值，但是 30° 与 40° 入射角的峰值重合。

图 6.74~图 6.75 给出了不同入射波频率及入射角下，导体和等离子体包覆目标的双站 RCS 对比图。从图中可以看出，相比导体目标，等离子体包覆目标 RCS 更大，一般大于 10 dBsm，有利于对目标的探测和识别。但是除了峰值点外，其余各入射角处的 RCS 均小于 0。

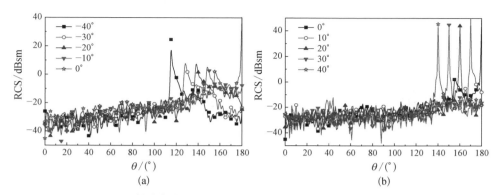

图 6.72　入射波频率为 95 GHz 时各入射角下 E 面的双站 RCS 分布

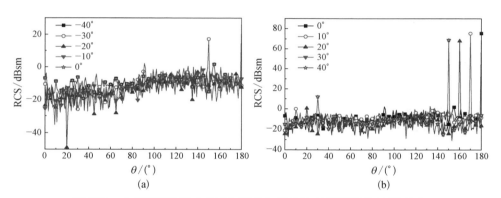

图 6.73　入射波频率为 1.5 THz 时各入射角下 E 面的双站 RCS 分布

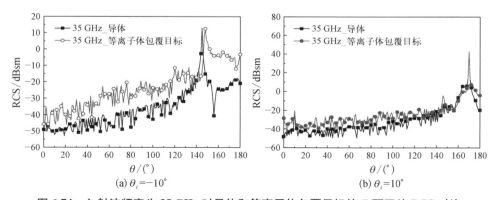

图 6.74　入射波频率为 35 GHz 时导体和等离子体包覆目标的 E 面双站 RCS 对比

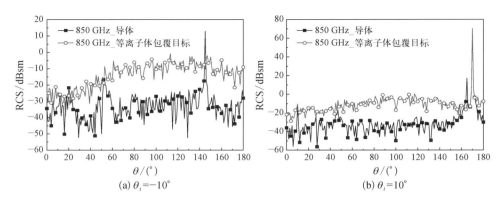

图 6.75 入射波频率为 850 GHz 时导体和等离子体包覆目标的 E 面双站 RCS 对比

6.9 本章小结

（1）本章首先推导了非均匀等离子体包覆目标及含有 RAM 涂层的等离子体鞘套包覆导体目标 RCS 的 PO 法表达式，作为后续章节大尺寸高超声速飞行器电磁散射仿真求解的基础。

（2）计算了 S～Ku 频段非均匀等离子体鞘套包覆钝锥目标的后向 RCS，详细分析了入射波频率、入射角度、不同等离子体参数非均匀性、等离子体频率最大值及碰撞频率最大值对三维等离子体鞘套系统散射特性的影响。结果表明，不同的等离子体非均匀性对 RCS 影响很大。然而，在不同的入射波条件下，尤其在雷达高频带，仅等离子体频率呈正弦分布和等离子体频率及碰撞频率均呈正弦分布情况下的散射结果基本一致，仅仅在一些特定频率上，其 RCS 存在数值上的微小差别，证明了仅等离子体频率非均匀的等离子体鞘套模型的合理性。此外，当电磁波迎头照射时，在高频区出现了 RCS 随入射波频率剧烈振荡的现象。

（3）提出了一种新的电磁散射计算模型——非均匀分区介质模型，基于该模型采用 PO 法计算和分析了包覆等离子体鞘套高超声速飞行器的电磁散射问题。计算了不同飞行状态和入射波频率下鞘套目标的后向 RCS，由于等离子体鞘套在目标飞行器头部区域分布较薄，但电子密度较大，可以最大限度地对电磁波产生吸收和衰减作用，但不增大目标的整体反射面积，导致高超声速飞行器的后向 RCS 在入射角为 0°～40°范围内出现明显的不规则减缩现象。但在入射角为 81° 处,等离子体鞘套厚度增加,电子密度减小,从而使飞行器的后向 RCS 增大。此外,高超声速飞行器的后向 RCS 在 S 波段和 7~11 GHz 波段都出现了不同程度的降低。

(4) 计算了 NASA RAM C-III 飞行器在不同再入高度下的一维距离像,结果表明,一维距离像峰值的大小与电子密度、鞘层厚度密切相关。此外,由于折射效应和碰撞吸收作用,飞行器尾部棱边所形成的成像峰并不明显。另外,等离子体鞘套本身存在一定厚度,使得头部和尾部两个散射强点间的距离增大,造成一维距离像尾部峰值后移。

(5) 基于修正的 BGK 碰撞模型,计算了弱电离尘埃等离子体鞘套的后向RCS,分析了电子密度、尘埃半径、尘埃密度及电子温度对鞘套目标 RCS 的影响。比较了有尘埃和无尘埃等离子体鞘套的 RCS,发现尘埃等离子体鞘套的 RCS 大于无尘埃等离子体鞘套。随着电子密度、尘埃半径和尘埃密度的增大,鞘套目标的 RCS 增大,而电子温度对 RCS 的影响不大。此外,将 RCS 的修正值与传统值进行了比较,结果表明,在不同的尘埃等离子体参数下,RCS 的修正值明显小于传统值,其差值与尘埃等离子体参数有关。在传统 BGK 碰撞模型和修正 BGK碰撞模型下,RCS 随尘埃等离子体参数的变化规律保持一致。

(6) 计算了考虑热致非线性效应时高超声速目标的双站 RCS,并与线性情况下的结果进行了对比。分析结果表明,当考虑热致非线性效应时,高超声速飞行器目标的 RCS 都有所减小,并且对于不同入射波频率下钝锥的双站 RCS 结果,非线性的变化规律不同于线性情形。线性情况的规律是入射波频率越大,RCS 抖动越剧烈;非线性情况的规律为,在 0°~90° 的范围内,RCS 数值随入射波的频率增加而增大。

(7) 在常用雷达探测频率范围内,针对距离地面分别为 71 km 和 53 km 的不同再入场景,对通过 RAM 涂层实现的高超声速目标的 RCS 减缩特性、雷达波与同时存在的再入等离子体和 RAM 涂层之间的相互作用进行了分析和比较。结果表明,RAM 涂层能减缩等离子体包覆系统的 RCS,并且其有效性与最大等离子体频率有关。此外,对于同一种 RAM,RCS 减缩的数值随 RAM 涂层厚度变化,RCS 减缩的最大值与非均匀等离子体鞘套参数及其分布密切相关,即不同再入场景下的最佳涂层厚度需要优化。等离子体鞘套模型是基于飞行试验中得到的测试数据建立的,因此该研究对于再入飞行隐身、探测及其参数选择具有重要的工程参考价值。

(8) 针对两种典型的飞行体,结合其外形与实际飞行场景,建立了钝锥和

HTV 本体与等离子体鞘套的组合体目标模型,计算了其在不同入射角下从微波波段到 THz 波段的双站 RCS,并对有无等离子体鞘套包覆情况下飞行器的散射特性结果进行了对比分析。结果表明,等离子体鞘套包覆飞行器的 RCS 随入射波频率的增加而增大,在 THz 波段前向有一个非常大的峰值,其 RCS 更大,更容易被探测到。

参考文献

[1] Chaudhury B, Chaturvedi S. Study and optimization of plasma-based radar cross section reduction using three-dimensional computations[J]. IEEE Transactions on Plasma Science, 2009, 37(11): 2116-2127.

[2] Liu W, Zhu J, Cui C. The influence of plasma induced by α-particles on the radar echoes [J]. IEEE Transactions on Plasma Science, 2015, 43(1): 405-413.

[3] Cheng G, Liu L. Direct finite-difference analysis of the electromagnetic-wave propagation in inhomogeneous plasma[J]. IEEE Transactions on Plasma Science, 2010, 38(11): 3109-3115.

[4] Kim M, Keidar M, Boyd I D. Electrostatic manipulation of a hypersonic plasma layer: images of the two-dimensional sheath[J]. IEEE Transactions on Plasma Science, 2008, 36(4): 1198-1199.

[5] Rybak J P, Churchill R J. Progress in reentry communications[J]. IEEE Transactions Aerospace and Electronic Systems, 1971, 7(5): 879-894.

[6] Baskey H B, Akhtar M J, Shami T C. Investigation and performance evaluation of carbon black-and carbon fibers-based wideband dielectric absorbers for X-band stealth applications [J]. Journal of Electromagnetic Waves and Applications, 2014, 28(14): 1703-1715.

[7] Micheli D, Pastore R, Gradoni G, et al. Reduction of satellite electromagnetic scattering by carbon nanostructured multilayers[J]. Acta Astronautica, 2013, 88: 61-73.

[8] Mosallaei H, Rahmat-Samii Y. RCS reduction of canonical targets using genetic algorithm synthesized RAM[J]. IEEE Transactions on Antennas and Propagation, 2000, 48(10): 1594-1606.

[9] Park H S, Choi I S, Bang J K, et al. Optimized design of radar absorbing materials for complex targets[J]. Journal of Electromagnetic Waves and Applications, 2004, 18(8): 1105-1117.

[10] Bhattacharyya A K. Electromagnetic scattering from a flat plate with rim loading and RAM saving[J]. IEEE Transactions on Antennas and Propagation, 1989, 37(5): 659-663.

[11] Chaohui L, Xiwei H, Zhonghe J. Interaction of electromagnetic waves with two-dimensional metal covered with radar absorbing material and plasma[J]. Plasma Science and Technology, 2008, 10(6): 717-723.

[12] 周新博.基于物理光学法的太赫兹波导体目标散射特性研究[D].西安:西安电子科技大学,2017.

[13]　Zhong C Y, Jia M S. Collisional, nonuniform plasma sphere scattering calculation by FDTD employing a drude model[J]. International Journal of Infrared and Millimeter Waves, 2007, 28(11): 987-992.

[14]　Chung S S. FDTD simulations on radar cross sections of metal cone and plasma covered metal cone[J]. Vacuum, 2012, 86(7): 970-984.

[15]　Liu S, Zhong S. Analysis of backscattering RCS of targets coated with parabolic distribution and time-varying plasma media[J]. Optik, 2013, 124(24): 6850-6852.

[16]　Qian J W, Zhang H L, Xia M Y. Modelling of electromagnetic scattering by a hypersonic cone-like body in near space[J]. International Journal of Antennas and Propagation, 2017 (6): 1-11.

[17]　Tian Y, Han Y, Ling Y. Propagation of terahertz electromagnetic wave in plasma with inhomogeneous collision frequency[J]. Physics of Plasmas, 2014, 21(2): 023301.

[18]　Yuan C X, Zhou Z X, Sun H G. Reflection properties of electromagnetic wave in a bounded plasma slab[J]. IEEE Transactions on Plasma Science, 2010, 38(12): 3348-3355.

[19]　Gao R, Yuan C, Wang Y. The terahertz characteristics of a sandwich type microplasma structure[J]. Journal of Applied physics, 2013, 114(12): 123302.

[20]　Xu L, Yuan N. FDTD formulations for scattering from 3-D anisotropic magnetized plasma objects[J]. IEEE Antennas and Wireless Propagation Letters, 2006, 5(1): 335-338.

[21]　Ai X, Tian Y, Cui Z W, et al. A dispersive conformal FDTD technique for accurate modeling electromagnetic scattering of THz waves by inhomogeneous plasma cylinder array [J]. Progress in Electromagnetics Research-pier, 2013, 142: 353-368.

[22]　Yang L. 3D FDTD implementation for scattering of electric anisotropic dispersive medium using recursive convolution method [J]. International Journal of Infrared and Millimeter Waves, 2007, 28(7): 557-565.

[23]　Wang T, Yuan L, Wang G, et al. Visual computing method of radar cross section for target coating with plasma[J]. Chinese Journal of electronics, 2009, 18(3): 579-582.

[24]　常雨.高超声速飞行器等离子体流场及其电磁散射特性的数值研究[D].长沙: 中国人民解放军国防科学技术大学,2009.

[25]　Liu S H, Guo L X, Pan W T. PO calculation for reduction in radar cross section of hypersonic targets using RAM[J]. Physics of Plasmas, 2018, 25(6): 062105.

[26]　Liu S H, Guo L X. Analyzing the electromagnetic scattering characteristics for 3-D inhomogeneous plasma sheath based on PO method[J]. IEEE Transactions on Plasma Science, 2016, 44(11): 2838-2843.

[27]　Bian Z, Li J T, Guo L X. Analyzing the electromagnetic scattering characteristics of a hypersonic vehicle based on the inhomogeneity zonal medium model[J]. IEEE Transactions on Antennas and Propagation, 2021, 69(2): 971-982.

[28]　Knott E F, ShaefferJ F, Turely M T. Radar cross section its prediction, measurement, and reduction[M]. Dedham: Artech House, 1985.

[29]　Stratton J A. Electromagnetic theory[M]. New York: McGraw-Hill Press, 1941.

[30]　Zhuang Z, Yuan N, Mo J. Military target radar cross section prediction and measurement

［M］. 北京：科学出版社,2007.

［31］ Kong J A. Electromagnetic wave theory［M］. New York：Wiley, 1986.

［32］ 赵维江.复杂目标雷达散射截面计算方法研究［D］.西安：西安电子科技大学,1999.

［33］ Klement D, Preissner J, Stein V. Special problems in applying the physical optics method for backscatter computations of complicated objects［J］. IEEE Transactions on Antennas and Propagation, 1988, 36(2)：228-237.

［34］ Swift C T, Beck F B, Thomson J, et al. RAM C-III S-band diagnostic experiment［R］. Washington：NASA SP-252, 1970.

［35］ Hazeltine R D, Waelbroeck F L. The framework of plasma physics［M］. Boulder：Westview, 2004.

［36］ Oughstun K E. Electromagnetic and optical pulse propagation 1, spectral representations in temporally dispersive media［M］. New York：Springer, 2006.

［37］ Ginzburg V L. The Propagation of electromagnetic waves in plasmas［M］. New York：Pergamon, 1970.

［38］ Lv Y G, Guo L X, Li J T. Hypersonic vehicle plasma sheath and electromagnetic characteristics data manual［M］. Beijing：Science Press, 2019.

［39］ Wang M, Li H, Dong Y, et al. Propagation matrix method study on THz waves propagation in a dusty plasma sheath［J］. IEEE Transactions on antennas and propagation, 2016, 64(1), 286-290.

［40］ Jia J S, Yuan C X, Liu S, et al. Propagation of electromagnetic waves in a weak collisional and fully ionized dusty plasma［J］. Physics of Plasmas, 2016, 23(4), 043302.

［41］ Shukla P K, Mamun A A. Introduction to dusty plasma physics［M］. Bristol/Philadelphia：Institute Physics Publishing, 2002.

第 7 章

等离子体鞘套及载体平台
对天线辐射特性的影响

高超声速飞行器等离子体鞘套会影响测量天线的性能,如造成天线频偏、失配及辐射方向图畸变等异常电磁现象,从而对飞行器和地面测站之间的信息交换产生重要影响[1-4]。越来越多的学者认为"黑障"现象的产生不仅源于电磁波的能量衰减,天线的性能恶化也是重要因素之一,因此等离子体鞘套包覆下的天线性能研究也引起了广泛关注。本章采用射线追踪方法仿真分析等离子体鞘套、载体平台及天线舱对天线辐射特性的影响。

7.1 等离子体鞘套中的射线追踪法

相比传统的有限差分法[5-7]、矩量法[8-10]等,在研究等离子体鞘套对天线性能影响问题中,射线追踪法表现出更加高效、对计算资源要求更低的特点,以下结合等离子体鞘套本身的物理特征,对射线追踪法进行详细介绍。

7.1.1 等离子体鞘套中的电磁波传播损耗

射线追踪法主要包括两方面的内容:电磁波射线传播过程中的传播路径搜索及电磁波场值的计算[11]。

这里引入相对入射面的局部坐标系,如图 7.1 所示,$\hat{s}_1$ 为由入射点指向电磁波射线与分层界面交点 R 的单位矢量,$\hat{s}_2$ 为从交点 R 到待计算点 F 的单位矢量,$\hat{s}_1$ 和 $\hat{s}_2$ 都是入射面内的单位矢量,其中矢量 $\hat{\boldsymbol{\beta}}_1$ 和 $\hat{s}_1$ 相互垂直,$\hat{\boldsymbol{\beta}}_2$ 和 $\hat{s}_2$ 相互垂直,单位矢量 $\hat{\boldsymbol{\alpha}}_1$ 和 $\hat{\boldsymbol{\alpha}}_2$ 分别定义为

$$\hat{\boldsymbol{\alpha}}_1 = \hat{\boldsymbol{\beta}}_1 \times \hat{\boldsymbol{s}}_1 \qquad (7.1)$$

$$\hat{\boldsymbol{\alpha}}_2 = \hat{\boldsymbol{\beta}}_2 \times \hat{\boldsymbol{s}}_2 \qquad (7.2)$$

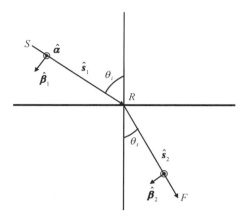

这样，$(\hat{\boldsymbol{s}}_1, \hat{\boldsymbol{\alpha}}_1, \hat{\boldsymbol{\beta}}_1)$ 和 $(\hat{\boldsymbol{s}}_2, \hat{\boldsymbol{\alpha}}_2, \hat{\boldsymbol{\beta}}_2)$ 可用来表示 S 波、P 波在分层等离子体中的传播方向,构成相对入射面的局部坐标系。由于 S 波和 P 波在每个分层结构的 $\hat{\boldsymbol{s}}_1$ 和 $\hat{\boldsymbol{s}}_2$ 方向上都没有电场分量,只在与传播方向垂直的方向上有沿 $\hat{\boldsymbol{\alpha}}$ 和 $\hat{\boldsymbol{\beta}}$ 的分量,电场在笛卡儿坐标系下的三维坐标分量就转换为相对入射面的

图 7.1　相对入射面的局部坐标系

局部坐标系中的二维分量。在笛卡儿坐标系下,空间中任意电场表示为三个方向上的分量叠加,即

$$\boldsymbol{E}(\boldsymbol{r}) = \hat{\boldsymbol{x}}E_x(x) + \hat{\boldsymbol{y}}E_y(y) + \hat{\boldsymbol{z}}E_z(z) \qquad (7.3)$$

在相对入射面的局部坐标系下,有

$$\boldsymbol{E}(\boldsymbol{r}) = \hat{\boldsymbol{\alpha}}E_\alpha(\boldsymbol{r}) + \hat{\boldsymbol{\beta}}E_\beta(\boldsymbol{r}) \qquad (7.4)$$

式中,E_α 表示电场在 $\hat{\boldsymbol{\alpha}}$ 方向上的分量,即垂直极化分量;E_β 表示电场在 $\hat{\boldsymbol{\beta}}$ 方向上的分量,即水平极化分量。

射线追踪模型中,在进行透射场强计算时,先将电场分解到相互垂直的两个极化方向(相对于入射面定义为垂直极化和平行极化)后,再利用透射理论相关计算公式,分别计算出垂直极化方向和平行极化方向的透射场。

对于分层等离子体介质,射线轨迹只与入射方向及各层的介电常数相关。电磁波在分层等离子体中的传播轨迹示意图如图 7.2 所示。

当平面波入射到第一层等离子体的入射角为 θ_i 时,设折射角为 θ_t,由惠更斯-菲涅耳原理可以得到

$$k_0\sin\theta_0 = k_1\sin\theta_1 = k_n\sin\theta_n \qquad (7.5)$$

式中,$k_n = \omega\sqrt{\mu_0\tilde{\varepsilon}_n}$,是分层模型中每一层的传播常数,其中等离子体介电常数 $\tilde{\varepsilon}_n$ 为复数,所以相应的折射角 θ_n 也应该为复数。

电磁波在非均匀等离子体中传播时,由于等离子体的复介电常数特性及等离子体电子密度分布的不均匀性导致在等离子体分层模型中传播的平面电磁波

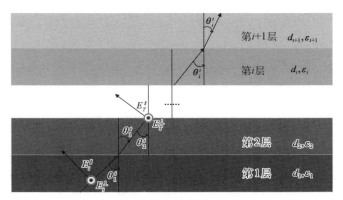

图 7.2　电磁波在分层等离子体中的传播轨迹示意图

等相位面与等振幅面并不重合,即幅度衰减方向与相位传播方向不一致。重新定义非均匀有耗媒质中的波传播矢量 $\boldsymbol{k} = k_0(N\hat{\boldsymbol{e}} + iK\hat{\boldsymbol{f}})$,其中 $k_0 = \omega\sqrt{\mu_0\varepsilon_0}$,$N$ 和 $\hat{\boldsymbol{e}}$ 分别为等相位面传播常数和方向,K 和 $\hat{\boldsymbol{f}}$ 分别为等振幅面传播常数和方向,波传播矢量分量满足以下关系[12, 13]:

$$\begin{cases} N_1\sin\varphi_i = N_2\sin\varphi_t = N_s \\ K_1\sin\theta_i = K_2\sin\theta_t = K_s \end{cases} \tag{7.6}$$

当平面电磁波以任意角度入射等离子体分层界面时,其等振幅衰减方向沿分层界面法线,即式(7.6)中的 $\varphi_t = 0$,等相位面的变化方向 $\hat{\boldsymbol{e}}$ 才是实际的电磁波折射方向。

在等离子体中,折射率也相应为复数,假设等离子体复折射率为 $\tilde{n} = n + ik$。根据平面波在分层界面上的相位匹配边界条件 $\hat{\boldsymbol{n}} \times \boldsymbol{k}_i = \hat{\boldsymbol{n}} \times \boldsymbol{k}_t$,可以得到波传播矢量满足如下关系:

$$\begin{cases} N^2 - K^2 = n^2 - k^2 \\ NK\hat{\boldsymbol{e}}\hat{\boldsymbol{f}} = nk \end{cases} \tag{7.7}$$

由式(7.6)、式(7.7)联立,可以得到 N_2 和 K_2 满足如下方程:

$$N_2^4 - \left[(n_2^2 - k_2^2) + N_s^2 + K_s^2\right]N_2^2 + (n_2^2 - k_2^2)N_s^2 + N_s^2K_s^2 - (n_2k_2 - N_sK_s)^2 = 0 \tag{7.8}$$

求解式(7.8)可以得到

$$N_2^2 = \frac{1}{2}\{(n_2^2 - k_2^2) + N_s^2 + K_s^2$$

$$+ \sqrt{[(n_2^2 - k_2^2) + N_s^2 + K_s^2]^2 - 4(n_2^2 - k_2^2)N_s^2 + N_s^2 K_s^2 - (n_2 k_2 - N_s K_s)^2}\}$$

$$(7.9)$$

同理可以得到 K_2 的值,这样可以得到电场传播路径为 $\boldsymbol{r} = l\hat{\boldsymbol{e}}$ 的电场为

$$\boldsymbol{E}(\boldsymbol{r}) = \boldsymbol{E}\exp(-k_0 K l \cos\theta)\exp(\mathrm{i}k_0 N l) \qquad (7.10)$$

式中,l 为传播距离;$\exp(-k_0 K l \cos\theta)$ 为振幅衰减因子;$\exp(\mathrm{i}k_0 N l)$ 为相位因子。

根据式(7.10)得到分层等离子体中的介电参数及电磁波初始入射条件就可以计算电磁波传播衰减。

7.1.2 等离子体鞘套中的电磁波透射衰减

假设入射波为均匀平面波,考虑入射方向为一般情况下的斜入射,无论入射波为何种极化方式,都可以将其分解为两个正交的线极化波:极化方向与入射面垂直的 S 波和极化方向在入射面内的 P 波。假设线极化波在穿过界面之后的极化方向不会改变,利用如下边界条件:

$$E_{1t} = E_{2t}, \quad H_{1t} = H_{2t} \qquad (7.11)$$

可以得到平行极化波反射系数和透射系数分别为

$$R_{||} = \frac{Z_1\cos\theta_i - Z_2\cos\theta_t}{Z_1\cos\theta_i + Z_2\cos\theta_t} = \frac{\dfrac{\varepsilon_2}{\varepsilon_1}\cos\theta_i - \sqrt{\dfrac{\varepsilon_2}{\varepsilon_1} - \sin^2\theta_i}}{\dfrac{\varepsilon_2}{\varepsilon_1}\cos\theta_i + \sqrt{\dfrac{\varepsilon_2}{\varepsilon_1} - \sin^2\theta_i}} \qquad (7.12)$$

$$T_{||} = \frac{2Z_2\cos\theta_i}{Z_1\cos\theta_i + Z_2\cos\theta_t} = \frac{\cos\theta_i}{\cos\theta_t}(1 - R_{||}) = \frac{2\dfrac{\varepsilon_2}{\varepsilon_1}\cos\theta_i}{\dfrac{\varepsilon_2}{\varepsilon_1}\cos\theta_i - \sqrt{\dfrac{\varepsilon_2}{\varepsilon_1} - \sin^2\theta_i}}$$

$$(7.13)$$

式中，$Z_1 = \mu_0/\varepsilon_1$；$Z_2 = \mu_0/\varepsilon_2$。

同理，垂直极化波反射系数和透射系数也可分别表示为

$$R_\perp = \frac{Z_2\cos\theta_i - Z_1\cos\theta_t}{Z_2\cos\theta_i + Z_1\cos\theta_t} = \frac{\cos\theta_i - \sqrt{\dfrac{\varepsilon_2}{\varepsilon_1} - \sin^2\theta_i}}{\cos\theta_i + \sqrt{\dfrac{\varepsilon_2}{\varepsilon_1} - \sin^2\theta_i}} \qquad (7.14)$$

$$T_\perp = \frac{2Z_2\cos\theta_i}{Z_2\cos\theta_i + Z_1\cos\theta_t} = 1 + R_{||} = \frac{2\cos\theta_i}{\cos\theta_i + \sqrt{\dfrac{\varepsilon_2}{\varepsilon_1} - \sin^2\theta_i}} \qquad (7.15)$$

在分界面上计算透射场时，将电场分解为平行分量和垂直分量，在垂直方向和平行方向分别计算。

如图 7.3 所示，图中矢量满足以下关系：

$$\boldsymbol{v}_3 = \boldsymbol{v}_1 \times \boldsymbol{v}_2, \quad \boldsymbol{v}_4 = \boldsymbol{v}_1 \times \boldsymbol{v}_3, \quad \boldsymbol{v}_5 = \boldsymbol{v}_2 \times \boldsymbol{v}_3 \qquad (7.16)$$

式中，$\boldsymbol{v}_1$ 为入射方向的单位矢量；$\boldsymbol{v}_3$ 和 $\boldsymbol{v}_4$ 分别为第一层介质垂直方向和水平方向的单位矢量；$\boldsymbol{v}_2$ 为折射方向的单位矢量；$\boldsymbol{v}_3$ 和 $\boldsymbol{v}_5$ 分别为第二层介质垂直方向和水平方向的单位矢量。

寻找完射线路径之后，即可通过反射和透射原理计算接收点场强，即将电场分

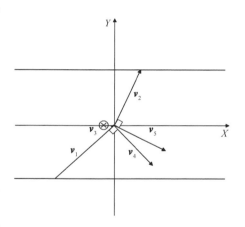

图 7.3　垂直分量和平行分量方向矢量示意图

别向所在层的水平方向和垂直方向的投影乘以分界面上相应方向上的透射系数就可以得到下一层介质中的透射场，再将透射场向第二层水平方向和垂直方向投影，继续计算下一层的透射场。

每次射线方向改变后，其各方向的场分量都要改变，因此反射系数和透射系数是 3×3 的并矢系数矩阵，但是在入射-透射射线基坐标系下，反射系数和透射系数就可以转化为 2×2 的并矢系数矩阵[14-16]。因此，在每次计算反射场和透射场时需要先将三维场转换到入射-透射射线基坐标系下。综上所述，等离子体鞘

套中的射线追踪法可归纳为如下主要步骤,如图7.4所示。

图7.4 射线追踪法计算流程图

计算单次透射时需先求出入射电场在入射-透射射线基坐标系下的两个分量,然后乘以透射系数矩阵,最终求得透射场量,当然求得透射场量之后还需将其还原到实际的直角坐标系下。

7.1.3 方法验证

为了验证射线追踪法在计算空间非均匀等离子体中电磁波传播的有效性,考虑厚度为 6 cm 的非均匀分层等离子体模型(均匀分为 600 层,每层厚度为 0.01 cm),假定电子密度分布呈双指数与抛物线两种,最大值为 $n_e =$ 10^{18} m^{-3},等离子体碰撞频率为 $\nu_{en} = 100 \text{ GHz}$,入射波为垂直入射的平面波。采用前面介绍的非均匀等离子体中的射线追踪法计算电磁波穿过非均匀等离子体后的电场空间分布,可以得到等离子体碰撞频率为 100 GHz 时,随入射波频率变化的电磁波衰减情况,以及入射波频率为 10 GHz 时,电磁波随等离子体碰撞频率变化的衰减情况,并与相同条件下采用 WKB 方法得到的计算结果进行了对比。

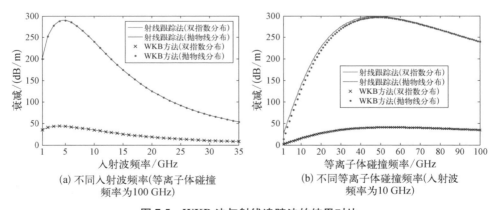

图7.5 WKB 法与射线追踪法的结果对比

从图7.5可以看出,射线追踪法计算的不同入射波频率与不同等离子体碰撞频率下的电磁波衰减与 WKB 方法计算结果吻合较好。

7.2　二维非均匀等离子体鞘套的天线辐射特性

高超声速飞行器面临的是全程导航的新需求,为了探究各频段天线受等离子体鞘套的影响程度,本节将针对 C、X 两个波段的微带天线,进行定量分析。

本节采用 7.1 节介绍的等离子体鞘套中的射线追踪法,即可得到鞘套影响下天线的辐射特性。等离子体鞘套的空间非均匀性主要表现在沿飞行器的径向方向,因此本节主要考虑沿电磁波传播方向的等离子体鞘套流场非均匀性对天线辐射特性的影响,将等离子体鞘套在沿电磁波传播方向进行分层,采用射线追踪法研究其对天线辐射性能的影响。

7.2.1　天线及等离子体鞘套物理模型

1. 天线建模

首先采用 HFSS 软件对 C 波段(5.3 GHz)和 X 波段(9.8 GHz)的微带天线进行建模仿真。之所以采用微带天线作为电磁波的发射端,是因为微带天线可以做得很薄,且自身的散射截面较小。在实际的高超声速飞行试验中,当微带天线置于天线舱内时,不易扰动飞行器的空气动力学性能,且无须较大改动就可安装。

该 C 波段天线采用微带线馈电,其矩形贴片长度为 12.722 mm,宽度为 17.224 mm,介质基板为圆柱形,介质材料为环氧树脂板 FR-4,其半径为 30 mm,高 2 mm,微带馈线的长度为 6.36 mm,宽度为 2 mm,其中心频率为 5.3 GHz,建模结果如图 7.6 所示。该 X 波段天线采用同轴线馈电,其矩形贴片长度为

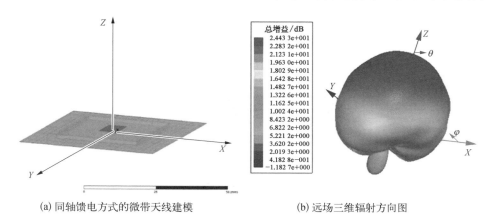

(a) 同轴馈电方式的微带天线建模　　　　　(b) 远场三维辐射方向图

图 7.6　C 波段微带天线仿真结果

6.485 4 mm,宽度为 9.129 mm。采用矩形介质基板,介质材料为环氧树脂板 FR-4,其厚度为 1.4 mm,中心频率为 9.81 GHz,建模结果如图 7.7 所示。

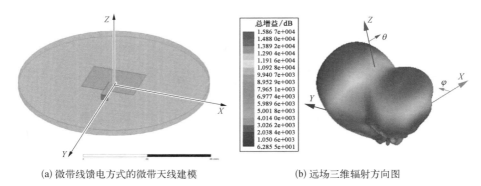

(a) 微带线馈电方式的微带天线建模   (b) 远场三维辐射方向图

图 7.7　X 波段微带天线仿真结果

2. 等离子体鞘套物理模型

算例中,等离子体的电子密度取高斯分布,如式(7.17)所示,其中 L 表示等离子体的厚度,高斯指数 $\sigma = 30$,n_0 表示空间非均匀等离子体的最大电子密度。按照分层的方法将等离子体沿电场传播的方向分解成许多个薄层,天线与空间非均匀等离子体的位置模型如图 7.8 所示,计算时将天线放置于等离子体的下方位置处,本次计算中假设该距离为 0.7 m。针对不同频段的建模天线,计算中以其远场场强作为进入等离子体的初始场强,采用等离子体鞘套中的射线追踪法,得到初始电场经过等离子体后的受扰场,并对这些受扰场进行定量分析。

$$n_e = n_0 \exp\left[\sigma^2 \left(z - L/2 \right)^2 \right] \tag{7.17}$$

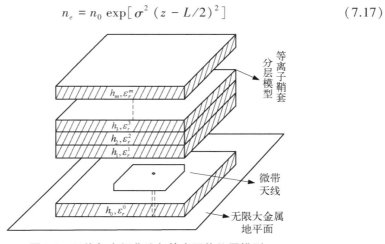

图 7.8　天线与空间非均匀等离子体位置模型

7.2.2　计算结果及分析

本节主要分析典型等离子体参数(等离子体厚度 L、最大电子密度 n_0 和等离子体碰撞频率 ν_{en})对 C 波段、X 波段微带天线辐射特性的影响。7.2.1 节中建模的 C 波段和 X 波段微带天线相应的电磁波波长分别约为 6 cm 和 3 cm,此处仿真计算中选取的等离子体厚度最小值为 10 cm,使得等离子体的特征长度大于电磁波波长,因此从理论上来讲可采用射线追踪法进行计算。

图 7.9~图 7.11 显示了等离子体厚度、最大电子密度和碰撞频率对 C 波段微带天线电场强度的影响。XOZ 面及 YOZ 面上 0° 处天线的初始电场强度约为 16.5 V/m,随着等离子体厚度、电子密度和等离子体碰撞频率的增大,初始电场在等离子体中的衰减也增大,即厚度越大、电子密度越大、碰撞越频繁的等离子体对电磁波的能量衰减越大。从物理机理上来讲,等离子体越厚,电磁波和等离

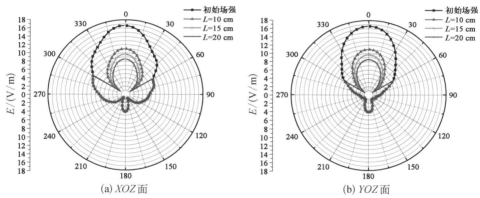

图 7.9　等离子体厚度对 C 波段微带天线辐射特性的影响($n_0 = 10^{17}$ m^{-3}, $\nu_{en} = 5$ GHz)

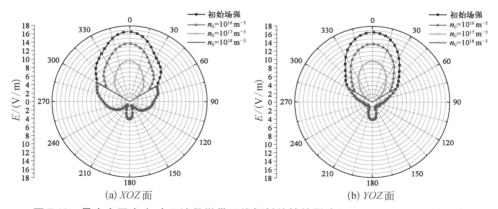

图 7.10　最大电子密度对 C 波段微带天线辐射特性的影响($L = 15$ cm, $\nu_{en} = 5$ GHz)

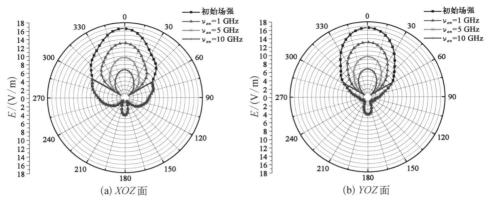

图 7.11　碰撞频率对 C 波段微带天线辐射特性的影响($n_0 = 10^{17}\ \mathrm{m}^{-3}$，$L = 15\ \mathrm{cm}$)

子体中的带电粒子之间的相互作用越多，能量损失也就越多；电子密度越大，就会有越多的电子吸收入射波的能量；碰撞频率越大，电子被加速后，更加频繁地发生碰撞，导致入射波被衰减更多的能量。值得注意的是，在图 7.10 中，当最大电子密度增长至 $10^{18}\ \mathrm{m}^{-3}$ 量级时，初始电场强度被完全衰减，相比之下，最大电子密度为 $10^{17}\ \mathrm{m}^{-3}$ 时，$0°$ 处的电场强度仍然有 9.6 V/m 左右，从一定程度上说明了电子密度是影响天线初始电场衰减的关键因素。

　　图 7.12~图 7.14 显示了 X 波段微带天线在不同等离子体参数下的电场强度分布，与 C 波段微带天线类似，X 波段微带天线的场强衰减量都是与等离子体厚度、电子密度和等离子体碰撞频率成正比的。不同的是，等离子体参数对 X 波段天线辐射特性的影响不如 C 波段明显。更为重要的是，图 7.13 中，当最大

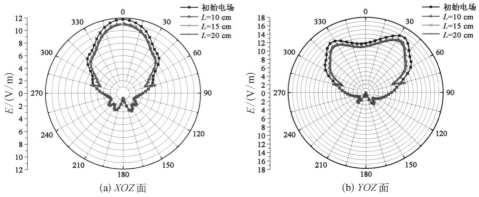

图 7.12　等离子体厚度对 X 波段微带天线辐射特性的影响($n_0 = 10^{17}\ \mathrm{m}^{-3}$，$\nu_{en} = 5\ \mathrm{GHz}$)

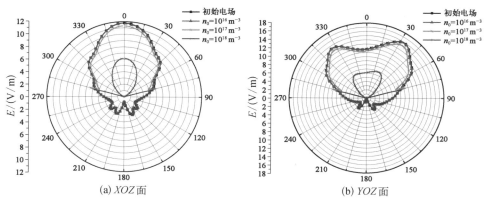

图 7.13　最大电子密度对 X 波段微带天线辐射特性的影响($L = 15$ cm，$\nu_{en} = 5$ GHz)

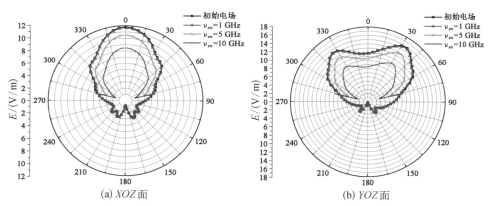

图 7.14　等离子体碰撞频率对 X 波段微带天线辐射特性的影响($n_0 = 10^{17}$ m^{-3}，$L = 15$ cm)

电子密度升高至 10^{18} m^{-3} 量级时，$0°$ 处的天线辐射场强还保持在 6 V/m 左右，不同于 C 波段的完全衰减，因此在该波段下无"黑障"现象出现。有研究表明，在各种航天飞行器的再入过程中，C 波段及以下的测控系统会出现不同程度的"黑障"现象，因此，此处仿真结果与该结论一致。

7.3　三维非均匀等离子体鞘套的天线辐射特性

等离子体鞘套是三维空间非均匀的高温高热等离子体绕流流场，其流场参数不仅在沿飞行器的径向呈现出巨大的梯度变化，在横向也表现出多种非均匀性。

针对等离子体鞘套的空间非均匀性及大梯度特征,本节将基于浙江大学聂亮等通过七组元化学反应模型给出的类 HTV-2 飞行器等离子体鞘套流场,采用 7.1 节中所述的射线追踪法对三维非均匀等离子体鞘套的天线辐射特性进行研究。

7.3.1 天线及基于目标的等离子体鞘套物理模型

1. 天线模型

本节计算中采用工作于 ISM 频段的矩形微带天线,中心频率为 2.45 GHz,介质基片采用厚度为 1.6 mm 的 FR-4 环氧树脂板,其相对介电常数为 4.4,天线使用 50 Ω 同轴线馈电。

2. 基于类 HTV-2 的等离子体鞘套

本节所采用的类 HTV-2 飞行器模型在 X 轴方向的长度为 4 m,Y 轴、Z 轴方向的长度都为 2.1 m。包覆飞行器的等离子体流场物理参数(电子密度、碰撞频率、温度及压强等)会随飞行高度、马赫数、攻角等发生一定程度的改变,图 7.15 显示的是飞行高度为 40 km,速度为 20Ma,攻角为 0° 的等离子体鞘套流场。

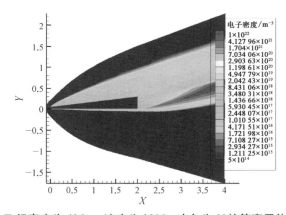

图 7.15　飞行高度为 40 km,速度为 20Ma,攻角为 0° 的等离子体鞘套流场

由文献 [17] 可知,飞行高度越高,等离子体鞘套整体的电子密度会越低,这是因为飞行高度越高,发生化学反应的粒子越稀疏,电离产生的电子密度越小;飞行器的马赫数越大,电子密度就越大,因为飞行器对气体的压缩越剧烈温度越高,越容易发生化学反应;攻角越大,在鞘套尾部的流场偏离飞行方向的程度越大。

采用三维空间网格剖分算法,将计算域剖分成可以适用射线追踪法的剖分单元,具体剖分方式如下:设置一个包含整个等离子体鞘套区域的长方体计算域,采用立方体网格对整个长方体计算域进行体剖分,将所有落在一个立方体网格内离散点的电子密度求平均,用平均值来代表该剖分单元的电子密度。对两种等离子体鞘套流场进行 50×50×50(三个方向各剖 50 份)剖分后,得到有电子密度和无电子密度的两部分,如图 7.16 所示。

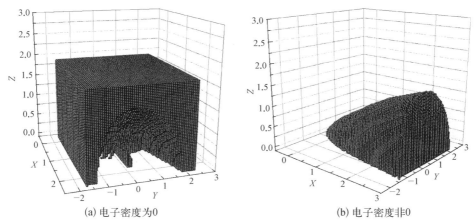

(a) 电子密度为0　　　　　　　　　　(b) 电子密度非0

图 7.16　剖分后的等离子体鞘套流场

由于计算流体力学输出的鞘套数据是离散点信息,当电磁计算网格剖分步长小于某些离散点间隔时,必定会存在剖分单元数据缺失的情况。针对这种情况,对算法加以改进,对鞘套内部分无数据点的剖分单元,沿流场的来流方向进行插值计算,将流场数据转化为电磁参数,改进算法后的等离子体鞘套流场如图 7.17 所示。

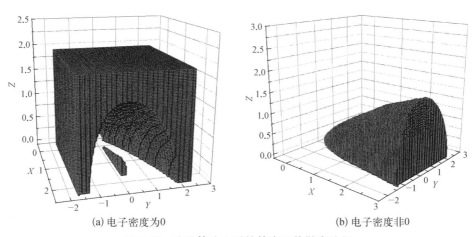

(a) 电子密度为0　　　　　　　　　　(b) 电子密度非0

图 7.17　改进算法之后的等离子体鞘套流场

优化后,将流场数据与计算电磁学网格数据进行匹配,发现等离子体鞘套流场的电磁参数符合电磁学的计算要求。

7.3.2 基于类 HTV-2 的等离子体鞘套射线路径

基于等离子体鞘套剖分模型,采用射线追踪法,以 5×5×5 的剖分单元区域为例,选择天线发射点在区域底部中心正下方 0.1 m 处,单条射线传播路径如图7.18所示。其中,入射射线与 X 轴的夹角为 θ_x,与 Z 轴的夹角为 θ_z,设每个剖分单元的相对介电常数设为 $\varepsilon_i = 10 - 2i$ ($1 \leqslant i \leqslant 5$,$i$ 表示沿 Z 轴方向的层数)。

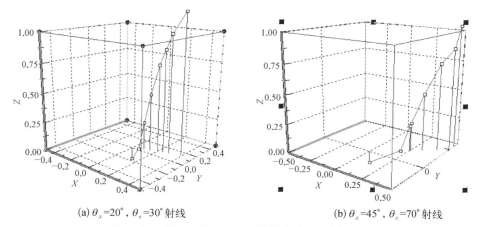

(a) θ_x=20°, θ_z=30° 射线　　　　　　(b) θ_x=45°, θ_z=70° 射线

图 7.18　单条射线在等离子体鞘套中的传播路径

如图 7.18 所示,射线进入等离子体鞘套之后,方向会发生略微偏转,传播方向与相对介电常数、入射角及网格剖分数量密切相关。

图 7.19 给出了图 7.17 所示流场中从发射点 $(1.0, 0, 0.5)$ 发射的电磁波射线在 XOZ 面内穿过鞘套的传播路径,其路径在 Z 方向只产生了轻微偏转,这是因为图 7.17 所示流场中大部分区域的电子密度量级较小,对电磁波传播路径的影响也较小,而飞行器头部驻点区域内的电子密度量级非常大,导致电磁波的传播路径在该区域发生大角度偏转。

7.3.3 计算结果及分析

本节分析高超声速飞行器在不同飞行高度、马赫数及攻角下等离子体鞘套对微带天线性能的影响。建立的天线工作频率为 2.45 GHz,放置位置为 (1.5 m, 0.05 m, 0.25 m)。等离子体鞘套流场计算域空间尺寸为 4 m×4 m×2 m,碰撞频率

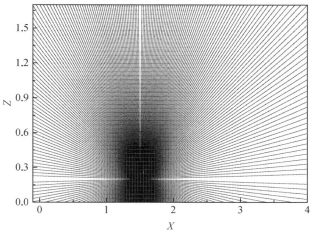

图 7.19　*XOZ* 面上的传播路线图

为 11.23 GHz。飞行马赫数为 20,攻角为 0°,飞行高度分别为 30 km、40 km、50 km,最大电子密度分别为 1.860 33 × 10^{23} m^{-3}、5.788 06 × 10^{22} m^{-3}、3.910 35 × 10^{21} m^{-3},使用射线追踪法计算得到三个正交面的辐射方向,如图 7.20 所示。

在图 7.20(a)中可以明显看出在 *XOY* 面上的电场强度在 0°和 180°左右的方向上衰减较大,这是因为在 0°方向正对着飞行器的尖锥头部,电子密度最大。而在 180°正对的是鞘套的"尾流",电磁波需要在等离子体中传播非常长的距离才能穿出。在图 7.20(b)和(c)中,*XOZ* 面和 *YOZ* 面的各个方向影响程度大致相同,只是副瓣的影响比较大。这三个面共同具有的特征是在 0~180°和 180~360°不对称,并且电场强度的衰减都随着高度的增加而减小,这是因为随着高度增加,可以电离的粒子数减少,从而使鞘套的电子密度减小。

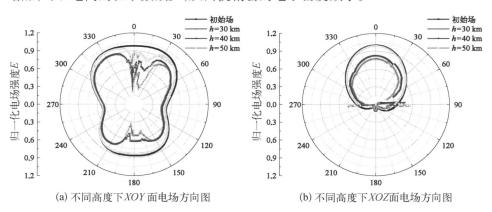

(a) 不同高度下 *XOY* 面电场方向图　　　　(b) 不同高度下 *XOZ* 面电场方向图

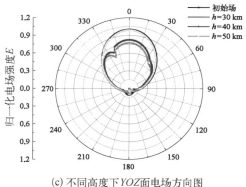

(c) 不同高度下 YOZ 面电场方向图

图 7.20　高度分别为 30 km、40 km、50 km 的电场方向图

飞行器以不同的速度飞行时,飞行器表面的温度、压强等参数会有很大不同。速度越高,飞行器表面的压强越大、温度越高,越容易形成激波,使得周围的空气电离,电子密度也越大。将天线放置在高度为 40 km,攻角为 0°,速度分别为 $15Ma$、$20Ma$、$25Ma$ 的流场模型中,计算得到三个正交面的电场方向,如图 7.21 所示。

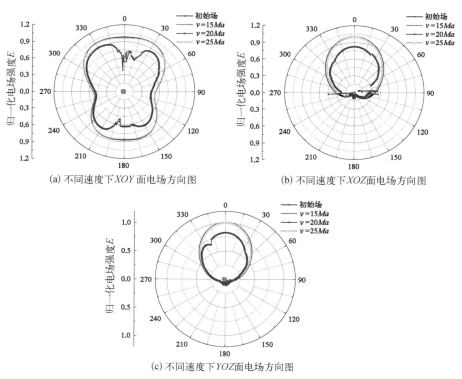

(a) 不同速度下 XOY 面电场方向图　　　　　(b) 不同速度下 XOZ 面电场方向图

(c) 不同速度下 YOZ 面电场方向图

图 7.21　速度分别为 $15Ma$、$20Ma$、$25Ma$ 的电场方向图

　　对比图 7.21 各分图, 三个面的电场强度的变化趋势基本一致, 在速度为 15Ma 时, 电场强度基本和初始场重合, 即无衰减发生。当速度大于 20Ma 时, 三个面都有一定的衰减, 当速度为 25Ma 时, 电磁波无法穿过该等离子体鞘套, 即形成所谓的"黑障"。

　　飞行器以非零攻角飞行时, 两边的压强和温度不会关于中心轴对称, 这就导致电子密度分布不对称, 并且在迎风侧会更大。在相同的高度与速度情况下, 攻角越大, 电子密度分布偏离中心轴的程度就越大。将天线放置在高度为 30 km, 速度为 20Ma, 攻角分别为 0°、10°、20° 的流场模型中, 计算得到三个正交面的电场方向, 如图 7.22 所示。

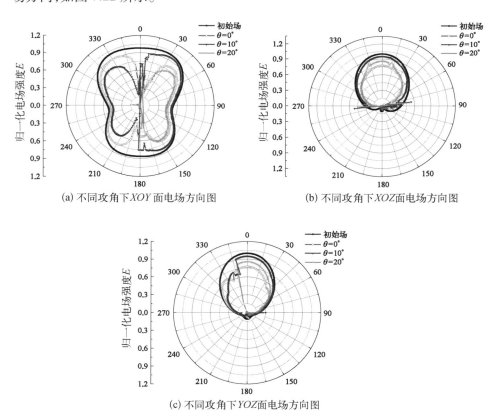

(a) 不同攻角下 XOY 面电场方向图　　　(b) 不同攻角下 XOZ 面电场方向图

(c) 不同攻角下 YOZ 面电场方向图

图 7.22　攻角分别为 0°、10°、20° 的电场方向图

　　图 7.22 中, 随着攻角增大, XOY 面与 YOZ 面左半平面的电场强度衰减也越来越大, 攻角达到 20° 时, 左半平面的电场强度基本衰减为 0, 这是因为鞘套尾部的电子密度较大的流场基本都偏离到了鞘套的一侧, 攻角为 10°

时,右半平面电场强度的衰减最小。攻角的改变不会对 XOZ 面的左半平面产生大的影响,非零攻角会使得 XOZ 面上的电子密度减小,同样在 $10°$ 时,衰减达到最小。以上特性提供了一个改善天线特性的可行的方法,即在天线衰减太大的情况下可以通过适当调整攻角来增大主方向的辐射场,以达到改善通信质量的目的。

7.4 尘埃等离子体鞘套对天线辐射特性的影响

高超声速飞行器表面涂覆的防/隔热材料,经高温烧蚀后会产生烧蚀颗粒悬浮于飞行器周围,耦合成复杂等离子体环境,复杂等离子体的介电特性受带电粒子(电子、离子等)与烧蚀颗粒之间的碰撞、充电等多种微观机理的影响,在高超声速飞行环境中,高温等离子体与防/隔热层紧密接触并融合,天线辐射的电磁波在防/隔热层与等离子体鞘套之间发生复杂的相互作用,影响电磁波的传播和天线的辐射性能,严重时可中断导航、数传、遥测、遥控和安控信号的传输,导致测控站无法获取飞行器的信息。本节主要研究含有烧蚀颗粒的等离子体鞘套对天线辐射特性的影响。

7.4.1 尘埃等离子体鞘套物理模型

对于尘埃等离子体鞘套的初始入射场,依然采用 7.2.1 节中建立的 C 波段及 X 波段微带天线,并采用射线追踪法进行分析。一般情况下,含有烧蚀颗粒的高超声速等离子体鞘套属于弱电离等离子体,因此本节选取弱电离尘埃等离子体作为研究对象,其介电常数参照式(3.112),等离子体的电子密度沿电磁波传播方向的分布如式(7.18)所示,其中最大电子密度取 1×10^{20} m^{-3},碰撞频率为 1×10^{10} Hz,等离子体的厚度为 18 cm。

$$n_e(z) = \begin{cases} \dfrac{n_0}{\left[1 + \exp\left(-\dfrac{z - L/4}{\sigma}\right)\right]}, & 0 < z < \dfrac{L}{2} \\[4mm] \dfrac{n_0}{\left[1 + \exp\left(-\dfrac{z - 3L/4}{\sigma}\right)\right]}, & \dfrac{L}{2} \leq z < L \end{cases} \qquad (7.18)$$

7.4.2 计算结果及分析

涂敷于高超声速飞行器表面的防/隔热材料经高温烧蚀后可产生尘埃颗粒悬浮于等离子体鞘套中,形成尘埃等离子体鞘套,也称为烧蚀等离子体鞘套,尘埃颗粒的存在可使等离子体鞘套的物理特征及电磁特性发生改变。本节针对尘埃等离子体的重要特征参数(尘埃密度、尘埃半径、电荷弛豫速率),采用射线追踪法分析这些典型参数对天线辐射特性的影响。以下计算时取等离子体的电子密度依然按照式(7.17)分布,其中最大电子密度、等离子体厚度及碰撞频率分别为 $n_0 = 10^{16}$ m^{-3},$L = 15$ cm,$\nu_{en} = 5$ GHz。

1. C 波段微带天线的辐射特性

图 7.23~图 7.25 表明,对于 C 波段微带天线,尘埃等离子体中电场的衰减程度与尘埃密度和半径成正比,与电荷弛豫速率成反比。0°处 C 波段微带天线的初始场强约为 16.5 V/m,图 7.23 中的尘埃密度为 10^{11} m^{-3}量级时,0°处的电场强度衰减至约 11 V/m;而当尘埃密度增大到 10^{13} m^{-3}量级时,0°处的天线辐射场强只有约 3 V/m。高超声速飞行器的速度可直接导致烧蚀尘埃颗粒增多,当电磁波入射其中时,尘埃颗粒从入射电磁波获取更多能量,从宏观上表现出电磁波被衰减更多的能量。尘埃半径也是尘埃等离子体的重要特征参数之一,图 7.24 表明,尘埃半径越大,入射电磁波被衰减的能量则越多。尘埃半径决定着其体积大小,体积越大,尘埃颗粒获取的电磁波能量越大。图 7.25 表明,电荷弛豫速率越大,电磁波的能量衰减越小。电荷弛豫速率表示尘埃颗粒表面电量恢复到平衡值的快慢程度,尘埃颗粒的电荷弛豫速率越大,表明其能够更快地将其表面电量恢复到平衡值,相应地需要更少的电磁波能量,最终减小入射电场的能量衰减。

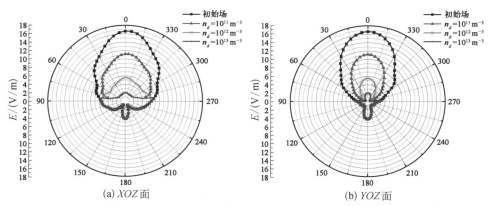

图 7.23　尘埃密度对 C 波段微带天线辐射特性的影响($r_d = 0.8$ μm,$\nu_{ch} = 2\times10^{11}$ Hz)

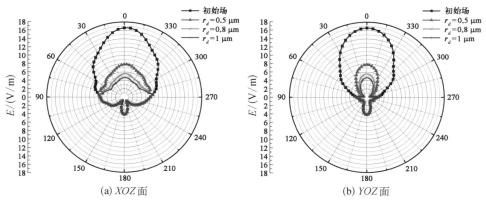

图 7.24 尘埃半径对 **C** 波段微带天线辐射特性的影响($n_d = 1 \times 10^{12} \text{ m}^{-3}$, $\nu_{ch} = 2 \times 10^{11} \text{ Hz}$)

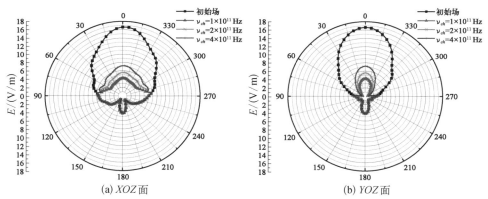

图 7.25 电荷弛豫速率对 **C** 波段微带天线辐射特性的影响($n_d = 1 \times 10^{12} \text{ m}^{-3}$, $r_d = 0.8 \text{ μm}$)

2. X 波段微带天线的辐射特性

将 X 波段与 C 波段的计算结果进行对比,发现尘埃参数对不同波段天线辐射特性的影响是一致的,即尘埃等离子体对电场强度的衰减与尘埃密度和尘埃半径成正比,与电荷弛豫速率成反比(图 7.26~图 7.28)。将尘埃等离子体与普通等离子体的天线辐射特性对比,可发现尘埃环境下的等离子体可使更多的电磁波能量被衰减。尘埃等离子体中电磁波能量衰减的机制如下:电子从入射电磁波中获取能量,再通过碰撞及充电的形式传给中性分子及尘埃颗粒,电子在这个过程中充当了"搬运工"的角色,但最终的状态不仅使尘埃颗粒获取能量,电子也获取了能量。因此相较于普通等离子体鞘套,尘埃等离子体会使更多的电磁波能量发生衰减。

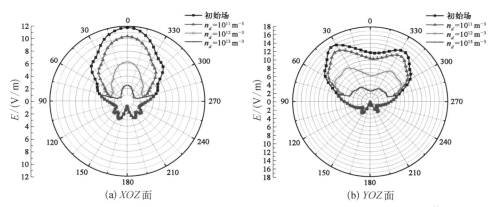

图 7.26　尘埃密度对 X 波段微带天线辐射特性的影响（$r_d = 0.8\ \mu m$，$\nu_{ch} = 2 \times 10^{11}\ Hz$）

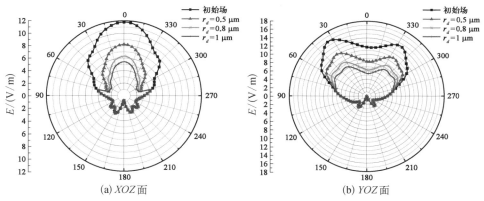

图 7.27　尘埃半径对 X 波段微带天线辐射特性的影响（$n_d = 1 \times 10^{12}\ m^{-3}$，$\nu_{ch} = 2 \times 10^{11}\ Hz$）

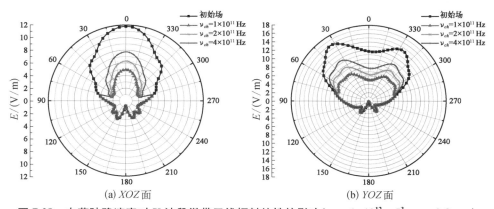

图 7.28　电荷弛豫速率对 X 波段微带天线辐射特性的影响（$n_d = 1 \times 10^{12}\ m^{-3}$，$r_d = 0.8\ \mu m$）

7.5　天线舱和载体平台对等离子体鞘套天线性能的影响

载体平台的存在会对天线辐射的电磁波造成反射、绕射及吸收等电磁效应，因此在涉及天线系统时需考虑载体平台的影响。本节通过搭建天线与载体平台实验测量系统，测量天线在天线舱中的位置深度及频率不同时的性能(电场方向、相位、增益、交叉极化隔离度)变化，分析实验测量结果，并通过建立弹体平台模型研究载体平台对天线辐射方向图的影响。

7.5.1　天线的主要性能指标

天线的输入阻抗、增益及方向图等是表征天线性能的重要参数，其中，输入阻抗定义为天线馈电输入电压与输入电流的比值，在进行天线匹配时，需要尽可能调节馈线的特征阻抗，使其与输入阻抗中的电抗分量接近。天线增益用来衡量天线朝某个特定方向的接收和发射能力，天线的方向图代表天线辐射能量在空间中的分布情况。下面具体介绍衡量天线性能指标的几个参数。

1. 输入阻抗

天线的输入阻抗 Z_A 可以表示为

$$Z_A = \frac{U_A}{I_A} \tag{7.19}$$

式中，U_A 表示天线馈电电压；I_A 表示天线馈电电流。

输入阻抗是一个与频率有关的量，直接影响天线的功率输出和频率特性。

2. 定向性 D 和增益 G

天线的定向性是指在天线辐射远场球面上的最大辐射功率密度 $P(\theta, \phi)_{\max}(\text{W/m}^2)$ 与平均功率密度 $P(\theta, \phi)_{\text{av}}(\text{W/m}^2)$ 之比，注意此时定向性不小于 1，表示为

$$D = \frac{P(\theta, \phi)_{\max}}{P(\theta, \phi)_{\text{av}}} \tag{7.20}$$

式中，远场球面上的平均功率密度为

$$P(\theta, \phi)_{\text{av}} = \frac{1}{4\pi} \int_{\phi=0}^{\varphi=2\pi} \int_{\theta=0}^{\theta=\pi} P(\theta, \phi) \sin\theta \mathrm{d}\theta \mathrm{d}\phi$$

$$= \frac{1}{4\pi} \iint_{4\pi} P(\theta, \phi) \mathrm{d}\Omega \tag{7.21}$$

因此,定向性又可以表示为

$$D = \frac{P(\theta, \phi)_{\max}}{(1/4\pi) \iint_{4\pi} P(\theta, \phi) \mathrm{d}\Omega} = \frac{1}{(1/4\pi) \iint_{4\pi} P(\theta, \phi)/P(\theta, \phi)_{\max} \mathrm{d}\Omega} \tag{7.22}$$

或者可以写为

$$D = \frac{4\pi}{\iint_{4\pi} P_n(\theta, \phi) \mathrm{d}\Omega} = \frac{4\pi}{\Omega_A} \tag{7.23}$$

式中, Ω_A 表示波束范围; $P_n(\theta, \phi) \mathrm{d}\Omega = P(\theta, \phi)/P(\theta, \phi)_{\max}$,表示归一化功率波瓣; D 表示波束范围 Ω_A 内的天线定向性。

定向性等于球面范围与天线波束范围的比值,因此波束范围越小,定向性越大。如果建模天线仅对上半空间辐射能量,则其定向性可以表示为

$$D = \frac{4\pi}{2\pi} = 2 = 3.01 \tag{7.24}$$

式(7.24)即相对于各向同性(全向)天线的分贝数。由式(7.23)可以看到,理想化的各向同性天线($\Omega_A = 4\pi\mathrm{sr}$)可以达到最低的定向性 $D = 1$,然而真实情况下所有实际天线的定向性不可能等于1,都是大于1(即 $D > 1$),如简单偶极子的波束范围 $\Omega_A = 2.67\pi\mathrm{sr}$,则定向性可表示为

$$\Omega_A = \frac{4\pi}{2.67\pi} = 1.76 \tag{7.25}$$

天线在工作状态下,无论是辐射还是接收信号都会产生热损耗,从而引起增益改变,在失配情况下也会减小增益。天线的定向性与增益之间存在如下关系:

$$G = kD \tag{7.26}$$

式中, $k (0 \leqslant k \leqslant 1)$ 是天线的效率因子,并且无量纲。

由式(7.26)可以看到,天线增益 G 在理想情况下可以取得最大值 D ,此时效率因子 k 等于1,但是实际情况下效率因子总是小于1,增益的取值总是小于定向性,所以在设计天线的时候应该尽可能使其效率因子接近于1,使得天线增益

达到最大值。

天线的增益定义如下：在输入功率相同的情况下，待测天线和一个功率已知的参考天线的最大功率密度比值再乘以参考天线增益，就是待测天线的增益，即

$$G(待测天线) = \frac{P_{max}(待测天线)}{P_{smax}(参考天线)} \times G_s(参考天线) \qquad (7.27)$$

通过与标准天线(如偶极子天线)对比，就可以得到该天线的增益。天线增益通常用分贝数(dB)来表示，也称为增益系数或功率增益。

天线辐射方向图是描述电场或者功率在球坐标系下 θ 分量和 φ 分量的函数，也表示天线在特定方向上辐射(或接收)电磁场的能力，单位用分贝表示，一般可分为三维天线方向图和二维天线辐射方向图。在三维天线方向图中，某个方向上的波瓣半径正比于该方向上的电场，如果是功率方向图，则正比于该方向上电场模值的平方，在该方向上，半径越大，则天线在该方向上辐射或接收电磁场的能力越强。这些从原点出发的表示天线在所有方向上线段的端点组成了天线的辐射方向图，有些软件中也会用"热度"颜色加以区分，如图 7.29 所示为一个 10 GHz 喇叭天线的三维辐射方向图。

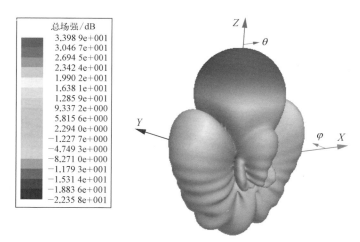

图 7.29　10 GHz 喇叭天线三维辐射方向图

电场的方向图可以在三维球坐标系中表示，也可以在二维的极坐标系中表示，一般会取如图 7.29 中 *XOY*、*XOZ*、*YOZ* 三个正交面，其中 *XOZ* 面、*YOZ* 面包含了天线主瓣轴，称为主平面辐射方向图(图 7.30)。一般定义包含最大辐射角的

波瓣为主瓣,相应有第一副瓣、第二副瓣等。主瓣两侧第一个零点角度定义的波束宽度称为第一零点波束宽度。

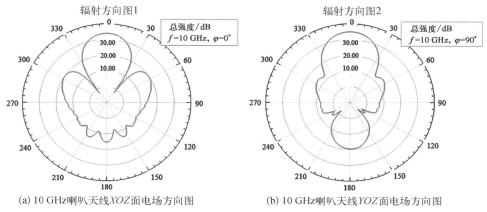

(a) 10 GHz喇叭天线XOZ面电场方向图　　(b) 10 GHz喇叭天线YOZ面电场方向图

图 7.30　10 GHz 喇叭天线电场方向图

7.5.2　天线测量理论与方法

通过现代天线理论可以对多种类型的天线进行辐射性能研究,如方向图、增益、极化特性、带宽等[17,18],然而对于非常复杂的天线,往往需要进行大量的近似计算。一方面,难以对天线的背景环境进行物理建模,在有些情况下,甚至需要占用极大的计算资源与计算时间;另一方面,由于加工和制造中不可避免的误差存在,设计出的天线性能和预期并不一致。因此,要确定天线的实际性能,准确的实验测量是必不可少的[19]。针对以上问题,本节主要介绍天线方向图与相位、增益、交叉极化特性等天线性能的测量方法。

1. 天线方向图与相位测量和误差分析

天线方向图与相位是天线的最基本参量之一。根据互易性原理,结构相同的接收天线可作为发射天线,发射天线也可作为接收天线使用,这时发射天线与接收天线的方向图是一致的,功率是相同的。在这个前提下可以将待测天线作为接收天线或者发射天线。将发射天线作为待测天线进行测量时,将接收天线固定在远场处,每隔一定时间,将发射天线转动相同角度进行测量。

为了得到精准的测量结果,需要注意:尽量避免其他杂波或建筑物的干扰,一般选在室外空旷开阔场地或者微波暗室中进行天线测量,室外情况下还要考虑大气层的衰减;天线方向图都是在远场条件下进行测试得到的,因此接收天线和发射天线需要达到远场测试条件,即两天线最小距离满足式(7.28)[20,21]:

$$R_{min} = \frac{2D_{max}^2}{\lambda} \tag{7.28}$$

式中, D_{max} 为天线的最大尺寸; λ 为波长。

天线测量开始前须保证收发天线高度一致,极化方式相同,天线场值最大方向对准;保证发射天线与信号源测量系统之间阻抗匹配。

常用的天线方向图测量方法有两种,根据尺寸分为固定天线法和旋转天线法[22,23]。固定天线法适用于尺寸较大的天线,或者大型固定地面天线。待测天线固定在地面不动,测量天线安装在车辆或者飞行器上保持相对姿态,绕待测天线转动,来测量不同面的方向图;旋转天线法适用于尺寸较小的天线,这样便于旋转移动,下面介绍旋转天线方法的测量步骤:① 根据天线尺寸及频率估计最小测量距离,判断地面和周围环境,确定天线架设高度;② 调整转台,将收发天线调节至同一水平高度;③ 调整转台转轴将收发天线极化方式设为水平极化;④ 转动转台使得接收电平达到最大值,开始测量;⑤ 从最大接收电平方向起,每隔一定角度转角,记录对应角度的电平值及相位;⑥ 改变收发天线的极化方式,重复上述步骤。

采用旋转天线法测量方向图与相位有时会产生一定的测量误差,主要包括如下几种[24,25]。

1)有限天线测试距离误差

天线辐射场在近场的相位和幅度是辐射源与测试点之间距离的函数,在远场,其角分布和辐射源与测试点之间的距离无关,如果收发天线之间的距离小于式(7.28)中的最小距离,则不满足远场测试条件,就会在待测天线主瓣口面上造成平方率相位误差[26]。为了尽量减小有限距离带来的测量误差,应该最大程度增大收发天线之间的距离。

2)环境噪声与环境反射带来的误差

环境噪声是由测试系统外部的电磁波或者测试系统电磁波被周围物体反射形成的,会对低副瓣造成很大影响,只要距离足够远即可有效避免。

3)天线初始位置测量误差

为了准确测量天线辐射方向图和相位,在测量开始前需要将天线坐标系与位置坐标系严格对齐,收发天线保持相同高度,最大接收、发射方向对准。但在实际情况下总会存在以下几种机械误差或几何误差：① 坐标系失调误差，因为天线位置坐标系与转台控制系统没有对齐，会导致天线最大辐射值对应的角度没有对应零度角；② 正交误差，因为收发天线极化方向没有对准，导致交叉极化的相互耦合；③ 瞄准误差，θ 轴与辅助天线没有正交，导致测量最大值比实际值偏小。

2. 天线增益测量

天线增益的测量方法取决于天线工作频率，一般来说分为两种方法，即绝对测量法和相对测量法（比较法）[27]。一般来说，频率在 0.1~1 GHz 的天线适合采用绝对测量法，直接根据接收发射天线功率计算得到增益。频率大于 1 GHz 的天线适合采用比较法来测量，选取一个标准增益天线（常用标准增益喇叭天线）和测量值对比得到待测天线的增益[18]。下面介绍两种测量增益方法的基本理论。

1）绝对测量法

假设天线发射功率为 P_T，发射天线增益为 G_T，接收天线增益为 G_R，接收天线和发射天线之间的距离为 R，在远场运用里 Friis 传输公式得到最大接收功率为[28,29]

$$P_R = P_T G_T G_R \left(\frac{\lambda}{4\pi R} \right)^2 \tag{7.29}$$

式中，P_R 为最大接收功率。

如果发射天线和接收天线增益相同，则最大接收功率为

$$P_R = P_T \left(\frac{G\lambda}{4\pi R} \right)^2 \tag{7.30}$$

根据式（7.30）可以得到天线增益为

$$G = \sqrt{\frac{P_R}{P_T}} \frac{4\pi R}{\lambda} \tag{7.31}$$

天线增益一般用 dB 来表示，则式（7.31）可以写为

$$G(\mathrm{dB}) = 10 \times \lg\left(\frac{4\pi R}{\lambda} \right) + 5 \times \lg\left(\frac{P_R}{P_T} \right) \tag{7.32}$$

式（7.32）表明，只需要测量接收天线辐射功率和发射天线的最大接收功率及天线工作波长，就可以得到对应频率下的天线增益。

2）相对测量法

相对测量法也称比较法,将待测天线与已知标准增益的天线进行比较,一般选取有方向特性的天线作为标准增益天线,如喇叭天线(定向天线)或者偶极子天线(全向天线)。如果标准天线的增益为 G_s,待测天线增益为 G,在输入功率相同的情况下,待测天线的增益可以表示为

$$G = G_s \frac{\boldsymbol{E}^2}{\boldsymbol{E}_s^2} \tag{7.33}$$

式中,$\boldsymbol{E}$ 是待测天线的辐射场;$\boldsymbol{E}_s$ 是标准天线辐射场。

由式(7.33)可知,如果标准增益天线的增益是已知的,那么只需要测量相同输入功率下的电场值,就可以计算得到待测天线的增益。

3. 天线交叉极化特性测量

在通信系统中,为了充分利用频谱资源,会用到正交极化频率复用技术,即在同一频带内传送不同的信号,理论上两个正交的极化信号完全不会相互影响,然而在实际情况下,天线能完全匹配每种信号,极化信号总会有一定的能量耦合到另一种极化信号上去。通常衡量天线极化特性的主要方式为交叉极化方向图,参数为交叉极化隔离度。测量极化特性需要选择一个已知极化参数且极化性能较好的天线作为测量天线,如圆极化贴片天线或者线极化喇叭天线,一般采用喇叭天线作为发射天线,因为喇叭天线为线极化,隔离度较好。测试环境需要尽量减少电磁波干扰,避免噪声及反射、散射波影响。

交叉极化方向图和交叉极化隔离度的测量方法如下:交叉极化方向图与同极化方向图测量方式基本一致,唯一不同的是收发天线的极化方向相差90°。首先,根据天线尺寸和波长设置收发天线之间的距离,按照同极化天线方向图测量方法测量水平极化的正极化功率方向,将发射天线旋转90°,使待测天线接收的正交电平为最小,测量水平极化下的反极化方向。最后将接收天线旋转90°,分别测量垂直极化下的正、反极化方向。

假设正极化方向图功率为 $P_{pos}(\theta)$,反极化方向图功率为 $P_{neg}(\theta)$,可得到天线轴向的交叉极化隔离度为[30]

$$XPD = P_{pos}(\theta) - P_{neg}(\theta) \tag{7.34}$$

对于圆极化或者椭圆极化天线,一般用轴比来表示天线极化特性,可表示为

$$AR(\mathrm{dB}) = 17.373 \times \lg^{-1}\left(-\frac{XPD}{20}\right) \tag{7.35}$$

7.5.3　天线舱对天线性能的影响

为了测量天线舱对天线实际性能的影响,本节设计一套测量系统,该系统布置在微波暗室中,能够有效避免杂波干扰,同时能满足实验要求。下面主要介绍实验原理及测量系统搭建方案。

1. 实验原理

电磁波是一种具有力学性质的带有能量和动量的物质形态,信号源产生信号,由馈线输入发射机,在信号源的激励下,发射机向空间中辐射电磁波,电磁波通过能流的方式携带能量和信息在空间中传播,到达接收机后将电磁波信号转换为电信号,从而完成信息的传输,这一过程都需要天线这一能量转换装置来实现,即通过天线实现电信号与波场间的能量转换。

在实际情况下,大多数天线都安置于露天环境下工作,会直接受到自然界中暴风雨、冰雪、沙尘等恶劣天气侵袭,直接导致天线工作性能变差、使用寿命缩短、通信系统中断等。某些天线,如飞行器、舰船上的天线需要安装在特殊位置,所以在使用过程中,需要一些辅助设备来确保工作可靠性和稳定性,如天线罩、天线舱等,这些辅助设备在为天线系统带来可靠性、稳定性的同时,也会影响天线的工作状态。电磁波从发射天线辐射出来后,如果碰到金属材料,由于材料表面和自由空间处不连续,波阻抗会发生变化,大部分电磁波会被反射,甚至会有多次反射,或在金属表面形成感应电流并最终转换为热能耗散掉。如果碰到非金属材料,还会有一部分电磁波被材料吸收,有一部分会透射穿过材料。被反射或透射出来的电磁波及金属表面形成的电流会导致空间中电磁场的分布发生改变,并进一步作用于发射天线本身,使天线辐射方向图发生改变,影响天线阻抗匹配,使得主瓣角度变窄、方向性变差,进而影响到天线增益,甚至在有些情况下会使天线工作频率发生改变。

在本节介绍的测量系统中,将发射天线放置在天线舱模型中,模拟真实情况下的天线工作环境。天线架设于转台之上,方向角可以进行 0°~360° 的转动,能够确保在一个天线不动的情况下,转动另一个天线转台,利用矢量网络分析仪能够完整测量该天线在天线舱中的辐射方向、增益等。

2. 测量系统搭建方案

测量系统在微波暗室搭建,可以有效屏蔽电磁波干扰,系统共包括四个部分:信号发射部分、信号接收部分、转台系统、天线舱。图 7.31 为本章所设计的测量系统示意图,图 7.32 为搭建测量系统的微波暗室。

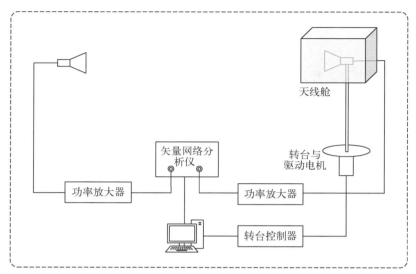

图 7.31　天线舱对天线性能影响的测量系统示意图

图 7.32　微波暗室

1）信号发射与接收部分

信号发射与接收部分由发射天线、接收天线、信号产生器、矢量网络分析仪及功率放大器组成。信号由信号源产生，通过功率放大器对信号进行放大之后发送给发射天线，发射天线再将电磁波辐射到自由空间中，接收天线接收采集信号。本节采用中国电子科技集团公司第四十一研究所研制的高性能多功能3672 系列矢量网络分析仪，该仪器工作频率为 10 MHz～43.5 GHz，可用于发射/接收模块测量、介质材料测量，还可精确测量微波网络的幅频特性和相频特性，能够满足设计需求。

在实际测量过程中,用矢量网络分析仪内置的信号产生模块来替代信号源,矢量网络分析仪与转台系统通过局域网接口、USB 接口连接,利用 SCPI 命令对矢量网络分析仪进行控制,包括产生信号的波形、频率等,配合转台系统即可完成实验测量。测量系统信号发射与接收部分原理图如图 7.33 所示。

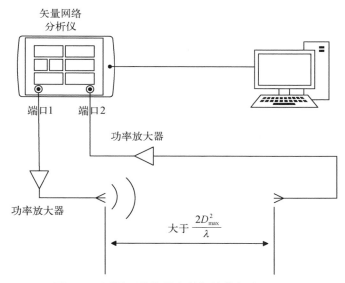

图 7.33　测量系统信号发射与接收部分原理图

在实验中,接收天线和发射天线均为型号为 HB-SG42 的标准增益喇叭天线,如图 7.34 所示,工作频率带宽为 17.6～26.7 GHz,输入阻抗为 50 Ω 的标准匹配阻抗,可以和矢网输出阻抗匹配,馈电方式为同轴馈电。频带范围在矢量网络分析仪范围内,满足测试要求。

通过控制台计算机向矢量网络分析仪发送命令,在端口 1 输出正弦波信号,经过功率放大器(防止信号过小淹没到噪声中)后输入发射天线,由接收天线接收电磁波,再次经过功率放大器后信号输入端口 2,矢量网络分析仪将端口 2 的信号幅值、相位等信息记录后发送给计算机用于后续处理。发射天线和接收天线之间的距离满足远场测量条件,即大于 $2D_{max}^2/\lambda$,其中 D_{max} 为天线最大尺寸,λ 为波长。

2）转台系统与天线舱

转台系统作为天线舱测量系统的一个重要组成部分,主要功能是在控制台的控制下对天线进行旋转等操作,如图 7.35 所示。转台系统共装有 5 台电机驱

(a) 接收天线

(b) 发射天线

图 7.34　接收天线和发射天线

动,可分别在 X、Y、Az、Pol、Phi 5 个方向上运动,其中 Pol、Phi 可以调节收发天线在正对方向上的极化角度,Az 可以调节转台平行于地面方向上绕天线支架旋转,X、Y 可以调节水平和垂直方向上的距离。

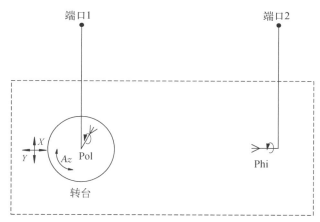

图 7.35　转台系统示意图

测试开始前,调节转台方向使得收发天线能准确对齐。调节转台上 5 个方向上的电机,直到该方向上的寻零指示灯亮为止,如图 7.36 所示,说明此时天线在该方向上已经到达零点或已经相互对准,可以开始测量。

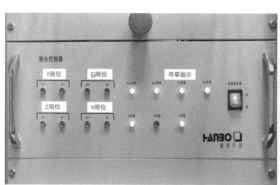

图 7.36　转台系统寻零指示灯

图 7.37　天线舱模型

　　天线舱采用合金金属材料制作,由长方体薄壁作为舱体壁,圆形薄片作为天线舱边沿,长方体具体尺寸为:0.2 m×0.2 m×0.4 m,圆形薄片的半径为 0.3 m,长方体薄壁和圆形薄片的厚度都为 2 mm,天线舱模型如图 7.37 所示。

　　天线舱内的天线滑轨由两根导轨组成,天线可以在滑轨上滑动,最大滑动距离为 17.5 cm,即从天线舱内部距离圆形边 9.5 cm 处到距离天线舱外部 8.5 cm 处,天线滑轨与转台支架均采用非金属结构,可最大程度上减小对电磁场空间分布的影响。天线舱内部滑轨设计方案如图 7.38 所示。

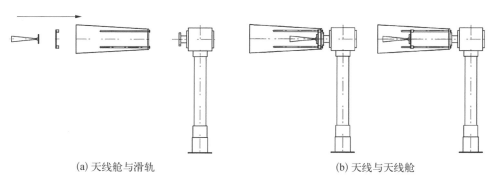

(a) 天线舱与滑轨　　　　　　　　　　　　　　(b) 天线与天线舱

图 7.38　天线舱内部滑轨模型

　　这里采用 7.5.2 节中介绍的旋转天线法进行测量[22],测量步骤如下:根据远场测量条件,计算发射天线和接收天线之间的最小距离:$R_{min} = 2D_{max}^2/\lambda$;将收发天线架到同一高度,转动接收和发射天线使准备测试的方向图平面为水平面,使接收天线和发射天线极化方向一致,调整转台各个方向的步进电机,使控制台对应方向上的寻零指示灯点亮,将此时控制台所有方向设为零位置起点,保持接收天线不动,控制台绕轴转动,记录接收信号即可得到天线辐射方向图。最后,改变频率、天线深度等参数,重复以上过程完成其他参数的测量。

3. 实验结果与分析

根据搭建好的天线测量系统,采用旋转天线法,对处于天线舱不同深度、不同频率下的天线辐射方向图进行测量,实验过程中使用的喇叭天线为定向天线,所以只对主平面辐射方向图中的 XOZ 面、YOZ 面进行了测量。

1)天线位置深度对天线的影响

针对喇叭天线口面在不同天线舱深度(以天线舱圆形边沿所在平面为参考零点)对天线的影响情况,利用本章 7.5.2 节所描述搭建的天线测量系统,在频率为 17.6 GHz 时,测量得到了 XOZ 面、YOZ 面的天线辐射方向图(电场幅值)及相位变化曲线。图 7.39~图 7.41 为测量得到的天线深度为 -9.5 cm、-4.5 cm、3.5 cm 时,XOZ 面、YOZ 面上的幅值和相位曲线图。

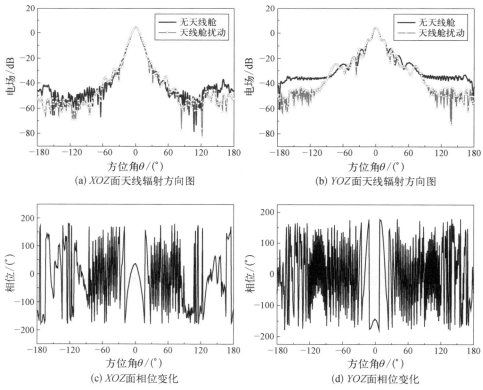

(a) XOZ 面天线辐射方向图   (b) YOZ 面天线辐射方向图

(c) XOZ 面相位变化   (d) YOZ 面相位变化

图 7.39 天线口面距离圆形边沿 -9.5 cm 处的天线辐射方向图和相位变化

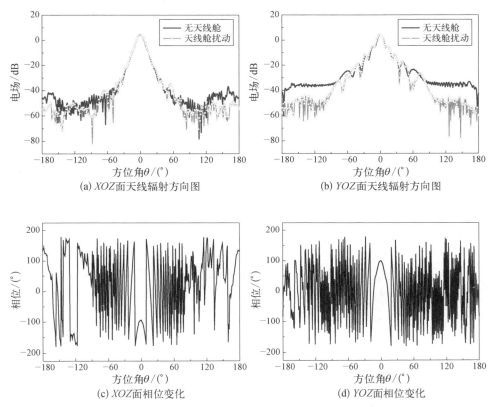

(a) XOZ面天线辐射方向图

(b) YOZ面天线辐射方向图

(c) XOZ面相位变化

(d) YOZ面相位变化

图 7.40 天线口面距离圆形边沿−4.5 cm 处的天线辐射方向图和相位变化

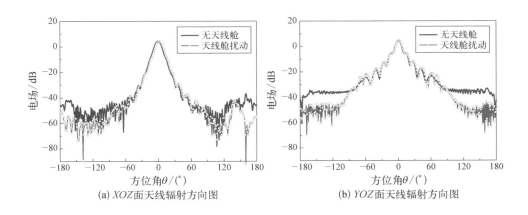

(a) XOZ面天线辐射方向图

(b) YOZ面天线辐射方向图

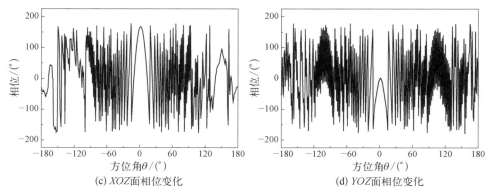

图 7.41　天线口面距离圆形边沿 3.5 cm 处的天线辐射方向图和相位变化

图 7.39(a)和(b)、图 7.40(a)和(b)、图 7.41(a)和(b)为不同天线深度处的天线辐射方向图。相比无天线舱的情况,在主瓣一定角度范围内,两者基本相差不大,如深度为-9.5 cm 时,这个角度范围为-20°~20°,最大峰值处相差 0.16~0.32 dB,在误差范围允许内,所以可以认为在这个范围内的结果与没有天线舱的情况是一致的,并且随着天线距离天线舱底部距离越来越大,这个角度范围也会变大,即对天线主瓣方向上的影响越小;从第一副瓣开始到第三副瓣,有天线舱时,XOZ 面、YOZ 面的天线辐射方向图都出现振荡,随着天线距天线舱底部距离越来越大,振荡频率和幅度也相应增大,这是因为天线在天线舱中的深度越深,天线辐射出的电磁波在天线舱中被反射的次数越多,导致出现振荡。在大角度区域 [150°,180°]及[-180°,-150°]内,有天线舱时对副瓣的影响非常明显,电场值比没有天线舱的情况要小,最大相差 20 dB,在 YOZ 面,该趋势更加明显。

对比天线在不同深度处的相位变化曲线,可以发现大多数角度下的相位变化非常大,只有在近一段的角度范围内,相位变化缓慢,没有出现剧烈振荡现象,出现这种现象的原因是因为喇叭天线的等相位面大致是一个以喇叭口面为中心的椭球面,喇叭口面正前方电场的等相位面与天线在 0° 左右方向的切线近似平行,以深度为-9.5 cm 的 XOZ 面情况为例,角度范围为[-20°,20°],在这一范围内,相位变化趋于缓慢。当天线继续旋转时,旋转方向的切线与等相位面的夹角接近 90°,相当于"切割"等相位面,这时相位会随着方位角发生剧烈变化,振荡频率增加。对比相同位置处不同面的相位变化,可以发现 YOZ 面的剧烈振荡区域比 XOZ 面对应的角度范围要小。另外,随着天线与天线舱底部的距离越来越大,相位剧烈变化对应的角度范围也略微增大,说明天线深度的改变导致天线相位在空间中也发生了改变,但在相位变化曲线中无法明确表现出来。

2）不同频率下天线舱对天线的影响

对不同频率下天线舱对天线的影响进行研究,将天线固定在深度为−9.5 cm
处,改变信号源频率,测量得到不同频率下 *XOZ* 面、*YOZ* 面的天线辐射方向图和
相位变化曲线,如图 7.42~图 7.44 所示。

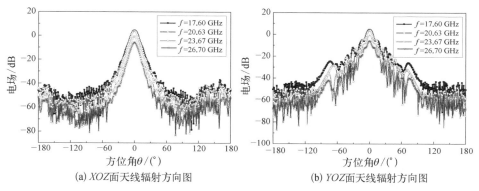

(a) *XOZ* 面天线辐射方向图　　　　　　(b) *YOZ* 面天线辐射方向图

图 7.42　不同频率下的天线辐射方向图

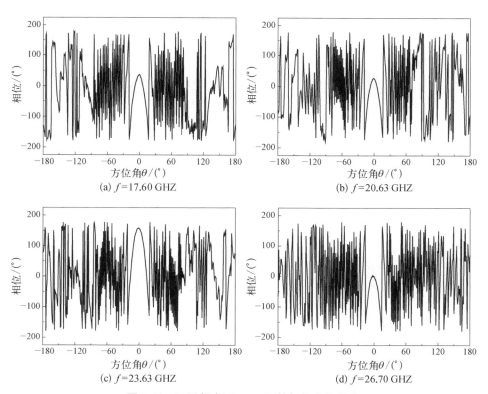

(a) *f*=17.60 GHZ　　　　　　　　　(b) *f*=20.63 GHZ

(c) *f*=23.63 GHZ　　　　　　　　　(d) *f*=26.70 GHZ

图 7.43　不同频率下 *XOZ* 面的相位变化曲线

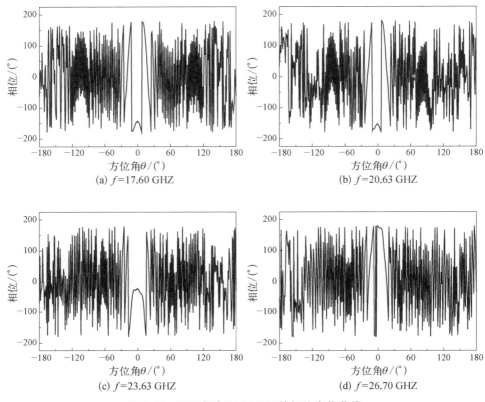

(a) $f=17.60\,\text{GHZ}$ (b) $f=20.63\,\text{GHZ}$

(c) $f=23.63\,\text{GHZ}$ (d) $f=26.70\,\text{GHZ}$

图 7.44 不同频率下 *YOZ* 面的相位变化曲线

对频率为 17.60 GHz、20.63 GHz、23.63 GHz、26.70 GHz 的四个频率点天线幅值和相位进行测量,覆盖了 HB-SG42 型喇叭天线的可工作频段范围。从图 7.42(a)、(b)可以看到,无论是 *XOZ* 面还是 *YOZ* 面,随着天线频率增大,电场幅值减小,这是因为该型号天线频率为 17.60 GHz 时达到阻抗匹配,频率的增加使得天线馈电端的阻抗发生变化,导致场发生变化。另外,波长越短,电磁波对天线舱的形状就越"敏感",天线舱的扰动效应越大,场值相应减小。其中,*XOZ* 面在不同频率下的天线幅值最大相差 10.14 dB, *YOZ* 面最大相差 10.43 dB。*XOZ* 面电场变化较缓,而 *YOZ* 面会出现振荡。对比图 7.43 和图7.44,不同频率下的相位变化曲线没有出现明显的变化规律,即频率对相位分布的影响较小。

3)天线舱对天线增益的影响

天线舱会改变天线辐射场的空间分布,其增益也会随之受到影响。在 $\varphi=0°$、$\theta=0°$ 方向,即最大方向上的电场值,通过 7.5.2 节中介绍的比较法测量增益,将 HB-SG42 型喇叭天线作为无天线舱的情况下的标准增益喇叭,其在不同频率下的增益如表 7.1 所示。表 7.2～表 7.4 是不同频率下,天线深度分别为 −9.5 cm、−4.5 cm、3.5 cm 时的测量电场值,表 7.5 是无天线舱时不同频率下的电场测量值。

表 7.1　HB-SG42 型喇叭天线在不同频率下的增益

频率/GHz	18.61	19.62	20.63	21.64	22.66	23.67	24.68	25.69
增益/dBi	19.958	20.571	20.652	21.648	21.639	22.825	23.159	23.281

表 7.2　不同频率下天线深度为 −9.5 cm 的 $\varphi = 0°$、$\theta = 0°$ 电场测量值

频率/GHz	18.61	19.62	20.63	21.64	22.66	23.67	24.68	25.69
电场/dB	5.792 6	5.712 4	3.981 0	1.391 8	1.888 4	−0.751 5	−4.998 4	−5.958 7

表 7.3　不同频率下天线深度为 −4.5 cm 的 $\varphi = 0°$、$\theta = 0°$ 电场测量值

频率/GHz	18.61	19.62	20.63	21.64	22.66	23.67	24.68	25.69
电场/dB	5.869 6	5.785 3	3.776 1	1.307 4	1.970 6	−0.727 5	−4.666 1	−5.858 9

表 7.4　不同频率下天线深度为 3.5 cm 的 $\varphi = 0°$、$\theta = 0°$ 电场测量值

频率/GHz	18.61	19.62	20.63	21.64	22.66	23.67	24.68	25.69
电场/dB	5.635 4	5.413 8	3.598 3	1.013 0	1.663 5	−0.988 6	−5.066 2	−6.052 2

表 7.5　不同频率下无天线舱的 $\varphi = 0°$、$\theta = 0°$ 电场测量值

频率/GHz	18.61	19.62	20.63	21.64	22.66	23.67	24.68	25.69
电场/dB	5.693 2	5.787 9	4.041 1	1.480 4	2.012 5	−0.720 3	−4.581 4	−5.890 8

　　根据测量增益的比较法,得到了不同天线深度下增益随频率的变化关系曲线,如图 7.45 所示。

　　图 7.45 表明,频率为 18～26 GHz 时,随着天线频率的增加,标准天线增益会有略微增加,基本保持在 20～22 dB,而将天线放入天线舱之后,不同深度下的增益曲线都呈先降低后升高的趋势,其中天线深度为 3.5 cm 时的增益曲线变化最

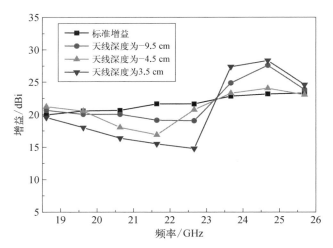

图 7.45 不同天线深度下天线增益随频率的变化关系

为明显,与标准天线增益曲线相差最大,最大相差 6 dB。

4) 天线舱对天线极化特性的影响

交叉极化是天线极化的一个重要极化特性,一般天线只考虑同极化的特性,但随着频谱资源越来越紧缺,正交极化频率复用技术受到越来越多的重视,一个频带内的两种正交极化信号可同时用来通信,并且相互不会影响,但是在实际的天线使用过程中,两种信号会相互耦合,评价天线的极化特性就需要对天线的同极化、交叉极化及隔离度等参数进行评估。为此,使用前述的天线测量系统,根据 7.5.2 节中介绍的天线交叉极化特性测量方法测量 HB-SG42 型喇叭天线的 XOZ 面、YOZ 面的同极化方向图和交叉极化隔离度,并分析天线舱对这两种参数的影响。

图 7.46~图 7.49 是频率为 17.6 GHz 时,HB-SG42 型喇叭天线在无天线舱时及不同天线深度下的同极化和交叉极化方向图。理想情况下,喇叭天线属于线极化天线,同极化方向图作为主极化方向图,在各个方向上都比正交极化方向图大,并且正交极化方向图测量结果与测量系统噪声情况一致,从图 7.46 可以看出 XOZ 和 YOZ 面交叉极化方向图都出现了与同极化方向图形状相似的主瓣,说明仍然会有一部分正交极化信号耦合到交叉极化方向上。对比不同天线深度下的交叉极化方向图,天线内置(深度为-9.5 cm)与天线外置(深度为 3.5 cm)时相比,喇叭天线口面距离天线舱圆形边缘面更远,电磁波更容易被反射,从而耦合到交叉极化方向上,因此随着天线深度的增加,即天线口面距离天线舱底部越近,交叉极化方向图的主瓣会逐渐消失。当天线深度为-9.5 cm 时已经基本看不

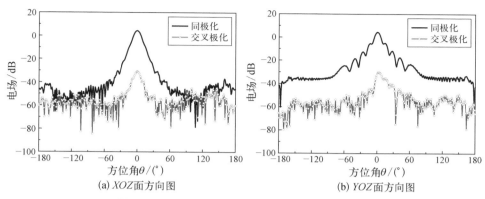

(a) *XOZ*面方向图　　　　　　　(b) *YOZ*面方向图

图 7.46　无天线舱时的同极化和交叉极化方向图

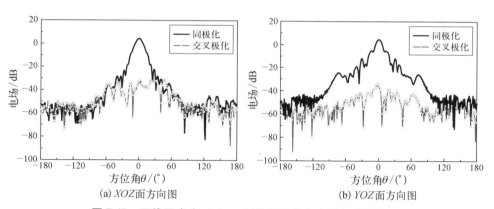

(a) *XOZ*面方向图　　　　　　　(b) *YOZ*面方向图

图 7.47　天线深度为−9.5 cm 时的同极化和交叉极化方向图

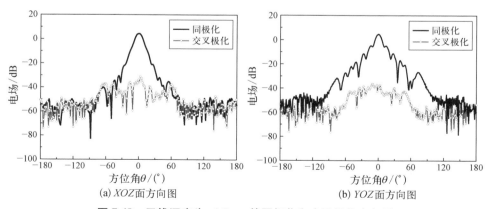

(a) *XOZ*面方向图　　　　　　　(b) *YOZ*面方向图

图 7.48　天线深度为−4.5 cm 的同极化和交叉极化方向图

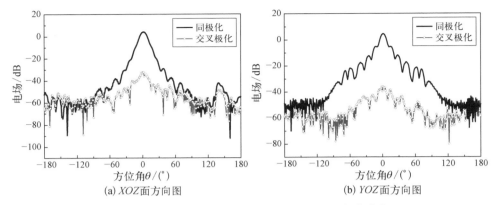

(a) XOZ面方向图 (b) YOZ面方向图

图 7.49 天线深度为 3.5 cm 时的同极化和交叉极化方向图

到明显的波峰,说明天线舱对交叉极化主瓣的影响最大,要具体衡量同极化和交叉极化的耦合,还需要进一步计算天线的交叉极化隔离度。

根据天线交叉极化隔离度的测量方法,测量得到 HB-SG42 型喇叭天线在 17.60 GHZ 时无天线舱及不同天线深度下的交叉极化隔离度,对比图 7.50,在无天线舱时,YOZ 面的交叉极化隔离度明显大于 XOZ 面,随着天线深度增加,这种差异逐渐减小,当天线深度为 -9.5 cm 时,XOZ 面与 YOZ 面的交叉极化隔离度在大多数角度上无明显差别。另外,对于喇叭天线来说,一般交叉极化隔离度需要大于 30 dB,对于无天线舱的情况,YOZ 面在 $[-180°, 180°]$ 范围内都能到达要求,XOZ 面大于 30 dB 的角度为 $[-55°, 53°]$;当天线深度为 3.5 cm 时,XOZ 面对应的角度为 $[-52°, 50°]$,YOZ 面对应的角度为 $[-112°, -125°]$;当天线深度为 -4.5 cm 时,XOZ 面对应的角度为 $[-25°, 46°]$,YOZ 面对应的角度为 $[-90°$,

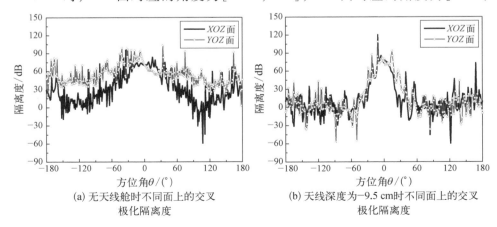

(a) 无天线舱时不同面上的交叉
极化隔离度

(b) 天线深度为 -9.5 cm 时不同面上的交叉
极化隔离度

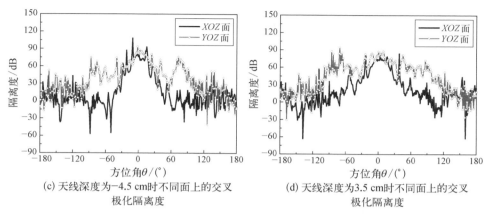

(c) 天线深度为-4.5 cm时不同面上的交叉
极化隔离度

(d) 天线深度为3.5 cm时不同面上的交叉
极化隔离度

图 7.50　不同天线深度下 *XOZ* 面与 *YOZ* 面上的交叉极化隔离度

$102°]$；当天线深度为 -9.5 cm 时，*XOZ* 面对应的角度为 $[-25°, 15°]$，*YOZ* 面对应的角度为 $[-25°, 45°]$。需要说明的是，天线位置越深，大于 30 dB 对应的角度范围就越小，交叉极化隔离度越差。

从以上的实验数据可知，随着天线在天线舱中的深度增加，天线的交叉极化隔离度变差，因为天线深度的增加导致电磁波在天线舱中发生反射的次数增加，更容易改变波的极化方向，从而耦合到交叉极化上的信号更多，导致交叉极化隔离度变差，即天线内置时，交叉极化隔离度比外置更差。

7.5.4　天线舱中天线深度对天线性能的影响

为了进一步说明天线舱中天线深度对测量天线性能的影响，以下进行仿真计算和分析。建立如图 7.51 所示的天线舱模型，天线舱尺寸为 0.2 m×0.2 m×0.4 m，圆形薄片半径为 0.3 m，长方体薄壁和圆形薄片厚度都为 2 mm。在 FEKO 软件中使用 MOM-PO(method of moments-physical optics)混合方法获得微带天线在不同深度下的天线辐射方向图。

分别计算频率为 1.5 GHz 与 5 GHz 时不同天线深度下的受扰方向图，分别如图 7.52 和图 7.53 所示。

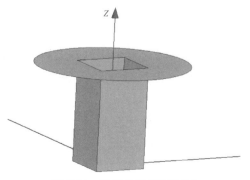

图 7.51　天线舱模型示意图

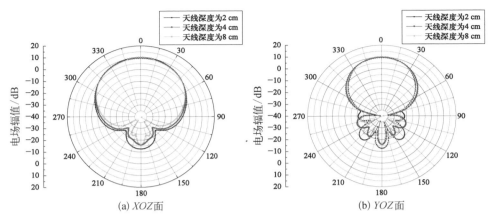

图 7.52 频率为 1.5 GHz 的天线在天线舱中不同深度下的受扰方向图

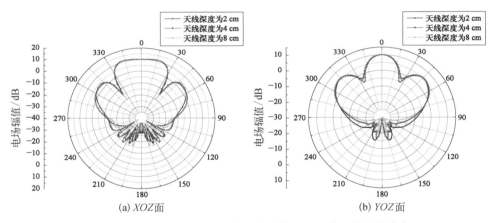

图 7.53 频率为 5 GHz 的天线在天线舱中不同深度下的受扰方向图

从图 7.52 和图 7.53 可以看出,工作在 1.5 GHz 与 5 GHz 的微带天线在不同天线舱深度时对方向图主瓣基本无影响,对于副瓣而言,电场幅值降低,并出现振荡,这是因为当接收天线与发射天线尾部正对时,电磁波会在天线舱内形成多次反射,并在天线舱表面产生感应电流,消耗部分能量。

7.5.5 载体平台对天线性能的影响

对于天线而言,除了天线舱对天线辐射特性产生影响外,平台也会对天线辐射性能产生影响,本节将建立弹体平台模型来计算天线在平台影响下的辐射方向图。

弹体平台模型尺寸及其天线位置如图 7.54 所示,微带天线放置在弹体表面附近,与弹体圆柱中心距离 1.1 m,在 FEKO 软件中采用 MOM-PO 混合方法分别计算 L、S、C 波带微带天线的辐射特性。

分别选取 L 波段频率为 1.561 GHz 的微带天线、S 波段频率为 2.3 GHz 的微带天线、C 波段频率为 5.6 GHz 的微带天线,微带天线放置位置设为原点,计算弹体模型影响下的天线辐射特性,计算结果如图 7.55~图 7.57 所示。

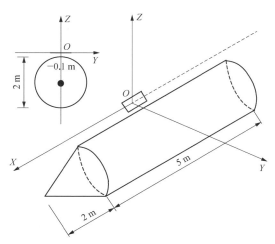

图 7.54　弹体平台模型及其天线位置示意图

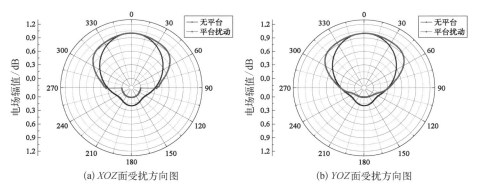

(a) XOZ面受扰方向图　　　　(b) YOZ面受扰方向图

图 7.55　1.561 GHz 微带天线受扰方向图

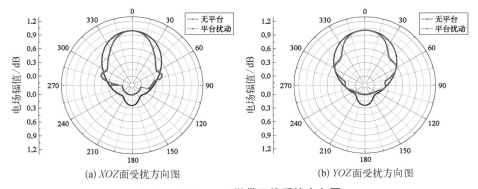

(a) XOZ面受扰方向图　　　　(b) YOZ面受扰方向图

图 7.56　2.3 GHz 微带天线受扰方向图

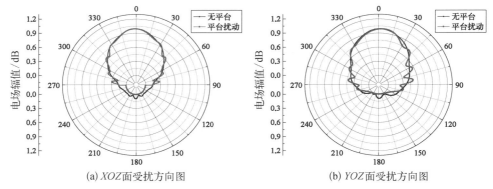

(a) XOZ面受扰方向图   (b) YOZ面受扰方向图

图 7.57　5.6 GHz 微带天线受扰方向图

由图 7.55~图 7.57 可知,无论是 L 波段还是 S 波段、C 波段天线,其载体平台对天线的辐射特性在 $\varphi = 0°$、$\theta = 0°$ 位置外基本无影响,与无平台扰动结果基本一致,这是因为微带天线朝向与弹体模型圆柱部分径向方向相同,这个角度的辐射场受到弹体的反射更小,所以辐射场基本无影响。另外,在其他角度上可以看出弹体对 L 波段的影响最大,对 C 波段的微带天线受扰方向图影响最小,天线频率越高,受扰方向图越接近无平台扰动的方向图,这是因为随着天线频率的升高,天线波长变短,短波更不容易在弹体表面产生感应电流,感应电流产生的场就越小,对天线辐射场的影响就越小。

7.6　本章小结

本章主要研究了等离子体鞘套及载体平台对天线辐射性能的影响,建立了适用于等离子体鞘套环境的射线追踪法,并采用该方法对二维/三维等离子体鞘套中的天线辐射性能进行了仿真计算及分析,明确了电子密度是影响天线辐射性能的主要因素;并且通过在微波暗室中搭建天线测量系统,对不同天线深度、不同天线频率下天线辐射场的幅度和相位进行了测量,并与无天线舱情况进行了对比。

天线周围环境对天线的影响作用是非常复杂的,不仅包含反射、折射,甚至会有绕射、吸收等情况同时存在,完全解决这一问题需要涉及流体力学、计算电磁学和实验科学等多学科知识的积累与应用。本章的研究工作还需在后续工作中加以改进,如天线舱结构较为简单,未能贴近实际的工程应用。另外,选择的频段相对较窄,而实际的电磁波在不同频段与环境的相互作用有一定的区别,后续应对多频段进行对比研究。

参考文献

[1] Sims T E, Jones R F. Flight measurements of VHF signals attenuation and antenna impedance for the RAM AI slender probe at velocities up to 17800 feet per second[R]. NASA TM X-760, 1963.

[2] Croswell E F, Jones W L. Effects of reentry plasma on RAM CI VHF telemetry antennas[J]. NASA Special Publication, 1971, 252: 183.

[3] Lundstrom R R, Henning A B, Hook W. Description and performance of three trailblazer II reentry research vehicles[R]. NASA Technical Note, 1964.

[4] 金显盛.再入飞行器天线[M].北京:国防工业出版社,2000.

[5] Kelley D F, Luebbers R J. Piecewise linear recursive convolution for dispersive media using FDTD[J]. IEEE Transactions on Antennas and Propagation, 1996, 44: 792-797.

[6] Lee J H, Kalluri D K. Three-Dimensional FDTD simulation of electromagnetic wave transformation in a dynamic inhomogeneous magnetized plasma[J]. IEEE Transactions on Antennas Propagation, 1999, 47: 1146-1151.

[7] Winton S C, Kosmas P, Rappaport C M. FDTD simulation of TE and TM plane waves at nonzero incidence in arbitrary layered media[J]. IEEE Transactions on Antennas and Propagation, 2005, 53(5): 1721-1728..

[8] Kroó N, Szentirmay Z, Félszerfalvi J. Dispersion anomalies of surface plasma oscillations in mom tunnel structures[J]. Physics Letters A, 1981, 86(8): 445-448.

[9] 梁志伟,赵国伟,徐杰,等.柱形等离子体天线辐射特性的矩量法分析[J].电波科学学报,2008,23(4): 749-753.

[10] Kelebekler E. Investigation of the gyroresonance region modes by using the MoM for plasma column loaded cylindrical waveguide[J]. Electrical Design of Advanced Packaging & Systems Symposium IEEE, 2009: 1-4.

[11] Glassner A S. An introduction to ray tracing[M]. San Mateo: Morgan Kaufmann Publishers, 1989.

[12] Chang P C Y, Walker J G, Hopcraft K I. Ray tracing in absorbing media[J]. Journal of Quantitative Spectroscopy and Radiative Transfer, 2005, 96(3-4): 327-341.

[13] Dupertuis M A, Proctor M, Acklin B. Generalization of complex snell-descartes and fresnel laws[J]. Journal of the Optical Society of America A, 1994, 11(3): 1159-1166.

[14] 张粲宇,叶红霞,付海洋,等.非平行分层等离子体鞘套电波传播的复射线方法[J].电波科学学报,2016,31(4): 625-631.

[15] 龚屹,桂志先,王鹏.改进的非均匀介质射线追踪算法[J],地球物理学进展,2017,32(4): 1563-1568.

[16] 张钋,刘洪,李幼铭.射线追踪方法的发展现状[J].地球物理学进展,2000,15(1):

36-45.

[17] Imbriale W A, Gao S S, Boccia L. Space antenna handbook[M]. New York：John-Wiley, 2012.

[18] Blaunstein N, Christodoulou C. Radio propagation and adaptive antennas for wireless communication links：terrestrial, atmospheric and ionospheric[M]. New York：John-Wiley, 2007.

[19] Evans G E. Antenna measurement techniques[M]. Norwood：Artech House Inc, 1990.

[20] 邓晖,卢童,陈东,等.一种阵列天线辐射特性的快速测量方法：CN201610095156.1[P]. 2016-02-22.

[21] 翟彬.天线罩用透波材料的宽带衰减特性实验研究[D].西安：西安电子科技大学,2017.

[22] 郭宏福,马超,邓敬亚,等.电波测量原理与实验[M].西安：西安电子科技大学出版社,2015.

[23] 克劳斯.天线(上册)[M].章文勋,译.第3版.北京：电子工业出版社,2004.

[24] 李福剑,李彦文.天线测试中的误差分析[J].舰船电子对抗,2007,1(1)：115-118.

[25] 王思昊.天线远场测量系统的分析与研究[D].西安：西安电子科技大学,2014.

[26] 丁恒.天线远场测量系统的研究[D].北京：北京交通大学,2003.

[27] 王玖珍,薛正辉.天线测量实用手册[M].第2版.北京：人民邮电出版社,2018.

[28] 康行健.天线原理与设计[M].北京：北京理工大学出版社,1993.

[29] 罗林.喇叭天线增益的测量与修正[J].新媒体研究,2015,1(8)：20-22.

[30] 张瑜.电磁波空间传播[M].西安：西安电子科技大学出版社,2007.